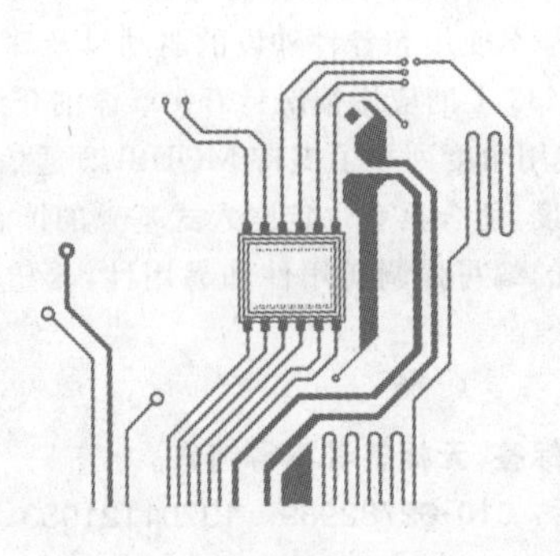

ARM Cortex-M3 嵌入式开发及应用

（STM32系列）

◎ 张新民 段洪琳 编著

清华大学出版社
北京

内容简介

本书采用由简到难的编写思路，首先介绍简单嵌入式发展趋势和概念，然后逐步到功能性开发，举例分析，最后加深难度，介绍高级应用，从而使读者很容易理解和消化。全书共10章，第1～3章介绍了嵌入式系统的基本概念、常用芯片、工具和嵌入式系统的开发过程；第4章介绍了配套学习板的原理图和设计思路；第5～7章介绍了STM32的基本使用和各种外设的驱动以及开发应用，并列举了各种典型的应用实例；第8章介绍了μc/OS-Ⅱ在STM32上的应用情况；第9章详细介绍了STM32嵌入式系统中可以使用的一些经典实用算法；第10章从实用角度列举了支持MODBUS通信协议的通用控制器开发实例。

本书中列举的实例具有一定难度，适合具有一定嵌入式基础的读者使用，初学者请参考本书提供的共享资料和开发板的应用代码。本书的编写强调实用性和易用性，希望能解决读者学习和开发过程中的一些实际困难和问题。

图书在版编目(CIP)数据

ARM Cortex-M3 嵌入式开发及应用：STM32系列/张新民，段洪琳编著. —北京：清华大学出版社，2017
(2019.8重印)
(电子设计与嵌入式开发实践丛书)
ISBN 978-7-302-45017-7

Ⅰ. ①A…　Ⅱ. ①张…　②段…　Ⅲ. ①微处理器－系统设计　Ⅳ. ①TP332

中国版本图书馆CIP数据核字(2016)第218503号

责任编辑：刘　星　梅栾芳
封面设计：刘　键
责任校对：焦丽丽
责任印制：宋　林

出版发行：清华大学出版社
网　　址：http://www.tup.com.cn，http://www.wqbook.com
地　　址：北京清华大学学研大厦A座　　**邮　　编**：100084
社 总 机：010-62770175　　**邮　　购**：010-62786544
投稿与读者服务：010-62776969，c-service@tup.tsinghua.edu.cn
质量反馈：010-62772015，zhiliang@tup.tsinghua.edu.cn
课件下载：http://www.tup.com.cn，010-62795954
印 装 者：清华大学印刷厂
经　　销：全国新华书店
开　　本：185mm×260mm　　**印　张**：19.5　　**字　　数**：473千字
版　　次：2017年1月第1版　　**印　　次**：2019年8月第6次印刷
印　　数：7001～8500
定　　价：49.00元

产品编号：070977-01

序言

ARM Cortex-M3 是采用哈佛结构、拥有独立指令总线和数据总线的 32 位处理器内核，指令总线和数据总线共享同一个存储器空间(一个统一的存储器系统)，为系统资源的分配和管理提供了很好的支持。正因为如此，基于 ARM Cortex-M3 的 STM32 系列 MCU 以其高性能、低功耗、高可靠性和低价格的特点，在电力电子、医疗设备、自动化仪表、机电设备、无线传感网络、家电产品、安防监控、手持设备等实际产品研发中得到了广泛的应用，并且逐渐成为高校师生与工程师学习和使用的主要 MCU 类型。

Cortex-M3 处理器采用 ARM v7-M 体系结构，是一个可综合的、高度可配置的处理器。它包含一个高效的哈佛结构三级流水线，拥有 1.25DMIPS/MHz 的性能，在具有 32 个物理中断的标准处理器上实现，达到了突出的能效比。

为了降低成本，Cortex-M3 处理器采用与系统部件紧密耦合的实现方法，来缩小芯片面积，其内核面积比现有的三级流水线内核缩小了 30%。Cortex-M3 处理器实现了 Thumb-2 指令集架构，具有很高的代码密度，可降低存储器需求，并能达到非常接近 32 位 ARM 指令集的性能。对于系统和软件开发，Cortex-M3 处理器具有很多优势，如小的处理器内核、系统和存储器；完善的电源管理，实现较低的功耗；突出的处理器性能，可满足挑战性的应用需求；快速的中断处理，满足高速、临界的控制应用；可选的存储器保护单元(MPU)，提供平台级的安全性；增强的系统调试功能，可以加快开发进程；没有汇编代码要求，简化系统开发；适用范围很广，实现从超低成本微控制器到高性能 SoC 系统的集成。

本书以 STM32 为实际开发基础，介绍 STM32 在工业控制领域的开发过程和开发体系，并且列举了大量实例和有价值的参考代码。书中附带 μC/OSⅡ的 STM32 移植代码，并详细地介绍 μC/OSⅡ的工作机制和常用过程函数。由于本书侧重介绍 STM32 在工业领域的应用，还列举了使用 STM32 实现 Modbus 通信协议的范例，具有非常强的实用性。希望通过这本书的出版，能够使更多的读者掌握 STM32 系列 MCU 的开发技能，更好促进嵌入式系统技术的普及和推广。

西安电子科技大学　赵建　教授

2016 年 9 月　于西安

Preface

前言

嵌入式系统被描述为“以应用为中心、软件硬件可裁剪的、适应应用系统对功能、可靠性、成本、体积、功耗等严格综合性要求的专用计算机系统”，由嵌入式硬件和嵌入式软件两部分组成。硬件是支撑，软件是灵魂，几乎所有的嵌入式产品中都需要嵌入式软件来提供灵活多样而且应用特制的功能。由于嵌入式系统应用广泛，嵌入式软件在整个软件产业中占据了重要地位，并受到世界各国的广泛关注，如今已成为信息产业中最为耀眼的“明星”之一。

从20世纪90年代开始，以计算机技术、通信技术和软件技术为核心的信息技术取得了更加迅猛的发展。计算机技术也开始进入一个被称为后PC技术的时代。

20多年来，嵌入式操作系统得到飞速的发展：微处理器从8位到16位、32位甚至64位；从支持单一品种的CPU芯片到支持多品种的；从单一内核到除了内核外还提供其他功能模块，如文件系统、TCP/IP网络系统、窗口图形系统等，并形成包括嵌入式操作系统、中间平台软件在内的嵌入式软件体系。硬件技术的进步，推动了嵌入式系统软件向运行速度更快、支持功能更强、应用开发更便捷的方向不断发展。

各种装备与设备上嵌入式计算与系统的广泛应用大大地推动了行业的渗透性应用。各种各样的新型嵌入式系统设备在应用数量上已经远远超过通用计算机，任何一个普通人可能拥有从大到小的各种使用嵌入式技术的电子产品，小到MP3、PDA等微型数字化产品，大到网络家电、智能家电、车载电子设备。而在工业和服务领域中，使用嵌入式技术的数字机床、智能工具、工业机器人、服务机器人也将逐渐改变了传统的工业和服务方式。

随着嵌入式系统应用的不断深入和产业化程度的不断提升，新的应用环境和产业化需求对嵌入式系统软件提出了更加严格的要求。在新需求的推动下，嵌入式操作系统内核不仅需要具有微型化、高实时性等基本特征，还将向高可信性、自适应性、构件组件化方向发展；支撑开发环境将更加集成化、自动化、人性化；系统软件对无线通信和能源管理的功能支持将日益重要。

本书主要内容来自于我们研发团队实践，是研发团队多年来开发嵌入式系统积累的经验汇集，内容更重要地契合于嵌入式开发应用的实践。本书以STM32F103MCU应用为主要内容，详细介绍了STM32F103系列MCU的各种功能及其扩展应用，并且列举了这些功能应用的实例。这些实例都是经过严格测试、可直接应用到实践中的例程应用。读者可以根据自身的需求和功能进行订制和修改。本书所列举的代码都是基于3.5版本最新的库函数驱动。

Foreword

主要内容

本书采用由简到难的编写思路，首先介绍简单嵌入式发展趋势和概念，然后逐步到功能性开发，举例分析，最后加深难度，介绍到高级应用，从而使读者很容易进行理解和消化。第1～3章介绍了嵌入式系统的基本概念、常用芯片、工具和嵌入式系统的开发过程；第4章介绍了配套学习板的原理图和设计思路；第5～7章介绍了STM32的基本使用和各种外设的驱动以及开发应用，并列举了各种典型的应用实例；第8章介绍了μC/OS-Ⅱ在STM32上的应用情况；第9章详细介绍了STM32嵌入式系统中可以使用的一些经典实用算法；第10章从实用角度列举了支持MODBUS通信协议的通用控制器开发实例。

本书中列举的实例具有一定难度，适合具有一定基础的读者使用，初学者请参考所带光盘和开发板的应用代码。本书的编写强调实用性和易用性，希望能解决读者学习和开发过程中的一些实际困难和问题。

读者群定位

本书的读者需要具有一定的C语言、单片机以及硬件设计基础，适合从事嵌入式开发的技术人员、STM32的初学者以及大专院校电子类专业的学生，也适合从8位、16位跨越到32位MCU开发平台的开发人员。本书可以作为大专院校课程设计、毕业设计或者电子竞赛的培训和指导教材，也可作为本、专科的单片机和嵌入式系统相关的教材。

书中包含代码下载使用

本书中所包含的代码测试程序均可在WWW.SEIPHER.COM下载，下载内容包括：开发板的各项功能测试代码、已经移植好的μC/OS Ⅱ的模板代码，读者可以直接下载和编译。编译环境为Keil MDK 5.0以上版本。

读者可以直接使用例程中的代码开发新的应用，并快速完成新产品的开发。

联系作者

读者在使用本书的过程中，如果遇到相关的技术问题，或者对DevStm 4.0开发板有兴趣，可以通过电子邮件和作者联系(zxm@seipher.com)，作者将尽最大努力与广大读者一起解决开发过程中遇到的问题，共同进步。

致谢

本书在编写过程中，得到了作者所在公司同事和家人的理解和大力支持，清华大学出版社刘星编辑也做了大量的支持工作，感谢王长乐、赵伟萍分别审阅了本书的相关章节内容。

本书编写过程中参考了大量的文献资料，一些资料来源于互联网和开源社区，书后的参考文献未能一一列举，再次对原作者和开源社区表示诚挚的谢意。

由于作者水平有限，加之编写时间仓促，书中难免存在不足和疏漏之处，敬请读者批评指正。

作　者

2016年6月

目录

Contents

第1章

嵌入式系统开发技术

近年来，随着计算机技术、微电子技术及通信技术的飞速发展，基于32位微处理器的嵌入式系统在各个领域的应用不断地得到扩大和深入，嵌入式产品已成为信息产业的主流。面对IT产业界这一新热点，高校开设嵌入式系统相关课程已是当务之急。目前国内很多高校都在开设和计划开设嵌入式系统课程。

在嵌入式系统实践应用中，选择了当前主流的ARM Context M系列微处理器芯片和源码开放的μC/OSⅡ操作系统。ARM系列处理器是专门针对嵌入式设备设计的，是目前构造嵌入式应用系统硬件平台的首选，而μC/OSⅡ继承了开源系统的优良特性，它强大的易用性优势也将在嵌入式领域得到更加广泛的应用。ARM嵌入式系统应用的领域非常广，如图1-1所示，从人们日常所用到的穿戴设备、运动装备，到与人们生活息息相关的交通设施、医疗设施、电力设施等基础设施，嵌入式系统已经得到了广泛的应用。

图1-1　ARM嵌入式系统的广泛应用

1.1　嵌入式开发的基本概念

根据IEEE(电气和电子工程师协会)的定义，嵌入式系统是“控制、监视或者辅助装置、机器和设备运行的装置”(devices used to control, monitor, or assist the operation of equipment, machinery or plants)。从中可以看出嵌入式系统是软件和硬件的综合体,还可以涵盖机械等附属装置。目前国内一个普遍被认同的定义是:嵌入式系统是以应用为中心,以计算机技术为基础,且软硬件可裁剪,适应应用系统对功能、可靠性、成本、体积、功耗有严格要求的专用计算机系统。

1.1.1 嵌入式系统的基本组成

嵌入式系统一般由以下几部分组成:嵌入式微处理器;外围硬件设备;嵌入式操作系统;特定的应用程序。

1.1.2 嵌入式系统的特点

嵌入式系统的特点为:应用的特定性和广泛性,技术、知识、资金的密集性,高效性,较长的生命周期,高可靠性,软硬一体,软件为主,无自举开发能力。

嵌入式系统本身是一个相对模糊的定义。目前嵌入式系统已经渗透到人们生活中的每个角落,工业、服务业、消费电子……,而恰恰由于这种范围的扩大,使得"嵌入式系统"更加难以明确定义。

举个简单例子:一个手持的 MP3 是否可以叫做嵌入式系统呢?答案肯定是"是"。另外一个 PC104 的微型工业控制计算机你会认为它是嵌入式系统吗?当然,也是,工业控制是嵌入式系统技术的一个典型应用领域。然而比较两者,你也许会发现两者几乎完全不同,除了其中都嵌入有微处理器。那是否可以说嵌入着微处理器的设备就是嵌入式系统?那鼠标中也有单片机,能叫嵌入式系统吗?那到底什么是嵌入式系统?莫非嵌入式系统只是一个难以定义的抽象概念?

可从几方面来理解嵌入式系统:

(1) 嵌入式系统是面向用户、面向产品、面向应用的,它必须与具体应用相结合才会具有生命力、才更具有优势。因此可以这样理解上述三个面向的含义,即嵌入式系统是与应用紧密结合的,它具有很强的专用性,必须结合实际系统需求进行合理的裁剪利用。

(2) 嵌入式系统是将先进的计算机技术、半导体技术和电子技术和各个行业的具体应用相结合后的产物,这一点就决定了它必然是一个技术密集、资金密集、高度分散、不断创新的知识集成系统。所以,介入嵌入式系统行业,必须有一个正确的定位。例如 Palm 之所以在 PDA 领域占有 70%以上的市场,就是因为其立足于个人电子消费品,着重发展图形界面和多任务管理;而 VxWorks 之所以在火星车上得以应用,则是因为其高实时性和高可靠性。

(3) 嵌入式系统必须根据应用需求对软硬件进行裁剪,满足应用系统的功能、可靠性、成本、体积等要求。所以,如果能建立相对通用的软硬件基础,然后在其上开发出适应各种需要的系统,是一个比较好的发展模式。目前的嵌入式系统的核心往往是一个只有几 KB 到几十 KB 的微内核,需要根据实际的使用进行功能扩展或者裁剪,但是由于微内核的存在,使得这种扩展能够非常顺利地进行。

实际上,嵌入式系统本身是一个外延极广的名词,凡是与产品结合在一起的具有嵌入式特点的控制系统都可以叫嵌入式系统，而且有时很难以给它下一个准确的定义。现在人们讲嵌入式系统时，某种程度上指近些年比较流行的具有操作系统的嵌入式系统，本书在进行分析和展望时，也沿用这一观点。

一般而言，嵌入式系统的构架可以分成四个部分：处理器、存储器、输入/输出(I/O)和软件(由于多数嵌入式设备的应用软件和操作系统都是紧密结合的，在这里对其不加区分，这也是嵌入式系统和 Windows 系统的最大区别)。

1.2 嵌入式系统发展历史与现状

虽然嵌入式系统是近几年才开始真正风靡起来的，但事实上嵌入式这个概念却很早就已经存在了。嵌入式系统诞生于微型机时代，经历了漫长的独立发展的单片机道路，从 20 世纪 70 年代单片机的出现到今天各种嵌入式微处理器、微控制器的广泛应用，嵌入式系统有了 40 多年的历史。纵观嵌入式系统的发展历程，大致经历了以下四个阶段。

1. 无操作系统阶段

嵌入式系统最初的应用是基于单片机的。20 世纪 70 年代，微处理器的出现，使早期供养在特殊机房中，实现数值计算的大型计算机发生了历史性的变化。以微处理器为核心的微型计算机以其小型、价廉、高可靠性等特点，迅速走出机房，进入工业控制领域。将微型机做在一个芯片上嵌入到一个对象体系中，实现对象体系的智能化控制，从而开创了嵌入式系统独立发展的单片机时代。

单片机大多以可编程控制器的形式出现，具有监测、伺服、设备指示等功能，通常应用于各类工业控制和飞机、导弹等武器装备中，一般没有操作系统的支持，只能通过汇编语言对系统进行直接控制，运行结束后再清除内存。这些装置虽然已经初步具备了嵌入式的应用特点，但仅仅只是使用 8 位的 CPU 芯片来执行一些单线程的程序，因此严格地说还谈不上“系统”的概念。

这一阶段嵌入式系统的主要特点是：系统结构和功能相对单一，处理效率较低，存储容量较小，几乎没有用户接口。由于这种嵌入式系统使用简便、价格低廉，因而曾经在工业控制领域中得到了非常广泛的应用，但却无法满足现今对执行效率、存储容量都有较高要求的信息家电等场合的需要。

2. 简单操作系统阶段

20 世纪 80 年代，随着微电子工艺水平的提高，IC 制造商开始把嵌入式应用中所需要的微处理器、I/O 接口、串行接口以及 RAM、ROM 等部件统统集成到一片 VLSI 中，制造出面向 I/O 设计的 MCU 微控制器(Micro Controller Unit)，并一举成为嵌入式系统领域中异军突起的新秀。与此同时，嵌入式系统的程序员也开始基于一些简单的“操作系统”开发嵌入式应用软件，大大缩短了开发周期、提高了开发效率。

这一阶段嵌入式系统的主要特点是：出现了大量高可靠、低功耗的嵌入式 CPU(如 Power PC 等)，各种简单的嵌入式操作系统开始出现并得到迅速发展。此时的嵌入式操作系统虽然还比较简单，但已经初步具有了一定的兼容性和扩展性，内核精巧且效率高，主要用来控制系统负载以及监控应用程序的运行。

在 MCU 微控制器阶段,主要的技术发展方向是:不断扩展满足嵌入式应用时对象系统要求的各种外围电路与接口电路,突显其对象的智能化控制能力。它所涉及的领域都与对象系统相关,由单片微型计算机发展到微控制器,以寻求应用系统在芯片上的最大化解决。

3. 实时操作系统阶段

20 世纪 90 年代,在分布控制、柔性制造、数字化通信和信息家电等巨大需求的牵引下,嵌入式系统进一步飞速发展,而面向实时信号处理算法的 DSP 产品则向着高速度、高精度、低功耗的方向发展。DSP(Digital Signal Processor)是专门用于信号处理方面的处理器,其在系统结构和指令算法方面进行了特殊设计,具有很高的编译效率和指令执行速度。

在这一阶段,随着硬件实时性要求的提高,嵌入式系统的软件规模也不断扩大,逐渐形成了实时多任务操作系统(RTOS),并开始成为嵌入式系统的主流。RTOS 是具有实时性且能支持实时控制系统工作的操作系统。

这一阶段嵌入式系统的主要特点是:操作系统的实时性得到了很大改善,已经能够运行在各种不同类型的微处理器上,具有高度的模块化和扩展性。此时的嵌入式操作系统已经具备了文件和目录管理、设备管理、多任务、网络、图形用户界面(GUI)等功能,并提供了大量的应用程序接口(API),从而使得应用软件的开发变得更加简单。

4. 面向 Internet 阶段

21 世纪无疑将是一个网络的时代,将嵌入式系统应用到各种网络环境中去的呼声自然也越来越高。目前大多数嵌入式系统还孤立于 Internet 之外,随着 Internet 的进一步发展,以及 Internet 技术与信息家电、工业控制技术等的结合日益紧密,嵌入式设备与 Internet 的结合才是嵌入式技术的真正未来。

信息时代和数字时代的到来,为嵌入式系统的发展带来了巨大的机遇,同时也对嵌入式系统厂商提出了新的挑战。目前,嵌入式技术与 Internet 技术的结合正在推动着嵌入式技术的飞速发展,嵌入式系统的研究和应用产生了如下新的显著变化:

(1) 新的微处理器层出不穷,嵌入式操作系统自身结构的设计更加便于移植,能够在短时间内支持更多的微处理器。

(2) 嵌入式系统的开发成了一项系统工程,开发厂商不仅要提供嵌入式软硬件系统本身,同时还要提供强大的硬件开发工具和软件支持包。

(3) 通用计算机上使用的新技术、新观念开始逐步移植到嵌入式系统中,如嵌入式数据库、移动代理、实时 CORBA 等,嵌入式软件平台得到进一步完善。

(4) 各类嵌入式 Linux 操作系统迅速发展,由于具有源代码开放、系统内核小、执行效率高、网络结构完整等特点,很适合信息家电等嵌入式系统的需要,目前已经形成了能与 Windows CE、Palm OS 等嵌入式操作系统进行有力竞争的局面。

(5) 网络化、信息化的要求随着 Internet 技术的成熟和带宽的提高而日益突出,以往功能单一的设备如电话、手机、冰箱、微波炉等功能不再单一,结构变得更加复杂,网络互联成为必然趋势。

(6) 精简系统内核,优化关键算法,降低功耗和软硬件成本。

(7) 提供更加友好的多媒体人机交互界面。

1.3 嵌入式系统的组成

一个嵌入式系统装置一般由嵌入式计算机系统和执行装置组成，如图 1-2 所示。嵌入式计算机系统是整个嵌入式系统的核心，由硬件层、中间层、系统软件层和应用软件层组成。执行装置也称为被控对象，它可以接受嵌入式计算机系统发出的控制命令，执行所规定的操作或任务。执行装置可以很简单，如手机上的一个微小型的电机，当手机处于震动接收状态时打开；也可以很复杂，如 SONY 智能机器狗，上面集成了多个微小型控制电机和多种传感器，从而可以执行各种复杂的动作和感受各种状态信息。下面对嵌入式计算机系统的组成进行介绍。

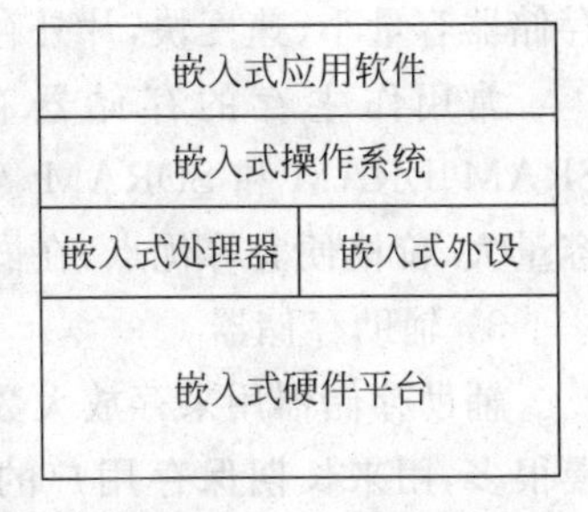

图 1-2 嵌入式系统组成

1.3.1 硬件层

硬件层中包含嵌入式微处理器、存储器(SDRAM、ROM、Flash 等)、通用设备接口和 I/O 接口(A/D、D/A、I/O 等)。在一片嵌入式处理器基础上添加电源电路、时钟电路和存储器电路，就构成了一个嵌入式核心控制模块，其中操作系统和应用程序都可以固化在 ROM 中。

1. 嵌入式微处理器

嵌入式系统硬件层的核心是嵌入式微处理器，嵌入式微处理器与通用 CPU 最大的不同在于嵌入式微处理器大多工作在为特定用户群所专用设计的系统中，它将通用 CPU 许多由板卡完成的任务集成在芯片内部，从而有利于嵌入式系统在设计时趋于小型化，同时还具有很高的效率和可靠性。

嵌入式微处理器的体系结构可以采用冯·诺依曼体系或哈佛体系结构；指令系统可以选用精简指令系统(Reduced Instruction Set Computer，RISC)和复杂指令系统(Complex Instruction Set Computer，CISC)。RISC 计算机在通道中只包含最有用的指令，确保数据通道快速执行每一条指令，从而提高了执行效率并使 CPU 硬件结构设计变得更为简单。

2. 存储器

嵌入式系统需要存储器来存放和执行代码。嵌入式系统的存储器包含 Cache、主存和辅助存储器。

1) Cache

Cache 是一种容量小、速度快的存储器阵列，它位于主存和嵌入式微处理器内核之间，存放的是最近一段时间微处理器使用最多的程序代码和数据。在需要进行数据读取操作时，微处理器尽可能地从 Cache 中读取数据，而不是从主存中读取，这样就大大改善了系统的性能，提高了微处理器和主存之间的数据传输速率。Cache 的主要目标就是：减小存储器(如主存和辅助存储器)给微处理器内核造成的存储器访问瓶颈，使处理速度更快，实时性更强。

在嵌入式系统中 Cache 全部集成在嵌入式微处理器内，可分为数据 Cache、指令 Cache

或混合 Cache,Cache 的大小依不同处理器而定。一般中高档的嵌入式微处理器才会把 Cache 集成进去。

2) 主存

主存是嵌入式微处理器能直接访问的寄存器,用来存放系统和用户的程序及数据。它可以位于微处理器的内部或外部,其容量为 256KB~1GB,根据具体的应用而定,一般片内存储器容量小、速度快,片外存储器容量大。

常用作主存的存储器有:ROM 类 NOR Flash、EPROM 和 PROM 等;RAM 类 SRAM、DRAM 和 SDRAM 等。其中 NOR Flash 凭借其可擦写次数多、存储速度快、存储容量大、价格便宜等优点,在嵌入式领域内得到了广泛应用。

3) 辅助存储器

辅助存储器用来存放大数据量的程序代码或信息,它的容量大,但读取速度与主存相比慢很多,用来长期保存用户的信息。嵌入式系统中常用的外存有硬盘、NAND Flash、CF 卡、MMC 和 SD 卡等。

3. 通用设备接口和 I/O 接口

嵌入式系统和外界交互需要一定形式的通用设备接口,如 A/D、D/A、I/O 等,外设通过与片外其他设备或传感器的连接来实现微处理器的输入/输出功能。每个外设通常都只有单一的功能,它可以在芯片外也可以内置芯片中。外设的种类很多,可从一个简单的串行通信设备到非常复杂的 802.11 无线设备。

目前嵌入式系统中常用的通用设备接口有 A/D(模/数转换接口)、D/A(数/模转换接口),I/O 接口有 RS232 接口(串行通信接口)、Ethernet(以太网接口)、USB(通用串行总线接口)、音频接口、VGA 视频输出接口、I^2C(现场总线)、SPI(串行外围设备接口)和 IrDA(红外线接口)等。

1.3.2 中间层

硬件层与软件层之间为中间层,也称为硬件抽象层(Hardware Abstract Layer,HAL)或板级支持包(Board Support Package,BSP),它将系统上层软件与底层硬件分离开来,使系统的底层驱动程序与硬件无关,上层软件开发人员无须关心底层硬件的具体情况,根据 BSP 层提供的接口即可进行开发。该层一般包含相关底层硬件的初始化、数据的输入/输出操作和硬件设备的配置功能。

BSP 具有以下两个特点。

(1) 硬件相关性。因为嵌入式实时系统的硬件环境具有应用相关性,而作为上层软件与硬件平台之间的接口,BSP 需要为操作系统提供操作和控制具体硬件的方法。

(2) 操作系统相关性。不同的操作系统具有各自的软件层次结构,而且,不同的操作系统具有特定的硬件接口形式和驱动机制。实际上,BSP 是一个介于操作系统和底层硬件之间的软件层次,包括了系统中大部分与硬件联系紧密的软件模块。

设计一个完整的 BSP 需要完成两部分工作:嵌入式系统的硬件初始化以及 BSP 功能;设计硬件相关的设备驱动。

1) 嵌入式系统硬件初始化

系统初始化过程可以分为3个主要环节,按照自底向上、从硬件到软件的次序依次为:片级初始化、板级初始化和系统级初始化。

(1) 片级初始化。完成嵌入式微处理器的初始化,包括设置嵌入式微处理器的核心寄存器和控制寄存器、嵌入式微处理器核心工作模式和嵌入式微处理器的局部总线模式等。片级初始化把嵌入式微处理器从上电时的默认状态逐步设置成系统所要求的工作状态。这是一个纯硬件的初始化过程。

(2) 板级初始化。完成嵌入式微处理器以外的其他硬件设备的初始化。另外,还需设置某些软件的数据结构和参数,为随后的系统级初始化和应用程序的运行建立硬件和软件环境。这是一个同时包含软硬件两部分在内的初始化过程。

(3) 系统初始化。该初始化过程以软件初始化为主,主要进行操作系统的初始化。BSP将对嵌入式微处理器的控制权转交给嵌入式操作系统,由操作系统完成余下的初始化操作,包含加载和初始化与硬件无关的设备驱动程序,建立系统内存区,加载并初始化其他系统软件模块,如网络系统、文件系统等。最后,操作系统创建应用程序环境,并将控制权交给应用程序的入口。

2) 硬件相关的设备驱动程序

BSP的另一个主要功能是硬件相关的设备驱动。硬件相关的设备驱动程序的初始化通常是一个从高到低的过程。尽管BSP中包含硬件相关的设备驱动程序,但是这些设备驱动程序通常不直接由BSP使用,而是在系统初始化过程中由BSP将他们与操作系统中通用的设备驱动程序关联起来,并在随后的应用中由通用的设备驱动程序调用,实现对硬件设备的操作。与硬件相关的驱动程序是BSP设计与开发中另一个非常关键的环节。

1.3.3 系统软件层

系统软件层由实时多任务操作系统(Real-time Operation System,RTOS)、文件系统、图形用户接口(Graphic User Interface,GUI)、网络系统及通用组件模块组成。RTOS是嵌入式应用软件的基础和开发平台。

1. 嵌入式操作系统

嵌入式操作系统(Embedded Operation System,EOS)是一种用途广泛的系统软件,过去它主要应用于工业控制和国防系统领域。EOS负责嵌入系统的全部软、硬件资源的分配、任务调度,控制、协调并发活动。它必须体现其所在系统的特征,能够通过装卸某些模块来达到系统所要求的功能。目前,已推出一些应用比较成功的EOS产品系列。

随着Internet技术的发展、信息家电的普及应用及EOS的微型化和专业化,EOS开始从单一的弱功能向高专业化的强功能方向发展。嵌入式操作系统在系统实时高效性、硬件的相关依赖性、软件固化以及应用的专用性等方面具有较为突出的特点。EOS是相对于一般操作系统而言的,它除了具有一般操作系统最基本的功能外,还具有以下功能:如任务调度、同步机制、中断处理、文件处理等。

现在国际上知名的嵌入式操作系统有Windows CE、Palm OS、Linux、VxWorks、pSOS、QNX、OS-9、LynxOS、μCOS等,已进入我国市场的国外产品有μCOS、WindRiver、

Microsoft、QNX 和 Nuclear 等。我国嵌入式操作系统起步较晚，国内此类产品主要是基于自主版权的 Linux 操作系统，其中以中软 Linux、红旗 Linux、东方 Linux 为代表。

2. 嵌入式应用软件

嵌入式应用软件是针对特定应用领域，基于某一固定的硬件平台，用来达到用户预期目标的计算机软件。由于用户任务可能有时间和精度上的要求，因此有些嵌入式应用软件需要特定嵌入式操作系统的支持。嵌入式应用软件和普通应用软件有一定的区别，它不仅要求其准确性、安全性和稳定性等方面能够满足实际应用的需要，而且还要尽可能地进行优化，以减少对系统资源的消耗，降低硬件成本。目前我国市场上已经出现了各式各样的嵌入式应用软件，包括浏览器、Email 软件、文字处理软件、通信软件、多媒体软件、个人信息处理软件、智能人机交互软件、各种行业应用软件等。嵌入式系统中的应用软件是最活跃的部分，每种应用软件均有特定的应用背景，尽管规模较少，但专业性较强，所以嵌入式应用软件不像操作系统和支撑软件那样受制于国外产品垄断，是我国嵌入式软件的优势领域。

1.4 嵌入式系统相关概念

嵌入式系统涉及的概念比较新，而且比较多，下面主要介绍嵌入式的几个相关概念。

1.4.1 嵌入式处理器

嵌入式处理器是嵌入式系统的核心。嵌入式处理器与通用处理器最大的不同点在于，嵌入式 CPU 大多工作在为特定用户群所专门设计的系统中，它将通用 CPU 中许多由板卡完成的任务集成到芯片内部，从而有利于嵌入式系统在设计时趋于小型化，同时还具有很高的效率和可靠性。

目前世界上具有嵌入式功能特点的处理器已经超过 1000 种，流行体系结构包括 MCU、MPU 等 30 多个系列。鉴于嵌入式系统广阔的发展前景，很多半导体制造商都大规模生产嵌入式处理器，并且公司自主设计处理器也已经成为未来嵌入式领域的一大趋势，其中从单片机、DSP 到 FPGA 有着各式各样的品种，速度越来越快，性能越来越强，价格也越来越低。目前嵌入式处理器的寻址空间可以从 64KB 到 16MB，处理速度最快可以达到 2000MIPS，封装从 8 个引脚到 144 个引脚不等。

根据其现状，嵌入式处理器可以分成下面几类。

1. 嵌入式微处理器

嵌入式微处理器(Micro Processor Unit，MPU)是由通用计算机中的 CPU 演变而来的。它的特征是具有 32 位以上的处理器，具有较高的性能，当然其价格也相应较高。但与计算机处理器不同的是，在实际嵌入式应用中，只保留和嵌入式应用紧密相关的功能硬件，去除其他的冗余功能部分，这样就以最低的功耗和资源实现嵌入式应用的特殊要求。和工业控制计算机相比，嵌入式微处理器具有体积小、重量轻、成本低、可靠性高的优点。目前主要的嵌入式处理器类型有 Am186/88、386EX、SC-400、Power PC、68000、MIPS、ARM/StrongARM 系列等。其中 ARM/StrongARM 是专为手持设备开发的嵌入式微处理器，属于中档价位。

2. 嵌入式微控制器

嵌入式微控制器(Micro Controller Unit, MCU)的典型代表是单片机,从20世纪70年代末单片机出现到今天,虽然已经经过了40多年的历史,但这种8位的电子器件目前在嵌入式设备中仍然有着极其广泛的应用。单片机芯片内部集成ROM/EPROM、RAM、总线、总线逻辑、定时/计数器、看门狗、I/O、串行口、脉宽调制输出、A/D、D/A、Flash RAM、EEPROM等各种必要功能和外设。和嵌入式微处理器相比,微控制器的最大特点是单片化,体积大大减小,从而使功耗和成本下降、可靠性提高。微控制器是目前嵌入式系统工业的主流。微控制器的片上外设资源一般比较丰富,适合于控制,因此称微控制器。

由于MCU具有低廉的价格和优良的功能,所以拥有的品种和数量最多,比较有代表性的包括8051、MCS-251、MCS-96/196/296、P51XA、C166/167、68K系列以及MCU 8XC930/931、C540、C541,并且有支持I^2C、CAN-Bus、LCD及众多专用MCU和兼容系列。目前MCU占嵌入式系统约70%的市场份额。近来Atmel公司出产的Avr单片机由于其集成了FPGA等器件,所以具有很高的性价比,势必将推动单片机获得更高的发展。

3. 嵌入式DSP处理器

DSP处理器(Embedded Digital Signal Processor, EDSP)是专门用于信号处理方面的处理器,其在系统结构和指令算法方面进行了特殊设计,具有很高的编译效率和指令的执行速度,在数字滤波、FFT、谱分析等各种仪器上获得了大规模的应用。

DSP的理论算法在20世纪70年代就已经出现,但是由于专门的DSP处理器还未出现,所以这种理论算法只能通过MPU等由分立元件实现。MPU较低的处理速度无法满足DSP的算法要求,其应用领域仅仅局限于一些尖端的高科技领域。随着大规模集成电路技术的发展,1982年世界上诞生了首枚DSP芯片。其运算速度比MPU快了几十倍,在语音合成和编码解码器中得到了广泛应用。至20世纪80年代中期,随着CMOS技术的进步与发展,第二代基于CMOS工艺的DSP芯片应运而生,其存储容量和运算速度都得到成倍提高,成为语音处理、图像硬件处理技术的基础。到20世纪80年代后期,DSP的运算速度进一步提高,应用领域也从上述范围扩大到了通信和计算机方面。20世纪90年代后,DSP发展到了第五代产品,集成度更高,使用范围也更加广阔。

目前最为广泛应用的是TI的TMS320C2000/C5000系列,另外如Intel的MCS-296和Siemens的TriCore也有各自的应用范围。

4. 嵌入式片上系统

嵌入式片上系统(System on Chip,SoC)追求产品系统最大包容的集成器件,是目前嵌入式应用领域的热门话题之一。

SoC最大的特点是成功实现了软硬件无缝结合,直接在处理器片内嵌入操作系统的代码模块。而且SoC具有极高的综合性,在一个硅片内部运用VHDL等硬件描述语言,实现一个复杂的系统。用户不需要再像传统的系统设计一样,绘制庞大的电路板,一点点地连接焊制,只需要使用精确的语言,综合时序设计直接在器件库中调用各种通用处理器的标准,然后通过仿真之后就可以直接交付芯片厂商进行生产。由于绝大部分系统构件都是在系统内部,整个系统特别简洁,不仅减小了系统的体积和功耗,而且提高了系统的可靠性,提高了设计生产效率。

由于 SoC 往往是专用的，所以大部分都不为用户所知，比较典型的 SoC 产品是 Philips 的 Smart XA。少数通用系列如 Siemens 的 TriCore、Motorola 的 M-Core 以及某些 ARM 系列器件、Echelon 和 Motorola 联合研制的 Neuron 芯片等。预计不久的将来，一些大的芯片公司将通过推出成熟的、能占领多数市场的 SoC 芯片，一举击退竞争者。SoC 芯片也将在声音、图像、影视、网络及系统逻辑等应用领域中发挥重要作用。

1.4.2 嵌入式外围设备

在嵌入系统硬件系统中，除了中心控制部件(MCU、DSP、EMPU、SoC)以外，用于完成存储、通信、调试、显示等辅助功能的其他部件，事实上都可以算作嵌入式外围设备。目前常用的嵌入式外围设备按功能可以分为存储设备(静态存储器和动态存储器)、通信设备(包括 RS232 接口、USB 接口、以太网接口等)和显示设备(阴极射线管 CRT、液晶显示器 LCD 和触摸屏)。

1.4.3 嵌入式操作系统

嵌入式操作系统根据应用场合可以分为两大类：一类是面向消费电子产品的非实时系统，这类设备包括个人数字助理(PDA)、移动电话、机顶盒(STB)等；另一类则是面向控制、通信、医疗等领域的实时操作系统(Real Time Operating System，RTOS)。RTOS 是具有实时性且能从硬件方面支持实时控制系统工作的操作系统。

目前嵌入式 Linux 操作系统以价格低廉、功能强大又易于移植而正在被广泛采用，成为嵌入式操作系统中的新兴的力量。

1. 实时操作系统

实时操作系统是嵌入式系统目前最主要的组成部分。根据操作系统的工作特性，实时是指物理进程的真实时间。实时操作系统具有实时性，是能从硬件方面支持实时控制系统工作的操作系统。其中实时性是第一要求，需要调度一切可利用的资源完成实时控制任务，其次才着眼于提高计算机系统的使用效率，重要特点是要满足对时间的限制和要求。

2. 分时操作系统

对于分时操作系统，软件的执行在时间上的要求并不严格，时间上的错误，一般不会造成灾难性的后果。目前分时系统的强项在于多任务的管理，而实时操作系统的重要特点是具有系统的可确定性，即系统能对运行情况的最好和最坏等的情况能做出精确的估计。

3. 多任务操作系统

多任务操作系统支持多任务管理和任务间的同步和通信，传统的单片机系统和 DOS 系统等对多任务支持的功能很弱，而目前的 Windows 是典型的多任务操作系统。在嵌入式应用领域中，多任务是一个普遍的要求。

4. 实时操作系统中的重要概念

系统响应时间(System response time)：系统发出处理要求到系统给出应答信号的时间。

任务换道时间(Context-switching time)：任务之间切换而使用的时间。

中断延时(Interrupt latency)：计算机接收到中断信号到操作系统做出响应,并完成换道转入中断服务程序的时间。

5. 实时操作系统的工作状态

实时系统中的任务有四种状态：运行(Executing)、就绪(Ready)、挂起(Suspended)和冬眠(Dormant)。

运行：获得 CPU 控制权。

就绪：进入任务等待队列,通过调度转为运行状态。

挂起：任务发生阻塞,移出任务等待队列,等待系统实时事件的发生而唤醒,从而转为就绪或运行。

冬眠：任务完成或错误等原因被清除的任务,也可以认为是系统中不存在的任务。

任何时刻系统中只能有一个任务在运行状态,各任务按级别通过时间片分别获得对 CPU 的访问权。

1.4.4 嵌入式应用软件

嵌入式应用软件是针对特定应用领域,基于某一固定的硬件平台,用来达到用户预期目标的计算机软件,由于用户任务可能有时间和精度上的要求,因此有些嵌入式应用软件需要特定嵌入式操作系统的支持。嵌入式应用软件和普通应用软件有一定的区别,它不仅要求其准确性、安全性和稳定性等方面能够满足实际应用的需要,而且还要尽可能地进行优化,以减少对系统资源的消耗,降低硬件成本。

1.5 应用领域

嵌入式系统技术具有非常广阔的应用前景,如图 1-3 所示,其主要应用于以下领域。

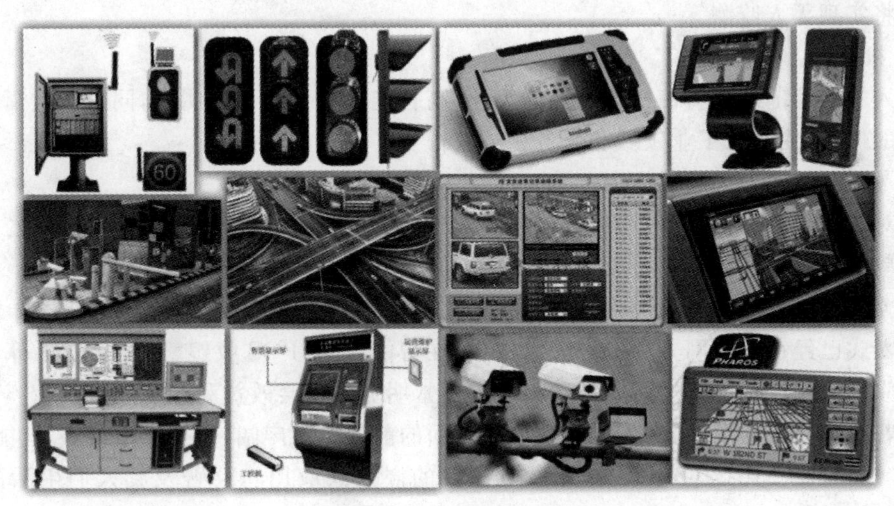

图 1-3　嵌入式系统在智能交通行业的应用

1. 工业控制

基于嵌入式芯片的工业自动化设备将获得长足的发展,目前已经有大量的 8、16、32 位嵌入式微控制器在应用中,网络化是提高生产效率和产品质量、减少人力资源的主要途径,如工业过程控制、数字机床、电力系统、电网安全、电网设备监测、石油化工系统。就传统的工业控制产品而言,低端型采用的往往是 8 位单片机。但是随着技术的发展,32 位、64 位的处理器逐渐成为工业控制设备的核心,在未来几年内必将获得长足的发展。

2. 交通管理

在车辆导航、流量控制、信息监测与汽车服务方面,嵌入式系统技术已经获得了广泛的应用,如内嵌 GPS 模块、GSM 模块的移动定位终端已经在各种运输行业获得了成功的使用。目前 GPS 设备已经从尖端产品进入了普通百姓的家庭,只需要几千元,就可以随时随地找到你的位置。

3. 信息家电

这将成为嵌入式系统最大的应用领域,冰箱、空调等的网络化、智能化将引领人们的生活步入一个崭新的空间。即使你不在家里,也可以通过电话线、网络进行远程控制。在这些设备中,嵌入式系统将大有用武之地。

4. 家庭智能管理系统

水、电、煤气表的远程自动抄表,安全防火、防盗系统,其中嵌有的专用控制芯片将代替传统的人工检查,并实现更高、更准确和更安全的性能。目前在服务领域,如远程点菜器等已经体现了嵌入式系统的优势。

5. POS 网络及电子商务

公共交通无接触智能卡(Contactless Smartcard,CSC)发行系统、公共电话卡发行系统、自动售货机、各种智能 ATM 终端将全面走入人们的生活,到时手持一卡就可以行遍天下。

6. 环境工程与自然

在水文资料实时监测、防洪体系及水土质量监测、堤坝安全、地震监测网、实时气象信息网、水源和空气污染监测等方面有很广泛的应用。在很多环境恶劣、地况复杂的地区,嵌入式系统将实现无人监测。

7. 机器人

嵌入式芯片的发展将使机器人在微型化、高智能方面优势更加明显,同时会大幅度降低机器人的价格,使其在工业领域和服务领域获得更广泛的应用。

8. 机电产品

相对于其他的领域,机电产品可以说是嵌入式系统应用最典型最广泛的领域之一。从最初的单片机到现在的工控机、SoC 在各种机电产品中均有着巨大的市场。

9. 物联网

嵌入式已经在物联网方面取得大量成果,在智能交通、POS 收银、工厂自动化等领域已经广泛应用。仅在智能交通行业就已经取得非常明显的社会效益和经济效益。

随着移动应用的发展,嵌入式移动应用方面的前景非常广阔,包括穿戴设备、智能硬件、物联网。随着低功耗技术的发展,随身可携带的嵌入式应用将会普及到人们生活的各个方面。

第2章

ARM 技术概述

ARM 公司是一家提供 RISC 架构的嵌入式微处理器公司，设计了大量高性能、廉价、低耗能的 RISC 处理器、相关技术和软件，适用于多种领域，例如嵌入控制、消费、教育类多媒体、DSP 和移动式应用等。ARM 公司的总部位于英国剑桥，成立于 1990 年 11 月，在全球设立了多个办事处，是苹果、ACOM、VLSI、Technology 等公司的合资企业。

20 世纪 90 年代，ARM 公司的业绩平平，处理器的出货量停滞不前，由于缺乏资金，ARM 公司做出了一个意义深远的决定：自己不制造芯片，只将芯片的设计方案授权给其他公司，由它们来生产。正是这个模式，最终使得 ARM 芯片遍地普及，将封闭的 Intel 公司置于“人民战争”的汪洋大海。

进入 21 世纪后，由于手机的快速普及，ARM 公司的出货量呈现爆炸式增长，ARM 处理器占领了全球手机市场，2010 年，全球 ARM 芯片出货量达到 60 亿片，远远超出预期的 45 亿产量。

目前，总共有超过 100 家公司与 ARM 公司签订了技术使用许可协议，其中包括 Intel、IBM、LG、NEC、Sony、NXP(原 Philips)和 NS 这样的大公司。至于软件系统的合伙人，则包括微软、MRI 等一系列知名公司。

ARM 架构是 ARM 公司面向市场设计的第一款低成本 RISC 微处理器，它具有极高的性价比和代码密度以及出色的实时中断响应和极低的功耗，并且占用硅片的面积极少，从而成为嵌入式系统的理想选择，因此应用范围非常广泛，例如手机、PDA、MP3/MP4 和种类繁多的便携式消费产品。2004 年 ARM 公司的合作伙伴生产了 12 亿片 ARM 处理器。

2.1 ARM 体系构架

计算机系统结构分为哈佛结构和冯·诺依曼结构，很多人都知道这两个名词，但是对于具体的技术区别并不是十分了解。

2.1.1 哈佛结构

哈佛结构(Harvard architecture)是一种将程序指令储存和数据储存分开的存储器结

构。中央处理器首先到程序指令储存器中读取程序指令内容,如图 2-1 所示,解码后得到数据地址,再到相应的数据储存器中读取数据,并进行下一步的操作(通常是执行)。程序指令储存和数据储存分开,数据和指令的储存可以同时进行,可以使指令和数据有不同的数据宽度,如 Microchip 公司的 PIC16 芯片的程序指令是 14 位宽度,而数据是 8 位宽度。

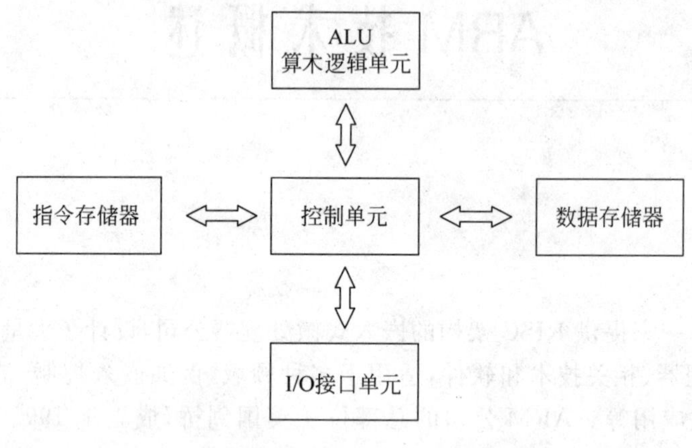

图 2-1 哈佛结构

与冯·诺依曼结构处理器比较,哈佛结构处理器有两个明显的特点。

(1) 使用两个独立的存储器模块,分别存储指令和数据,每个存储模块都不允许指令和数据并存。

(2) 使用独立的两条总线,分别作为 CPU 与每个存储器之间的专用通信路径,而这两条总线之间毫无关联。

改进的哈佛结构,其结构特点如下。

(1) 使用两个独立的存储器模块,分别存储指令和数据,每个存储模块都不允许指令和数据并存,以便实现并行处理。

(2) 具有一条独立的地址总线和一条独立的数据总线,利用公用地址总线访问两个存储模块(程序存储模块和数据存储模块),公用数据总线则被用来完成程序存储模块或数据存储模块与 CPU 之间的数据传输。

哈佛结构的微处理器通常具有较高的执行效率。其程序指令和数据指令是分开组织和储存的,执行时可以预先读取下一条指令。目前使用哈佛结构的中央处理器和微控制器有很多,除了上面提到的 Microchip 公司的 PIC 系列芯片,还有摩托罗拉公司的 MC68 系列、Zilog 公司的 Z8 系列、Atmel 公司的 AVR 系列和安谋公司的 ARM9、ARM10 和 ARM11。

ARM 有许多系列,如 ARM7、ARM9、ARM10E、XScale、Cortex 等,其中哈佛结构、冯·诺依曼结构都有。如控制领域最常用的 ARM7 系列是冯·诺依曼结构,而 Cortex-M3 系列是哈佛结构。

2.1.2 冯·诺依曼结构

冯·诺依曼结构也称普林斯顿结构,是一种将程序指令存储器和数据存储器合并在一起的电脑设计概念结构。本词描述的是一种实作通用图灵机的计算装置,以及一种相对于平行计算的序列式结构参考模型(referential model),如图 2-2 所示。

本结构隐约指导了将储存装置与中央处理器分开的概念,因此依本结构设计出的计算机又称储存程序型电脑。

冯·诺依曼结构处理器具有以下几个特点:

- 必须有一个存储器;
- 必须有一个控制器;
- 必须有一个运算器,用于完成算术运算和逻辑运算;
- 必须有输入和输出设备,用于进行人机通信。

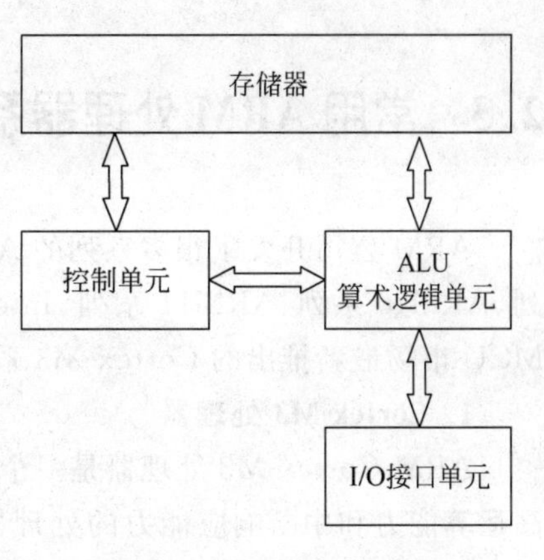

图 2-2 冯·诺依曼结构

2.2 ARM 的 RISC 结构特性

ARM 内核采用精简指令集计算机(RISC)体系结构,它是一个小门数的计算机,其指令集和相关的译码机制比复杂指令集计算机(CISC)要简单得多,其目标就是设计出一套能在高时钟频率下单周期执行、简单而有效的指令集。RISC 的设计重点在于降低处理器中指令执行部件的硬件复杂度,这是因为软件比硬件更容易提供更大的灵活性和更高的智能化,因此 ARM 具备了非常典型的 RISC 结构特性:

(1) 具有大量的通用寄存器。

(2) 通过装载/保存(load-store)结构使用独立的 load 和 store 指令完成数据在寄存器和外部存储器之间的传送,处理器只处理寄存器中的数据,从而可以避免多次访问存储器。

(3) 寻址方式非常简单,所有装载/保存的地址都只由寄存器内容和指令域决定。

(4) 使用统一和固定长度的指令格式。

此外,ARM 体系结构还提供:

(1) 每一条数据处理指令都可以同时包含算术逻辑单元(ALU)的运算和移位处理,以实现对 ALU 和移位器的最大利用。

(2) 使用地址自动增加和自动减少的寻址方式优化程序中的循环处理。

(3) load/store 指令可以批量传输数据,从而实现了最大数据吞吐量。

(4) 大多数 ARM 指令是可"条件执行"的,也就是说只有当某个特定条件满足时指令才会被执行。通过使用条件执行,可以减少指令的数目,从而改善程序的执行效率和提高代码密度。

这些在基本 RISC 结构上增强的特性使 ARM 处理器在高性能、低代码规模、低功耗和小的硅片尺寸方面取得良好的平衡。

从 1985 年 ARM1 诞生至今,ARM 指令集体系结构发生了巨大的改变,还在不断地完善和发展。为了清楚地表达每个 ARM 应用实例所使用的指令集,ARM 公司定义了 7 种主要的 ARM 指令集体系结构版本,以版本号 v1~v7 表示。

2.3 常用ARM处理器系列

ARM公司开发了很多系列的ARM处理器核,应用比较多的是ARM7系列、ARM9系列、ARM10系列、ARM11系列、Intel的Xscale系列和MPCore系列,还有针对低端8位MCU市场最新推出的Cortex-M3系列,其具有32位CPU的性能、8位MCU的价格。

1. Cortex-M3处理器

ARM Cortex-M3处理器是一个面向低成本、小引脚数目以及低功耗应用,并且具有极高运算能力和中断响应能力的处理器内核。其问世于2006年,第一个推向市场的是美国LuminaryMicro半导体公司的LM3S系列ARM。

Cortex-M3处理器采用了纯Thumb2指令的执行方式,使得这个具有32位高性能的ARM内核能够实现8位和16位处理器级数的代码存储密度,非常适用于那些只需几KB存储器的MCU市场。在增强代码密度的同时,该处理器内核是ARM所设计的内核中最小的一个,其核心的门数只有33KB,在包含了必要的外设之后的门数也只为60KB。这使它的封装更为小型,成本更加低廉。在实现这些的同时,它还提供了性能优异的中断能力,通过其独特的寄存器管理并以硬件处理各种异常和中断的方式,最大程度地提高了中断响应和中断切换的速度。

与相近价位的ARM7核相比,Cortex-M3采用了先进的ARMv7架构,具有带分支预测功能的3级流水线,以NMI的方式取代了FIQ/IRQ的中断处理方式,其中断延时最大只需12个周期(ARM7为24~42个周期),带睡眠模式,8段MPU(存储器保护单元),同时具有1.25MIPS/MHz的性能(ARM7为0.9MIPS/MHz),而且其功耗仅为0.19mW/MHz(ARM7为0.28mW/MHz),目前最便宜的基于Cortex-M3内核的ARM单片机售价为1美元,由此可见Cortex-M3系列是冲击低成本市场的利器,但性能比8位单片机更高。

2. Cortex-R4处理器

Cortex-R4处理器是首款基于ARMv7架构的高级嵌入式处理器,其目标主要为产量巨大的高级嵌入式应用方案,如硬盘、喷墨式打印机以及汽车安全系统等。

Cortex-R4处理器在节省成本与功耗上为开发者们带来了关键性的突破,在与其他处理器相近的芯片面积上提供了更为优越的性能。Cortex-R4为整合期间的可配置能力提供了真正的支持,通过这种能力,开发者可让处理器更加完美地符合应用方案的具体要求。

Cortex-R4采用了90nm生产工艺,最高运行频率可达400MHz,该内核整体设计的侧重点在于效率和可配置性。

ARM Cortex-R4处理器拥有复杂完善的流水线架构,该架构基于低耗费的超量(双行)8段流水线,同时带有高级分支预测功能,从而实现了超过1.6MIPS/MHz的运算速度。该处理器全面遵循ARMv7架构,同时还包含了更高代码密度的Thumb-2技术、硬件划分指令、经过优化的一级高速缓存和TCM(紧密耦合存储器)、存储器保护单元、动态分支预测、64位的AXI主机端口、AXI从机端口、VIC端口等多种创新的技术和强大的功能。

3. Cortex-R4F处理器

Cortex-R4F处理器在Cortex-R4处理器的基础上加入了代码错误校正(ECC)技术、浮点运算单元(FPU)以及DMA综合配置的能力,增强了处理器在存储器保护单元、缓存、紧密耦合存储器、DMA访问以及调试方面的能力。

4. Cortex-A8 处理器

Cortex-A8是ARM公司所开发的基于ARMv7架构的首款应用级处理器,同时也是ARM所开发的同类处理器中性能最好、能效最高的处理器。从600MHz开始到1GHz以上的运算能力使Cortex-A8能够轻易胜任那些要求功耗小于300mW的、耗电量最优化的移动电话器件以及那些要求有2000MIPS执行速度的、性能最优化的消费者产品的应用。Cortex-A8是ARM公司首个超量处理器,其特色是运用了可增加代码密度和加强性能的技术、可支持多媒体以及信号处理能力的NEONTM技术以及能够支持Java和其他文字代码语言(byte-code language)的提前和即时编译的Jazelle RCT(Run-time Compilation Target运行时编译目标代码)技术。

ARM最新的Artisan Advantage-CE库以其先进的泄漏控制技术使Cortex-A8处理器实现了优异的速度和能效。

Cortex-A8具有多种先进的功能特性,它是一个有序、双行、超标量的处理器内核,具有13级整数运算流水线、10级NEON媒体运算流水线,可对等待状态进行编程的专用的2级缓存,以及基于历史的全局分支预测;在功耗最优化的同时,实现了2.00MIPS/MHz的性能。它完全兼容ARMv7架构,采用Thumb2指令集,带有为媒体数据处理优化的NEON信号处理能力,Jazelle RC Java加速技术,并采用了TrustZong技术来保障数据的安全性。它带有经过优化的1级缓存,还集成了2级缓存。众多先进的技术使其适用于家电以及电子行业等各种高端的应用领域。

5. ARM7 系列

ARM7TDMI是ARM公司1995年推出的第一个处理器内核,是目前用量最多的一个内核。ARM7系列包括ARM7TDMI、ARM7TDMI-S、带有高速缓存处理器宏单元的ARM720T和扩充了Jazelle的ARM7EJ-S。该系列处理器提供Thumb 16位压缩指令集和EmbeddedICE JTAG软件调试方式,适合应用于更大规模的SoC设计中。其中ARM720T高速缓存处理宏单元还提供8KB缓存、读缓冲和具有内存管理功能的高性能处理器,支持Linux和Windows CE等操作系统。

6. ARM9 系列

ARM9系列于1997年问世,ARM9系列有ARM9TDMI、ARM920T和带有高速缓存处理器宏单元的ARM940T。所有的ARM9系列处理器都具有Thumb压缩指令集和基于EmbeddedICE JTAG的软件调试方式。ARM9系列兼容ARM7系列,而且能够比ARM7进行更加灵活的设计。

ARM9E系列为综合处理器,包括ARM926EJ-S和带有高速缓存处理器宏单元的ARM966E-S、ARM946E-S,其中ARM926EJ-S发布于2000年。该系列强化了数字信号处理(DSP)功能,将Thumb技术和DSP都扩展到ARM指令集中,可应用于需要DSP与微控制器结合使用的情况,并具有EmbeddedICE-RT逻辑(ARM的基于EmbeddedICE JTAG软件调试的增强版本),更好地适应了实时系统的开发需要。同时其内核在ARM9处理器内核的基础上使用了Jazelle增强技术,该技术支持一种新的Java操作状态,允许在硬件中执行Java字节码。

7. ARM10 系列

ARM10 发布于 1999 年,ARM10 系列包括 ARM1020E 和 ARM1022E 微处理器核。其核心在于使用向量浮点(VFP)单元 VFP10 提供高性能的浮点解决方案,从而极大提高了处理器的整型和浮点运算性能,为用户界面的 2D 和 3D 图形引擎应用夯实基础,如视频游戏机和高性能打印机等。

8. ARM11 系列

ARM1136J-S 发布于 2003 年,是针对高性能和高能效的应用而设计的。ARM1136J-S 是第一个执行 ARMv6 架构指令的处理器,它集成了一条具有独立的 load-store 和算术流水线的 8 级流水线。ARMv6 指令包含了针对媒体处理的单指令多数据流(SIMD)扩展,采用特殊的设计以改善视频处理性能。

ARM1136JF-S 是在 ARM1136J-S 基础上增加了向量浮点单元,其主要目的是进行快速浮点运算。

9. Xscale

Xscale 处理器将 Intel 处理器技术和 ARM 体系结构融为一体,致力于为手提式通信和消费电子类设备提供理想的解决方案,并提供全性能、高性价比、低功耗的解决方案,支持 16 位 Thumb 指令和集成数字信号处理(DSP)指令。

2.4 ARM 体系结构和技术特征

ARM 的成功,一方面得益于它独特的公司运作模式,另一方面,当然来自于 ARM 处理器自身的优良性能。作为一种先进的 RISC 处理器,ARM 处理器有如下特点。

(1) 体积小、低功耗、低成本、高性能。

(2) 支持 Thumb(16 位)/ARM(32 位)双指令集,能很好地兼容 8 位/16 位器件。

(3) 大量使用寄存器,指令执行速度更快。

(4) 大多数数据操作都在寄存器中完成。

(5) 寻址方式灵活简单,执行效率高。

(6) 指令长度固定。

此处有必要解释下 RISC 处理器的概念及其与 CISC 微处理器的区别。

1. 嵌入式 RISC 微处理器

RISC(Reduced Instruction Set Computer)是精简指令集计算机,RISC 把着眼点放在如何使计算机的结构更加简单和如何使计算机的处理速度更加快速。RISC 选取了使用频率最高的简单指令,抛弃复杂指令,固定指令长度,减少指令格式和寻址方式,不用或少用微码控制。这些特点使得 RISC 非常适合嵌入式处理器。

2. 嵌入式 CISC 微处理器

传统的复杂指令级计算机(CISC)则更侧重于硬件执行指令的功能性,使 CISC 指令以及处理器的硬件结构变得更复杂。这些会导致成本、芯片体积的增加,影响其在嵌入式产品的应用。

表 2-1 描述了 RISC 和 CISC 之间的主要区别。

表 2-1　RISC 和 CISC 之间的主要区别

指　　标	RISC	CISC
指令集	一个周期执行一条指令,通过简单指令的组合实现复杂操作,指令长度固定	指令长度不固定,执行需要多个周期
流水线	流水线每周期前进一步	指令执行需要调用微代码的一个微程序
寄存器	更多通用的寄存器	用特定目的的专用寄存器
load-store 结构	独立的 load 和 store 指令完成数据在寄存器和外部存储器之间的传输	处理器直接处理寄存器中的数据

2.5　ARM 的流水线

一条指令执行的基本过程为:提取指令→分析指令→执行指令,基本过程如图 2-3 所示。

简单来说,执行某条指令至少要通过取指、译码、执行三个步骤。这就好像盲人在吃饭,第一步是用筷子夹出要吃的东西(从内存中取出指令),第二步是把吃的东西举到鼻子底下闻一下是否能吃(分析该指令),第三步是放到嘴里吃(执行指令)。

图 2-3　指令的基本执行过程

假设盲人只有一只手,而每一个步骤都要一秒钟的时间,那么这位盲人至少需要三秒钟才能吃到一样东西,很显然这种吃饭的方法效率低。所以,如果 CPU 也采取同样的方法,像图 2-3 那样去执行一条指令,那就意味着 CPU 需消耗 3 个指令周期才能完成一个动作,可见其运行效率的低下。

为了弥补这个问题,ARM 采用了一种多级流水线的指令执行方式。例如,在 ARM7 就采用了三级流水线的处理方法。

如图 2-4 所示,CPU 采用流水线作业的方式,在大多数情况下,是利用三个时钟周期的时间去执行三条指令,从而大大提高了代码运行效率。

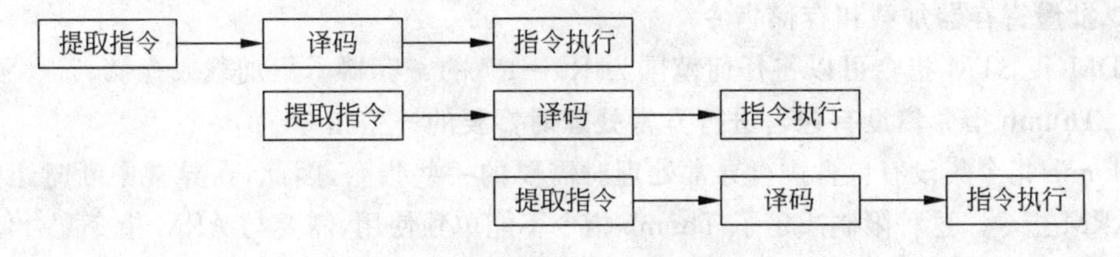

图 2-4　三级流水线的处理方法

这就好像一位乐于助人的科学家,知道了盲人吃饭的故事之后,给这位盲人制作了两只机械手,现在盲人已经有三只手了,那么他会怎样吃饭呢?当他的第一只手把吃的送到嘴里吃的时候(执行指令),第二只手已经将另外的食物凑到鼻子底下闻了(分析指令),而第三只手此时正在从盘子里夹第三样东西。从此,盲人吃饭的效率就提高了三倍。

2.6 Thumb指令集

Thumb指令可以看作是ARM指令压缩形式的子集，是针对代码密度的问题而提出的，它具有16位的代码密度。Thumb不是一个完整的体系结构，Thumb指令只需要支持通用功能，必要时，可借助完善的ARM指令集，例如：所有异常自动进入ARM状态。

在编写Thumb指令时，先要使用伪指令CODE16声明，而且在ARM指令中要使用BX指令跳转到Thumb指令，以切换处理器状态。编写ARM指令时，可使用伪指令CODE32声明。

ARM指令是32位的，而Thumb指令时16位的，如果在1KB的存储空间中，可以放32条ARM指令，就可以放64条Thumb指令，因此在存放Thumb指令时，代码密度高。

Thumb指令集没有协处理器指令、信号量指令以及访问CPSR或SPSR的指令，没有乘加指令及64位乘法指令等，且指令的第二操作数受到限制；除了跳转指令B为有条件执行功能外，其他指令均为无条件执行；大多数Thumb数据处理指令采用2地址格式。

Thumb指令集与ARM指令集的区别一般有如下几点。

1. 跳转指令

程序相对转移，特别是条件跳转与ARM代码下的跳转相比，在范围上有更多的限制，转向子程序是无条件的转移。

2. 数据处理指令

数据处理指令是对通用寄存器进行操作，在大多数情况下，操作的结果需放入其中一个操作数寄存器中，而不是第三个寄存器中。

数据处理操作比ARM状态的更少，访问寄存器R8～R15受到一定限制。

除MOV和ADD指令访问寄存器R8～R15外，其他数据处理指令总是更新CPSR中的ALU状态标志。

访问寄存器R8～R15的Thumb数据处理指令不能更新CPSR中的ALU状态标志。

3. 单寄存器加载和存储指令

在Thumb状态下，单寄存器加载和存储指令只能访问寄存器R0～R7。

4. 批量寄存器加载和存储指令

LDM和STM指令可以将任何范围为R0～R7的寄存器子集加载或存储。

5. Thumb指令集没有包含进行异常处理时需要的一些指令

Thumb指令集没有包含进行异常处理时需要的一些指令，因此，在异常中断时还是需要使用ARM指令。这种限制决定了Thumb指令不能单独使用，需要与ARM指令配合使用。

2.7 Thumb-2指令集

在指令集方面，ARM7和ARM9都有两种指令集(32位指令集和16位指令集)，而Cortex-M3系列处理器支持Thumb-2指令集。由于Thumb-2指令集融合了Thumb指令集和 ARM 指令集，使得 32 位指令集的性能和 16 位指令集的代码密度之间取得了平衡。

Thumb-2 技术是对 ARM 架构的非常重要的扩展，它可以改善 Thumb 指令集的性能。Thumb-2 指令集在现有的 Thumb 指令的基础上做了如下的扩充：

增加了一些新的 16 位 Thumb 指令来改进程序的执行流程。

增加了一些新的 32 位 Thumb 指令，以实现一些 ARM 指令的专有 32 位功能，ARM 指令也得到了扩充。

增加了一些新的指令来改善代码性能和数据处理的效率，给 Thumb 指令集增加 32 位指令就解决了之前 Thumb 指令集不能访问协处理器、特权指令和特殊功能指令的局限。新的 Thumb 指令集现在可以实现所有的功能，这样就不需要在 ARM/Thumb 状态之间反复切换了，代码密度和性能得到了显著的提高。

新的 Thumb-2 技术可以带来很多好处：

- 可以实现 ARM 指令的所有功能；
- 增加了 12 条新指令，可以改进代码性能和代码密度之间的平衡；
- 代码性能达到了纯 ARM 代码性能的 98%；
- 相对 ARM 代码，Thumb-2 代码的大小仅为其 74%；
- 代码密度比现有的 Thumb 指令集更高；
- 代码大小平均降低 5%；
- 代码速度平均提高 2%～3%。

在 Thumb-2 技术之前，开发者会因为该如何选择使用 ARM/Thumb 指令而感到困惑。Thumb-2 的出现使开发者只需要使用一套唯一的指令集，不再需要在不同指令之间反复切换了。Thumb-2 技术可以极大地简化开发流程，尤其是在性能、代码密度和功耗之间的关系并不清楚也不直接的情况下。对于之前在 ARM 处理器上已经有长时间开发经验的开发者来说，使用 Thumb-2 技术是非常简单的。开发者只需要关注对整体性能影响最大的那部分代码，其他的部分可以使用默认的编译配置就可以了。这样在享有高性能、高代码密度的优势的时候，可以很快地更新设计并迅速将产品推向市场。

Thumb-2 技术使得开发者可以更快地完成产品最优化设计。

第3章

基于 STM32 的嵌入式系统应用开发

意法半导体(STMicroelectronics,ST)集团于 1987 年 6 月成立,是由意大利的 SGS 微电子公司和法国 Thomson 半导体公司合并而成。1998 年 5 月,SGS-THOMSON Microelectronics 将公司名称改为意法半导体有限公司。从成立之初至今,ST 的增长速度超过了半导体工业的整体增长速度。自 1999 年起,ST 始终是世界十大半导体公司之一。据最新的工业统计数据,意法半导体是全球第五大半导体厂商,在很多市场居世界领先水平。例如,意法半导体是世界第一大专用模拟芯片和电源转换芯片制造商,世界第一大工业半导体和机顶盒芯片供应商,而且在分立器件、手机相机模块和车用集成电路领域居世界前列。

意法半导体集团共有员工近 50 000 名,拥有 16 个先进的研发机构、39 个设计和应用中心、15 家主要制造厂,并在 36 个国家或地区设有 78 个销售办事处。公司总部设在瑞士日内瓦,同时也是欧洲区以及新兴市场的总部;公司的美国总部设在德克萨斯州达拉斯市的卡罗顿;亚太区总部设在新加坡;日本的业务则以东京为总部;中国区总部设在上海。

自 1994 年 12 月 8 日首次完成公开发行股票以来,意法半导体已经在纽约证券交易所(交易代码:STM)和泛欧巴黎证券交易所挂牌上市,1998 年 6 月,又在意大利米兰证券交易所上市。意法半导体拥有近 9 亿股公开发行股票,其中约 71.1%的股票是在各证券交易所公开交易的。另外有 27.5%的股票由意法半导体控股 II BV. 有限公司持有,其股东为 Finmeccanica 与 CDP 组成的意大利 Finmeccanica 财团和 Areva 及法国电信组成的法国财团;剩余 1.4%的库藏股由意法半导体公司持有。

STM32 是基于 ARM Cortex-M3 内核的 32 位处理器,具有杰出的功耗控制以及众多的外设,最重要的是其性价比高。而且 STM32 官方在国内的宣传也做得非常不错,并针对 8 位机市场推出了 STM8。

STM32F1 系列属于中低端的 32 位 ARM 微控制器,该系列芯片是意法半导体公司出品,其内核是 Cortex-M3。该系列芯片按片内 Flash 的大小可分为三大类:小容量(16KB 和 32KB)、中容量(64KB 和 128KB)、大容量(256KB、384KB 和 512KB)。芯片集成定时器、CAN、ADC、SPI、I^2C、USB、UART 等多种功能。

3.1 STM32F103系列MCU简介

STM32F103xC、STM32F103xD 和 STM32F103xE 增强型系列使用高性能的 ARM Cortex-M3 32 位的 RISC 内核，工作频率为 72MHz，内置高速存储器（高达 512KB 的闪存和 64KB 的 SRAM），丰富的增强 I/O 端口和连接到两条 APB 总线的外设。所有型号的器件都包含 3 个 12 位的 ADC、4 个通用 16 位定时器和 2 个 PWM 定时器，还包含标准和先进的通信接口：多达 2 个 I^2C、3 个 SPI、2 个 I^2S、1 个 SDIO、5 个 USART、1 个 USB 和 1 个 CAN。

STM32F103xC、STM32F103xD 和 STM32F103xE 增强型系列工作于－40℃～＋105℃的温度范围，供电电压 2.0～3.6V，一系列的省电模式保证了低功耗应用的要求。

完整的 STM32F103xC、STM32F103xD 和 STM32F103xE 增强型系列产品包括从 64 引脚至 144 引脚的五种不同封装形式，根据不同的封装形式，器件中的外设配置不尽相同。

3.1.1 MCU基本功能

1. 内核

- ARM 32 位的 Cortex-M3；
- 最高 72MHz 工作频率，在存储器的 0 等待周期访问时可达 1.25DMIPS/MHz (DhrystONe2.1)；
- 单周期乘法和硬件除法。

2. 存储器

- 32～512KB 的闪存程序存储器（STM32F103XXXX 中的第二个 X 表示 Flash 容量，其中："4"＝16KB，"6"＝32KB，"8"＝64KB，B＝128KB，C＝256KB，D＝384KB，E＝512KB）；
- 最大 64KB 的 SRAM。

3. 电源管理

- 2.0～3.6V 供电和 I/O 引脚；
- 上电/断电复位（POR/PDR）、可编程电压监测器（PVD）；
- 4～16MHz 晶振振荡器；
- 内嵌经出厂调教的 8MHz 的 RC 振荡器；
- 内嵌带校准的 40kHz 的 RC 振荡器；
- 产生 CPU 时钟的 PLL；
- 带校准的 32kHz 的 RC 振荡器。

4. 低功耗

- 睡眠、停机和待机模式；
- Vbat 为 RTC 和后备寄存器供电。

5. 模/数转换器

- 2个12位模/数转换器，1μs转换时间(多达16个输入通道)；
- 转换范围：0～3.6V；
- 双采样和保持功能；
- 温度传感器。

6. DMA

- 2个DMA控制器，共12个DMA通道：DMA1有7个通道，DMA2有5个通道；
- 支持的外设：定时器、ADC、SPI、USB、I²C和UART；
- 多达112个快速I/O端口(仅Z系列有超过100个引脚)；
- 26/37/51/80/112个I/O口，所有I/O口一起映像到16个外部中断；几乎所有的端口均可容忍5V信号。

7. 调试模式

- 串行单线调试(SWD)和JTAG接口；
- 多达8个定时器；
- 3个16位定时器，每个定时器有多达4个用于输入捕获/输出比较/PWM或脉冲计数的通道和增量编码器输入；
- 1个16位带死区控制和紧急刹车、用于电机控制的PWM高级控制定时器；
- 2个看门狗定时器(独立的和窗口型的)；
- 系统时间定时器：24位自减型计数器。

8. 多达9个通信接口

- 2个I²C接口(支持SMBus/PMBus)；
- 5个USART接口(支持ISO7816接口、LIN、IrDA接口和调制解调控制)；
- 2个SPI接口(18M位/秒)；
- CAN接口(2.0B主动)；
- USB 2.0全速接口。

9. 计算单元

CRC计算单元，96位的新批唯一代码。

10. 应用

STM32F103R8T6是ST旗下的一款常用的增强型系列微控制器，适用于电力电子系统方面的应用、电机驱动、应用控制、医疗、手持设备、PC游戏外设、GPS平台、编程控制器(PLC)、变频器、扫描仪、打印机、警报系统、视频对讲、暖气通风、空调系统。

3.1.2 系统性能分析

(1) 集成嵌入式Flash和SRAM存储器的ARM Cortex-M3内核。和8/16位设备相比，ARM Cortex-M3 32位RISC处理器提供了更高的代码效率。STM32F103xx微控制器带有一个嵌入式的ARM核，可以兼容所有的ARM工具和软件。

(2) 嵌入式Flash存储器和RAM存储器：内置多达512KB的嵌入式Flash，可用于存储程序和数据。多达64KB的嵌入式SRAM可以以CPU的时钟速度进行读/写。

(3) 可变静态存储器(FSMC):FSMC 嵌入在 STM32F103xC、STM32F103xD、STM32F103xE 中,带有 4 个片选,支持 4 种模式:Flash、RAM、PSRAM、NOR 和 NAND。3 根 FSMC 中断线经过 OR 后连接到 NVIC。没有读/写 FIFO,除 PCCARD 之外,代码都是从外部存储器执行,不支持 Boot,目标频率等于 SYSCLK/2,所以当系统时钟是 72MHz 时,外部访问按照 36MHz 进行。

(4) 嵌套矢量中断控制器(NVIC):可以处理 43 个可屏蔽中断通道(不包括 Cortex-M3 的 16 根中断线),提供 16 个中断优先级。紧密耦合的 NVIC 实现了更低的中断处理延时,直接向内核传递中断入口向量表地址,紧密耦合的 NVIC 内核接口,允许中断提前处理,对后到的更高优先级的中断进行处理,支持尾链,自动保存处理器状态,中断入口在中断退出时自动恢复,不需要指令干预。

(5) 外部中断/事件控制器(EXTI):外部中断/事件控制器由 19 条用于产生中断/事件请求的边沿探测器线组成。每条线可以被单独配置用于选择触发事件(上升沿,下降沿,或者两者都可以),也可以被单独屏蔽。有一个挂起寄存器来维护中断请求的状态。当外部线上出现长度超过内部 APB2 时钟周期的脉冲时,EXTI 能够探测到。多达 112 个 GPIO 连接到 16 根个外部中断线。

(6) 时钟和启动:在启动的时候还是要进行系统时钟选择,但复位的时候内部 8MHz 的晶振被选用作 CPU 时钟。可以选择一个外部的 4～16MHz 的时钟,并且会被监视来判定是否成功。在这期间,控制器被禁止并且软件中断管理也随后被禁止。同时,如果有需要(例如碰到一个间接使用的晶振失败),PLL 时钟的中断管理完全可用。多个预比较器可以用于配置 AHB 频率,包括高速 APB(APB2)和低速 APB(APB1),高速 APB 最高的频率为 72MHz,低速 APB 最高的频率为 36MHz。

(7) Boot 模式:在启动的时候,Boot 引脚被用来在 3 种 Boot 选项中选择一种:从用户 Flash 导入,从系统存储器导入,从 SRAM 导入。Boot 导入程序位于系统存储器,用于通过 USART1 重新对 Flash 存储器编程。

(8) 电源供电方案:VDD,电压范围为 2.0～3.6V,外部电源通过 VDD 引脚提供,用于 I/O 和内部调压器。VSSA 和 VDDA,电压范围为 2.0～3.6V,外部模拟电压输入,用于 ADC、复位模块、RC 和 PLL,在 VDD 范围之内(ADC 被限制在 2.4V),VSSA 和 VDDA 必须相应连接到 VSS 和 VDD。VBAT,电压范围为 1.8～3.6V,当 VDD 无效时为 RTC,外部 32KHz 晶振和备份寄存器供电(通过电源切换实现)。

(9) 电源管理:设备有一个完整的上电复位(POR)和掉电复位(PDR)电路。这条电路一直有效,用于确保从 2V 启动或者掉到 2V 的时候进行一些必要的操作。当 VDD 低于一个特定的下限 VPOR/PDR 时,不需要外部复位电路,设备也可以保持在复位模式。设备特有一个嵌入的可编程电压探测器(PVD),PVD 用于检测 VDD,并且和 VPVD 限值比较,当 VDD 低于 VPVD 或者 VDD 大于 VPVD 时会产生一个中断。中断服务程序可以产生一个警告信息或者将 MCU 置为一个安全状态。PVD 由软件使能。

(10) 电压调节:调压器有 3 种运行模式:主(MR),低功耗(LPR)和掉电。MR 用在传统意义上的调节模式(运行模式),LPR 用在停止模式,掉电用在待机模式:调压器输出为高阻,核心电路掉电,包括零消耗(寄存器和 SRAM 的内容不会丢失)。

(11) 低功耗模式:STM32F103xx 支持 3 种低功耗模式,从而在低功耗、短启动时间和可用唤醒源之间达到一个最好的平衡点。休眠模式：只有 CPU 停止工作，所有外设继续运行，在中断/事件发生时唤醒 CPU。停止模式：允许以最小的功耗来保持 SRAM 和寄存器的内容。1.8V 区域的时钟都停止，PLL、HSI 和 HSE RC 振荡器被禁能，调压器也被置为正常或者低功耗模式。设备可以通过外部中断线从停止模式唤醒。外部中断源可以是 16 个外部中断线之一、PVD 输出或者 TRC 警告。待机模式：追求最少的功耗，内部调压器被关闭，这样 1.8V 区域断电，PLL、HSI 和 HSE RC 振荡器也被关闭。在进入待机模式之后，除了备份寄存器和待机电路，SRAM 和寄存器的内容也会丢失。当外部复位(NRST 引脚)、IWDG 复位、WKUP 引脚出现上升沿或者 TRC 警告发生时，设备退出待机模式。进入停止模式或者待机模式时，TRC、IWDG 和相关的时钟源不会停止。

3.2 低功耗版本 STM32L 系列

除了上节中介绍的 103 系列 MCU，意法半导体还推出了低功耗的 32 位芯片 STM32L，可以广泛地应用在大多数的低功耗场合，具有非常明显的低功耗优势。

意法半导体的 EnergyLite 超低功耗技术平台是 STM32L 取得业内领先的能效性能的关键。这个技术平台也被广泛用于意法半导体的 8 位微控制器 STM8L 系列产品。EnergyLite 超低功耗技术平台基于意法半导体独有的 130nm 制造工艺，为实现超低的泄漏电流特性，意法半导体对该平台进行了深度优化。在工作和睡眠模式下，EnergyLite 超低功耗技术平台可以最大限度提升能效。此外，该平台的内嵌闪存采用意法半导体独有的低功耗闪存技术。这个平台还集成了直接访存(DMA)支持功能，在应用系统运行过程中关闭闪存和 CPU，外设仍然保持工作状态，从而可为开发人员节省大量的时间。

除最为突出的与制程有关的节能特色外，STM32L 系列还提供了更多其他的功能，开发人员能够优化应用设计的功耗特性。通过六个超低功耗模式，STM32L 系列产品能够在任何设定时间以最低的功耗完成任务。这些可用模式包括(在 1.8V/25℃ 环境的初步数据)：

- 10.4μA 低功耗运行模式，32kHz 运行频率。
- 6.1μA 低功耗睡眠模式，一个计时器工作。
- 1.3μA 停机模式：实时时钟(RTC)运行，保存上下文，保留 RAM 内容。
- 0.5μA 停机模式：无实时时钟运行，保存上下文，保留 RAM 内容。
- 1.0μA 待机模式：实时时钟运行，保存后备寄存器。
- 270nA 待机模式：无实时时钟运行，保存后备寄存器。

STM32L 系列新增低功耗运行和低功耗睡眠两个低功耗模式，通过利用超低功耗的稳压器和振荡器，微控制器可大幅度降低在低频下的工作功耗。稳压器不依赖电源电压即可满足电流要求。STM32L 还提供动态电压升降功能，这是一项成功应用多年的节能技术，可进一步降低芯片在中低频下运行时的内部工作电压。在正常运行模式下，闪存的电流消耗最低为 230μA/MHz，STM32L 的功耗/性能比最低为 185μA/DMIPS。

此外，STM32L 电路的设计目的是以低电压实现高性能，有效延长电池供电设备的充电间隔。片上模拟功能的最低工作电源电压为1.8V。数字功能的最低工作电源电压为1.65V,在电池电压降低时,可以延长电池供电设备的工作时间。

3.3 STM32的开发工具

目前最常用的开发版本有Keil MDK和EWARM两种,也有基于开源的IDE环境,但是不常用,建议使用这两种IDE开发环境。

1. Keil MDK

Keil MDK,也称MDK-ARM、Realview MDK、I-MDK、μVision4等。目前Keil MDK由三家国内代理商提供技术支持和相关服务。

MDK-ARM软件为基于Cortex-M、Cortex-R4、ARM7、ARM9处理器设备提供了一个完整的开发环境。MDK-ARM专为微控制器应用而设计,不仅易学易用,而且功能强大,能够满足大多数苛刻的嵌入式应用。

MDK-ARM有四个可用版本,分别是MDK-Lite、MDK-Basic、MDK-Standard、MDK-Professional。所有版本均提供一个完善的C/C++开发环境,其中MDK-Professional还包含大量的中间库。

目前最新的Keil μVision IDE的版本号为5.1,在Keil的官网上可以下载,免费版只有5KB的编译容量。

2. IAR EWARM

Embedded Workbench for ARM是IAR Systems公司为ARM微处理器开发的一个集成开发环境(下面简称IAR EWARM)。比较其他的ARM开发环境,IAR EWARM具有入门容易、使用方便和代码紧凑等特点。

IAR Systems公司目前推出的最新版本是IAR Embedded Workbench for ARM version 4.30。这里提供的是32KB代码限制、但没有时间限制的Kickstart版。

EWARM中包含一个全软件的模拟程序(simulator)。用户不需要任何硬件支持就可以模拟各种ARM内核、外部设备甚至中断的软件运行环境,从中可以了解和评估IAR EWARM的功能和使用方法。

3. 开发前准备工作

对STM32F103系列MPU开发前,需要准备相应的软硬件。其中硬件主要包括STM32F103开发板(或用户目标板)、J-Link下载仿真器等;软件主要包括Keil μVision IDE开发平台。下面对各自的功能和特点作简要说明。

(1) STM32F103开发板(或用户目标板)是开发目标对象。

(2) J-Link下载仿真器是程序下载的枢纽,它带有的标准20芯扁平电缆可将程序通过JTAG接口下载到处理器内部存储空间;无须外部供电,用USB连接线与PC连接好后即可工作;还具有下载速度快、功耗低的特点。

(3) Keil μVision IDE是一个基于窗口的软件开发平台,它集成了强大而且现代化的编辑器、工程管理器和make工具,几乎集成了嵌入式系统开发所需的全部工具:C/C++编译器、宏汇编器、链接/定位器、HEX文件生成器等。该软件提供了两种工作模式：编译和调试模式。在编译模式中，开发者可以创建工程、选择目标器件、新建文件、输入源代码、生成可执行文件；在调试模式中，开发者可以利用其强大的集成调试器对应用程序进行调试，如设置断点、单步执行等，方便了程序错误的查找和修改。

3.4 STM32的固件库文件

STM32的固件库封装了各种类型及模块的配置文件以及各功能模块的配置以及使用。类似于API，让你少接触底层，就可以写出程序，提高开发效率及降低了门槛。虽然固件库封装了底层的接口，但是作为硬件开发的软件工程师，还是要多看MCU的datasheet，只有熟悉了底层，才能写出更高效的程序。

目前STM32的固件库的最新版本是V3.5，在STM的官网上可以直接下载。

解压库文件，里面目录结构有：

_htmresc：ST的logo，完全无用，不用理会。

Libraries：比较重要的文件，包含STM32的系统文件和大量头文件，也就是库文件。

Project：包含大量外设的例程和各个软件版本的评估版工程模板。KEIL对应的就是MDK-ARM文件下的工程模板。开发者也可以利用这个工程模板来修改，得到自己的工程模块，本书不用此法。

Utilities：评估版的相关文件。

对于每一个固件库的函数可以在网络上下载V3.5固件库的说明书，详细查看。

3.5 STM32的启动文件

在STM32中所有的例程都采用了一个叫STM32F10x.s的启动文件，里面定义了STM32的堆栈大小以及各种中断的名字及入口函数名称，还有启动相关的汇编代码。STM32F10x.s是MDK提供的启动代码，从里面的内容来看，它只定义了3个串口，4个定时器。实际上STM32的系列产品有5个串口的型号，最多的有8个定时器。例如，如果开发者用的是STM32F103ZET6，而启动文件用的是STM32F10x.s，则只可以正常使用串口1～3的中断，而串口4和5的中断则无法正常使用。又例如，TIM1～4的中断可以正常使用，而5～8的，则无法使用。

在固件库里出现了3个文件：startup_stm32f10x_ld.s、startup_stm32f10x_md.s、startup_stm32f10x_hd.s。其中，ld.s适用于小容量产品；md.s适用于中等容量产品；hd适用于大容量产品。这里的容量是指Flash的大小，判断方法如下：小容量：Flash≤32KB；中容量：64KB≤Flash≤128KB；大容量：256KB≤Flash。

在开发过程中，开发者一定要根据自己MCU的类型选择合适的启动文件，否则启动就会出现问题。

3.6 JTAG 简介

1. JTAG 接口

JTAG(Joint Test Action Group,联合测试行动小组)是一种国际标准测试协议(IEEE 1149.1 兼容),主要用于芯片内部测试。现在多数的高级器件都支持 JTAG 协议,如 DSP、FPGA 器件等。标准的 JTAG 接口是 4 线: TMS、TCK、TDI、TDO,分别为模式选择、时钟、数据输入和数据输出线。

JTAG 最初是用来对芯片进行测试的,JTAG 的基本原理是在器件内部定义一个 TAP (Test Access Port,测试访问口),通过专用的 JTAG 测试工具对进行内部节点进行测试。JTAG 测试允许多个器件通过 JTAG 接口串联在一起,形成一个 JTAG 链,能实现对各个器件分别测试。现在,JTAG 接口还常用于实现 ISP(In-System Programmable,在线编程),对 Flash 等器件进行编程。

JTAG 编程方式是在线编程,传统生产流程中先对芯片进行预编程,再安装到板上,简化的流程为先固定器件到电路板上,再用 JTAG 编程,从而大大加快了工程进度。JTAG 接口可对 PSD 芯片内部的所有部件进行编程。

具有 JTAG 口的芯片都有如下 JTAG 引脚定义:

- TCK——测试时钟输入;
- TDI——测试数据输入,数据通过 TDI 输入 JTAG 口;
- TDO——测试数据输出,数据通过 TDO 从 JTAG 口输出;
- TMS——测试模式选择,用来设置 JTAG 口处于某种特定的测试模式;
- 可选引脚 TRST——测试复位,输入引脚,低电平有效。

含有 JTAG 口的芯片种类较多,如 CPU、DSP、CPLD 等。

JTAG 内部有一个状态机,称为 TAP 控制器。TAP 控制器的状态机通过 TCK 和 TMS 进行状态的改变,实现数据和指令的输入。

2. JTAG 芯片的边界扫描寄存器

JTAG 标准定义了一个串行的移位寄存器。寄存器的每一个单元分配给 IC 芯片的相应引脚,每一个独立的单元称为 BSC(Boundary-Scan Cell)边界扫描单元。这个串联的 BSC 在 IC 内部构成 JTAG 回路,所有的 BSR(Boundary-Scan Register)边界扫描寄存器通过 JTAG 测试激活,平时这些引脚保持正常的 IC 功能。

3. JTAG 在线写 Flash 的硬件电路设计和与 PC 的连接方式

以含 JTAG 接口的 StrongARM SA1110 为例,Flash 为 Intel 28F128J32 16MB 容量。SA1110 的 JTAG 的 TCK、TDI、TMS、TDO 分别接 PC 并口的 2、3、4、11 线上,通过程序将对 JTAG 口的控制指令和目标代码从 PC 的并口写入 JTAG 的 BSR 中。在设计 PCB 时,必须将 SA1110 的数据线、地址线及控制线与 Flash 的地线线、数据线和控制线相连。因 SA1110 的数据线、地址线及控制线的引脚上都有其相应的 BSC,只要用 JTAG 指令将数据、地址及控制信号送到其 BSC 中,就可通过 BSC 对应的引脚将信号送给 Flash,实现对 Flash 的操作。

4. 通过使用 TAP 状态机的指令实现对 Flash 的操作

通过 TCK、TMS 的设置,可将 JTAG 设置为接收指令或数据状态。JTAG 常用指令如下。

- SAMPLE/PRELOAD——用此指令采样 BSC 内容或将数据写入 BSC 单元;
- EXTEST——当执行此指令时,BSC 的内容通过引脚送到其连接的相应芯片的引脚,就是通过这种指令实现在线写 Flash 的;
- BYPASS——此指令将一个一位寄存器置于 BSC 的移位回路中,即仅有一个一位寄存器处于 TDI 和 TDO 之间。

在 PCB 电路设计好后,可用程序先将 JTAG 的控制指令通过 TDI 送入 JTAG 控制器的指令寄存器中。再通过 TDI 将要写 Flash 的地址、数据及控制线信号入 BSR 中,并将数据锁存到 BSC 中,用 EXTEST 指令通过 BSC 将程序写入 Flash。

3.7 JTAG 调试 STM32F103 过程

JTAG 调试使用的 Keil 版本为 MDK 5.0 版本,例如 ARM 单片机为 STM32F103C8T6,设置方法如下。

(1) 连接上 J-Link 和 STM32 开发板及计算机,打开 Keil 软件,如图 3-1 所示,在新建工程后单击设置。

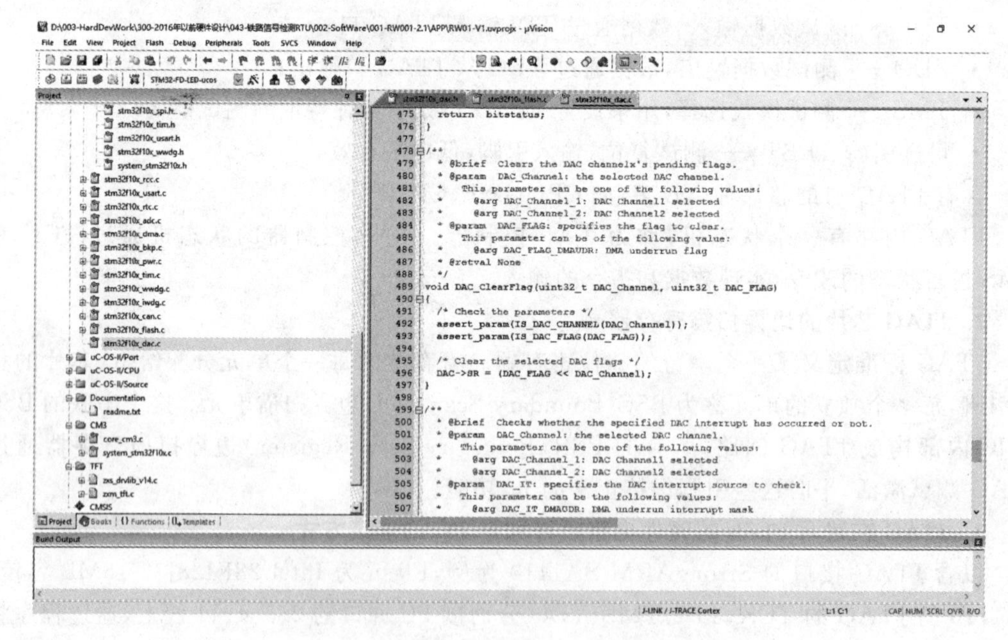

图 3-1　Keil MDK 开发环境界面

(2) 工程选项设置界面如图 3-2 所示。

(3) 如图 3-3 所示,选择 Debug 标签。使用如图 3-3 所示 CM3 J-Link 方式单击 Settings 进入配置界面。

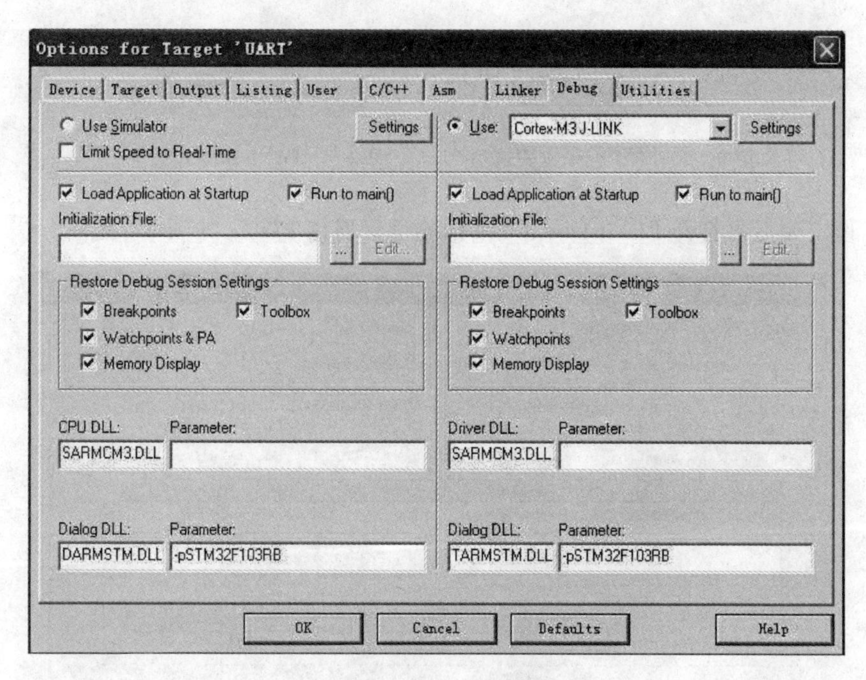

图 3-2　工程选项设置界面

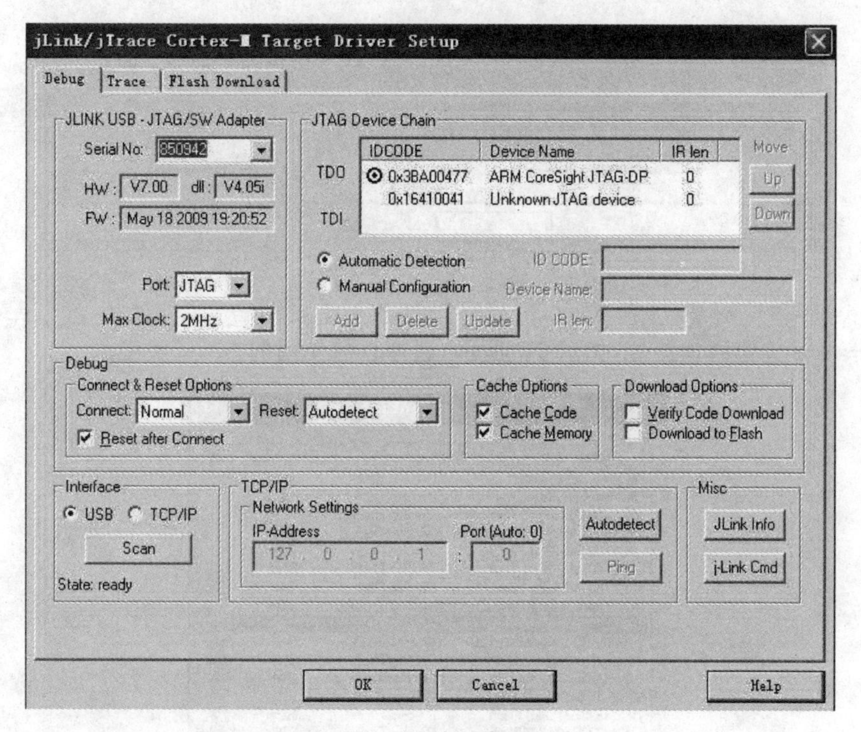

图 3-3　Debug 设置界面

(4) 在 Debug 标签中选择工作模式，如图 3-4 所示。

(5) JTAG 工作方式最大支持 2MHz 下载和仿真，如图 3-5 所示。

SWD 方式最大可以使用最大值 12MB。

Port: JTAG
Max Clock: 2MHz

图 3-4　JTAG 工作方式选项

Port: SW
Max Clock: 2MHz

图 3-5　SW 工作方式选项

(6) 设定完后再打开 Flash Download 标签设置器件 Flash,如图 3-6 所示。

jLink/jTrace Cortex-M Target Driver Setup
Debug
Trace
Flash Download
Download Function
LOAD
Erase Full Chip
Erase Sectors
Do not Erase
Program
Verify
Reset and Run
RAM for Algorithm
Start: 0x20000000
Size: 0x0800
Programming Algorithm
Description
Device Type
Device Size
Address Range
STM32F10x Med-density Flash
On-chip Flash
128k
08000000H - 0801FFFFH
Start:
Size:
Add
Remove
OK
Cancel
Help

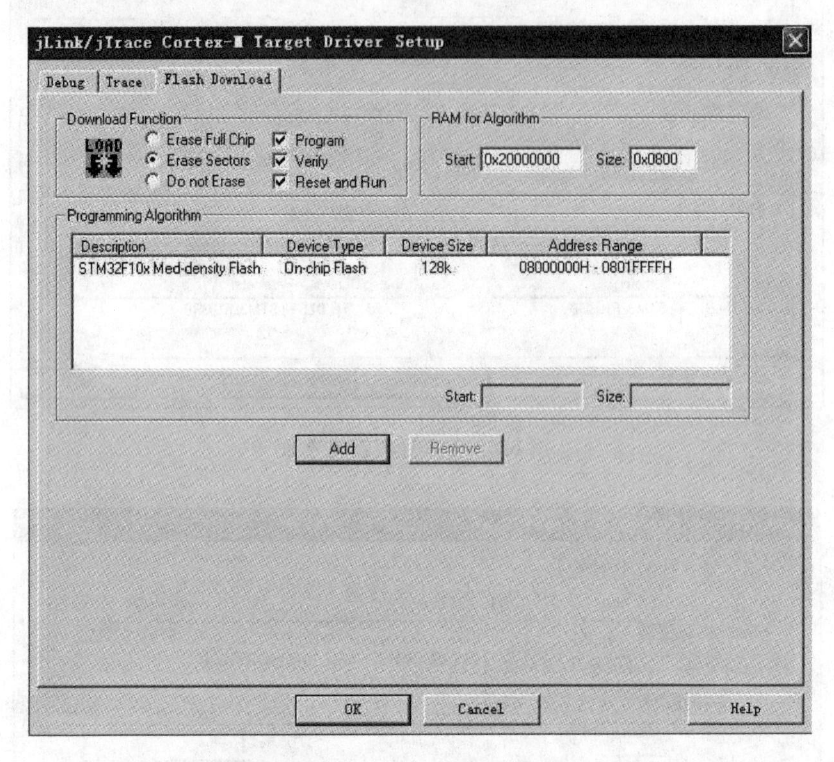

图 3-6　Flash Download 界面

单击 Add 按钮添加器件,如图 3-7 所示,选择目前使用的 MCU 类型。

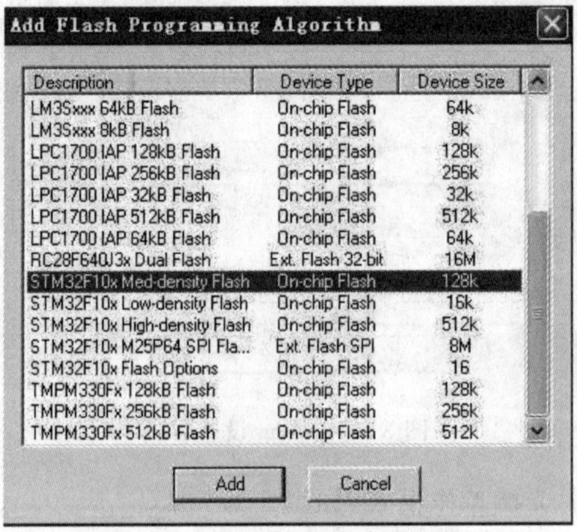

Add Flash Programming Algorithm
Description
Device Type
Device Size
LM3Sxxx 64kB Flash On-chip Flash 64k
LM3Sxxx 8kB Flash On-chip Flash 8k
LPC1700 IAP 128kB Flash On-chip Flash 128k
LPC1700 IAP 256kB Flash On-chip Flash 256k
LPC1700 IAP 32kB Flash On-chip Flash 32k
LPC1700 IAP 512kB Flash On-chip Flash 512k
LPC1700 IAP 64kB Flash On-chip Flash 64k
RC28F640J3x Dual Flash Ext. Flash 32-bit 16M
STM32F10x Med-density Flash On-chip Flash 128k
STM32F10x Low-density Flash On-chip Flash 16k
STM32F10x High-density Flash On-chip Flash 512k
STM32F10x M25P64 SPI Fla... Ext. Flash SPI 8M
STM32F10x Flash Options On-chip Flash 16
TMPM330Fx 128kB Flash On-chip Flash 128k
TMPM330Fx 256kB Flash On-chip Flash 256k
TMPM330Fx 512kB Flash On-chip Flash 512k
Add
Cancel

图 3-7　添加选择器件

(7) 设置完后再进入 Utilities 标签里选择 CM3 J-Link,如图 3-8 所示。

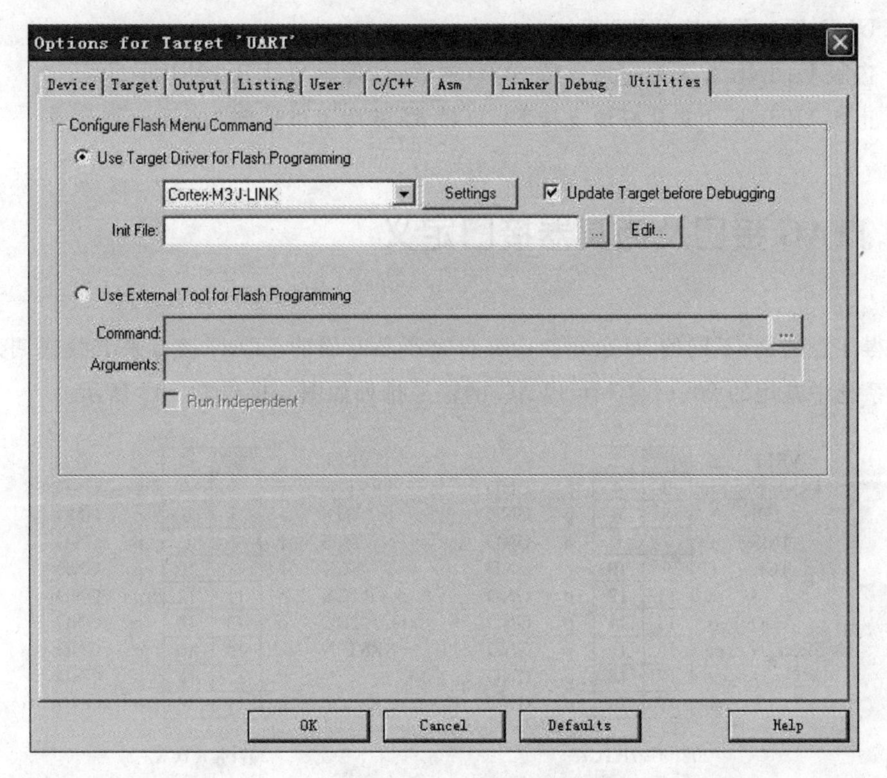

图 3-8 Utilities 标签界面

完成设置后便能以 JATG 或 SWD 方式调试 STM32 芯片。

3.8 SWD 仿真模式

1. SWD 和传统调试方式的区别

(1) SWD 模式比 JTAG 模式更加可靠。在大数据量的情况下,JTAG 下载程序会失败,但是 SWD 发生的几率会小很多。只要仿真器支持,通常使用 JTAG 仿真模式的情况下都是可以直接使用 SWD 模式的,所以推荐读者使用这个模式。

(2) 在刚好缺一个 GPIO 的时候,可以使用 SWD 仿真,这种模式支持更少的引脚。

(3) 在板子的体积有限时推荐使用 SWD 模式,它需要的引脚少,当然需要的 PCB 空间也就相应减少。例如开发者可以选择一个很小的 2.54 间距的 5 芯端子做仿真接口,但是需要对仿真器接口做特殊处理。

2. 市面上常用仿真器对 SWD 模式的支持情况

- JLINK v6 支持 SWD 仿真模式,速度较慢。
- JLINK v7 比较好地支持 SWD 仿真模式,速度有了明显的提高,速度是 JLINK v6 的 6 倍。

- JLINK v8 非常好地支持 SWD 仿真模式,速度可以到 10Mbps。
- ULINK 1 不支持 SWD 模式。
- 盗版 ULINK 2 非常好地支持 SWD 模式,速度可以达到 10Mbps。
- 正版 ULINK 2 非常好地支持 SWD 模式,速度可以达到 10Mbps。

3.9 JTAG 接口及仿真器接口定义

值得注意的是,不同的 IC 公司会定义自家产品专属的 JTAG 接口来下载或调试程序。嵌入式系统中常用的 20、14、10 针 JTAG 的信号排列如图 3-9 和图 3-10 所示。

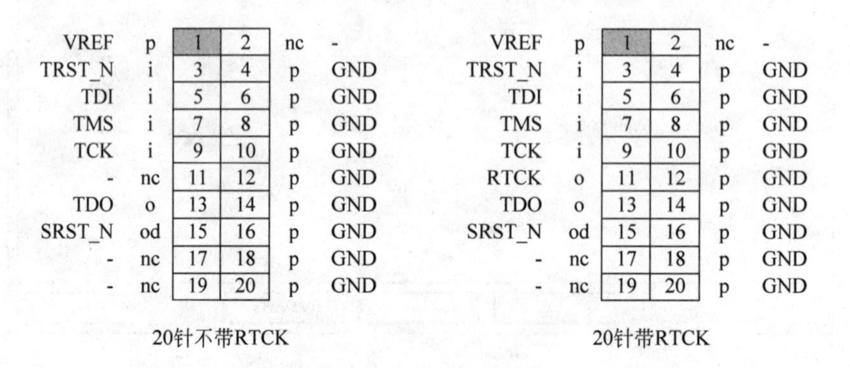

20针不带RTCK

信号	类型	引脚	引脚	类型	信号
VREF	p	1	2	nc	-
TRST_N	i	3	4	p	GND
TDI	i	5	6	p	GND
TMS	i	7	8	p	GND
TCK	i	9	10	p	GND
-	nc	11	12	p	GND
TDO	o	13	14	p	GND
SRST_N	od	15	16	p	GND
-	nc	17	18	p	GND
-	nc	19	20	p	GND

20针带RTCK

信号	类型	引脚	引脚	类型	信号
VREF	p	1	2	nc	-
TRST_N	i	3	4	p	GND
TDI	i	5	6	p	GND
TMS	i	7	8	p	GND
TCK	i	9	10	p	GND
RTCK	o	11	12	p	GND
TDO	o	13	14	p	GND
SRST_N	od	15	16	p	GND
-	nc	17	18	p	GND
-	nc	19	20	p	GND

图 3-9 20 针 JTAG 引脚定义

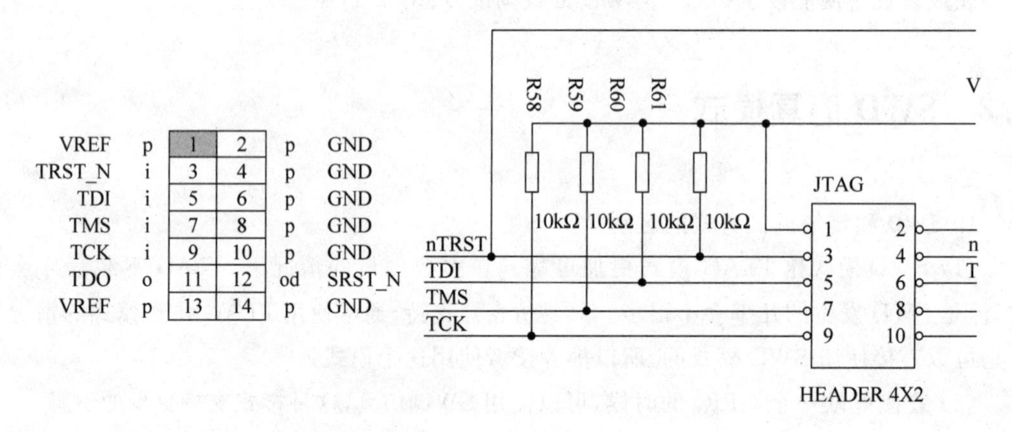

信号	类型	引脚	引脚	类型	信号
VREF	p	1	2	p	GND
TRST_N	i	3	4	p	GND
TDI	i	5	6	p	GND
TMS	i	7	8	p	GND
TCK	i	9	10	p	GND
TDO	o	11	12	od	SRST_N
VREF	p	13	14	p	GND

图 3-10 14 针及 10 针 JTAG 引脚定义

需要说明的是,上述 JTAG 接口的引脚名称是对 IC 而言的。例如 TDI 脚,表示该脚应该与 IC 上的 TDI 脚相连,而不是表示数据从该脚进入 download cable。

实际上 10 针的 JTAG 接口只需要接 4 根线,引脚 4 是自连回路,不需要连接,引脚 1、2 连接的都是 1 引脚,而引脚 8、10 连接的是 GND,也可以不接。

附转接板电路如图 3-11 所示。

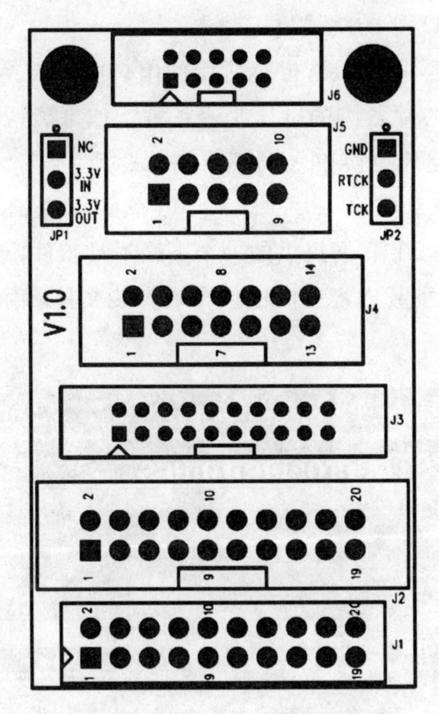

图 3-11　多规格转接板示意图

3.10　ISP 下载器及常用工具

ISP 是在系统编程(In-System Programming)的英文缩写。简单地说,可以不用插拔芯片,也不需要编程器,就可以在目标应用板(有单片机的电路板)上直接编程,作程序改动调试。

与传统逻辑电路设计比较,在系统可编程技术的优点在于:

(1) 实现了在系统编程的调试,缩短了产品上市时间,降低了生产成本。

(2) 无须使用专门的编程器,已编程器件无须仓库保管,避免了复杂的制造流程,降低了现场升级成本。

(3) 使用 ISP 器件,能够在已有硬件系统的基础上设计开发自己的系统,真正实现了硬件电路的“软件化”,将器件编程和调试集中到生产最终电路板的测试阶段,使系统调试及现场升级变得容易而且便宜。

STM32 的下载口就是串口 1(不能为重映射的串口 1),当 BOOT0 设为 1,BOOT1 设为 0,上电复位或按复位键后,STM32 就进入 ISP 状态。

异常检查步骤:

(1) 确认所用的串口线是交叉线,并且线是良好的;

(2) 确认 PC 串口是能正常使用的;

(3) 确认 BOOT0、BOOT1 的跳线位正确;

(4) 如果上述检查后还不能用,请检查所用的串口电平转换芯片是不是 MAX3232,芯片供电电压是否为 3.3V,芯片各脚的电压是否正常。如果确认是 MAX3232 并使用 3.3V 供电,但是通信仍不正常,建议更换 MAX3232。

1. Flash Loader Demo

Flash Loader Demo 是 ST 官网提供的一个下载工具软件,下载速度快,可以直接从 ST 官网上下载,本书配套软件下载内容里面也包含该安装文件,可直接安装,安装后运行界面如图 3-12 所示。

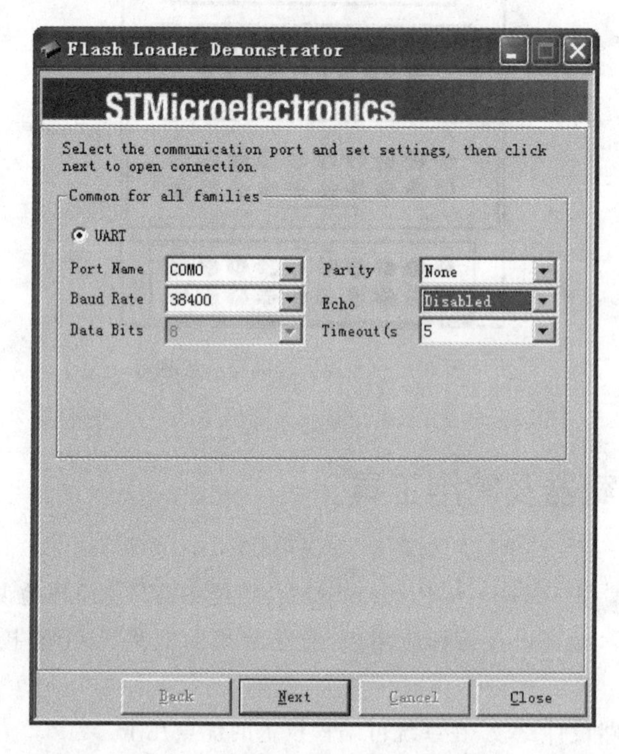

图 3-12 Flash Loader Demo 主界面

2. MCU ISP 下载器

MCU ISP 是一款针对 ST 公司的 STM32F 系列单片机和 NXP 的 LPC2xxx 系列的 ISP 程序。该 ISP 下载器具有一系列优点,可与 SSCOM 串口调试软件配套,进行 ISP 盲调。MCU ISP 也可以从本书配套软件中获取,其工作界面如图 3-13 所示。

3. SSCOM 串口调试工具

SSCOM v4.2 绿色最新版是一款专业的串口调试软件,能够支持 110~256 000bps 波特率,设置数据位(5、6、7、8)、校验(odd,even,mark,space)、停止位(1、1.5、2),并发送任意的字符串。对于 dtr、rts 信号线也能自由控制输出状态。SSCOM 串口调试工具的工作界面如图 3-14 所示。

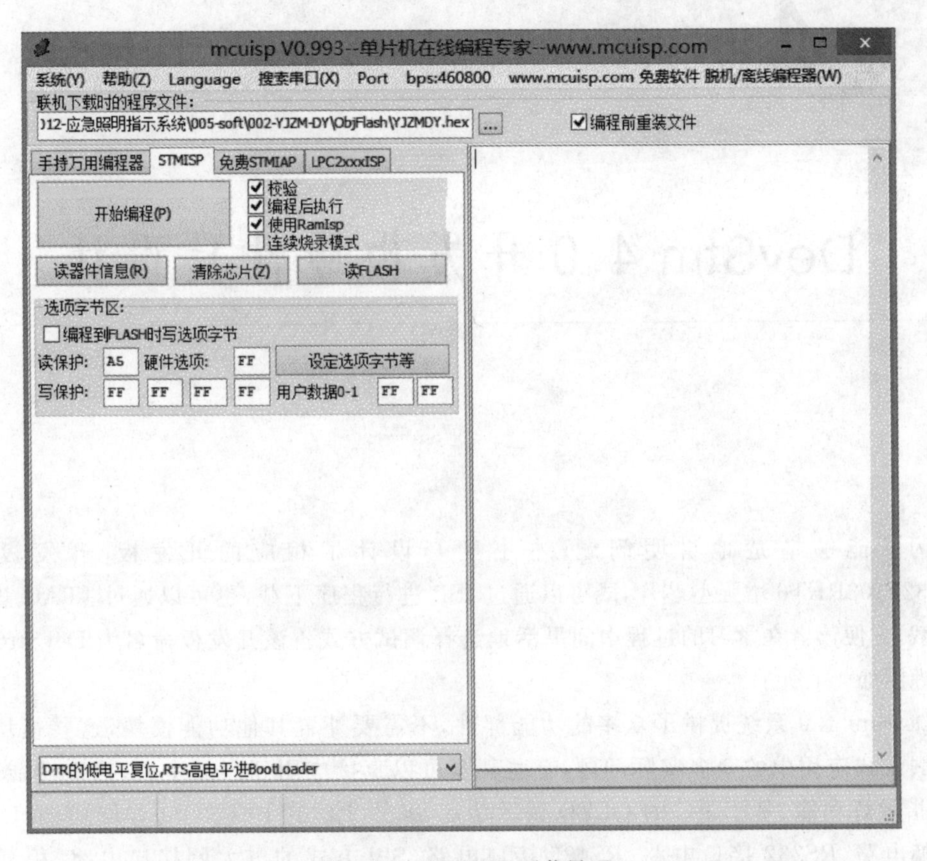

图 3-13　MCU ISP 下载界面

sscom4.2测试版,作者:聂小猛(丁丁),Email:mcu52@163.com,2007/9
多条字符串发送
自动循环发送, 间隔: 1000 ms
HEX 字符串 发送
13 00 FF 88 1
output string 2
2 3
3 4
4 5
5 6
6 7
7 8
8 9
9 10
10 11
11 12
12 13
13 14
14 15
打开文件 文件名 发送文件 停止 保存窗口 清除窗口 帮助 - 隐藏
串口号
波特率 115200
数据位 8
停止位 1
校验位 None
流 控 None
打开串口
HEX显示
HEX发送
DTR RTS 发送新行
定时发送 100 ms/次
字符串输入框: 发送
嘉立创PCB大降价,小万Q:800058315
欢迎访问大虾论坛!众多大虾等着你!
————以下为广告————
嘉立创PCB送赠品了,请找小万索取.
点这里进入http://www.sz-jlc.com
121212133234243234234234234234234234
www.daxia.cor S:0 R:0 已关闭 115200bps,8,1,无校验,无流控

图 3-14　串口调试工具主界面

第4章

DevStm 4.0开发板硬件及设计

为了能够清楚地讲明问题，本书配套设计了相应的开发板，开发板使用STM32F103RET6增强型芯片，既可以通过ISP进行程序下载，也可以通过JTAG进行程序下载，方便读者在学习的过程中间灵活地选择调试方式。该开发板命名为DevStm 4.0，其原理图如4-1所示。

DevStm 4.0系统提供了众多的功能部件，不需要外置其他功能模块，这些模块可以解决嵌入式应用中的众多实际问题，有些甚至可以直接应用到产品中去，这些功能包括：LED指示灯功能、基于I^2C的OLED显示功能、基于I^2C的EEPROM存储功能、USB接口转换电路、RS232接口电路、RS485接口电路、SPI方式的以太网接口电路、板载A/D转换电路应用、软件SPI的高级A/D转换电路、SPI方式的SD卡接口功能、CAN总线接口电路、MCU Flash实践操作、按钮检测电路应用、继电器控制功能、光耦隔离的输入检测功能、定时器应用、计数器应用、高速数据采集应用、串口4.3寸屏的应用、SeiSite接口功能。

为了让读者更深入地理解STM32的应用，本书提供DevStm 4.0配套开发板一套。DevStm 4.0只是向初学者提供一个基本平台，应用点数比较少，但是可以全面了解STM32在工业场合的应用。DevStm 4.0配套开发板电路是我们研发团队经过实践获得的宝贵经验积累，希望能对读者理解STM32有所帮助。对于需要进行产品扩展设计的读者，可以依据书中的基本原理和算法进行产品设计，本开发板描述范围内的内容本书提供实验例程，其他方面不再提供接口功能。

DevStm 4.0电路实验系统详细地介绍了基于STM32F103的开发技术体系，比较全面地对STM32在工业场合的应用进行了详细的介绍。初学者可以按照逐步晋级的原则进行调试和学习。通过原理图就可以理解了Cortex-M3微处理器的使用和接口方法，通过对程序的理解和学习，熟悉Cortex-M3的编程技术。由于嵌入式系统的软、硬合体的特性，要求开发人员既要熟悉硬件也要熟悉软件，本书有机地结合了硬件和软件的应用特点，从实践的角度编写，因此非常适合读者进行实践操作。

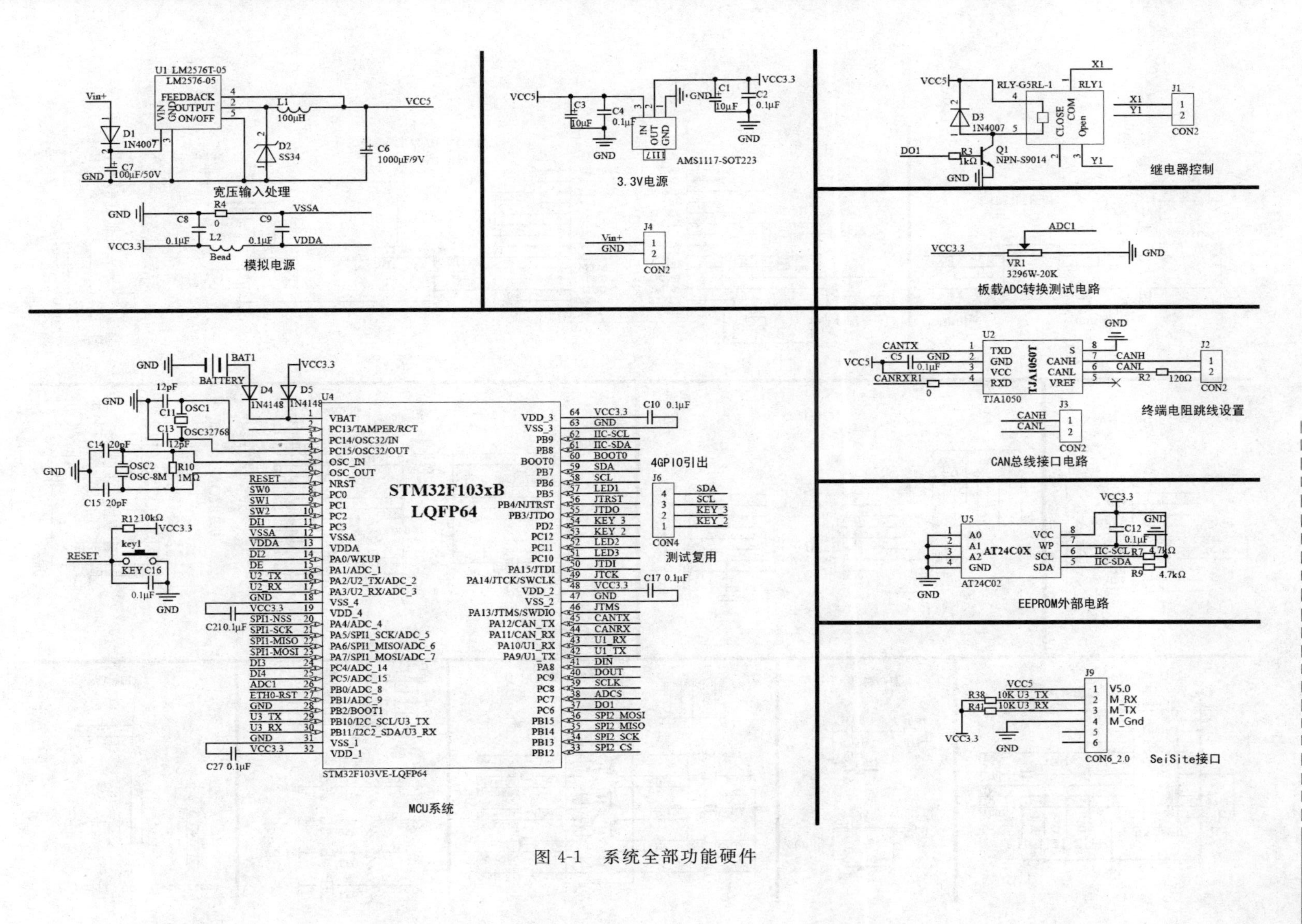

图 4-1 系统全部功能硬件

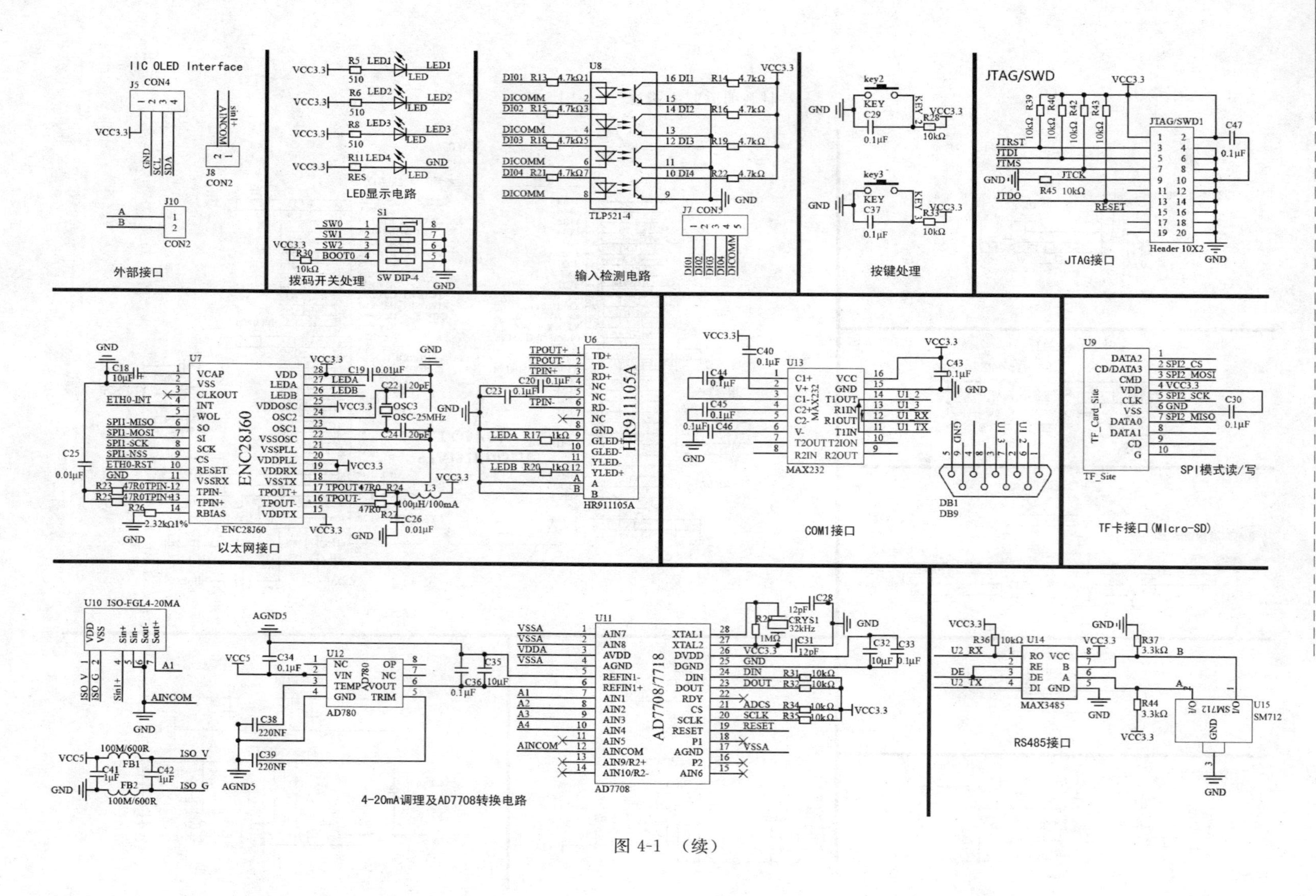
IIC OLED Interface
外部接口
LED显示电路
拨码开关处理
SW DIP-4
输入检测电路
TLP521-4
按键处理
JTAG/SWD
JTAG/SWD1
Header 10X2
JTAG接口
ENC28J60
以太网接口
HR911105A
MAX232
DB9
COM1接口
SPI模式读/写
TF卡接口(MIcro-SD)
ISO-FGL4-20MA
AD780
AD7708/7718
4-20mA调理及AD7708转换电路
MAX3485
SM712
RS485接口

图 4-1 (续)

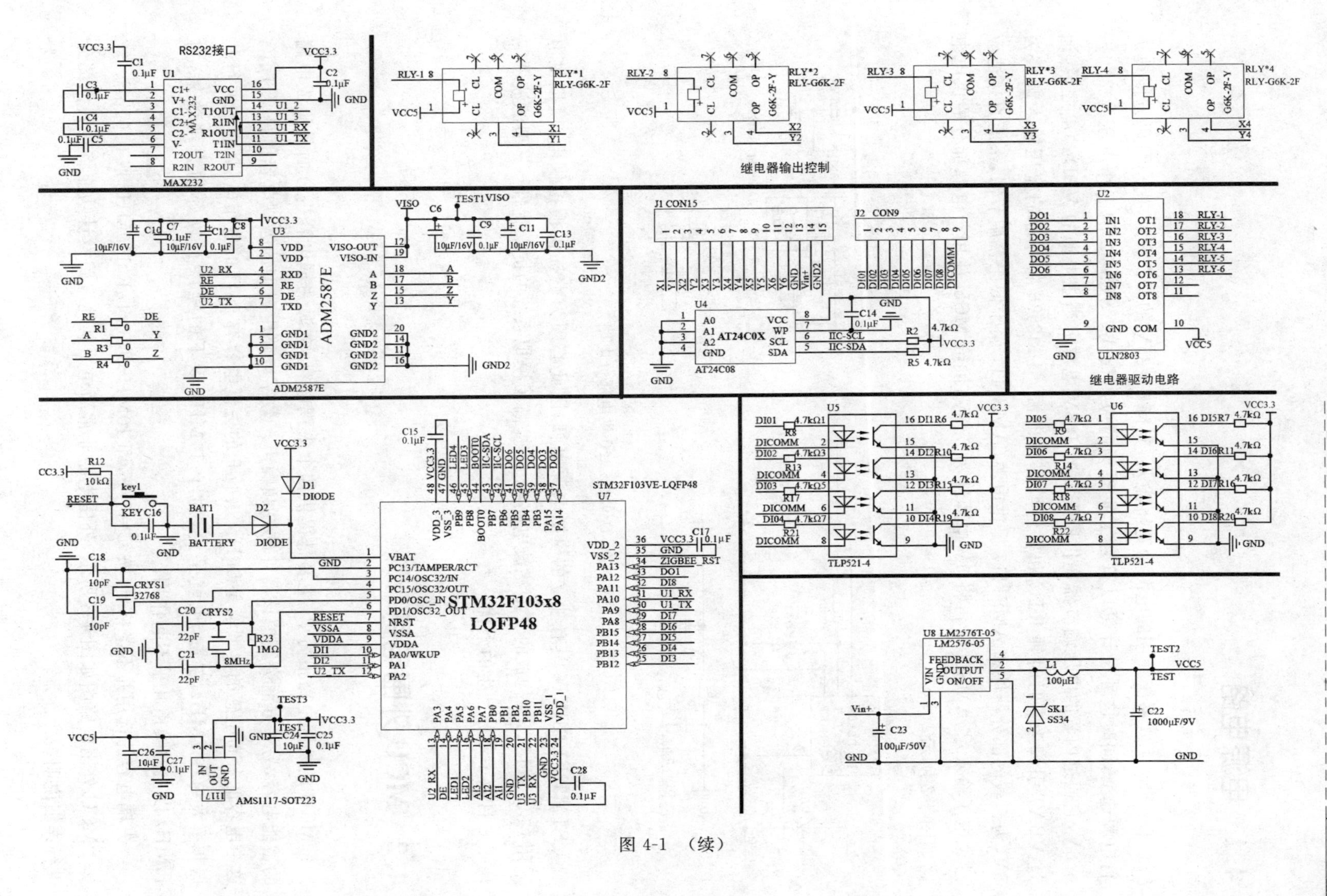

RS232接口
MAX232
继电器输出控制
RLY-G6K-2F
ADM2587E
J1 CON15
J2 CON9
AT24C08
ULN2803
继电器驱动电路
STM32F103VE-LQFP48
STM32F103x8
LQFP48
TLP521-4
BATTERY
CRYS1 32768
CRYS2 8MHz
AMS1117-SOT223
U8 LM2576T-05
VCC3.3
VCC5
GND
GND2

图 4-1 （续）

4.1 电源电路

DevStm 4.0 系统使用的电源为宽压输入，支持 6～36V 的 DC 输入，用户可以方便地进行电源选型，同时这种设计可以符合工业现场的应用模式。STM32 的工作电压为 2.0～3.6V，它通过内置的电压调节器提供所需要的 1.8V 电源。当主电源的 VDD 掉电之后，通过 VBAT 引脚为实时时钟 RTC 和备份域提供电源。LM2576 将外部的宽压输入调整为 5V，为板载的部分器件和 AMS1117 提供电源(AMS1117 属于低压差调节器，不能直接适应过宽电压输入)。AMS1117 再将 5V 电源转为 3.3V，供给 MCU 使用。电源部分的供电电路如图 4-2 所示。

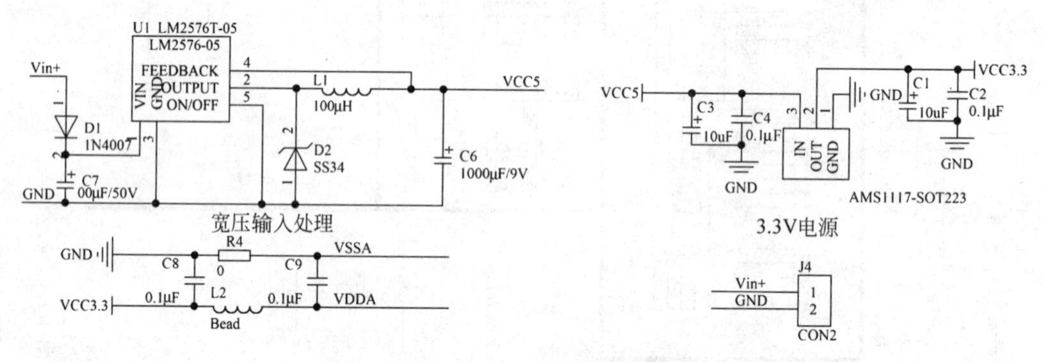

图 4-2　DevStm 4.0 供电部分电路

STM32F103RET6 具有独立的模拟电源引脚，因此必须为它提供模拟供电，模拟供电采用 C8、C9、L2、R4 构成的 π 型滤波电路组成，提高了模拟系统的抗干扰性。π 型滤波器隔离了来自数字部分产生的干扰。

4.2 MCU 外围电路

MCU 的外围电路很简单，主要是提供四个去耦电容，电源去耦电容一方面是集成电路的蓄能电容，另一方面旁路掉该器件的高频噪声。数字电路中典型的去耦电容值是 0.1μF。这个电容的分布电感的典型值是 5nH。0.1μF 的去耦电容有 5nH 的分布电感，它的并行共振频率大约在 7MHz 左右，也就是说，对于 10MHz 以下的噪声有较好的去耦效果，对 40MHz 以上的噪声几乎不起作用。

去耦电容的选用并不严格，可按 C=1/F，即 10MHz 取 0.1μF，100MHz 取 0.01μF。

MCU 外围电路图如图 4-3 所示，外围电路非常简单。其他电路设计功能将在其他部分进行详细说明。

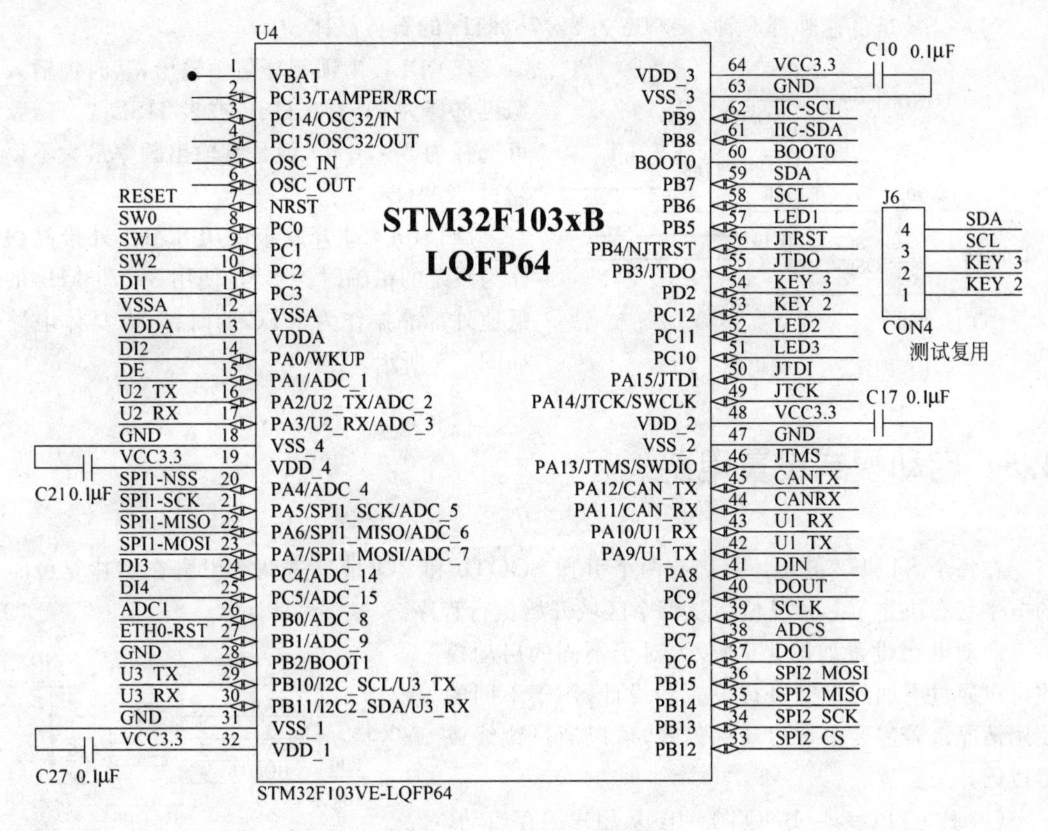

图 4-3　MCU 去耦电路

4.3　复位电路

R12＝10kΩ。NRST 是低电平有效，上电复位时芯片必须有足够的时间进行初始化操作，在此期间 NRST 必须保持低电平。复位电路利用电容电压不会突变的性质，开机后电容电压为零，芯片复位，随即电源通过 R12 向 C16 充电，直至电容电压上升为高电平，芯片开始正常工作。复位电路如图 4-4 所示。

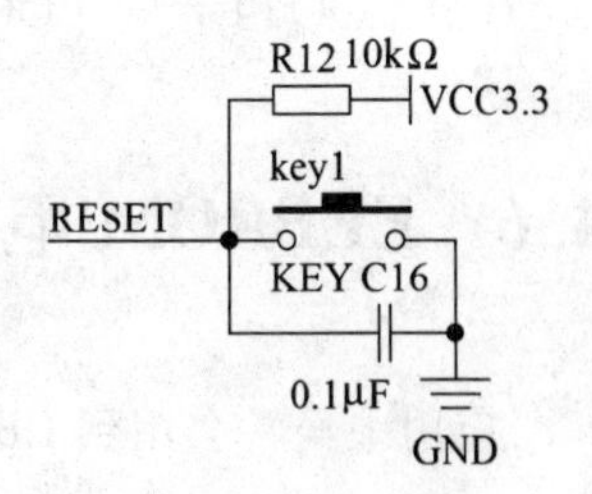

图 4-4　复位电路

4.4　晶振电路

在 STM32 中，有五个时钟源，分别为 HSI、HSE、LSI、LSE、PLL。

（1）HSI 是高速内部时钟，RC 振荡器，频率为 8MHz。

（2）HSE 是高速外部时钟，可接石英/陶瓷谐振器，或者接外部时钟源，频率范围为 4～16MHz。

（3）LSI 是低速内部时钟，RC 振荡器，频率为 40kHz。

(4) LSE 是低速外部时钟,接频率为 32.768kHz 的石英晶体。

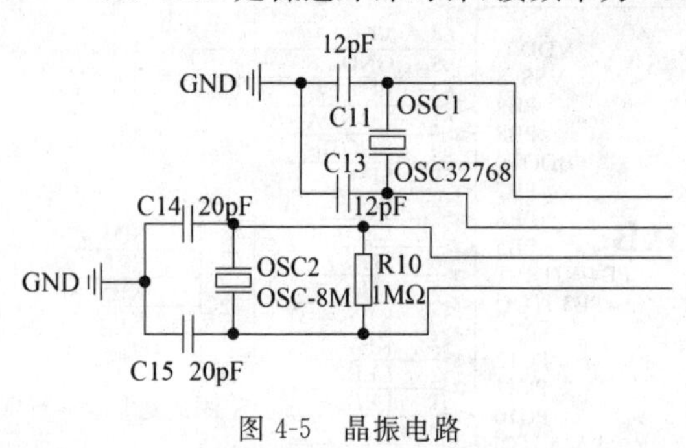

图 4-5 晶振电路

(5) PLL 为锁相环倍频输出,其时钟输入源可选择为 HSI/2、HSE 或者 HSE/2。倍频可选择为 2~16 倍,但是其输出频率最大不得超过 72MHz。

DevStm 4.0 开发板采用 8MHz 外接晶振作为系统的精确时钟参考,使用 32.768kHz 的低速外部晶振作为 RTC 的时钟源,具体电路如图 4-5 所示。

4.5 启动模式设置电路

在每个 STM32 的芯片上都有两个引脚 BOOT0 和 BOOT1,这两个引脚在芯片复位时的电平状态决定了芯片复位后从哪个区域开始执行程序。

启动电路设置如图 4-6 所示,对于不同的启动模式可以通过下面的设定进行设置和设计,用于不同的使用情况。若需要多种启动的模式,可以通过跳线或者拨码开关实现。

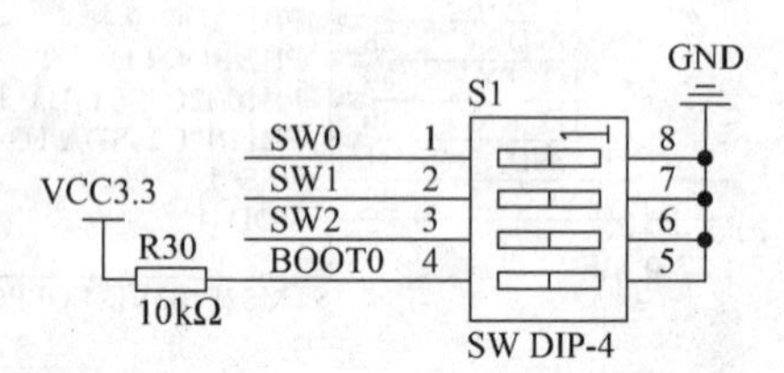

图 4-6 DevStm 4.0 启动设置电路

(1) BOOT1=x BOOT0=0:从用户闪存启动,这是正常的工作模式。

(2) BOOT1=0 BOOT0=1:从系统存储器启动,这种模式启动的程序功能由厂家设置。ISP 应用就是这种模式,本开发板就可以通过这种模式用 ISP 下载程序。

(3) BOOT1=1 BOOT0=1:从内置 SRAM 启动,这种模式可以用于调试。

4.6 EEPROM 电路

应用中经常会用到 EEPROM 存储一些必须要的数据,可以经常擦除。EEPROM 电路设计如图 4-7 所示。原理图上是 AT24C02 实际上用的是 AT24C08 芯片。

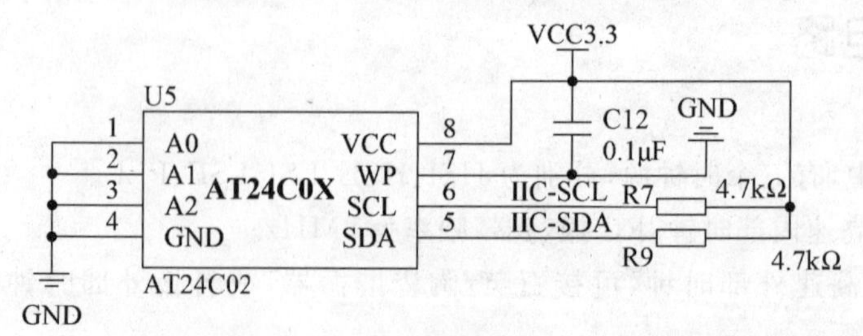

图 4-7 EEPROM 接口电路

AT24C08 提供 8192 位的串行电可擦写可编程只读存储器(EEPROM),组织形式为 1024 字×8 位字长。适用于许多要求低功耗和低电压操作的工业级或商业级应用。

4.7　串口电路

STM32F103 系列 MCU 提供 2～5 个不等的串口,STM32F103RET6 拥有 5 个串口。我们使用其中一个作为标准 RS232 接口,其中一个作为 RS485 使用,其他的均未使用。DevStm 4.0 使用一个 TSSOP 封装的 MAX3232 进行电平转换,转换后的电路通过一个 FM-DB9 接头可以直接和计算机连接。

MAX3232 有多种封装,本次设计采用 TSSOP 的小型封装,节约了电路空间。另外使用 DB9 母头将标准的 RS232 接口引出,用户可以通过直连 DB9 延长线直接连接到计算机。具体电路如图 4-8 所示。

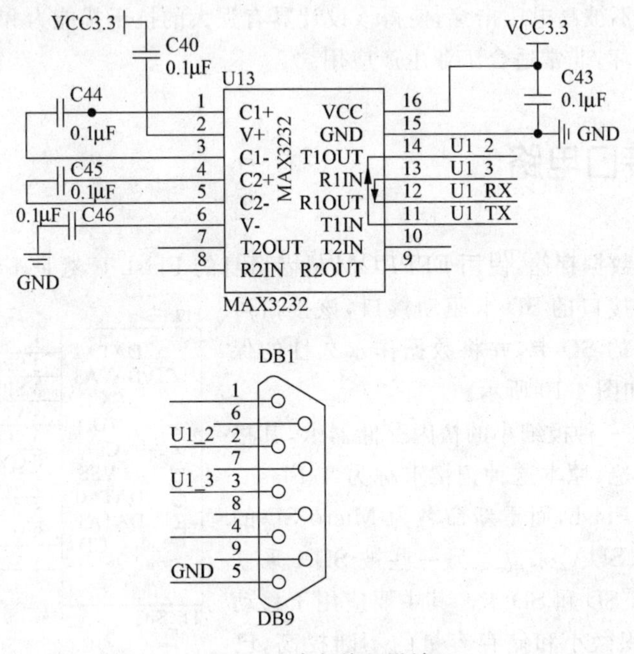

图 4-8　串行接口设计

4.8　RS485 接口电路

RS485 是经常使用的一种接口电路,在工业场合中的应用非常普遍,DevStm 4.0 将 USART2 作为 RS485 接口电路使用,接口芯片使用 MAX3485,这是一款 3.3V 供电的 RS485 芯片,具有和 MAX485 相同的功能。同时为了提高系统的抗干扰和雷击,设计了抗静电芯片 SM712,用来保护 MAX3485,在静电或者串扰来袭时,起到保护作用。

RS485 部分的电路设计如图 4-9 所示。

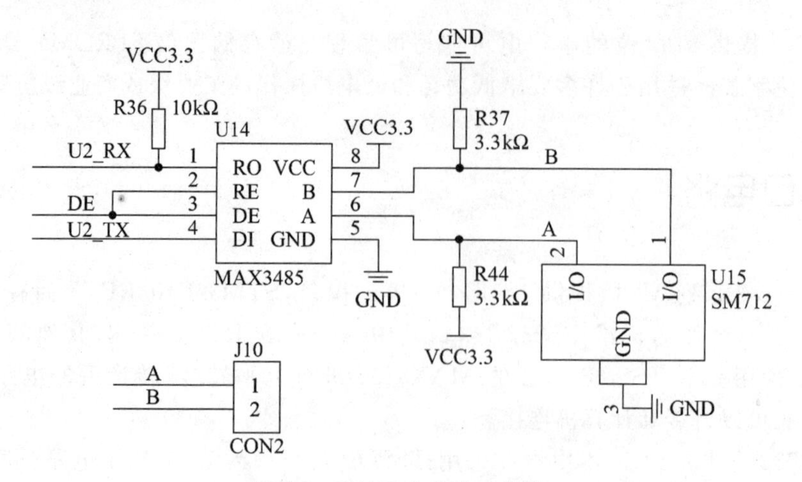

图 4-9 RS485 电路接口设计

这里需要指出的是,本书中所讲电路设计了双向 TVS 管,保证电路在线路上串扰静电干扰时 MAX3485 不被高电压击穿,使得该设计具有强大的抗干扰能力和保护功能,防止应用中的不可预测破坏,非常适合工业生产应用。

4.9 SD 卡接口电路

对于大容量的数据存储,使用 EEPROM 或者自身的 Flash 显然是不够的,DevStm 4.0 上设计了基于 SPI 接口的 SD 卡驱动接口,该接口可以读/写 FAT 格式的 SD 卡,并将数据作永久性的保存。SD 卡的接口如图 4-10 所示。

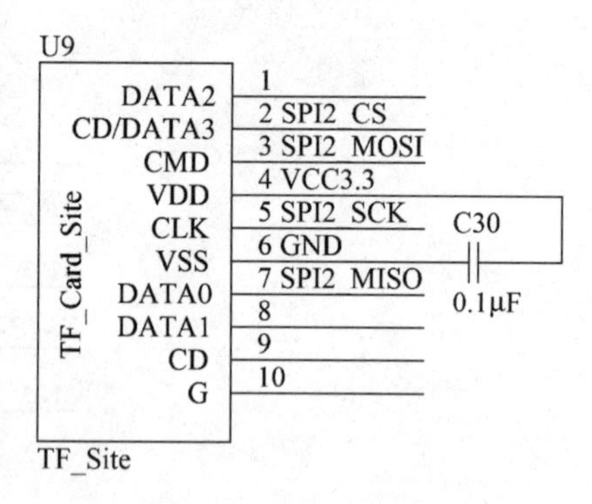

图 4-10 Micro SD 卡接口电路

Micro SD 卡是一种极细小的快闪存储器卡,其格式源自 SanDisk 创造,原本这种记忆卡称为 T-Flash,后来改称为 Trans Flash,而重新命名为 Micro SD 的原因是被 SD 协会(SDA)采立。另一些被 SDA 采立的记忆卡包括 Mini SD 和 SD 卡。其主要应用于移动电话,但因它的体积微小和储存容量的不断提高,已经使用于 GPS 设备、便携式音乐播放器和一些快闪存储器盘中。它的体积为 15mm×11mm×1mm,差不多相当于手指甲的大小,是现时最细小的记忆卡。它也能通过 SD 转接卡来接驳于 SD 卡插槽中使用。现时 Micro SD 卡提供 128MB、256MB、512MB、1GB、2GB、4GB、8GB、16GB、32GB、64GB、128GB 的容量。

4.10 JTAG 电路

联合测试行动小组(Joint Test Action Group,JTAG)是一种国际标准测试协议,主要用于芯片内部测试及对系统进行仿真、调试。目前大多数比较复杂的器件如 ARM、DSP、

FPGA 等都含有支持 JTAG 协议的模块。处理器上标准的 JTAG 接口是 4 线：TMS、TCK、TDI、TDO，分别为测试模式选择、测试时钟、测试数据输入和测试数据输出。目前 JTAG 接口的连接有两种标准，即 14 针接口和 20 针接口，DevStm 4.0 采用的是 20 针接口。接口电路如图 4-11 所示。

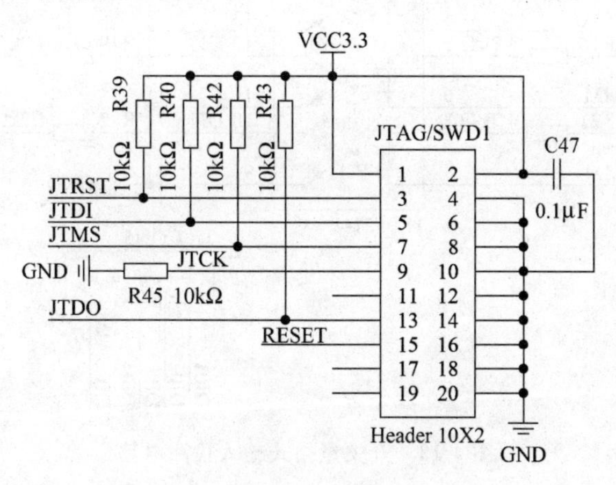

图 4-11　JTAG 接口设计

4.11　按键检测电路

DevStm 4.0 系统设置了两个独立按键 Key2 和 Key3，由于 STM32 的每个引脚都可以定义为一个中断引脚，所以可以定义这些按键作为中断输入接口，也可以用来唤醒在睡眠中的 MCU 系统。检测电路如图 4-12 所示。

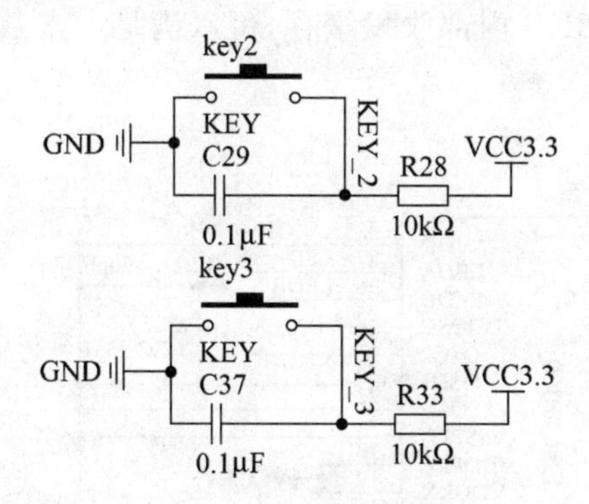

图 4-12　按键接口电路

4.12　开关检测电路

DevStm 4.0 设计了 4 路光耦隔离检测电路，该电路在工业应用场合中经常用来采集现场的开关量数据。开关检测电路如图 4-13 所示。

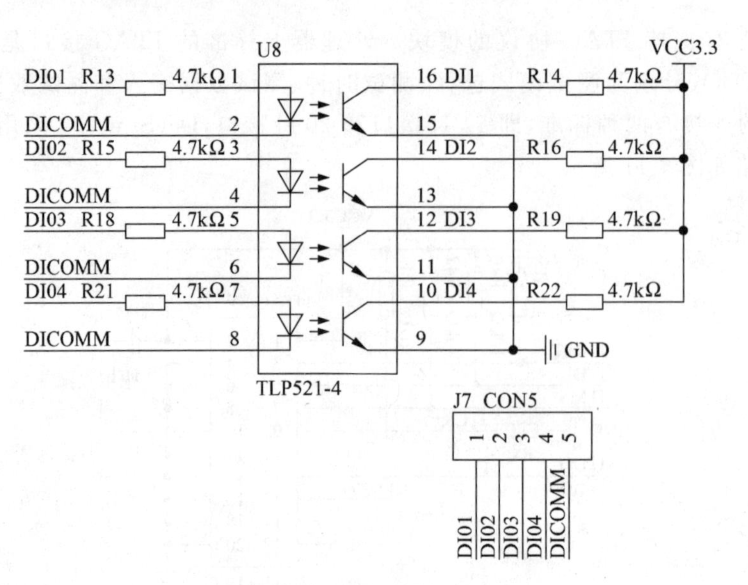

图 4-13 开关量格式输入检测电路

4.13 网络接口电路

DevStm 4.0 采用 ENC28J60 实现了网络接口,该网络接口通过 SPI1 和 MCU 连接。ENC28J60 通过内置 MAC+PHY 芯片来实现简单的以太网物理层连接,用户需要自己创建或使用市场上的第三方库方能实现应用层的设计;PHY 芯片方面,内置了一块 10M BASE-T 芯片,基本可以满足目前通信需要;接口方面,采用最高 10MHz 的 SPI 接口;缓存方面,ENC28J60 仅提供 8KB 内部收发缓存,可以满足大多数现场和工业应用。接口电路设计如图 4-14 所示。

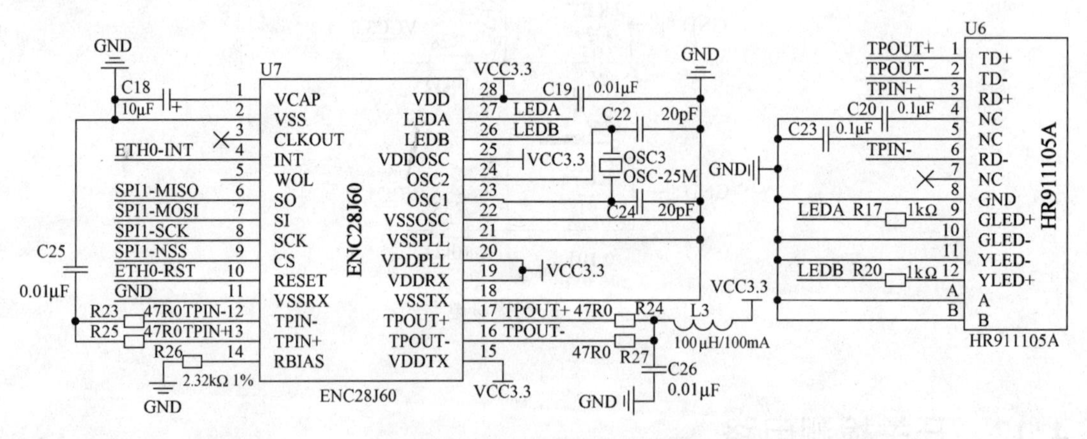

图 4-14 ENC28J60 网络接口设计

另外由于外接网络电路具有变压器升压功能,功耗比较大,ENC28J60 工作温度比较高,这是正常情况。

4.14　PWM 驱动 LED 电路

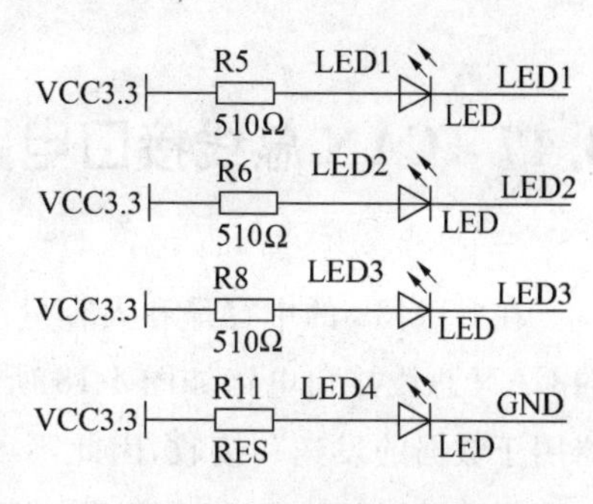

图 4-15　LED 接口电路

DevStm 4.0 设计了 4 路 LED 驱动电路，其中一路用来指示电源状态，其他 3 路 LED 均由 GPIO 控制，当 GPIO 引脚低电平的时候，LED 点亮。例如程序中(PWM 实验程序)还有使用 PWM 控制 LED 亮度的实验过程。接口电路如图 4-15 所示。

4.15　片载 A/D 转换电路

STM32F103 系列 MCU 均带有两路 12 位的 ADC 转换器，12 位 ADC 是一种逐次逼近型模拟数字转换器。它有多达 18 个通道，可测量 16 个外部和 2 个内部信号源。各通道的 A/D 转换可以单次、连续、扫描或间断模式执行。ADC 的结果可以左对齐或右对齐方式存储在 16 位数据寄存器中。DevStm 4.0 采用一个外部模拟电路来进行 ADC 的测试实验，其实验接口电路如 4-16 所示。

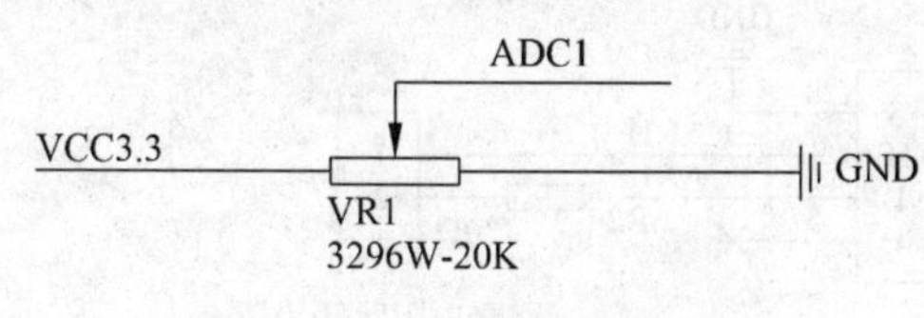

图 4-16　ADC 测试电路设计

4.16　AD7708 16 位高精度 A/D 转换电路

DevStm 4.0 设计了一个 16 位高精度的 A/D 转换器，用于用户进行测试学习。

AD7718 是美国 ADI 公司开发的，具有低噪声、高分辨率、高可靠性及好线性度等优点，采用Σ-△转换技术的 24 位 A/D 转换器件，其灵活的串行接口使 AD7708 可以很方便地与微处理器或移位寄存器相连接，可以利用 SPI 总线完成与微处理器的通信，内部有 PGA (programmable gain amplifier)可编程增益放大器。它可直接接收来自传感器的输入信号，适合于测量具有广泛动态范围的低频信号，可广泛应用于工业过程控制、测量仪表、便携式测试仪器、智能变送器、应变测量等领域。

接口电路如图 4-17 所示。

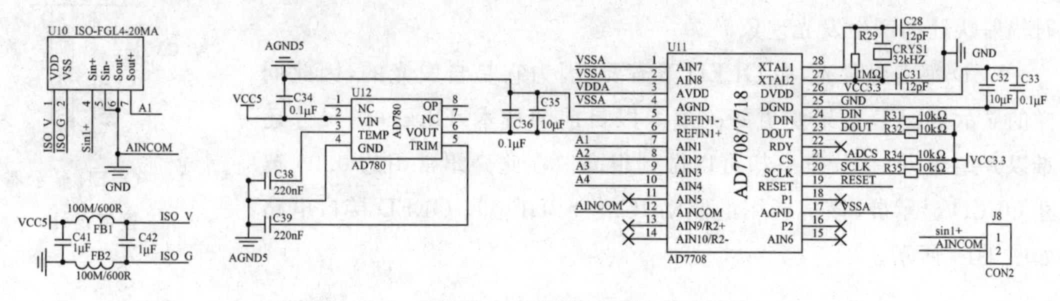

图 4-17　高精度 A/D 转换器测试电路设计

4.17 CAN 总线接口电路

在 STM32 的中容量和大容量产品中,都内置了 CAN 接口,DevStm 4.0 也设计了专门的 CAN 总线接口电路如图 4-18 所示。USB 和 CAN 共用一个专用的 512B 的 SRAM 存储器用于数据的发送和接收,因此不可以同时使用(共享的 SRAM 被 USB 和 CAN 模块互斥地访问)。USB 和 CAN 可以同时用于一个应用中但不能在同一个时间使用。

bxCAN 是基本扩展 CAN(Basic Extended CAN)的缩写,它支持 CAN 协议 2.0A 和 2.0B。它的设计目标是,以小的 CPU 负荷来高效处理大量收到的报文。它也支持报文发送的优先级要求(优先级特性可软件配置)。对于安全紧要的应用,bxCAN 提供所有支持时间触发通信模式所需的硬件功能。

CAN 接口电路设计如图 4-18 所示。

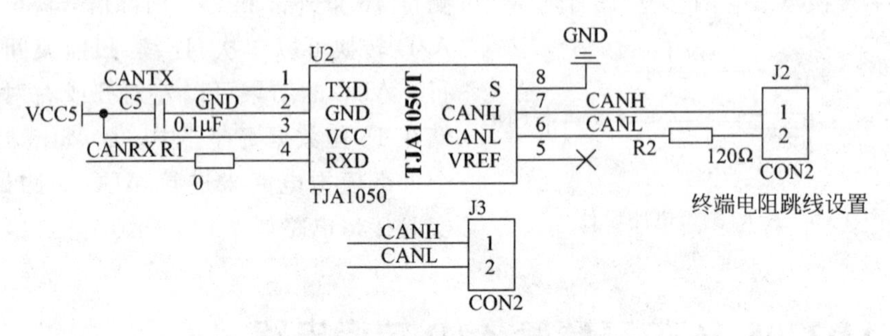

图 4-18 CAN 总线接口实现

4.18 OLED 显示接口电路

DevStm 4.0 开发板预留了 OLED 接口,可以利用 OLED 进行数据显示。

OLED(Organic Light-Emitting Diode):在外界电压的驱动下,由电极注入的电子和空穴在有机材料中复合而释放出能量,并将能量传递给有机发光物质的分子,后者受到激发,从基态跃迁到激发态,当受激分子回到基态时辐射跃迁而产生发光现象。

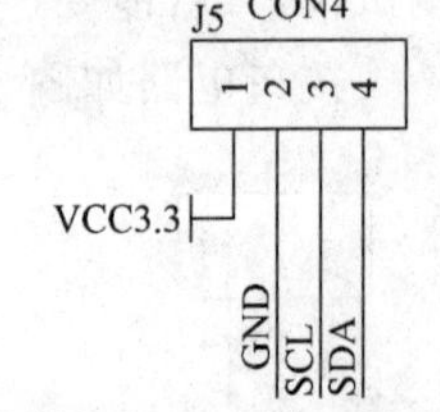

图 4-19 OLED 显示器接口设计

LCD 都需要背光,而 OLED 不需要,因为它是自发光的,因此同样的显示 OLED 效果要更好一些。以目前的技术,OLED 的尺寸还难以大型化,但是分辨率却可以做到很高。在此介绍常用的 0.96 英寸 OLED 显示屏,该屏所用的驱动 IC 为 SSD1306;OLED 接口电路如图 4-19 所示。

4.19 继电器驱动电路

在工业数据采集中常常会用到控制电路，这些控制电路往往以控制继电器为主。DevStm 4.0 开发板内置了 1 路继电器驱动电路，继电器的驱动是通过一个 NPN 三极管实现的，实现电路如图 4-20 所示。

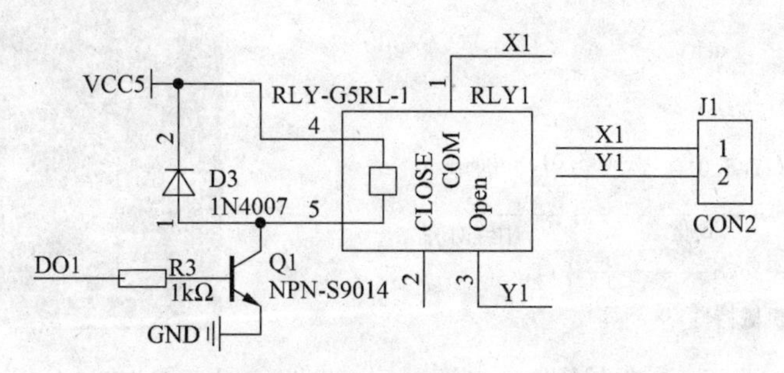

图 4-20 继电器驱动电路设计

本电路设计的 D3 是一个续流二极管，主要是保证继电器在断开之后，释放掉继电器线圈瞬间产生的电流，保护外部电路和驱动三极管不被击穿。

4.20 SeiSite 接口

SeiSite 接口是 Seipher 根据自身的需求开发出的一种通用接口，该接口采用 2.0 间距的插针应用，支持模块的堆叠使用。

电器接口定义如下：

- VCC5.0：电源 5V 供电正；
- RX-TTL：TTL 级的串口数据接口；
- TX-TTL：TTL 级的串口数据发送；
- GND：电源地；
- REV1：保留；
- REV2：保留。

SeiSite 接口通用模块的机械特性定义如图 4-21 所示。

SeiSite 接口模块主要采用模块化设计思路，方便读者以后增加特定功能模块。也希望读者在以后的实践工作中采用这种标准的接口进行电路设计。

SeiSite 模块设计具有以下优越性：

(1) 模块化设计可以实现模块设计的高内聚思想；

(2) 模块设计使得生产流程可控方便；

(3) 模块化设计提高主机系统开发的整洁性；

(4) 提高系统设计的质量可控，同时便于系统维修；

(5) 简化重复性工作，提高设计效率；

(6) 堆叠设计可以提高系统的设计效能，一个 SeiSite 接口可以堆叠多个模块。SeiSite 实物如图 4-22 所示。

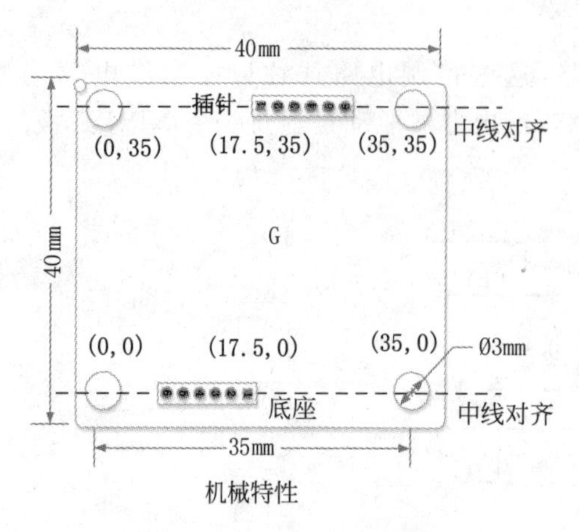

图 4-21 SeiSite 的机械特性

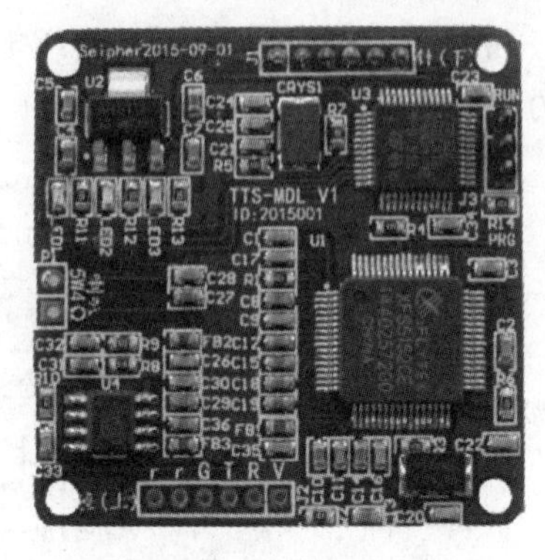

图 4-22 SeiSite 模块实物

4.21 开发板原件 PCB 布局及接口指示说明

DevStm 4.0 开发板 PCB 布局实物如图 4-23 所示。

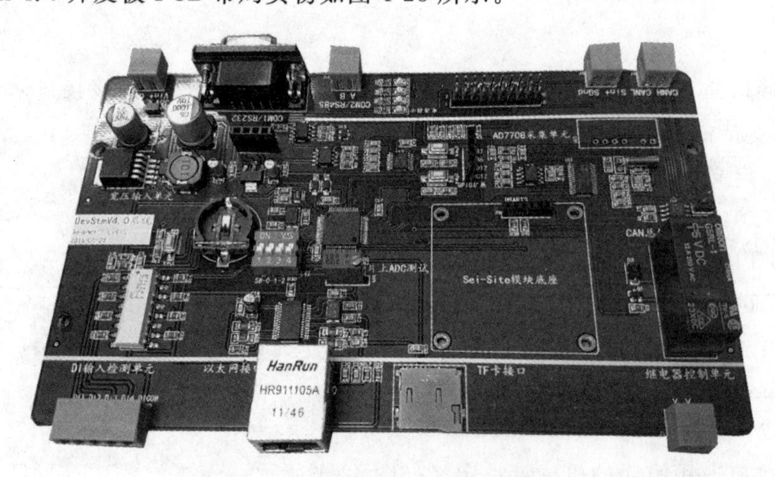

图 4-23 DevStm 4.0 的实物布局及电路

第5章

STM32 基本应用技术

本章详细阐述 STM32 基础应用的开发过程，重点讲述利用 3.5 版本库函数进行 STM32 开发的详细过程和示例，帮助初学者解决实际中的应用问题。

5.1 GPIO 通用输入/输出接口

GPIO 是通用输入/输出(GeneralPurposeI/O)的简称，STM32 的 GPIO 资源非常丰富，包括 26、37、51、80、112 个多功能双向 5V 的兼容的快速 I/O 口，而且所有的 I/O 口可以映射到 16 个外部中断，对于 STM32 的学习，应该从最基本的 GPIO 开始学习。

每个 GPIO 端口具有 7 组寄存器：

- 2 个 32 位配置寄存器(GPIOx_CRL，GPIOx_CRH)；
- 2 个 32 位数据寄存器(GPIOx_IDR，GPIOx_ODR)；
- 1 个 32 位置位/复位寄存器(GPIOx_BSRR)；
- 1 个 16 位复位寄存器(GPIOx_BRR)；
- 1 个 32 位锁定寄存器(GPIOx_LCKR)。

GPIO 端口的每个位可以由软件分别配置成多种模式。每个 I/O 端口位可以自由编程，然而 I/O 端口寄存器必须按 32 位字被访问(不允许半字或字节访问)。GPIOx_BSRR 和 GPIOx_BRR 寄存器允许对任何 GPIO 寄存器的读/更改的独立访问，这样，在读和更改访问之间产生 IRQ 时不会发生危险。常用的 I/O 端口寄存器只有 4 个：CRL、CRH、IDR、ODR。CRL 和 CRH 控制着每个 I/O 口的模式及输出速率。

每个 GPIO 引脚都可以由软件配置成输出(推挽或开漏)、输入(带或不带上拉或下拉)或复用的外设功能端口。多数 GPIO 引脚都与数字或模拟的复用外设共用。除了具有模拟输入功能的端口，所有的 GPIO 引脚都有大电流通过能力。

根据数据手册中列出的每个 I/O 端口的特定硬件特征，GPIO 端口的每个位可以由软件分别配置成多种模式：输入浮空、输入上拉、输入下拉、模拟输入、开漏输出、推挽式输出、推挽式复用功能、开漏复用功能。

5.1.1 GPIO 端口结构

GPIO 端口结构图如图 5-1 所示。

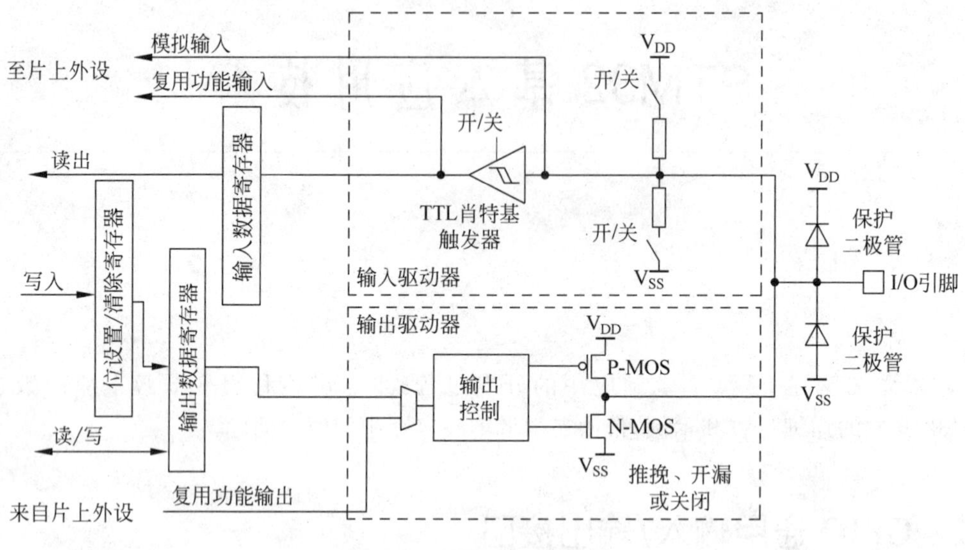

图 5-1　GPIO 端口结构图

5.1.2 GPIO 口输入/输出模式

一般来说 STM32 的输入/输出引脚有以下 8 种配置方式，其中(1)～(4)为输入类型，(5)～(6)为输出类型，(7)～(8)为复用输出。

(1) 浮空输入_IN_FLOATING：浮空输入，可以做 KEY 识别。

(2) 带上拉输入_IPU：I/O 内部上拉电阻输入。

(3) 带下拉输入_IPD：I/O 内部下拉电阻输入。

(4) 模拟输入_AIN：应用 ADC 模拟输入，或者低功耗下省电。

(5) 开漏输出_OUT_OD：I/O 输出 0 接 GND，I/O 输出 1，悬空，需要外接。上拉电阻，才能实现输出高电平。当输出为 1 时，I/O 口的状态由上拉电阻拉高电平，但由于是开漏输出模式，这样 I/O 口也就可以由外部电路改变为低电平或不变。可以读 I/O 输入电平变化，实现 C51 的 I/O 双向功能。

(6) 推挽输出_OUT_PP：I/O 输出 0 接 GND，I/O 输出 1 接 VCC，读输入值是未知的。

(7) 复用功能的推挽输出_AF_PP：片内外设功能(I^2C 的 SCL、SDA)。

(8) 复用功能的开漏输出_AF_OD：片内外设功能(TX1、MOSI、MISO、SCK、SS)。

下面重点介绍推挽输出和开漏输出的工作原理，这也是广大电路爱好者比较迷茫的地方。

1. 推挽输出详解

推挽输出电路原理图如图 5-2 所示。

可以输出高、低电平，连接数字器件；推挽结构一般是指两个三极管分别受两互补信号的控制，总是在一个三极管导通的时候另一个截止。高低电平由IC的电源设定。

推挽电路由两个参数相同的PNP和NPN三极管或MOSFET组成，以推挽方式存在于电路中，各负责正负半周的波形放大任务。电路工作时，两只对称的功率开关每次只有一个导通，所以导通损耗小、效率高。输出既可以向负载灌电流，也可以从负载抽取电流。推拉式输出级既提高电路的负载能力，又提高开关速度。

2. 开漏输出详解

开漏输出电路原理图如图5-3所示。当左端的输入为“0”时，前面的三极管截止(即集电极C跟发射极E之间相当于断开)，所以5V电源通过1kΩ电阻加到右边的三极管上，右边的三极管导通(即相当于一个开关闭合)；当左端的输入为“1”时，前面的三极管导通，而后面的三极管截止(相当于开关断开)。

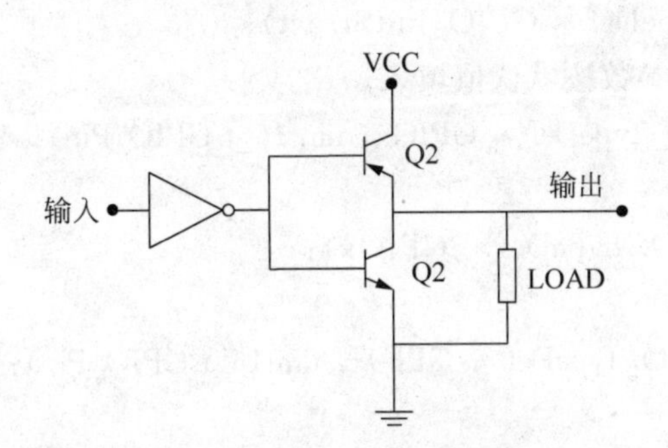

图5-2 推挽输出电路原理图

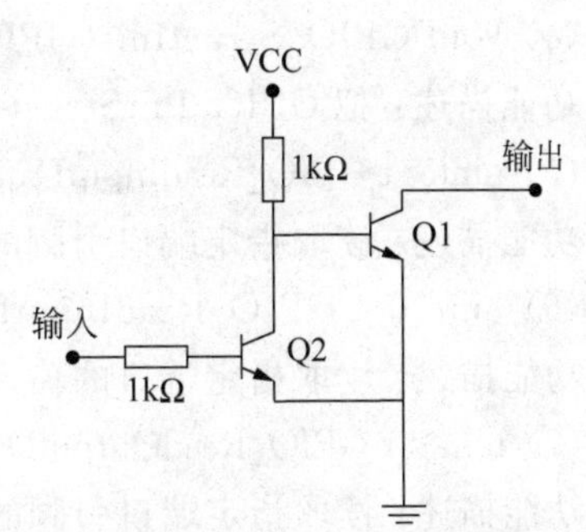

图5-3 开漏输出电路原理图

漏极开路(OD)输出与集电极开路输出是十分类似的，将图5-3中的三极管换成场效应管即可。这样集电极就变成了漏极，OC就变成了OD，原理分析是一样的。

输出端相当于三极管的集电极，要得到高电平状态需要上拉电阻才行，适合于做电流型的驱动，其吸收电流的能力相对强(一般20mA以内)。

开漏形式的电路有以下几个特点：

(1) 利用外部电路的驱动能力，减少IC内部的驱动。当IC内部MOSFET导通时，驱动电流是从外部的VCC流经上拉的1kΩ电阻、MOSFET到GND。IC内部仅需很小的栅极驱动电流。

(2) 一般来说，开漏是用来连接不同电平的器件，匹配电平用的，因为开漏引脚不连接外部的上拉电阻时，只能输出低电平，如果需要同时具备输出高电平的功能，则需要接上拉电阻，这样设计的一个优点是通过改变上拉电源的电压，便可以改变传输电平。例如加上上拉电阻就可以提供TTL/CMOS电平输出等(上拉电阻的阻值决定了逻辑电平转换的沿的速度。阻值越大，速度越低功耗越小，所以负载电阻的选择要兼顾功耗和速度)。

(3) OPEN-DRAIN提供了灵活的输出方式，但是也有其弱点，就是带来上升沿的延时。因为上升沿是通过外接上拉无源电阻对负载充电，所以当电阻选择小时延时就小，但功耗大；反之延时大功耗小。所以如果对延时有要求，则建议用下降沿输出。

(4) 可以将多个开漏输出的Pin，连接到一条线上。通过一只上拉电阻，在不增加任何器件的情况下，形成“与逻辑”关系。这也是I^2C、SMBus等总线判断总线占用状态的原理。

5.1.3 GPIO 的库函数操作

GPIO 操作相关的库函数如下。与 GPIO 相关的函数，在 stm32f10x_gpio.h 中进行了声明。

(1) void GPIO_DeInit(GPIO_TypeDef * GPIOx)；

功能描述：I/O 默认值初始化函数。

(2) void GPIO_AFIODeInit(void)；

功能描述：初始化复用功能寄存器为初始化值。

(3) void GPIO_Init(GPIO_TypeDef * GPIOx，GPIO_InitTypeDef * GPIO_InitStruct)；

功能描述：使用 GPIO_InitStruct 中的参数对 I/O 口进行初始化。

(4) void GPIO_StructInit(GPIO_InitTypeDef * GPIO_InitStruct)；

功能描述：把 GPIO_InitStruct 中的每个参数按默认值填入。

(5) uint8_t GPIO_ReadInputDataBit(GPIO_TypeDef * GPIOx，uint16_t GPIO_Pin)；

功能描述：读取指定端口引脚的输入。

(6) uint16_t GPIO_ReadInputData(GPIO_TypeDef * GPIOx)；

功能描述：读取指定端口的输入。

(7) uint8_t GPIO_ReadOutputDataBit(GPIO_TypeDef * GPIOx，uint16_t GPIO_Pin)；

功能描述：读取指定端口引脚的输出。

(8) uint16_t GPIO_ReadOutputData(GPIO_TypeDef * GPIOx)；

功能描述：读取指定端口的输出。

(9) void GPIO_SetBits(GPIO_TypeDef * GPIOx，uint16_t GPIO_Pin)；

功能描述：设置指定端口引脚的位。

(10) void GPIO_ResetBits(GPIO_TypeDef * GPIOx，uint16_t GPIO_Pin)；

功能描述：清除指定端口引脚的位。

(11) void GPIO_WriteBit(GPIO_TypeDef * GPIOx，uint16_t GPIO_Pin，BitAction BitVal)；

功能描述：设置或清除指定的数据端口位状态。

(12) void GPIO_Write(GPIO_TypeDef * GPIOx，uint16_t PortVal)；

功能描述：向指定的端口写入数据。

(13) void GPIO_PinLockConfig(GPIO_TypeDef * GPIOx，uint16_t GPIO_Pin)；

功能描述：锁定端口引脚的设置寄存器。

(14) void GPIO_EventOutputConfig(uint8_t GPIO_PortSource，uint8_t GPIO_PinSource)；

功能描述：选择端口引脚作为事件输出。

(15) void GPIO_EventOutputCmd(FunctionalState NewState)；

功能描述：使能或失能事件输出。

(16) void GPIO_PinRemapConfig(uint32_t GPIO_Remap，FunctionalState NewState)；

功能描述：改变指定引脚的地址映射。

(17) void GPIO_EXTILineConfig(uint8_t GPIO_PortSource, uint8_t GPIO_PinSource);

功能描述：选择端口引脚用作外部中断线路。

5.1.4 GPIO使用示例

1. GPIO的通用操作

GPIO的操作很简单，一般情况下按照下面的三个步骤操作。

(1) 使能I/O口时钟。调用函数为RCC_APB2PeriphClockCmd()。

(2) 初始化I/O参数。调用函数GPIO_Init()。

(3) 操作I/O。

```
//使能端口时钟
RCC_APB2PeriphClockCmd(RCC_APB2Periph_GPIOB, ENABLE);
//初始化I/O
GPIO_InitTypeDef GPIO_InitStructure;
GPIO_InitStructure.GPIO_Pin = GPIO_Pin_5;                //LED0--> PB.5端口配置
GPIO_InitStructure.GPIO_Mode = GPIO_Mode_Out_PP;         //推挽输出
GPIO_InitStructure.GPIO_Speed = GPIO_Speed_50MHz;        //速度50MHz
GPIO_Init(GPIOB, &GPIO_InitStructure);
//操作I/O
GPIO_SetBits(GPIOB, GPIO_Pin_5);
GPIO_ResetBits(GPIOB, GPIO_Pin_5);
```

2. 特殊情况下的复用设置

在一些特殊情况下使用部分引脚时，在硬件设计和软件设计上可能存在某种严格的限制，需要注意以下三个方面：

1) JTAG和SW接口引脚使用时注意事项

如何将STM32的JTAG下载引脚JTDO、JTDI、JTCK当成普通I/O口进行操作？

步骤：

(1) 打开复用时钟：RCC_APB2PeriphClockCmd(RCC_APB2Periph_AFIO,EANBLE);

(2) 调用重映射函数：GPIO_PinRemapConfig(GPIO_Remap_SWJ_Disable,ENABLE)。

进行上述配置后即可将JTAG下载引脚当成普通GPIO来使用了。

示例如下：

```
GPIO_PinRemapConfig(GPIO_Remap_SWJ_Disable, ENABLE);
//设置PA.13 (JTMS/SWDAT), PA.14 (JTCK/SWCLK) 和 PA.15 (JTDI) 为推挽输出
GPIO_InitStructure.GPIO_Pin = GPIO_Pin_13 | GPIO_Pin_14 | GPIO_Pin_15;
GPIO_InitStructure.GPIO_Speed = GPIO_Speed_50MHz;
GPIO_InitStructure.GPIO_Mode = GPIO_Mode_Out_PP;
GPIO_Init(GPIOA, &GPIO_InitStructure);
```

2) OSC32_IN/OSC32_OUT作为PC14/PC15端口

当LSE(低速外部时钟)关闭时，LSE振荡器外部引脚OSC32_IN/OSC32_OUT作为PC14/PC15端口使用，LSE功能将由于通用I/O的使用，默认情况下就是LSE。

局限性：但是当关闭外部VDD供电的时候，不能使用PC14/PC15的GPIO功能。

3) OSC_IN/OSC_OUT 作为 PD0/PD1 端口

外部高速振荡器 HSE,引脚 OSC_IN/OSC_OUT 可以作为 PD0/PD1 端口复用,通过设置复用重映射和调试 I/O 配置寄存器(AFIO_MAP)实现,这个重映射只适用于 36、48、64 脚的封装,其他封装上都有单独的 PD0/PD1,不必重映射。

但是外部中断事件没有被重映射,所以重映射引脚不能用来产生中断。

具体操作代码如下:

```
/* AFIO 时钟使能 */
RCC_APB2PeriphClockCmd( RCC_APB2Periph_AFIO,ENABLE );
GPIO_PinRemapConfig( GPIO_Remap_PD01 , ENABLE );
/* 使能 SWJ,禁止 JTAG */
GPIO_PinRemapConfig( GPIO_Remap_SWJ_JTAGDisable , ENABLE );
/* 使能 GPIO 时钟 */
RCC_APB2PeriphClockCmd(RCC_APB2Periph_GPIOD, ENABLE);
/* 配置 PD.0、PD.1 为推挽输出 */
GPIO_InitStructure.GPIO_Pin = GPIO_Pin_0 | GPIO_Pin_1 ;
GPIO_InitStructure.GPIO_Speed = GPIO_Speed_10MHz;
GPIO_InitStructure.GPIO_Mode = GPIO_Mode_Out_PP;
GPIO_Init(GPIOD, &GPIO_InitStructure);
```

5.2 系统滴答定时器

STM32 有一个系统时基滴答定时器,其为一个 24 位递减计数器。系统时基定时器设置初值并使能后,每经过一个系统时钟周期,计数器就减 1,当计数器递减到 0 时,系统时基定时器自动重装载初值,并继续向下计数,同时内部的 COUNTFLAG 标志会置位,触发中断。

系统时基定时器功能简单,只能提供一个时基定时器,作为滴答时钟。在外部晶振 8MHz,通过 PLL 9 倍频,系统时钟为 72MHz,系统时钟定时器的递减频率可以设为 9MHz(HCLK/8),在这个条件下,把系统定时器的初值设置为 90 000,就能够产生 10ms 的时间基值。如果开启中断,则产生 10ms 的中断。值得欣慰的是,时基定时器的中断并不需要清除中断位,系统会自动清除。

5.2.1 SysTick 端口结构

SysTick 定时器被捆绑在 NVIC 中,用于产生 SysTick 异常(异常号: 15)。在以前,操作系统和所有使用了时基的系统,都必须要一个硬件定时器来产生需要的“滴答”中断,作为整个系统的时基。滴答中断对操作系统尤其重要。例如,操作系统可以为多个任务分配不同数目的时间片,确保没有一个任务能独占系统; 或者把每个定时器周期的某个时间范围赐予特定的任务等,还有操作系统提供的各种定时功能,都与这个滴答定时器有关。因此,需要一个定时器来产生周期性的中断,而且最好还让用户程序不能随意访问它的寄存器,以维持操作系统“心跳”的节律。

Cortex-M3 在内核部分包含了一个简单的定时器——SysTick timer。由于所有的 CM3 芯片都带有这个定时器，软件在不同芯片生产厂商的 CM3 器件间的移植工作就得以化简。该定时器的时钟源可以是内部时钟(FCLK，CM3 上的自由运行时钟)，也可以是外部时钟(CM3 处理器上的 STCLK 信号)。不过，STCLK 的具体来源则由芯片设计者决定，因此不同产品之间的时钟频率可能会大不相同。因此，需要阅读芯片的使用手册来确定选择什么作为时钟源。在 STM32 中 SysTick 以 HCLK(AHB 时钟)或 HCLK/8 作为运行时钟，如图 5-4 所示。

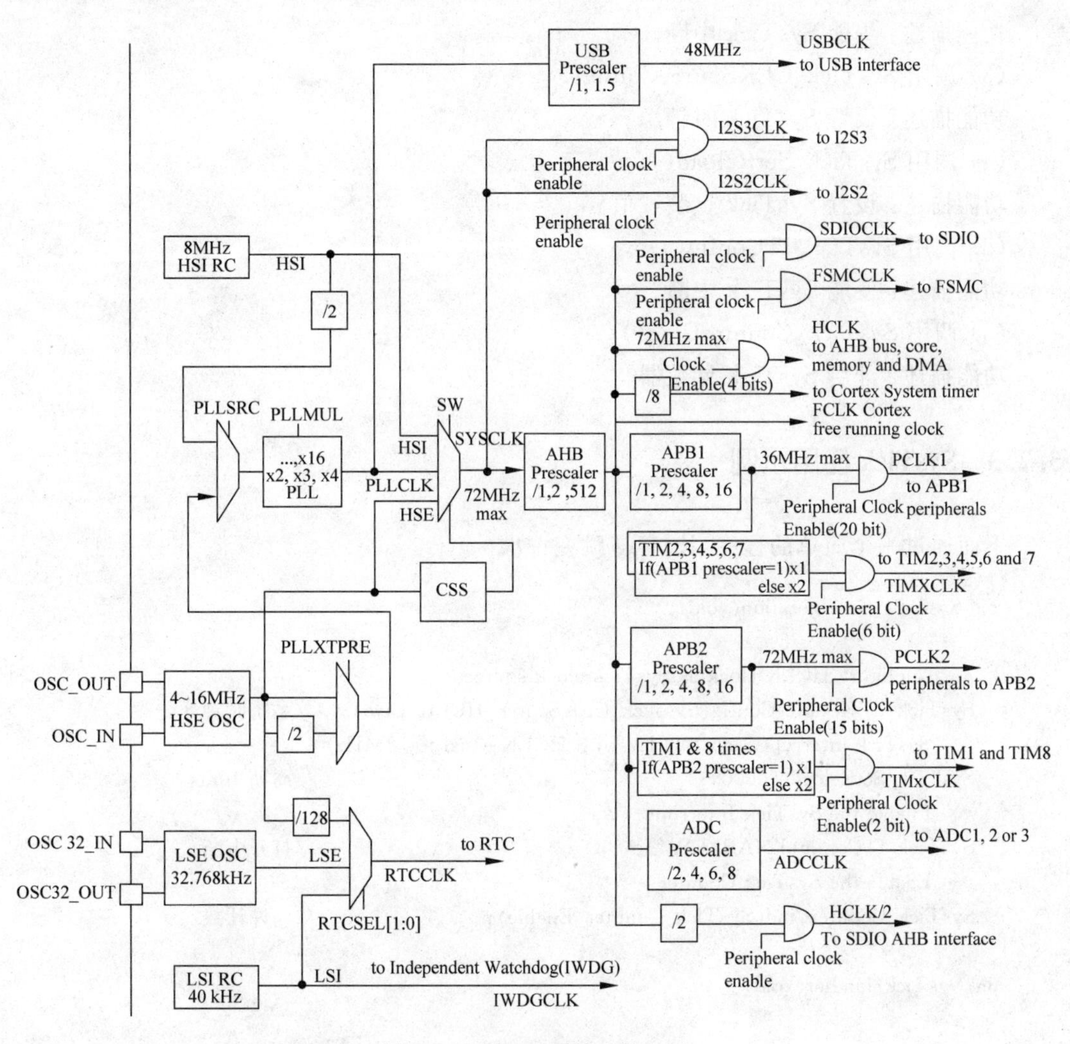

图 5-4 SysTick 时钟功能框图

SysTick 定时器能产生中断，CM3 为它专门开出一个异常类型，并且在向量表中有它的一席之地。它使操作系统和其他系统软件在 CM3 器件间的移植变得简单多了，因为在所有 CM3 产品间，SysTick 的处理方式都是相同的。SysTick 定时器除了能服务于操作系统之外，还能用于其他目的：如作为一个闹铃，用于测量时间等。

SysTick 定时器属于 cortex 内核部件，可以参考《CortexM3 权威指南》或《STM32xxx-Cortex 编程手册》来了解。

5.2.2 SysTick 操作相关的库函数

使用 ST 的函数库使用 SysTick 的方法如下：

(1) 调用 SysTick_CounterCmd()；

功能描述：失能 SysTick 计数器。

(2) 调用 SysTick_ITConfig()；

功能描述：失能 SysTick 中断。

(3) 调用 SysTick_CLKSourceConfig()；

功能描述：设置 SysTick 时钟源。

(4) 调用 SysTick_SetReload()；

功能描述：设置 SysTick 重装载值。

(5) 调用 SysTick_ITConfig()；

功能描述：使能 SysTick 中断。

(6) 调用 SysTick_CounterCmd()；

功能描述：开启 SysTick 计数器。

5.2.3 SysTick 使用示例

下面通过一个简单的程序，让灯 1s 跳变一次。

```
void SysTick_Configuration(void)
{
    /* Configure HCLK clock as SysTick clock source */
    SysTick_CLKSourceConfig(SysTick_CLKSource_HCLK_Div8);   //系统时钟 8 分频
    /* SysTick interrupt each 1000Hz with HCLK equal to 72MHz */
    SysTick_SetReload(90000);                                //周期 10ms
    /* Enable the SysTick Interrupt */
    SysTick_ITConfig(ENABLE);                                //打开中断
    /* Enable the SysTick Counter */
    SysTick_CounterCmd(SysTick_Counter_Enable);              //允许计数
}
void SysTickHandler(void)
{
     num++;
     if(num == 100)
     { num = 0;                                              //计数器清 0
     LED();                                                  //LED 跳变函数
     }
}
```

系统时基定时器是一个很方便的定时器，没有 TIM 定时器那么麻烦，使用起来很方便，可以进行一些简单的定时。

5.3 复位、系统时钟及实时时钟 RTC

5.3.1 复位

STM32F10xxx 支持三种复位形式，分别为系统复位、电源复位和备份区域复位，其复位电路如图 5-5 所示。

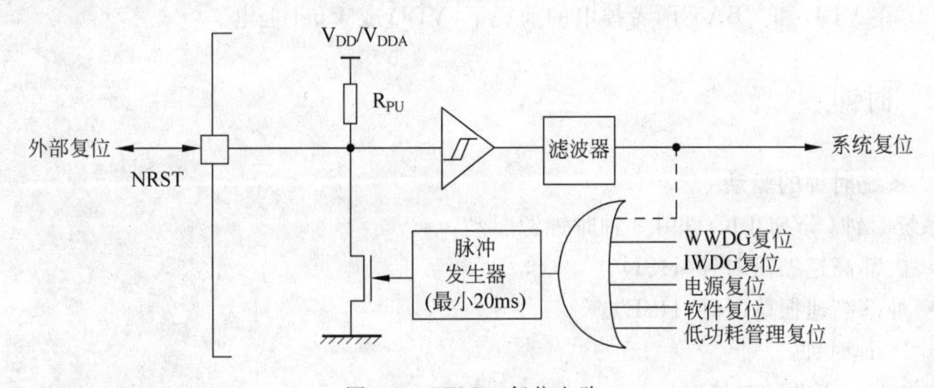

图 5-5 STM32 复位电路

1. 系统复位

系统复位将所有寄存器设置成复位值，除了 RCC_CSR(控制状态寄存器)中的相关复位标志位，通过查看 RCC_CSR 寄存器，可以识别复位源。

系统复位可由以下 5 种方式产生：

(1) 外部引脚 NRST 复位(低电平触发)。

(2) 窗口看门狗(WWDG)计数终止。

(3) 独立看门狗(IWDG)计数终止。

(4) 软件复位(SW RESET)，通过将中断应用和复位控制寄存器(Application Interrupt and Reset Control Register)中 SYSRESETREQ 位置 1。具体参考 Cortex-M3 programming manual。

(5) 低功耗管理复位：

- 通过进入等待模式(StandBy)产生复位：通过 User Option Bytes 中设置 nRST_STDBY 位使能这种复位模式。这时，即使执行了进入待机模式的过程，系统将被复位而不是进入待机模式。
- 通过进入停止模式(STOP)产生复位：通过 User Option Bytes 中设置 nRST_STOP 位使能这种复位模式。这时，即使执行了进入停止模式的过程，系统将被复位而不是进入停止模式。

2. 电源复位

电源复位设置所有寄存器置初始值，除了备份区域。

电源复位可由以下两种方式产生：

(1) 上电复位和掉电复位(POR/PDR reset)。

(2) 退出等待(StandBy)模式。

这些复位源都作用在 NRST 引脚上,并且在复位延时期间保持低电平。

提供给设备的系统复位信号都由 NRST 引脚输出,对每一个内部/外部复位源,脉冲发生器都将保证一个 20μs 最小复位周期。对于外部复位,当 NRST 位置低时,将产生复位信号。

3. 备份区复位

备份区复位仅仅影响备份区域,有以下两种产生方式:

(1) 软件复位,设置备份区域控制寄存器 RCC_BDCR BDRST= 1。

(2) 在 VDD 和 VBAT 两者掉电的前提下,VDD 或 Vbat 上电。

5.3.2 时钟

1. 系统时钟的驱动

系统时钟(SYSCLK)可由 3 种时钟源驱动:

- 内部高速振荡时钟(HSI)。
- 外部高速振荡时钟(HSE)。
- PLL 时钟。

设备有如下两种二级时钟源:

- 40kHz 的内部低速 RC 振荡时钟(LSI),用来驱动独立看门狗(IWDG)或驱动用来从停止/等待模式中恢复的 RTC 时钟;
- 32.768kHz 的低速外部晶振时钟(LSE),用来驱动 RTC 时钟。

以上 5 种时钟都可以独立地打开或关闭。

STM32 的时钟树如图 5-6 所示。

1) 外部高速振荡时钟

- 外部时钟(HSE)信号来源:外部时钟信号。

在这种模式下,OSC_IN 接时钟输入信号,OSC_OUT 引脚悬空,输入信号是最高 25MHz 的占空比是 50%的方波、正弦波、三角波信号。

- 使能方式:RCC_CR HSEBYP 和 HSEON 置 1。
- 外部晶体/陶瓷谐振产生信号,晶振频率范围在 4~16MHz。
- 通过 RCC_CR HSEON 可以开/关外部晶振。

2) 内部高速振荡时钟

内部高速时钟(HSI)由一个 8MHz 的 RC 振荡电路产生,能直接用作系统时钟(SYSCLK)或 2 分频后作为 PLL 输入端信号。

HSI 比 HSE 启动延时小,但时钟信号不如 HSE 精确。当 HSE 停止工作时,HSI 自动为系统提供时钟。通过 RCC_CR 的 HSION 可以开/关内部时钟。

3) PLL 时钟

PLL 主要用来倍频内部高速时钟(HSI)和外部高速时钟(HSE)。在使能 PLL 之前,需要选择 PLL 输入信号(HIS/2、HSE)、配置倍频因子。当在应用中使用 USB 接口时,PLL 输出必须配置成 48MHz 或 72MHz。

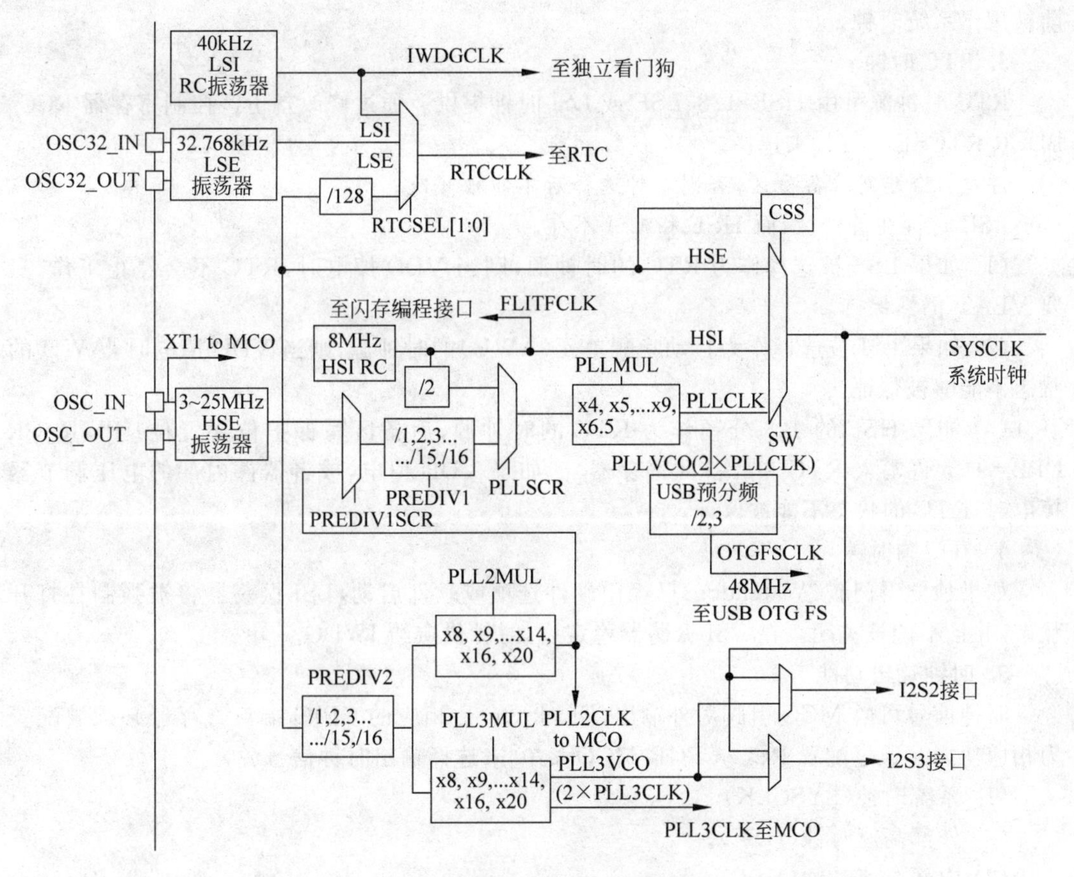

图 5-6 STM32 的时钟树

4) 外部低速时钟

外部低速时钟(LSE)信号由一个 32.768kHz 的低速外部谐振器产生,可以为 RTC 时钟/日历提供低功耗、高精确度的时钟信号。可以通过发(Backup domain control register) RCC_BDCR LSEON 来控制 LSE 的开关。

此外,外部低速时钟也可以通过旁路(bypass)产生,时钟周期最高为 1MHz,具体配置流程可参照外部高速时钟(HSE)。

5) 内部低速时钟

内部低速时钟(LSI)主要用来在停止(STOP)模式和等待(StandBy)模式为独立看门狗(IWDG)和自动唤醒单元(AWU)提供低功耗时钟信号,时钟信号在 40kHz 左右(30~60kHz 之间)。

内部低速时钟可以通过人工校正,具体流程参见 STM32 参考手册。

2. 系统时钟

系统复位后,内部高速时钟(HSI)作为默认的系统时钟(SYSCLK),当时钟源直接或通过 PLL 倍频后作为系统时钟源后,将不能被停止。

只有当目标时钟源准备就绪(经过时钟开启延时和 PLL 延时),从一个时钟源切换到另一个时钟源才可能执行,否则必须等到目标时钟准备好再执行。

在时钟控制寄存器(RCC_CR)里的状态位指示哪个时钟已经准备好了,则哪个时钟目前被用作系统时钟。

3. RTC 时钟

RTC 时钟源可由 HSE/128、LSE 或 LSI 时钟提供。通过修改备份区控制寄存器 RCC_BDCR RTCSEL[1:0]来选择。

注意：除非复位备份区，否则时钟选择后不能被修改。

LSE 时钟在备份区，而 HSE 和 LSI 不在。

(1) 如果 LSE 被选择作为 RTC 的时钟源，则当 VDD 掉电时，RTC 不会停止工作，只要 VBAT 仍然保持。

(2) 如果 LSI 被选择作为自动唤醒单元(AWU)的时钟源，则当 VDD 掉电时，AWU 的状态不能够被保证。

(3) 如果 HSE 的 128 分频作为 RTC 的时钟源，后备区写保护位要置位：PWR_CR DPB=1(允许写入 RTC 和后备区寄存器)。如果 VDD 掉电，或者器件内部的电压调节器掉电时，RTC 的状态不能被保证。

4. 看门狗时钟

如果独立看门狗(Watchdog)已经由硬件选项或软件启动，LSI 振荡器将被强制在打开状态，并且不能被关闭。在 LSI 振荡器稳定后，时钟供应给 IWDG。

5. 时钟输出功能

时钟信号可由 MCO 引脚对外输出(Clock-Out)，相应的 GPIO 端口寄存器必须被配置为相应功能。通过配置 RCC_CFGR MCO[2:0]来选择输出时钟信号源：

(1) 系统时钟(SYSCLK)。

(2) 外部高速时钟(HSE)。

(3) 内部高速时钟(HSI)。

(4) PLL 时钟二分频(PLL/2)。

5.3.3 复位及时钟操作相关的库函数

(1) void RCC_DeInit(void);

功能描述：设置 RCC 寄存器为初始状态。

(2) void RCC_HSEConfig(uint32_t RCC_HSE);

功能描述：用于设置 HSE 的状态。比如：RCC_HSEConfig(RCC_HSE_ON)。

(3) ErrorStatus RCC_WaitForHSEStartUp(void);

功能描述：等待 HSE 起振，返回就绪或者超时状态。

(4) void RCC_AdjustHSICalibrationValue(uint8_t HSICalibrationValue);

功能描述：设置 HSI 的校准值，一般在 0～0X1F 之间。

(5) void RCC_HSICmd(FunctionalState NewState);

功能描述：使能或者禁止 HSI 时钟。

(6) void RCC_PLLConfig(uint32_t RCC_PLLSource, uint32_t RCC_PLLMul);

功能描述：设置 PLL 时钟源及倍频系数。

(7) void RCC_PLLCmd(FunctionalState NewState);

功能描述：使能或者禁止 PLL。

(8) void RCC_SYSCLKConfig(uint32_t RCC_SYSCLKSource);

功能描述：配置系统时钟源。

(9) uint8_t RCC_GetSYSCLKSource(void);

功能描述：返回系统时钟的时钟源。

(10) void RCC_HCLKConfig(uint32_t RCC_SYSCLK);

功能描述：配置 AHB 时钟。

(11) void RCC_PCLK1Config(uint32_t RCC_HCLK);

功能描述：配置低速 APB 时钟。

(12) void RCC_PCLK2Config(uint32_t RCC_HCLK);

功能描述：配置高速 APB 时钟。

(13) void RCC_ITConfig(uint8_t RCC_IT, FunctionalState NewState);

功能描述：使能或者禁止特殊 RCC 中断。

(14) void RCC_USBCLKConfig(uint32_t RCC_USBCLKSource);

功能描述：配置 USB 时钟。仅 CL 型支持。

(15) void RCC_OTGFSCLKConfig(uint32_t RCC_OTGFSCLKSource);

功能描述：配置 USB OTG FS 时钟。

(16) void RCC_ADCCLKConfig(uint32_t RCC_PCLK2);

功能描述：配置 ADC 转换时钟。

(17) void RCC_I2S2CLKConfig(uint32_t RCC_I2S2CLKSource);

功能描述：配置 I2S2 的时钟源。

(18) void RCC_I2S3CLKConfig(uint32_t RCC_I2S3CLKSource);

功能描述：配置 I2S3 的时钟源。

(19) void RCC_LSEConfig(uint8_t RCC_LSE);

功能描述：配置 LSE 时钟。

(20) void RCC_LSECmd(Functional State NewState);

功能描述：使能或者禁止 LSE。

(21) void RCC_RTCCLKConfig(uint32_t RCC_RTCCLKSource);

功能描述：配置 RTC 时钟。

(22) void RCC_RTCCLKCmd(FunctionalState NewState);

功能描述：禁止或者使能 RTC 时钟。

(23) void RCC_GetClocksFreq(RCC_ClocksTypeDef * RCC_Clocks);

功能描述：返回芯片不同功能的时钟频率。

(24) void RCC_AHBPeriphClockCmd(uint32_t RCC_AHBPeriph, FunctionalState NewState);

功能描述：使能或者禁止 AHB 总线时钟。

(25) void RCC_APB2PeriphClockCmd(uint32_t RCC_APB2Periph, FunctionalState NewState);

功能描述：使能或者禁止高速 APB2 时钟。

(26) void RCC_APB1PeriphClockCmd(uint32_t RCC_APB1Periph, FunctionalState NewState);

功能描述:使能或者禁止低速 APB1 时钟。

(27) void RCC_APB2PeriphResetCmd(uint32_t RCC_APB2Periph, FunctionalState NewState);

功能描述:强制或者释放 APB2 总线时钟复位。

(28) void RCC_APB1PeriphResetCmd(uint32_t RCC_APB1Periph, FunctionalState NewState);

功能描述:强制或者释放 APB1 总线时钟复位。

(29) void RCC_BackupResetCmd(FunctionalState NewState);

功能描述:强制或者释放备份域复位。

(30) void RCC_ClockSecuritySystemCmd(FunctionalState NewState);

功能描述:使能或者禁止时钟安全系统。

(31) void RCC_MCOConfig(uint8_t RCC_MCO);

功能描述:设置时钟输出到 MCO 引脚,驱动外设。

(32) FlagStatus RCC_GetFlagStatus(uint8_t RCC_FLAG);

功能描述:检查是否 RCC 寄存器的设置状态。

(33) void RCC_ClearFlag(void);

功能描述:清除 RCC 复位标志。

(34) ITStatus RCC_GetITStatus(uint8_t RCC_IT);

功能描述:检查 RCC 中断是否发生。

(35) void RCC_ClearITPendingBit(uint8_t RCC_IT);

功能描述:清除 RCC 中断置位标志。

(36) void RTC_ITConfig(uint16_t RTC_IT, FunctionalState NewState);

功能描述:使能或失能指定的 RTC 中断。

(37) void RTC_EnterConfigMode(void);

功能描述:进入 RTC 配置模式。

(38) void RTC_ExitConfigMode(void);

功能描述:退出 RTC 配置模式。

(39) uint32_t RTC_GetCounter(void);

功能描述:获取 RTC 计数器的值(CNT)。

(40) void RTC_SetCounter(uint32_t CounterValue);

功能描述:设置 RTC 计数器的值(CNT)。

(41) void RTC_SetPrescaler(uint32_t PrescalerValue);

功能描述:设置 RTC 预分频的值(PRL)。

(42) void RTC_SetAlarm(uint32_t AlarmValue);

功能描述:设置 RTC 闹钟的值(ALR)。

(43) uint32_t RTC_GetDivider(void);

功能描述:获取 RTC 预分频分频因子的值(DIV)。

(44) void RTC_WaitForLastTask(void);

功能描述：等待最近一次对 RTC 寄存器的写操作完成。

(45) void RTC_WaitForSynchro(void);

功能描述：等待 RTC 寄存器(RTC_CNT/ALR /PRL)与 RTC 的 APB 时钟同步。

(46) FlagStatus RTC_GetFlagStatus(uint16_t RTC_FLAG);

功能描述：检查指定的 RTC 标志位设置与否。

(47) void RTC_ClearFlag(uint16_t RTC_FLAG);

功能描述：清除 RTC 的待处理标志位。

(48) ITStatus RTC_GetITStatus(uint16_t RTC_IT);

功能描述：检查指定的 RTC 中断发生与否。

(49) void RTC_ClearITPendingBit(uint16_t RTC_IT);

功能描述：清除 RTC 的中断待处理位。

5.3.4 时钟使用示例

1. RCC 的基本配置

```
static void RCC_Config(void)
{
/* 这里是重置了 RCC 的设置,类似寄存器复位 */RCC_DeInit();
/* 使能外部高速晶振 */RCC_HSEConfig(RCC_HSE_ON);
/* 等待高速晶振稳定 */
HSEStartUpStatus = RCC_WaitForHSEStartUp();
if (HSEStartUpStatus == SUCCESS){
/* 使能 Flash 预读取缓冲区 */
FLASH_PrefetchBufferCmd(FLASH_PrefetchBuffer_Enable);
/* 令 Flash 处于等待状态,2 是针对高频时钟的,这两句跟 RCC 没有直接关系,可以暂且略过 */
FLASH_SetLatency(FLASH_Latency_2);
/* HCLK = SYSCLK 设置高速总线时钟=系统时钟 */
RCC_HCLKConfig(RCC_SYSCLK_Div1);
/* PCLK2 = HCLK 设置低速总线 2 时钟=高速总线时钟 */
RCC_PCLK2Config(RCC_HCLK_Div1);
/* PCLK1 = HCLK/2 设置低速总线 1 的时钟=高速时钟的二分频 */
RCC_PCLK1Config(RCC_HCLK_Div2);
/* ADCCLK = PCLK2/6 设置 ADC 外设时钟=低速总线 2 时钟的六分频 */
RCC_ADCCLKConfig(RCC_PCLK2_Div6);
/* Set PLL clock output to 72MHz using HSE (8MHz) as entry clock */
//上面这句例程中缺失了,但却很关键
/* 利用锁相环将外部 8MHz 晶振 9 倍频到 72MHz */
RCC_PLLConfig(RCC_PLLSource_HSE_Div1, RCC_PLLMul_9);
/* Enable PLL 使能锁相环 */
RCC_PLLCmd(ENABLE);
/* Wait till PLL is ready 等待锁相环输出稳定 */
while (RCC_GetFlagStatus(RCC_FLAG_PLLRDY) == RESET){}
/* Select PLL as system clock source 将锁相环输出设置为系统时钟 */
RCC_SYSCLKConfig(RCC_SYSCLKSource_PLLCLK);
```

```
/* Wait till PLL is used as system clock source 等待校验成功 */
while (RCC_GetSYSCLKSource() != 0x08){}
/* Enable FSMC, GPIOD, GPIOE, GPIOF, GPIOG and AFIO clocks */
//使能外围接口总线时钟,注意各外设的隶属情况,不同芯片的分配不同,到时候查手册就可以
RCC_AHBPeriphClockCmd(RCC_AHBPeriph_FSMC, ENABLE);
RCC_APB2PeriphClockCmd(RCC_APB2Periph_GPIOD | RCC_APB2Periph_GPIOE | RCC_APB2Periph_GPIOF | RCC_APB2Periph_GPIOG |RCC_APB2Periph_AFIO, ENABLE);
}
```

由上述程序可以看出,系统时钟的设定是比较复杂的,外设越多,需要考虑的因素就越多。同时这种设定也是有规律可循的,设定参数也是有顺序规范的,这是应用中应当注意的,例如 PLL 的设定需要在使能之前,一旦 PLL 使能后参数不可更改。

经过此番设置后,由于 DevStm 4.0 的电路板上是 8MHz 晶振,所以系统时钟为 72MHz,高速总线和低速总线 2 都为 72MHz,低速总线 1 为 36MHz,ADC 时钟为 12MHz,USB 时钟经过 1.5 分频设置就可以实现 48MHz 的数据传输。

一般性的时钟设置需要首先考虑系统时钟的来源,是内部 RC 还是外部晶振还是外部的振荡器,是否需要 PLL,然后考虑内部总线和外部总线,最后考虑外设的时钟信号。遵从先倍频作为 CPU 时钟,然后由内向外分频,下级迁就上级的原则,有点儿类似 PCB 制图的规范化要求,在这里也一样。

2. STM32 的软件复位

```
NVIC_SETFAULTMASK();
GenerateSystemReset();
```

3. RTC 的实用代码

```
/*****************************************************************
* Function Name : RTC 功能定义区域
* Description : 定义了所有 RTC 的功能操作
*******************************************************************/
/******************************************************
*函数名: u8 *GetGlobaltimevalue(void)
*功能描述: 得到实时时钟值(十六进制)
*入口参数: 无
*出口参数: 无
******************************************************/
u8* GetGlobaltimevalue16(void)
{
    return (&global_time_value.second);
}
/******************************************************
*函数名: TIMER_VALUE *GetGlobaltimevalue(void)
*功能描述: 得到实时时钟值(十六进制)
*入口参数: 无
*出口参数: 无
******************************************************/
u8* GetGlobaltimevalueBCD(void)
{
    Timer_HEXToBCD();
```

```
    return (&global_time_BCD.second);
}
/************************************************
* 函数名: void INIT_RTC(void)
* 功能描述: 对 RTC 的初始化
* 入口参数: 无
* 出口参数: 无
************************************************/
void INIT_RTC(void)
{
    //00 年,1 月,1 日,0 时,0 分,0 秒,周六
    global_time_value.year=0x00;
    global_time_value.month = 0x01;
    global_time_value.day = 0x01;
    global_time_value.hour = 0x00;
    global_time_value.minute = 0x00;
    global_time_value.second = 0x00;
    global_time_value.week = 0x06;
    ms_count = 200;                        //ms_count--;放入 1ms 中断中
    //由于实时时钟的一个寄存器挂在电源管理的一个位上
    RCC_APB1PeriphClockCmd(RCC_APB1Periph_PWR | RCC_APB1Periph_BKP, ENABLE);
    //开启备份区域
    PWR_BackupAccessCmd(ENABLE);
    //在 BKP 的后备寄存器 1 中,存了一个特殊字符 0xA5A5
    //第一次上电或后备电源掉电后,该寄存器数据丢失
    //表明 RTC 数据丢失,需要重新配置
    if (BKP_ReadBackupRegister(BKP_DR1) != 0xA5A5)
    {
        //重新配置 RTC
        //启用 PWR 和 BKP 的时钟(from APB1)
        RCC_APB1PeriphClockCmd(RCC_APB1Periph_PWR | RCC_APB1Periph_BKP,
ENABLE);
        //后备域解锁
        PWR_BackupAccessCmd(ENABLE);
        //备份寄存器模块复位
        BKP_DeInit();
        //外部 32.768kHz(外部的低速时钟)
        RCC_LSEConfig(RCC_LSE_ON);
        //等待稳定
        while (RCC_GetFlagStatus(RCC_FLAG_LSERDY) == RESET);
        //RTC 时钟源配置成 LSE(外部 32.768kHz)
        RCC_RTCCLKConfig(RCC_RTCCLKSource_LSE);
        //RTC 开启
        RCC_RTCCLKCmd(ENABLE);
        //开启后需要等待 APB1 时钟与 RTC 时钟同步,才能读/写寄存器
        RTC_WaitForSynchro();
        //读/写寄存器前,要确定上一个操作已经结束
        RTC_WaitForLastTask();
        //设置 RTC 分频器,使 RTC 时钟为 1Hz
        RTC_SetPrescaler(32767);                    //7fffh
        RTC_WaitForLastTask();
```

```
        RTC_SetCounter(0x0);                                    //从 0 开始计数
        //等待寄存器写入完成
        RTC_WaitForLastTask();
        //使能秒中断
        //RTC_ITConfig(RTC_IT_SEC, ENABLE);
        //等待写入完成
        RTC_WaitForLastTask();
        //配置完成后,向后备寄存器中写特殊字符 0xA5A5
        BKP_WriteBackupRegister(BKP_DR1, 0xA5A5);
    }
    else
    {
        //若后备寄存器没有掉电,则无须重新配置 RTC
        //这里可以利用 RCC_GetFlagStatus()函数查看本次复位类型
        if (RCC_GetFlagStatus(RCC_FLAG_PORRST) != RESET)
        {
            //这是上电复位
        }
        else if (RCC_GetFlagStatus(RCC_FLAG_PINRST) != RESET)
        {
            //这是外部 RST 引脚复位
        }
        //清除 RCC 中复位标志
        RCC_ClearFlag();
        //使能秒中断
        //RTC_ITConfig(RTC_IT_SEC, ENABLE);
        //等待操作完成
        RTC_WaitForLastTask();
    }
    return;
}
/*************************************************
* 函数名: void time_convert_fun1(u32 time_count)
* 功能描述: 将 u32 的数转换成时间(单位: s)
* 入口参数: 无
* 出口参数: 无
*************************************************/
void time_convert_fun1(u32 time_count)
{
    u32 temp1,temp2,temp3;
    u8 i;
    u8 leap_year_flag;
    leap_year_flag = 0;
    temp1 = time_count;                                         //总秒数
    temp2 = temp1 % 60;                                         //算出当前时间的 s
    global_time_value.second = temp2;
    temp1 /= 60;                                                //总分数
    temp2 = temp1 % 60;                                         //算出当前时间的 m
    global_time_value.minute = temp2;
    temp1 /= 60;                                                //总小时数
    temp2 = temp1 % 24;                                         //算出当前时间的 h
```

```
global_time_value.hour = temp2;
temp1 /= 24;                                    //总天数
temp2 = temp1 % 7;                              //本周过了几天
temp3 =((6 + temp2) > 7) ? 1 : 0;               //不存在周 0
global_time_value.week = (temp2 + 6 + temp3) & 7; //算出当前是周几
temp2 = temp1 / 1461;                           //一个平年闰年的周期(天数)
temp3 = temp2 * 4;                              //每个周期为 4 年
temp2 = temp1 % 1461;
if(temp2 < 366)                                 //落在第一个年中
//时间基准为闰年 2000-1-1-0-0-0-6
{
    temp1 = temp2;
     leap_year_flag = 1;
}
else if(temp2 < 731)                            //落在第二个年中
//时间基准为闰年 2000-1-1-0-0-0-6
{
    temp1 = temp2-366;
    temp3 += 1;
}
else if(temp2 < 1096)
//落在第三个年中
//时间基准为闰年 2000-1-1-0-0-0-6
{
    temp1 = temp2-731;
    temp3 += 2;
}
else
{
    temp1 = temp2-1096;
    temp3 += 3;
}
//temp3 中保存当前的年数,temp2 保存的是闰年周期中的天数,temp1 保存当年的天数
global_time_value.year = temp3;
//temp1 中保存的是当年过了多少天
//temp2 中保存的内容没有运算价值
temp2 = 1;                                      //每一年不存在 0 月,temp2 保存月数
for(i = 0 ; i< 11 ; i ++)
{
    if((leap_year_flag == 1) && (i == 1))
    {
        //闰年的第二个月
        temp3 = month_day_num[i] + 1;
    }
    else
    {
        //平年的第二个月
        temp3 = month_day_num[i];
    }
    if(temp1 >= temp3)                          //是否满足整月的要求
    {
```

```
            temp2 ++;
            temp1-= temp3;
        }
        else
        {
            i = 20;                                           //退出循环
        }
    }
    global_time_value.month = temp2;                          //当前处于第几个月
    temp1 += 1;                                               //日期没有 0 日
    global_time_value.day = temp1;                            //当前处于第几个日
    return ;
}
/**************************************************
* 函数名: u32 time_convert_fun1(void)
* 功能描述: 将时间转换成 u32 的数(单位: s)
**************************************************/
u32 time_convert_fun2(void)
{
    u32 temp1,temp2,temp3;
    u8 leap_year_flag;
    u8 i;
    leap_year_flag = 0;
    temp1 = 0;
    temp2 = global_time_value.year;
    temp3 = temp2 / 4;
    temp1 = temp3 * 1461;
    temp2 = temp2 % 4;
    if(temp2 == 0)//落在第一个年中//时间基准为闰年 2000-1-1-0-0-0-6
    {
        leap_year_flag = 1;
    }
    else if(temp2 == 1)
    //落在第二个年中
    //时间基准为闰年 2000-1-1-0-0-0-6
    {
        temp1 += 366;
    }
    else if(temp2 == 2)
    //落在第三个年中
    //时间基准为闰年 2000-1-1-0-0-0-6
    {
        temp1 += 731;
    }
    else//只可能等于 3
    {
        temp1 += 1096;
    }
    temp2 = global_time_value.month;
    for(i = 0 ; i < temp2-1 ; i ++)
    {
```

```
        if((leap_year_flag == 1) && (i == 1))
        {
            temp3 = month_day_num[i] + 1;
        }
        else
        {
        temp3 = month_day_num[i];
        }
        temp1 += temp3;
    }
    temp1 += global_time_value.day-1;                          //计算出总天数
    temp1 = temp1 * 24 + global_time_value.hour;               //计算出总的小时数
    temp1 = temp1 * 60 + global_time_value.minute;             //计算出总的分数
    temp1 = temp1 * 60 + global_time_value.second;             //计算出总的秒数
    //temp1 中保存总的秒数
    return temp1;
}
/*************************************************
* 函数名: void get_time_fun(void)
* 功能描述: 获取系统的时钟(上电时调用)
*************************************************/
void get_time_fun(void)
{
    u32 temp;
    //等待 RTC 时钟与 APB1 时钟同步
    RTC_WaitForSynchro();
    //读/写寄存器前,要确定上一个操作已经结束
    RTC_WaitForLastTask();
    //得到相应的计数值
    temp = RTC_GetCounter();
    //等待寄存器写入完成
    RTC_WaitForLastTask();
    time_convert_fun1(temp);
    return;
}
/*************************************************
* 函数名: void modif_time_fun(void)
* 功能描述: 修改系统时钟(在外部修改条件产生时修改时钟计数值)
* 按照时间结构体中的数进行修改
*************************************************/
void modif_time_fun(void)
{
    u32 temp;
    temp = time_convert_fun2();
    //等待 RTC 时钟与 APB1 时钟同步
    RTC_WaitForSynchro();
    //读/写寄存器前,要确定上一个操作已经结束
    RTC_WaitForLastTask();
    //得到相应的计数值
    RTC_SetCounter(temp);
    //等待寄存器写入完成
```

```
    RTC_WaitForLastTask();
    return ;
}
/ ************************************************
 * 函数名: void Timer_Run(void)
 * 功能描述: 由于实时时钟的读取需要时钟的同步,每次读取时间较长
 * 故采用定时器进行对时间的参数进行修改,此函数放入 1s 的中断中
************************************************ /
void Timer_Run(void)
{
if(global_time_value. second >= 60)
{
    global_time_value. second -= 60;
    global_time_value. minute ++;
    if(global_time_value. minute == 60)
    {
        global_time_value. minute = 0;
        global_time_value. hour ++;
        if(global_time_value. hour == 24)
        {
            global_time_value. hour = 0;
            global_time_value. day ++;
            global_time_value. week ++;
            if(global_time_value. week == 8)
            {
                global_time_value. week = 1;
            }
            switch(global_time_value. month)
            {
                case 1:
                if(global_time_value. day == 32)
                {
                    global_time_value. day = 1;
                    global_time_value. month ++;
                }
                break;
                case 2:
                if((global_time_value. year % 4) == 0)
                {
                    if(global_time_value. day == 30)
                    {
                        global_time_value. day = 1;
                        global_time_value. month ++;
                    }
                }
                else
                {
                    if(global_time_value. day == 29)
                    {
                        global_time_value. day = 1;
                        global_time_value. month ++;
```

```
        }
    }
    break;
    case 3:
    if(global_time_value.day == 32)
    {
        global_time_value.day = 1;
        global_time_value.month ++;
    }
    break;
    case 4:
    if(global_time_value.day == 31)
    {
        global_time_value.day = 1;
        global_time_value.month ++;
    }
    break;
    case 5:
    if(global_time_value.day == 32)
    {
        global_time_value.day = 1;
        global_time_value.month ++;
    }
    break;
    case 6:
    if(global_time_value.day == 31)
    {
        global_time_value.day = 1;
        global_time_value.month ++;
    }
    break;
    case 7:
    if(global_time_value.day == 32)
    {
        global_time_value.day = 1;
        global_time_value.month ++;
    }
    break;
    case 8:
    if(global_time_value.day == 32)
    {
        global_time_value.day = 1;
        global_time_value.month ++;
    }
    break;
    case 9:
    if(global_time_value.day == 31)
    {
        global_time_value.day = 1;
        global_time_value.month ++;
    }
```

```
                break;
                case 10:
                if(global_time_value.day == 32)
                {
                    global_time_value.day = 1;
                    global_time_value.month ++;
                }
                break;
                case 11:
                if(global_time_value.day == 31)
                {
                    global_time_value.day = 1;
                    global_time_value.month ++;
                }
                break;
                case 12:
                if(global_time_value.day == 32)
                {
                    global_time_value.day = 1;
                    global_time_value.month = 1;
                    global_time_value.year ++;
                }
                break;
                default:
                break;
            }
        }
    }
}
return ;
}
/ *************************************************
 * 函数名: void Timer_HEXToBCD(void)
 * 功能描述: 将十六进制的时间信息转换成 BCD 码
 ************************************************* /
void Timer_HEXToBCD(void)
{
    global_time_BCD.second = HEX_TO_BCD(global_time_value.second);
    global_time_BCD.minute = HEX_TO_BCD(global_time_value.minute);
    global_time_BCD.hour = HEX_TO_BCD(global_time_value.hour);
    global_time_BCD.day = HEX_TO_BCD(global_time_value.day);
    global_time_BCD.month = HEX_TO_BCD(global_time_value.month);
    global_time_BCD.year = HEX_TO_BCD(global_time_value.year);
    global_time_BCD.week = HEX_TO_BCD(global_time_value.week);
    return ;
}
/ *************************************************
 * 函数名: void Timer_BCDToHEX(void)
 * 功能描述: 将 BCD 码的时间信息转换成十六进制
 ************************************************* /
void Timer_BCDToHEX(void)
```

```
{
    global_time_value.second = BCD_TO_HEX(global_time_BCD.second);
    global_time_value.minute = BCD_TO_HEX(global_time_BCD.minute);
    global_time_value.hour = BCD_TO_HEX(global_time_BCD.hour);
    global_time_value.day = BCD_TO_HEX(global_time_BCD.day);
    global_time_value.month = BCD_TO_HEX(global_time_BCD.month);
    global_time_value.year = BCD_TO_HEX(global_time_BCD.year);
    global_time_value.week = BCD_TO_HEX(global_time_BCD.week);
    return ;
}
/***********************************************
* 函数名: void interrupt_rtc_1ms(void)
* 功能描述: 1ms 中断用于对秒中断计数
***********************************************/
void interrupt_rtc(void)
{
    //ms_count--;
    //if(ms_count == 0)
    //{
    global_time_value.second ++;                    //词句放到 1s 中断中
    //ms_count = 200;
    //}
}
```

5.4 NVIC 嵌套向量中断控制器

ARM Cortex-M3 支持 256 个中断,其中包含了 16 个内核中断,240 个外部中断。STM32 只有 84 个中断,包括 16 个内核中断和 68 个可屏蔽中断。STM32F103 上只有 60 个中断,F107 上才有 68 个中断。

5.4.1 中断优先级

中断是 STM32 很基础的一个功能,学会使用中断,才可以更好地使用其他的外设。理解 STM32 的中断,必须要先从 STM32 的中断优先级分组开始。要理解优先级分组,就要先理解什么是先占优先级和次占优先级。

先占优先级的概念等同于 51 单片机中的中断。假设有两个中断先后触发,如果已经在执行的中断先占优先级比后触发的中断先占优先级低,就会先处理先占优先级高的中断。也就是说,先占优先级较高的中断可以打断先占优先级较低的中断,这是实现中断嵌套的基础。

次占优先级只在同一先占优先级的中断同时触发时起作用,先占优先级相同,则优先执行次占优先级较高的中断。次占优先级不会造成中断嵌套。如果中断的两个优先级都一致,则优先执行位于中断向量表中位置较高的中断。

还需要注意的一点是: 中断优先级高是指其更接近 0 级,0 级优先级是最高的。

外部中断/事件控制器框图如图 5-7 所示。

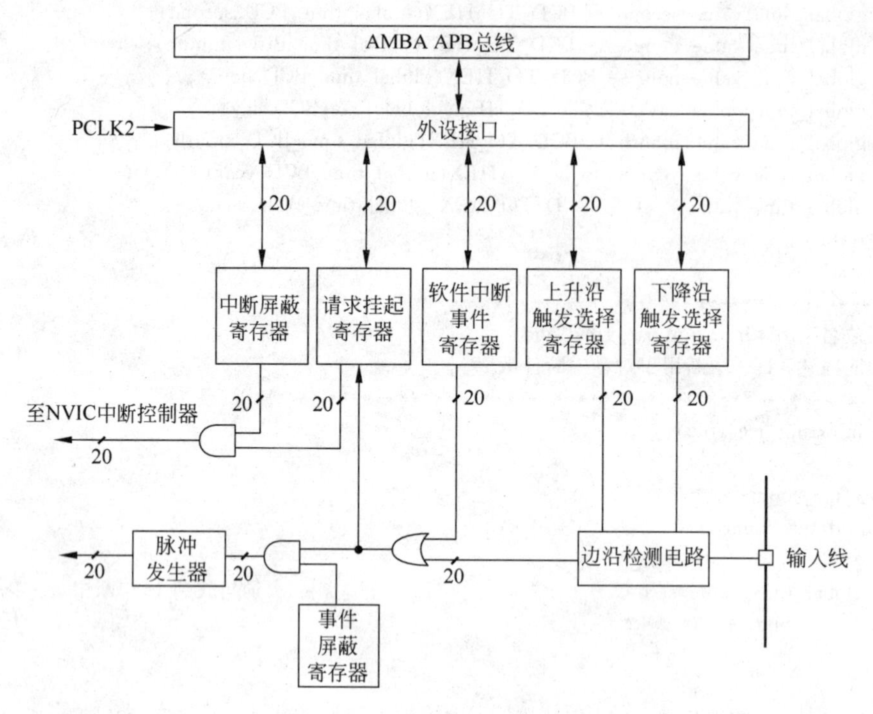

图 5-7 外部中断/事件控制器框图

那么最低的优先级可以是多少？这就涉及了优先级分组的概念。STM32 通过一个中断向量控制器(NVIC)来分配先占优先级和次占优先级的数量。

ARM Cortex-M3 内核中拥有一个 3 位宽度的 PRIGROUP 数据区，用来指示一个 8 位数据序列中的小数点的位置从而表示中断优先级的分组。

举个例子可以更好地理解：如果 PRIGROUP 数据位 000 即为 0，说明 8 位数据序列中小数位置在第 1 位的左边，表示为 xxxxxxx. y，用于表示中断优先级的分组的含义就是：用 7 位的数据宽度来表示先占优先级的数量，即为 128，用 1 位的数据宽度来表示次占优先级数量即为 2。

所以 ARM Cortex-M3 中有 2 的三次方，即为 8 个优先级分组。

但是 STM32 中只有 5 个优先级分组，表示方法略有不同，参照表 5-1。

表 5-1 NVIC 优先级分组表示方法

NVIC_PriorityGroup	NVIC_IRQChannel 的先占优先级	NVIC_IRQChannel 的从优先级	描　述
NVIC_PriorityGroup_0	0	0～15	先占优先级 0 位，次占优先级 4 位
NVIC_PriorityGroup_1	0～1	0～7	先占优先级 1 位，次占优先级 3 位
NVIC_PriorityGroup_2	0～3	0～3	先占优先级 2 位，次占优先级 2 位
NVIC_PriorityGroup_3	0～7	0～1	先占优先级 3 位，次占优先级 1 位
NVIC_PriorityGroup_4	0～15	0	先占优先级 4 位，次占优先级 0 位

MDK 中定义的中断相关的寄存器结构体为：

```
typedef struct
{
    vu32 ISER[2];
    u32 RESERVED0[30];
    vu32 ICER[2];
    u32 RSERVED1[30];
    vu32 ISPR[2];
    u32 RESERVED2[30];
    vu32 ICPR[2];
    u32 RESERVED3[30];
    vu32 IABR[2];
    u32 RESERVED4[62];
    vu32 IPR[15];
} NVIC_TypeDef;
```

STM32 可屏蔽中断共有 60 个，这里用了两个 32 位的寄存器，可以表示 64 个中断。STM32F103 只用了前 60 位。若要使能某个中断，则必须设置相应的 ISER 位为 1。

5.4.2　中断函数定义

NVIC_TypeDef 具体每一位对应的中断关系如表 5-2 所示。参见 MDK 下的 stm32f10x.h 文件。

表 5-2　STM32 的中断定义

中断号	中 断 标 识	中 断 说 明
0	WWDG_IRQn	/*! < Window WatchDog Interrupt */
1	PVD_IRQn	/*! < PVD through EXTI Line detection Interrupt */
2	TAMPER_IRQn	/*! < Tamper Interrupt */
3	RTC_IRQn	/*! < RTC global Interrupt */
4	FLASH_IRQn	/*! < FLASH global Interrupt */
5	RCC_IRQn	/*! < RCC global Interrupt */
6	EXTI0_IRQn	/*! < EXTI Line0 Interrupt */
7	EXTI1_IRQn	/*! < EXTI Line1 Interrupt */
8	EXTI2_IRQn	/*! < EXTI Line2 Interrupt */
9	EXTI3_IRQn	/*! < EXTI Line3 Interrupt */
10	EXTI4_IRQn	/*! < EXTI Line4 Interrupt */
11	DMA1_Channel1_IRQn	/*! < DMA1 Channel 1 global Interrupt */
12	DMA1_Channel2_IRQn	/*! < DMA1 Channel 2 global Interrupt */
13	DMA1_Channel3_IRQn	/*! < DMA1 Channel 3 global Interrupt */
14	DMA1_Channel4_IRQn	/*! < DMA1 Channel 4 global Interrupt */
15	DMA1_Channel5_IRQn	/*! < DMA1 Channel 5 global Interrupt */
16	DMA1_Channel6_IRQn	/*! < DMA1 Channel 6 global Interrupt */
17	DMA1_Channel7_IRQn	/*! < DMA1 Channel 7 global Interrupt */
35	SPI1_IRQn	/*! < SPI1 global Interrupt */

续表

中断号	中 断 标 识	中 断 说 明
36	SPI2_IRQn	/*! < SPI2 global Interrupt */
37	USART1_IRQn	/*! < USART1 global Interrupt */
38	USART2_IRQn	/*! < USART2 global Interrupt */
39	USART3_IRQn	/*! < USART3 global Interrupt */
40	EXTI15_10_IRQn	/*! < External Line[15:10] Interrupts */
41	RTCAlarm_IRQn	/*! < RTC Alarm through EXTI Line Interrupt */
42	OTG_FS_WKUP_IRQn	/*! < USB OTG FS WakeUp from suspend through EXTI Line Interrupt */
50	TIM5_IRQn	/*! < TIM5 global Interrupt */
51	SPI3_IRQn	/*! < SPI3 global Interrupt */
52	UART4_IRQn	/*! < UART4 global Interrupt */
53	UART5_IRQn	/*! < UART5 global Interrupt */
54	TIM6_IRQn	/*! < TIM6 global Interrupt */
55	TIM7_IRQn	/*! < TIM7 global Interrupt */
56	DMA2_Channel1_IRQn	/*! < DMA2 Channel 1 global Interrupt */
57	DMA2_Channel2_IRQn	/*! < DMA2 Channel 2 global Interrupt */
58	DMA2_Channel3_IRQn	/*! < DMA2 Channel 3 global Interrupt */
59	DMA2_Channel4_IRQn	/*! < DMA2 Channel 4 global Interrupt */
60	DMA2_Channel5_IRQn	/*! < DMA2 Channel 5 global Interrupt */

系统中断这里没有申明,所以导致一些系统中断无法使用。

1. ICER[2]:中断清除寄存器组

结构同 ISER[2],但是作用相反。中断的清除不是通过向 ISER[2]中对应位写 0 实现的,而是在 ICER[2]对应位写 1 清除的。

2. ISPR[2]:中断挂起控制寄存器组

每一位对应的中断和 ISER 是一样的。通过置 1 来挂起正在进行的中断,而执行同级或者更高级别的中断。

3. ICPR[2]:中断解挂寄存器组

结构和 ISPR[2]相同,作用相反。置 1 将相应中断解挂。

4. IABR[2]:中断激活标志位寄存器组

中断和 ISER[2]对应,如果为 1,则表示该位所对应的中断正在执行。这是只读寄存器,由硬件自动清零。

5. IPR[15]:中断优先级控制的寄存器组

IPR 寄存器组由 15 个 32 位寄存器组成。每个可屏蔽的中断占用 8 位,这样可以表示的可屏蔽中断为 15×4=60 个。每个可屏蔽中断占用的 8 位并没有全部使用,而是只使用了高 4 位。这 4 位又分为抢占优先级和子优先级,抢占优先级在前,子优先级在后。这两个优先级各占几位则要根据 SCB→AIRCR 中中断分组的设置来决定。IPR 寄存器描述如图 5-8 所示。

STM32 将中断分为 5 组,组 0～4。该分组由 SCB→AIRCR 寄存器的[10:8]三位来定义,具体关系如表 5-3 所示。

31	30	29	28	27	26	25	24	23	22	21	20	19	18	17	16
保留															

15	14	13	12	11	10	9	8	7	6	5	4	3	2	1	0
EXTI3[3:0]				EXTI2[3:0]				EXTI1[3:0]				EXTI0[3:0]			
rw	rw	rw	rw	rw	rw	rw	rw	rw	rw	rw	rw	rw	rw	rw	rw

图 5-8 IPR 寄存器描述

表 5-3 SCB→AIRCR 寄存器的[10:8]三位来定义

组	AIRCR[10:8]	分配情况	分配结果
0	111	. xxxx0000	0 位表示抢占优先级,4 位表示相应优先级
1	110	y. xxx0000	1 位表示抢占优先级,3 位表示相应优先级
2	101	yy. xx0000	2 位表示抢占优先级,2 位表示相应优先级
3	100	yyy. x0000	3 位表示抢占优先级,1 位表示相应优先级
4	11	yyyy. 0000	4 位表示抢占优先级,0 位表示相应优先级

5.4.3 NVIC 操作相关的库函数

(1) void NVIC_PriorityGroupConfig(u32NVIC_PriorityGroup);

功能描述：设置优先级分组,包括先占优先级和从优先级。

(2) void NVIC_Init(NVIC_InitTypeDef * NVIC_InitStruct);

功能描述：根据 NVIC_InitStruct 中指定的参数初始化外设 NVIC 寄存器。

(3) void NVIC_StructInit(NVIC_InitTypeDef * NVIC_InitStruct);

功能描述：把 NVIC_InitStruct 中的每一个参数按默认值填入。

(4) void NVIC_SetVectorTable(u32NVIC_VectTab,u32Offset);

功能描述：设置向量表的位置和偏移。

(5) void NVIC_GenerateSystemReset(void);

功能描述：产生一个系统复位。

(6) void NVIC_GenerateCoreReset(void);

功能描述：产生一个系统内核复位。

(7) void NVIC_SystemLPConfig(u8LowPowerMode,FunctionalStateNewState);

功能描述：选择系统进入低功耗模式的条件。

LowPowerMode：系统进入低功耗模式的新模式：

NVIC_LP_SEVONPEND 根据待处理请求唤醒。

NVIC_LP_SLEEPDEEP 深度睡眠使能。

NVIC_LP_SLEEPONEXIT 退出 ISR 后睡眠。

(8) NVIC_SETPRIMASK;

功能描述：使能 PRIMASK 优先级：提升执行优先级至 0。

(9) NVIC_RESETPRIMASK;

功能描述:失能 PRIMASK 优先级。

(10) NVIC_SETFAULTMASK;

功能描述:使能 FAULTMASK 优先级:提升执行优先级至-1。

(11) NVIC_RESETFAULTMASK;

功能描述:失能 FAULTMASK 优先级。

(12) NVIC_BASEPRICONFIG;

功能描述:改变执行优先级从 N(最低可设置优先级)提升至 1。

(13) u32 NVIC_GetBASEPRI(void);

功能描述:返回 BASEPRI 屏蔽值。

(14) u16 NVIC_GetCurrentPendingIRQChannel(void);

功能描述:返回当前待处理 IRQ 标识符。

(15) ITStatus NVIC_GetIRQChannelPendingBitStatus(u8 NVIC_IRQChannel);

功能描述:检查指定的 IRQ 通道待处理位设置与否。

(16) void NVIC_SetIRQChannelPendingBit(u8 NVIC_IRQChannel);

功能描述:设置指定的 IRQ 通道待处理位。

(17) void NVIC_ClearIRQChannelPendingBit(u8 NVIC_IRQChannel);

功能描述:清除指定的 IRQ 通道待处理位。

(18) u16 NVIC_GetCurrentActiveHandler(void);

功能描述:返回当前活动的 Handler(IRQ 通道和系统 Handler)的标识符。

(19) ITStatus NVIC_GetIRQChannelActiveBitStatus(u8 NVIC_IRQChannel);

功能描述:检查指定的 IRQ 通道活动位设置与否。

(20) u32 NVIC_GetCPUID(void);

功能描述:返回 ID 号码,Cortex-M3 内核的版本号和实现细节。

(21) void NVIC_SetVectorTable(u32 NVIC_VectTab, u32 Offset);

功能描述:设置向量表的位置和偏移。

(22) void NVIC_GenerateSystemReset(void);

功能描述:产生一个系统复位(控制逻辑)。

(23) void NVIC_SystemLPConfig(u8 LowPowerMode, FunctionalState NewState);

功能描述:选择系统进入低功耗模式的条件。

(24) void NVIC_SystemHandlerConfig(u32 SystemHandler,FunctionalState NewState);

功能描述:使能或者失能指定的系统 Handler。

(25) void NVIC_SystemHandlerPriorityConfig(u32 SystemHandler,u8 SystemHandlerPreemptionPriority, u8 SystemHandlerSubPriority);

功能描述:设置指定的系统 Handler 优先级。

(26) ITStatus NVIC_GetSystemHandlerPendingBitStatus(u32 SystemHandler);

功能描述:检查指定的系统 Handler 待处理位设置与否。

(27) void NVIC_SetSystemHandlerPendingBit(u32 SystemHandler);

功能描述:设置系统 Handler 待处理位。

(28) void NVIC_ClearSystemHandlerPendingBit(u32 SystemHandler);

功能描述：清除系统 Handler 待处理位。

(29) ITStatus NVIC_GetSystemHandlerActiveBitStatus(u32 SystemHandler);

功能描述：检查系统 Handler 活动位设置与否。

(30) u32 NVIC_GetFaultHandlerSources(u32 SystemHandler);

功能描述：返回表示出错的系统 Handler 源。

(31) u32 NVIC_GetFaultAddress(u32 SystemHandler);

功能描述：返回产生表示出错的系统 Handler 所在位置的地址。

5.4.4　NVIC 使用示例

中断管理实现如下：

```
//设置向量表偏移地址
//NVIC_VectTab:基址
//Offset:偏移量
void Nvic_SetVectorTable(u32 NVIC_VectTab, u32 Offset)
{
    //检查参数合法性
    assert_param(IS_NVIC_VECTTAB(NVIC_VectTab));
    assert_param(IS_NVIC_OFFSET(Offset));
    SCB-> VTOR = NVIC_VectTab|(Offset & (u32)0x1FFFFF80);
    //设置 NVIC 的向量表偏移寄存器
    //用于标识向量表是在 CODE 区还是在 RAM 区
}
//设置 NVIC 分组
//NVIC_Group:NVIC 分组 0~4 总共 5 组
void Nvic_PriorityGroupConfig(u8 NVIC_Group)
{
    u32 temp, temp1;
    //配置向量表
    #ifdef VECT_TAB_RAM
    Nvic_SetVectorTable(NVIC_VectTab_RAM, 0x0);
    #else
    Nvic_SetVectorTable(NVIC_VectTab_FLASH, 0x0);
    #endif
    temp1=(~NVIC_Group)&0x07;                  //取后三位
    temp1 <<=8;
    temp=SCB-> AIRCR;                          //读取先前的设置
    temp&=0X0000F8FF;                          //清空先前分组
    temp|=0X05FA0000;                          //写入钥匙
    temp|=temp1;
    SCB-> AIRCR=temp;                          //设置分组
}
//设置 NVIC
//NVIC_PreemptionPriority:抢占优先级
//NVIC_SubPriority:响应优先级
```

```
//NVIC_Channel:中断编号
//NVIC_Group:中断分组 0~4
//注意优先级不能超过设定的组的范围!否则会有意想不到的错误
//组划分:
//组 0:0 位抢占优先级,4 位响应优先级
//组 1:1 位抢占优先级,3 位响应优先级
//组 2:2 位抢占优先级,2 位响应优先级
//组 3:3 位抢占优先级,1 位响应优先级
//组 4:4 位抢占优先级,0 位响应优先级
//NVIC_SubPriority 和 NVIC_PreemptionPriority 的原则是,数值越小,越优先
Void Nvic_Init(u8 NVIC_PreemptionPriority, u8 NVIC_SubPriority,
    u8 NVIC_Channel, u8 NVIC_Group)
{
    u32 temp;
    u8 IPRADDR=NVIC_Channel/4;                          //每组只能存 4 个,得到组地址
    u8 IPROFFSET=NVIC_Channel%4;                        //在组内的偏移
    IPROFFSET=IPROFFSET * 8+4;                          //得到偏移的确切位置
    Nvic_PriorityGroupConfig(NVIC_Group);               //设置分组
    temp=NVIC_PreemptionPriority<<(4-NVIC_Group);
    temp|=NVIC_SubPriority&(0x0f>>NVIC_Group);
    temp&=0xf;                                          //取低四位
    if(NVIC_Channel<32)NVIC->ISER[0]|=1<<NVIC_Channel;
    //使能中断位(要清除的话,相反操作就 OK)
    else NVIC->ISER[1]|=1<<(NVIC_Channel-32);
    NVIC->IPR[IPRADDR]|=temp<<IPROFFSET;                //设置响应优先级和抢断优先级
}
```

5.5 EXTI 外部中断

5.5.1 GPIO 外部中断

STM32 中,每一个 GPIO 都可以触发一个外部中断,但是,GPIO 的中断是以组为一个单位的,同组间的外部中断同一时间只能使用一个。比如说,PA0、PB0、PC0、PD0、PE0、PF0、PG0 这些为一组,如果使用 PA0 作为外部中断源,那么别的就不能再使用了,在此情况下,只能使用类似于 PB1、PC2 这种末端序号不同的外部中断源。每一组使用一个中断标志 EXTIx。EXTI0~EXTI4 这 5 个外部中断有着自己的单独的中断响应函数,EXTI5~EXTI9 共用一个中断响应函数,EXTI10~EXTI15 共用一个中断响应函数。对于中断的控制,STM32 使用 NVIC 进行统一管理。中断映射关系如图 5-9 所示。

还有另外四种外部中断事件控制器的连接如下:

(1) EXTI16 连接到 PVD 事件;

(2) EXTI17 连接到 RTC 闹铃事件;

(3) EXTI18 连接到 USB 唤醒事件;

(4) EXTI19 连接到以太网唤醒事件。

在AFIO_EXTICR1寄存器的EXTI0[3:0]位

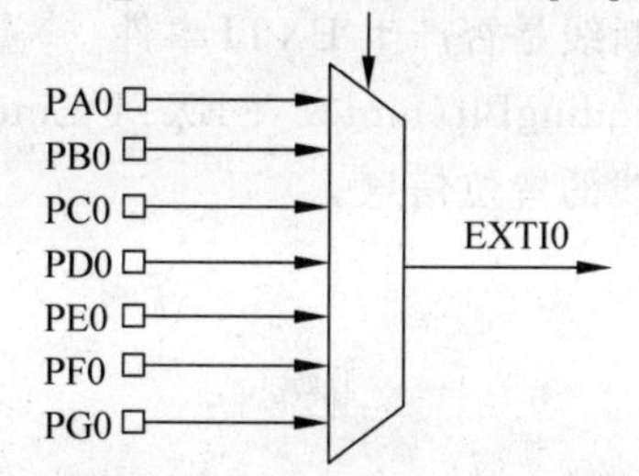

在AFIO_EXTICR1寄存器的EXTI1[3:0]位

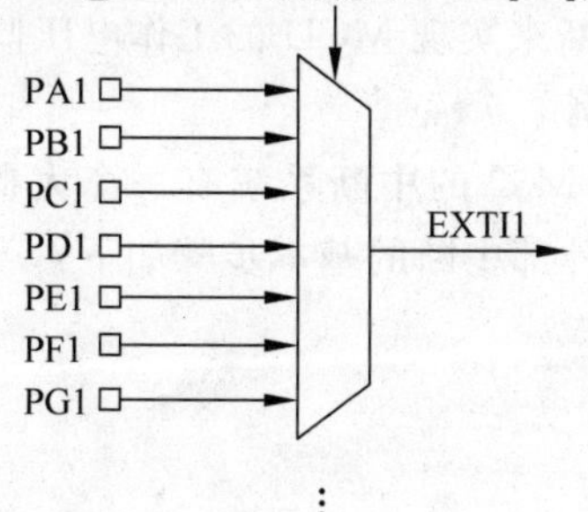

⋮

在AFIO_EXTICR4寄存器的EXTI15[3:0]位

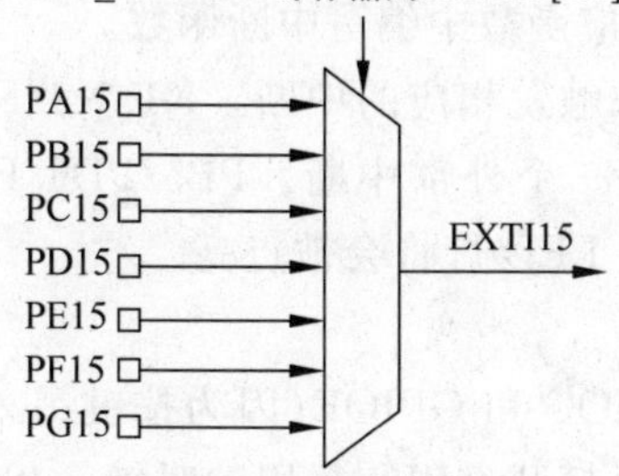

图 5-9 外部中断映射关系图

5.5.2 EXTI 操作相关的库函数

(1) void EXTI_DeInit(void);

功能描述：初始化外部中断寄存器，并设置到默认设置值。

(2) void EXTI_Init(EXTI_InitTypeDef * EXTI_InitStruct);

功能描述：根据 EXTI_InitStruct 的设置配置并初始化外部中断寄存器。

(3) void EXTI_StructInit(EXTI_InitTypeDef * EXTI_InitStruct);

功能描述：设置外部中断 EXTI_InitStruct 具体参数。

(4) void EXTI_GenerateSWInterrupt(uint32_t EXTI_Line);

功能描述：产生一个软中断。

(5) FlagStatus EXTI_GetFlagStatus(uint32_t EXTI_Line);

功能描述：检测 EXTI 中断线的置位状态。

(6) void EXTI_ClearFlag(uint32_t EXTI_Line);

功能描述：清除中断线的置位状态。

(7) ITStatus EXTI_GetITStatus(uint32_t EXTI_Line);

功能描述：检查指定的中断线是否产生 EXTI 事件。

(8) void EXTI_ClearITPendingBit(uint32_t EXTI_Line);

功能描述：清除指定中断线的置位信息。

5.5.3 EXTI 使用示例

中断配置使用是 STM32 最基本的应用，这里将列举两种中断的用法，第一种检测普通中断事件，第二种使用 PVD 中断来实现 MCU 的工作电压监测。

1. EXTI 基本配置使用示例

基本概念和知识只能对 STM32 的中断系统有一个大概的认识，用程序示例更能加深读者对中断使用的理解。使用外部中断的基本步骤如下：

- 设置好相应的时钟；
- 设置相应的中断；
- I/O 口初始化；
- 把相应的 I/O 口设置为中断线路(要在设置外部中断之前)并初始化；
- 在选择的中断通道的响应函数中编写中断函数。

假设有三个按键，用按键来触发相应的中断。K1/K2/K3 连接的是 PC5/PC2/PC3，因此将用 EXTI5/EXTI2/EXTI3 三个外部中断。PB5/PD6/PD3 分别连接了三个 LED 灯。中断的效果是按下按键，相应的 LED 灯将会被点亮。

1) 设置相应的时钟

首先需要打开 GPIOB、GPIOC 和 GPIOE(因为按键另外一端连接的是 PE 口)。由于是要用于触发中断，所以还需要打开 GPIO 复用的时钟。相应的函数在 GPIO 的学习笔记中有详细解释。详细代码如下：

```
void RCC_cfg()
{
    //打开 PE、PD、PC、PB 端口时钟，并且打开复用时钟
    RCC_APB2PeriphClockCmd(RCC_APB2Periph_GPIOE | RCC_APB2Periph_GPIOC |
        RCC_APB2Periph_GPIOD | RCC_APB2Periph_GPIOB |
        RCC_APB2Periph_AFIO, ENABLE);
}
```

设置相应的时钟所需要的 RCC 函数在 stm32f10x_rcc.c 中，所以要在工程中添加此文件。

2) 设置好相应的中断

设置相应的中断实际上就是设置 NVIC，在 STM32 的固件库中有一个结构体 NVIC_InitTypeDef，里面有相应的标志位设置，然后再用 NVIC_Init()函数进行初始化。详细代码如下：

```
void NVIC_cfg()
{
    NVIC_InitTypeDef NVIC_InitStructure;                    //第一结构体
```

```
    NVIC_PriorityGroupConfig(NVIC_PriorityGroup_2);            //选择中断分组 2
    NVIC_InitStructure.NVIC_IRQChannel = EXTI2_IRQChannel;    //选择中断通道 2
    NVIC_InitStructure.NVIC_IRQChannelPreemptionPriority = 0;
    //抢占式中断优先级设置为 0
    NVIC_InitStructure.NVIC_IRQChannelSubPriority = 0;
    //响应式中断优先级设置为 0
    NVIC_InitStructure.NVIC_IRQChannelCmd = ENABLE;           //使能中断
    NVIC_Init(&NVIC_InitStructure);
    NVIC_InitStructure.NVIC_IRQChannel = EXTI3_IRQChannel;
    //选择中断通道 3
    NVIC_InitStructure.NVIC_IRQChannelPreemptionPriority = 1;
    //抢占式中断优先级设置为 1
    NVIC_InitStructure.NVIC_IRQChannelSubPriority = 1;
    //响应式中断优先级设置为 1
    NVIC_InitStructure.NVIC_IRQChannelCmd = ENABLE;           //使能中断
    NVIC_Init(&NVIC_InitStructure);
    NVIC_InitStructure.NVIC_IRQChannel = EXTI9_5_IRQChannel;
    //选择中断通道 5
    NVIC_InitStructure.NVIC_IRQChannelPreemptionPriority = 2;
    //抢占式中断优先级设置为 2
    NVIC_InitStructure.NVIC_IRQChannelSubPriority = 2;
    //响应式中断优先级设置为 2
    NVIC_InitStructure.NVIC_IRQChannelCmd = ENABLE;           //使能中断
    NVIC_Init(&NVIC_InitStructure);
}
```

由于有3个中断,因此根据前文所述,需要有3个bit来指定抢占优先级,所以选择第2组。又由于EXTI5～EXTI9共用一个中断响应函数,所以EXTI5选择的中断通道是EXTI9_5_IRQChannel,详细信息可以在头文件中查询得到。用到的NVIC相关的库函数在stm32f10x_nivc.c中,需要将此文件复制并添加到工程中。

3) I/O口初始化

```
void IO_cfg()
{
    GPIO_InitTypeDef GPIO_InitStructure;
    GPIO_InitStructure.GPIO_Pin=GPIO_Pin_2;                  //选择引脚 2
    GPIO_InitStructure.GPIO_Speed = GPIO_Speed_50MHz;
    //输出频率最大 50MHz
    GPIO_InitStructure.GPIO_Mode = GPIO_Mode_Out_PP;
    //带上拉电阻输出
    GPIO_Init(GPIOE, &GPIO_InitStructure);
    GPIO_ResetBits(GPIOE, GPIO_Pin_2);                       //将 PE.2 引脚设置为低电平输出
    GPIO_InitStructure.GPIO_Pin = GPIO_Pin_2 | GPIO_Pin_3 | GPIO_Pin_5;
    //选择引脚 2、3、5
    GPIO_InitStructure.GPIO_Mode = GPIO_Mode_IN_FLOATING;
    //选择输入模式为浮空输入
    GPIO_InitStructure.GPIO_Speed = GPIO_Speed_50MHz;        //输出频率最大 50MHz
    GPIO_Init(GPIOC, &GPIO_InitStructure);                   //设置 PC.2/PC.3/PC.5
    GPIO_InitStructure.GPIO_Pin = GPIO_Pin_3 | GPIO_Pin_6;   //选择引脚 3、6
    GPIO_InitStructure.GPIO_Speed = GPIO_Speed_50MHz;        //输出频率最大 50MHz
```

```
    GPIO_InitStructure.GPIO_Mode = GPIO_Mode_Out_PP;        //带上拉电阻输出
    GPIO_Init(GPIOD,&GPIO_InitStructure);
    GPIO_InitStructure.GPIO_Pin=GPIO_Pin_5;                 //选择引脚 5
    GPIO_InitStructure.GPIO_Speed = GPIO_Speed_50MHz;       //输出频率最大 50MHz
    GPIO_InitStructure.GPIO_Mode = GPIO_Mode_Out_PP;        //带上拉电阻输出
    GPIO_Init(GPIOB,&GPIO_InitStructure);
}
```

其中连接外部中断的引脚需要设置为输入状态,而连接 LED 的引脚需要设置为输出状态,初始化 PE.2 是为了使得按键的另外一端输出低电平。GPIO 中的函数在 stm32f10x_gpio.c 中。

4) 把相应的 I/O 口设置为中断线路

由于 GPIO 并不是专用的中断引脚,因此在用 GPIO 来触发外部中断的时候需要设置将 GPIO 相应的引脚和中断线连接起来,具体代码如下:

```
void EXTI_cfg()
{
    EXTI_InitTypeDef EXTI_InitStructure;                    //清空中断标志
    EXTI_ClearITPendingBit(EXTI_Line2);
    EXTI_ClearITPendingBit(EXTI_Line3);
    EXTI_ClearITPendingBit(EXTI_Line5);                     //选择中断引脚 PC.2、PC.3、PC.5
    GPIO_EXTILineConfig(GPIO_PortSourceGPIOC, GPIO_PinSource2);
    GPIO_EXTILineConfig(GPIO_PortSourceGPIOC, GPIO_PinSource3);
    GPIO_EXTILineConfig(GPIO_PortSourceGPIOC, GPIO_PinSource5);
    EXTI_InitStructure.EXTI_Line = EXTI_Line2 | EXTI_Line3 | EXTI_Line5;
    //选择中断线路 2、3、5
    EXTI_InitStructure.EXTI_Mode = EXTI_Mode_Interrupt;
    //设置为中断请求,非事件请求
    EXTI_InitStructure.EXTI_Trigger = EXTI_Trigger_Rising_Falling;
    //设置中断触发方式为上下降沿触发
    EXTI_InitStructure.EXTI_LineCmd = ENABLE;
    //外部中断使能
    EXTI_Init(&EXTI_InitStructure);
}
```

EXTI_cfg 中需要调用到的函数都在 stm32f10x_exti.c 中。

5) 中断响应函数

STM32 不像 C51 单片机那样,可以通过 interrupt 关键字来定义中断响应函数,STM32 的中断响应函数接口存在于中断向量表中,是由启动代码给出的。默认的中断响应函数在 stm32f10x_it.c 中。因此需要把这个文件加入到工程中来。

在这个文件发现,很多函数都是只有一个函数名,并没有函数体。找到 EXTI2_IRQHandler()这个函数,这就是 EXTI2 中断响应的函数。程序的目标是将 LED 灯点亮,所以函数体其实很简单:

```
void EXTI2_IRQHandler(void)
{
    //点亮 LED 灯
    GPIO_SetBits(GPIOD,GPIO_Pin_6);
```

```
    //清空中断标志位,防止持续进入中断
    EXTI_ClearITPendingBit(EXTI_Line2);
}
void EXTI3_IRQHandler(void)
{
    GPIO_SetBits(GPIOD,GPIO_Pin_3);
    EXTI_ClearITPendingBit(EXTI_Line3);
}
void EXTI9_5_IRQHandler(void)
{
    GPIO_SetBits(GPIOB,GPIO_Pin_5);
    EXTI_ClearITPendingBit(EXTI_Line5);
}
```

由于 EXTI5～EXTI9 是共用一个中断响应函数,因此所有的 EXTI5～EXTI9 的响应函数都写在这个里面。

6）主函数

```
#include "stm32f10x_lib.h"
void RCC_cfg();
void IO_cfg();
void EXTI_cfg();
void NVIC_cfg();
int main()
{
    RCC_cfg();
    IO_cfg();
    NVIC_cfg();
    EXTI_cfg();
    while(1);
}
```

2. 使用 EXTI16 监控 MCU 电压

用户在使用 STM32 时,可以利用其内部的 PVD 对 VDD 的电压进行监控,通过电源控制寄存器(PWR_CR)中的 PLS[2:0]位来设定监控的电压值。

PLS[2:0]位用于选择 PVD 监控电源的电压阈值:

000: 2.2V;

001: 2.3V;

010: 2.4V;

011: 2.5V;

100: 2.6V;

101: 2.7V;

110: 2.8V;

111: 2.9V。

在电源控制/状态寄存器(PWR_CSR)中的 PVDO 标志用来表明 VDD 是高于还是低于 PVD 设定的电压阈值。该事件连接到外部中断的第 16 线,如果该中断在外部中断寄存器中是使能的,该事件就会产生中断。当 VDD 下降到 PVD 阈值以下和(或)当 VDD 上升到PVD阈值之上时，根据外部中断第16线的上升/下降边沿触发设置，就会产生PVD中断。这一特性可用于发现电压出现异常时，执行紧急关闭任务。

1）系统时钟配置

```
void RCC_Configuration(void)
{
    RCC_DeInit();                                          //RCC 系统复位
    RCC_HSEConfig(RCC_HSE_ON);                             //使能 HSE
    HSEStartUpStatus = RCC_WaitForHSEStartUp();            //等待 HSE 就绪
    if(HSEStartUpStatus == SUCCESS)
    {
        RCC_HCLKConfig(RCC_SYSCLK_Div1);                   //HCLK = SYSCLK
        RCC_PCLK2Config(RCC_HCLK_Div1);                    //PCLK2 = HCLK
        RCC_PCLK1Config(RCC_HCLK_Div1);                    //PCLK1 = HCLK/2
        FLASH_SetLatency(FLASH_Latency_2);                 //Flash 2 等待
        FLASH_PrefetchBufferCmd(FLASH_PrefetchBuffer_Enable);
        //Enable Prefetch Buffer
        RCC_PLLConfig(RCC_PLLSource_HSE_Div1, RCC_PLLMul_9);
        //PLLCLK = 8MHz * 9 = 72MHz
        RCC_PLLCmd(ENABLE);                                //使能 PLL
        while(RCC_GetFlagStatus(RCC_FLAG_PLLRDY) == RESET) {}
        //Wait till PLL is ready
        RCC_SYSCLKConfig(RCC_SYSCLKSource_PLLCLK);
        //Select PLL as system clock source
        while(RCC_GetSYSCLKSource() != 0x08) {}
        //Wait till PLL is used as system clock source }
        RCC_APB2PeriphClockCmd(RCC_APB2Periph_GPIOB, ENABLE);
        RCC_APB1PeriphClockCmd(RCC_APB1Periph_PWR, ENABLE);
}
```

2）中断线配置

```
void EXTI_Configuration(void)
{
    EXTI_InitTypeDef EXTI_InitStructure;
    EXTI_DeInit();
    EXTI_StructInit(&EXTI_InitStructure);
    EXTI_InitStructure.EXTI_Line = EXTI_Line16;
    EXTI_InitStructure.EXTI_Mode = EXTI_Mode_Interrupt;
    EXTI_InitStructure.EXTI_Trigger = EXTI_Trigger_Rising_Falling;
    EXTI_InitStructure.EXTI_LineCmd = ENABLE;
    EXTI_Init(&EXTI_InitStructure);
    //Configure EXTI Line16 to generate an interrupt
}
```

3）中断向量设置

```
void NVIC_Configuration(void)
{
```

```
    NVIC_InitTypeDef NVIC_InitStructure;
    #ifdef VECT_TAB_RAM
    NVIC_SetVectorTable(NVIC_VectTab_RAM, 0x0);
    #else /* VECT_TAB_FLASH */
    NVIC_SetVectorTable(NVIC_VectTab_FLASH, 0x0);
    #endif
    NVIC_PriorityGroupConfig(NVIC_PriorityGroup_1);
    //Configure one bit for preemption priority
    NVIC_InitStructure.NVIC_IRQChannel = PVD_IRQChannel;
    NVIC_InitStructure.NVIC_IRQChannelPreemptionPriority = 2;
    NVIC_InitStructure.NVIC_IRQChannelSubPriority = 0;
    NVIC_InitStructure.NVIC_IRQChannelCmd = ENABLE;
    NVIC_Init(&NVIC_InitStructure);                          //使能 PVD 中断
}
```

4）PVD 中断函数设置

```
void PVD_IRQHandler(void)
{
    if (PWR_GetFlagStatus(PWR_FLAG_PVDO))
        GPIO_WriteBit(GPIOB, 1 << 5, Bit_SET);
    else
        GPIO_WriteBit(GPIOB, 1 << 5, Bit_RESET);
}
```

5）主程序

```
int main(void)
{
    RCC_Configuration();                            /* 系统 RCC 时钟配置 */
    GPIO_Configuration();                           /* 配置 GPIO 引脚 */
    NVIC_Configuration();                           /* NVIC 配置 */
    EXTI_Configuration();
    PWR_PVDLevelConfig(PWR_PVDLevel_2V8);
    PWR_PVDCmd(ENABLE);
    while(1) {}
}
```

5.6 电源控制 PWR

STM32 的工作电压(V_{DD})为 2.0～3.6V。通过内置的电压调节器提供所需的 1.8V 电源。当主电源 V_{DD} 掉电后，通过 V_{BAT} 脚为实时时钟(RTC)和备份寄存器提供电源。

STM32 的电压控制电路框图如图 5-10 所示。

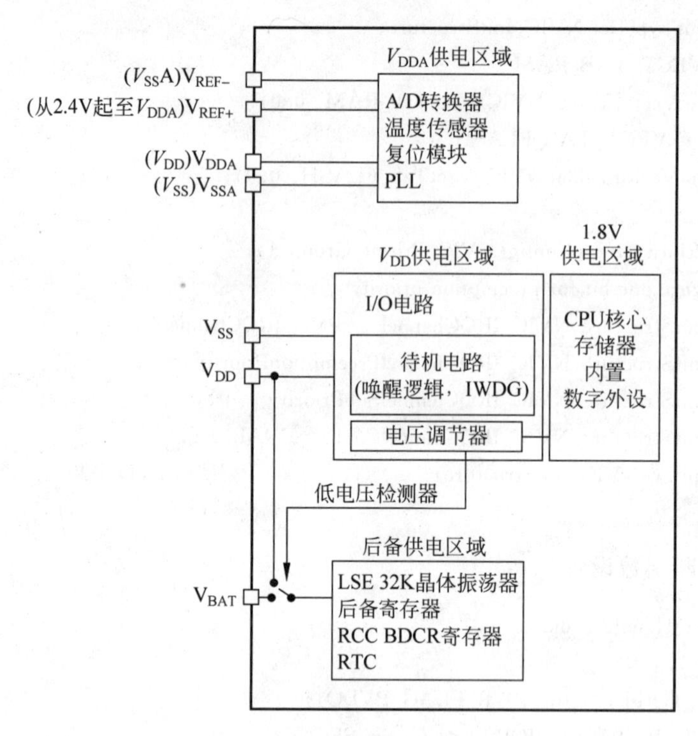

图 5-10　电源控制电路框图

5.6.1　独立的 A/D 转换器供电和参考电压

为了提高转换的精确度，ADC 使用一个独立的电源供电，过滤和屏蔽来自印刷电路板上的毛刺干扰。

(1) ADC 的电源引脚为 V_{DDA}。

(2) 独立的电源地 V_{SSA}。如果有 V_{REF-} 引脚(根据封装而定)，它必须连接到 V_{SSA}。

(3) 100 脚和 144 脚封装：为了确保输入为低压时获得更好精度，用户可以连接一个独立的外部参考电压 ADC 到 V_{REF+} 和 V_{REF-} 脚上。在 V_{REF+} 的电压范围为 2.4V～V_{DDA}。

(4) 64 脚或更少封装：没有 V_{REF+} 和 V_{REF-} 引脚，它们在芯片内部与 ADC 的电源(V_{DDA})和地(V_{SSA})相联。

5.6.2　电池备份区域

使用电池或其他电源连接到 V_{BAT} 脚上，当 V_{DD} 断电时，可以保存备份寄存器的内容和维持 RTC 的功能。

V_{BAT} 脚也为 RTC、LSE 振荡器和 PC13～PC15 供电，这用于保证当主要电源被切断时 RTC 能继续工作。切换到 V_{BAT} 供电由复位模块中的掉电复位功能控制。

如果应用中没有使用外部电池，V_{BAT} 必须连接到 V_{DD} 引脚上。

5.6.3 电压调节器

复位后调节器总是使能的。根据应用方式它以3种不同的模式工作。

(1) 运转模式：调节器以正常功耗模式提供1.8V电源(内核、内存和外设)。

(2) 停止模式：调节器以低功耗模式提供1.8V电源，以保存寄存器和SRAM的内容。

(3) 待机模式：调节器停止供电。

除了备用电路和备份域外，寄存器和SRAM的内容全部丢失。

5.6.4 电源管理器

1. 上电复位(POR)和掉电复位(PDR)

STM32内部有一个完整的上电复位(POR)和掉电复位(PDR)电路，当供电电压达到2V时系统即能正常工作。

当V_{DD}/V_{DDA}低于指定的限位电压V_{POR}/V_{PDR}时，系统保持为复位状态，而无须外部复位电路。关于上电复位和掉电复位的细节请参考数据手册的电气特性部分。其上电复位和掉电复位波形图如图5-11所示。

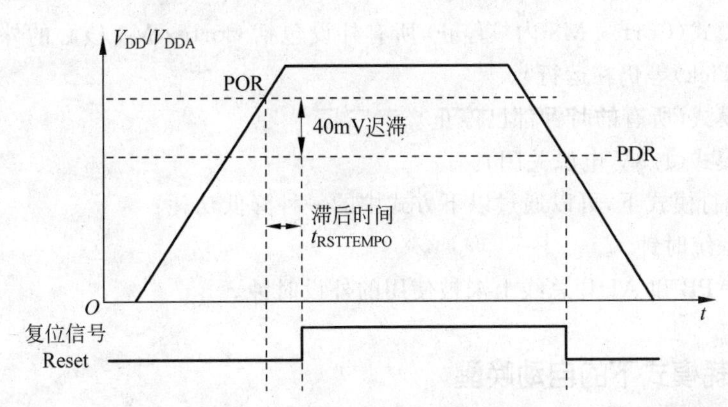

图5-11 上电复位和掉电复位波形图

2. 可编程电压监测器(PVD)

用户可以利用PVD对V_{DD}电压与电源控制寄存器(PWR_CR)中的PLS[2:0]位进行比较来监控电源。

通过设置PVDE位来使能PVD。

电源控制/状态寄存器(PWR_CSR)中的PVDO标志用来表明V_{DD}是高于还是低于PVD的电压阈值。该事件在内部连接到外部中断的第16线，如果该中断在外部中断寄存器中是使能的，该事件就会产生中断。当V_{DD}下降到PVD阈值以下和(或)当V_{DD}上升到PVD阈值之上时，根据外部中断第16线的上升/下降边沿触发设置，就会产生PVD中断。例如，这一特性可用于执行紧急关闭任务。PVD门限示意图如图5-12所示。

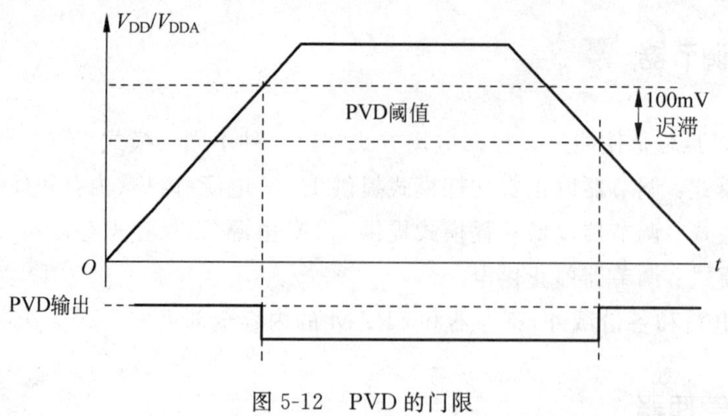

图 5-12　PVD 的门限

5.6.5　低功耗模式

在系统或电源复位以后，微控制器处于运行状态。当 CPU 不需继续运行时，可以利用多种低功耗模式来节省功耗，例如等待某个外部事件时。用户需要根据最低电源消耗、最快速启动时间和可用的唤醒源等条件，选定一个最佳的低功耗模式。

STM32F10xxx 有三种低功耗模式：

(1) 睡眠模式(Cortex-M3 内核停止，所有外设包括 Cortex-M3 核心的外设，如 NVIC、系统时钟(SysTick)等仍在运行)。

(2) 停止模式(所有的时钟都已停止)。

(3) 待机模式(1.8V 电源关闭)。

此外，在运行模式下，可以通过以下方式中的一种降低功耗：

(1) 降低系统时钟。

(2) 关闭 APB 和 AHB 总线上未被使用的外设时钟。

5.6.6　低功耗模式下的自动唤醒

RTC 可以在不需要依赖外部中断的情况下唤醒低功耗模式下的微控制器(自动唤醒模式，AWU)。RTC 提供一个可编程的时间基数，用于周期性从停止或待机模式下唤醒。通过对备份区域控制寄存器(RCC_BDCR)的 RTCSEL[1:0]位的编程，三个 RTC 时钟源中的二个时钟源可以选作实现此功能。

1. 低功耗 32.768kHz 外部晶振(LSE)

该时钟源提供了一个低功耗且精确的时间基准(在典型情形下消耗小于 1μA)。

2. 低功耗内部 RC 振荡器(LSI RC)

使用该时钟源，节省了一个 32.768kHz 晶振的成本。但是 RC 振荡器将少许增加电源消耗。为了用 RTC 闹钟事件将系统从停止模式下唤醒，必须进行如下操作：

- 配置外部中断线 17 为上升沿触发。
- 配置 RTC 使其可产生 RTC 闹钟事件。

如果要从待机模式中唤醒，不必配置外部中断线17。

5.6.7 PWR操作相关的库函数

(1) void PWR_DeInit(void);

功能描述：用默认参数初始化电源外设寄存器。

(2) void PWR_BackupAccessCmd(FunctionalState NewState);

功能描述：使能或者禁止使用RTC以及备份域寄存器。

(3) void PWR_PVDCmd(FunctionalState NewState);

功能描述：使能或者禁止PVD检测。

(4) void PWR_PVDLevelConfig(uint32_t PWR_PVDLevel);

功能描述：配置PVD的检测阈值。

(5) void PWR_WakeUpPinCmd(FunctionalState NewState);

功能描述：使能或者静止唤醒引脚功能。

(6) void PWR_EnterSTOPMode(uint32_t PWR_Regulator, uint8_t PWR_STOPEntry);

功能描述：进入停止模式。

(7) void PWR_EnterSTANDBYMode(void);

功能描述：进入静态待机模式。

(8) FlagStatus PWR_GetFlagStatus(uint32_t PWR_FLAG);

功能描述：检测制定的PWR标志是否置位。

(9) void PWR_ClearFlag(uint32_t PWR_FLAG);

功能描述：清除PWR的置位信息。

5.6.8 PWR使用示例

示例说明：

开机后，LED闪烁5s，实际测量输入电流为33mA，然后加入standby模式，实际测量电流为10μA。当WKUP引脚施加上升沿脉冲时，退出standby模式，然后系统复位，LED重新闪烁5s。

```
/* Includes------------------------------------------------------------*/
#include "stm32f10x.h"
#include "stm32_m.h"
static void delayms(INT16U cnt)
{
    INT16U i;
    while(cnt--)
        for (i=0; i<7333; i++);
}
//******************************************************************
//时钟设置初始化
//******************************************************************
```

```
static void RCC_Configuration(void)
{
    ErrorStatus HSEStartUpStatus;
    /*
    RCC_AdjustHSICalibrationValue 调整内部高速晶振(HSI)校准值
    RCC_ITConfig 使能或者失能指定的 RCC 中断
    RCC_ClearFlag 清除 RCC 的复位标志位
    RCC_GetITStatus 检查指定的 RCC 中断发生与否
    RCC_ClearITPendingBit 清除 RCC 的中断待处理位
    */
    /* RCC system reset(for debug purpose) */
    //时钟系统复位
    RCC_DeInit();
    //使能外部的 8M 晶振
    //设置外部高速晶振(HSE)
    /* Enable HSE */
    RCC_HSEConfig(RCC_HSE_ON);
    //使能或者失能内部高速晶振(HSI)
    RCC_HSICmd(DISABLE);
    //等待 HSE 起振
    //该函数将等待直到 HSE 就绪,或者在超时的情况下退出
    /* Wait till HSE is ready */
    HSEStartUpStatus = RCC_WaitForHSEStartUp();
    if(HSEStartUpStatus == SUCCESS)
    {
        /* HCLK = SYSCLK */
        //设置 AHB 时钟(HCLK)
        RCC_HCLKConfig(RCC_SYSCLK_Div1);        //72MHz
        /* PCLK1 = HCLK/2 */
        //设置低速 AHB 时钟(PCLK1)
        RCC_PCLK1Config(RCC_HCLK_Div2);         //36MHz
        /* PCLK2 = HCLK */
        //设置高速 AHB 时钟(PCLK2)
        RCC_PCLK2Config(RCC_HCLK_Div1);         //72MHz
        /* ADCCLK = PCLK2/8 */
        //设置 ADC 时钟(ADCCLK)
        RCC_ADCCLKConfig(RCC_PCLK2_Div8);
        //设置 USB 时钟(USBCLK)
        //USB 时钟 = PLL 时钟除以 1.5
        RCC_USBCLKConfig(RCC_USBCLKSource_PLLCLK_1Div5);
        //设置外部低速晶振(LSE)
        RCC_LSEConfig(RCC_LSE_OFF);
        //使能或者失能内部低速晶振(LSI)
        //LSE 晶振 OFF
        RCC_LSICmd(DISABLE);
        //设置 RTC 时钟(RTCCLK)
        //选择 HSE 时钟频率除以 128 作为 RTC 时钟
        RCC_RTCCLKConfig(RCC_RTCCLKSource_HSE_Div128);
        //使能或者失能 RTC 时钟
        //RTC 时钟的新状态
        RCC_RTCCLKCmd(DISABLE);
```

```
        /* Flash 2 wait state */
        FLASH_SetLatency(FLASH_Latency_2);
        /* Enable Prefetch Buffer */
        FLASH_PrefetchBufferCmd(FLASH_PrefetchBuffer_Enable);
        /* PLLCLK = 8MHz * 9 = 72MHz */
        //设置 PLL 时钟源及倍频系数
        RCC_PLLConfig(RCC_PLLSource_HSE_Div1, RCC_PLLMul_9);
        /* Enable PLL */
        //使能或者失能 PLL
        RCC_PLLCmd(ENABLE);
        /* Wait till PLL is ready */
        //检查指定的 RCC 标志位设置与否
        while(RCC_GetFlagStatus(RCC_FLAG_PLLRDY) == RESET)
        {
        }
        /* Select PLL as system clock source */
        //设置系统时钟(SYSCLK)
        RCC_SYSCLKConfig(RCC_SYSCLKSource_PLLCLK);
        /* Wait till PLL is used as system clock source */
        //返回用作系统时钟的时钟源
        while(RCC_GetSYSCLKSource() != 0x08)
        {
        }
    }
    //使能或者失能 AHB 外设时钟
    RCC_AHBPeriphClockCmd(RCC_AHBPeriph_DMA1
        |RCC_AHBPeriph_DMA2
        |RCC_AHBPeriph_SRAM
        |RCC_AHBPeriph_FLITF
        |RCC_AHBPeriph_CRC
        |RCC_AHBPeriph_FSMC
        |RCC_AHBPeriph_SDIO,DISABLE);
    //使能或者失能 APB1 外设时钟
    RCC_APB1PeriphClockCmd(RCC_APB1Periph_ALL,DISABLE);
    //强制或者释放高速 APB(APB2)外设复位
    RCC_APB2PeriphResetCmd(RCC_APB2Periph_ALL,ENABLE);
    //退出复位状态
    RCC_APB2PeriphResetCmd(RCC_APB2Periph_ALL,DISABLE);
    //强制或者释放低速 APB(APB1)外设复位
    //注意不能加这句话,否则,STM32 wkup 从 standby 模式唤醒后无法正常运行
    RCC_APB1PeriphResetCmd(RCC_APB1Periph_ALL,ENABLE);
    //退出复位状态
    RCC_APB1PeriphResetCmd(RCC_APB1Periph_ALL,DISABLE);
    //强制或者释放后备域复位
    RCC_BackupResetCmd(ENABLE);
    //使能或者失能时钟安全系统
    RCC_ClockSecuritySystemCmd(DISABLE);
}
//*************************************************************
//GPIO 设置
//*************************************************************
```

```
static void GPIO_Configuration(void)
{
    GPIO_InitTypeDef GPIO_InitStructure;
    //使能或者失能 APB2 外设时钟
    RCC_APB2PeriphClockCmd(RCC_APB2Periph_GPIOA|RCC_APB2Periph_GPIOB|
    RCC_APB2Periph_AFIO, ENABLE);
    GPIO_InitStructure.GPIO_Pin = GPIO_Pin_1;
    GPIO_InitStructure.GPIO_Speed = GPIO_Speed_2MHz;
    GPIO_InitStructure.GPIO_Mode = GPIO_Mode_Out_PP;
    GPIO_Init(GPIOB, &GPIO_InitStructure);
}
//************************************************************
//主程序
//************************************************************
int main(void)
{
    INT8U i;
    RCC_Configuration();
    GPIO_Configuration();
    for (i=0;i<120;++i)
    {
        delayms(50);
        GPIOB->ODR ^= GPIO_Pin_1;                    //led1 toogle
    }
    RCC_APB1PeriphClockCmd(RCC_APB1Periph_PWR,ENABLE);
    PWR_WakeUpPinCmd(ENABLE);                        /* Enable WKUP pin */
    PWR_EnterSTANDBYMode();
    NVIC_SystemReset();                              //系统复位
    for(;;);
}
```

第6章

STM32F103的进阶设计及应用

本章将继续介绍STM32F103系统的基本进阶知识，这些应用是建立在第5章的基础之上的应用介绍，掌握好第5章的基本知识之后，才能进行本章知识的了解和学习。

6.1 TIMx定时器

STM32中一共有11个定时器，包括2个高级控制定时器、4个普通定时器、2个基本定时器、2个看门狗定时器和1个系统嘀嗒定时器。其中系统嘀嗒定时器是前文中所描述的SysTick，看门狗定时器将在6.6节详细研究，其他8个定时器详细说明如表6-1所示。

表6-1 TIMx类型定义及说明

定时器	计数器分辨率	计数器类型	预分频系数	产生DMA请求	捕获/比较通道	互补输出
TIM1 TIM8	16位	向上、向下、向上/向下	1～65 536之间的任意数	可以	4	有
TIM2 TIM3 TIM4 TIM5	16位	向上、向下、向上/向下	1～65 536之间的任意数	可以	4	没有
TIM6 TIM7	16位	向上	1～65 536之间的任意数	可以	0	没

其中TIM1和TIM8是能够产生3对PWM互补输出的高级定时器，常用于三相电机的驱动，时钟由APB2的输出产生；TIM2～TIM5是普通定时器；TIM6和TIM7是基本定时器，其时钟由APB1输出产生。

6.1.1 TIM1和TIM8高级定时器

TIM1&TIM8定时器的基本功能如下：

(1) 16 位向上、向下、向上/下自动装载计数器。

(2) 16 位可编程(可以实时修改)预分频器,计数器时钟频率的分频系数为 1～65 535 之间的任意数值。

(3) 多达 4 个独立通道:

- 输入捕获;
- 输出比较;
- PWM 生成(边缘或中间对齐模式);
- 单脉冲模式输出。

(4) 死区时间可编程的互补输出。

(5) 使用外部信号控制定时器和定时器互联的同步电路。

(6) 允许在指定数目的计数器周期之后更新定时器寄存器。

(7) 刹车输入信号可以将定时器输出信号置于复位状态或者一个已知状态。

(8) 如下事件发生时产生中断/DMA:

- 更新:计数器向上溢出/向下溢出,计数器初始化(通过软件或者内部/外部触发);
- 触发事件(计数器启动、停止、初始化或者由内部/外部触发计数);
- 输入捕获;
- 输出比较;
- 刹车信号输入。

(9) 支持针对定位的增量(正交)编码器和霍尔传感器电路。

(10) 触发输入作为外部时钟或者按周期的电流管理。

6.1.2 普通定时器 TIMx

TIMx (TIM2、TIM3、TIM4 和 TIM5)定时器功能包括:

(1) 16 位向上、向下、向上/向下自动装载计数器。

(2) 16 位可编程(可以实时修改)预分频器,计数器时钟频率的分频系数为 1～65 536 之间的任意数值。

(3) 4 个独立通道:

- 输入捕获;
- 输出比较;
- PWM 生成(边缘或中间对齐模式);
- 单脉冲模式输出。

(4) 使用外部信号控制定时器和定时器互联的同步电路。

(5) 如下事件发生时产生中断/DMA:

- 更新:计数器向上溢出/向下溢出,计数器初始化(通过软件或者内部/外部触发);
- 触发事件(计数器启动、停止、初始化或者由内部/外部触发计数);
- 输入捕获;
- 输出比较。

(6) 支持针对定位的增量(正交)编码器和霍尔传感器电路。

(7) 触发输入作为外部时钟或者按周期的电流管理。

6.1.3 基本定时器 TIM6 和 TIM7

TIM6 和 TIM7 定时器的主要功能包括:

(1) 16 位自动重装载累加计数器;

(2) 16 位可编程(可实时修改)预分频器,用于对输入的时钟按系数为 1～65 536 之间的任意数值分频;

(3) 触发 DAC 的同步电路(注:此项是 TIM6/7 独有功能);

(4) 在更新事件(计数器溢出)时产生中断/DMA 请求。

6.1.4 定时器相关的时钟源

STM32 的定时器是个强大的模块,其使用的频率也是很高的,定时器既可以做一些基本的定时,还可以做 PWM 输出或者输入捕获功能。

名为 TIMx 的寄存器有 8 个,其中 TIM1 和 TIM8 挂在 APB2 总线上,而 TIM2～TIM7 则挂在 APB1 总线上。TIM1&TIM8 称为高级控制定时器(advanced control timer),它们所在的 APB2 总线也比 APB1 总线要好。APB2 可以工作在 72MHz 下,而 APB1 最大是 36MHz。STM32 的时钟框图如图 6-1 所示。

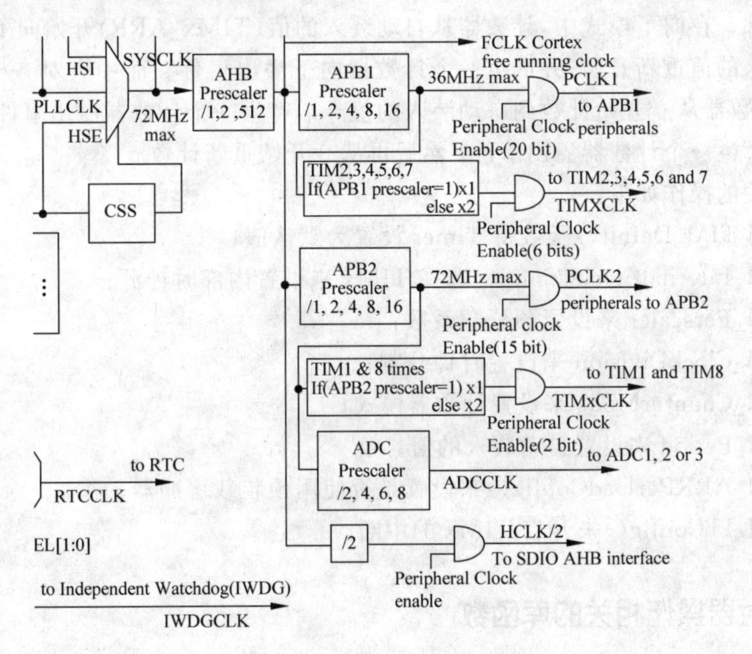

图 6-1　STM32 的时钟框图

定时器的时钟不是直接来自 APB1 或 APB2,而是来自于输入为 APB1 或 APB2 的一个倍频器。下面以定时器 TIM2～TIM7 的时钟说明这个倍频器的作用:当 APB1 的预分频系数为 1 时,这个倍频器不起作用,定时器的时钟频率等于 APB1 的频率；当 APB1 的预分频系数为其他数值(即预分频系数为 2、4、8 或 16)时,这个倍频器起作用,定时器的时钟频率等于 APB1 频率的两倍。

假定 AHB=36MHz,因为 APB1 允许的最大频率为 36MHz,所以 APB1 的预分频系数可以取任意数值；当预分频系数为 1 时,APB1＝36MHz,TIM2～TIM7 的时钟频率等于 36MHz(倍频器不起作用)；当预分频系数为 2 时,APB1＝18MHz,在倍频器的作用下,TIM2～TIM7 的时钟频率等于 36MHz。

有人会问,既然需要 TIM2～TIM7 的时钟频率等于 36MHz,为什么不直接取 APB1 的预分频系数为 1? 答案是：APB1 不但要为 TIM2～TIM7 提供时钟,而且还要为其他外设提供时钟；设置这个倍频器可以在保证其他外设使用较低时钟频率时,TIM2～TIM7 仍能得到较高的时钟频率。

再比如：当 AHB＝72MHz 时,APB1 的预分频系数必须大于 2,因为 APB1 的最大频率只能为 36MHz。如果 APB1 的预分频系数为 2,则因为这个倍频器,TIM2～TIM7 仍然能够得到 72MHz 的时钟频率。能够使用更高的时钟频率,无疑提高了定时器的分辨率,这也正是设计这个倍频器的初衷。

6.1.5　计数器模式

TIM2～TIM5 可以向上计数、向下计数、向上向下双向计数。向上计数模式中,计数器从 0 计数到自动加载值(TIMx_ARR 计数器内容),然后重新从 0 开始计数并且产生一个计数器溢出事件。在向下模式中,计数器从自动装入的值(TIMx_ARR)开始向下计数到 0,然后从自动装入的值重新开始,并产生一个计数器向下溢出事件。而中央对齐模式(向上/向下计数)是计数器从 0 开始计数到自动装入的值－1,产生一个计数器溢出事件,然后向下计数到 1 并且产生一个计数器溢出事件；然后再从 0 开始重新计数。

计数相关的操作如下：

(1) 利用 TIM_DeInit()函数将 Timer 设置为默认值；

(2) TIM_InternalClockConfig()选择 TIMx 来设置内部时钟源；

(3) TIM_Perscaler 来设置预分频系数；

(4) TIM_ClockDivision 来设置时钟分割；

(5) TIM_CounterMode 来设置计数器模式；

(6) TIM_Period 来设置自动装入的值；

(7) TIM_ARRPerloadConfig()来设置是否使用预装载缓冲器；

(8) TIM_ITConfig()来开启 TIMx 的中断。

6.1.6　定时器操作相关的库函数

(1) void TIM_DeInit(TIM_TypeDef * TIMx)；

功能描述：初始化 TIMx 寄存器到默认设置。

(2) void TIM_TimeBaseInit(TIM_TypeDef * TIMx, TIM_TimeBaseInitTypeDef *

TIM_TimeBaseInitStruct)；

功能描述：根据 TIM_TimeBaseInitStruct 的设置数据，设置 TIMx 的基础外设参数。

(3) void TIM_OC1Init(TIM_TypeDef * TIMx，TIM_OCInitTypeDef * TIM_OCInitStruct)；

功能描述：根据 TIM_OCInitStruct 的设置，设置通道 1 的参数。

(4) void TIM_OC2Init(TIM_TypeDef * TIMx，TIM_OCInitTypeDef * TIM_OCInitStruct)；

功能描述：根据 TIM_OCInitStruct 的设置，设置通道 2 的参数。

(5) void TIM_OC3Init(TIM_TypeDef * TIMx，TIM_OCInitTypeDef * TIM_OCInitStruct)；

功能描述：根据 TIM_OCInitStruct 的设置，设置通道 3 的参数。

(6) void TIM_OC4Init(TIM_TypeDef * TIMx，TIM_OCInitTypeDef * TIM_OCInitStruct)；

功能描述：根据 TIM_OCInitStruct 的设置，设置通道 4 的参数。

(7) void TIM_ICInit(TIM_TypeDef * TIMx，TIM_ICInitTypeDef * TIM_ICInitStruct)；

功能描述：根据 TIM_ICInitStruct 数据设置 TIMx 的外设信息。

(8) void TIM_PWMIConfig(TIM_TypeDef * TIMx，TIM_ICInitTypeDef * TIM_ICInitStruct)；

功能描述：根据 TIM_ICInitStruct 配置设置 TIMx 的外设用于空 PWM。

(9) void TIM_BDTRConfig(TIM_TypeDef * TIMx，TIM_BDTRInitTypeDef * TIM_BDTRInitStruct)；

功能描述：用于 TIM1&TIM8 来设置刹车、死区等高级配置参数。

(10) void TIM_TimeBaseStructInit(TIM_TimeBaseInitTypeDef * TIM_TimeBaseInitStruct)；

功能描述：将 TIM_TimeBaseInitStruct 成员变量填充为默认值。

(11) void TIM_OCStructInit(TIM_OCInitTypeDef * TIM_OCInitStruct)；

功能描述：将 TIM_OCInitStruct 成员变量填充为默认值。

(12) void TIM_ICStructInit(TIM_ICInitTypeDef * TIM_ICInitStruct)；

功能描述：将 TIM_ICInitStruct 成员变量填充为默认值。

(13) void TIM_BDTRStructInit(TIM_BDTRInitTypeDef * TIM_BDTRInitStruct)；

功能描述：将 TIM_BDTRInitStruct 成员变量填充为默认值。

(14) void TIM_Cmd(TIM_TypeDef * TIMx，FunctionalState NewState)；

功能描述：使能或者禁止制定的定时器外设。

(15) void TIM_CtrlPWMOutputs(TIM_TypeDef * TIMx，FunctionalState NewState)；

功能描述：使能或者禁止 TIMx 的主输出信号。

(16) void TIM_ITConfig(TIM_TypeDef * TIMx，uint16_t TIM_IT，FunctionalState NewState)；

功能描述：使能或者禁止制定的 TIMx 中断。

(17) void TIM_GenerateEvent(TIM_TypeDef * TIMx，uint16_t TIM_EventSource)；

功能描述：配置 TIMx 事件,可以使用软件产生。

(18) void TIM_DMAConfig(TIM_TypeDef * TIMx, uint16_t TIM_DMABase, uint16_t TIM_DMABurstLength);

功能描述：配置 TIMx 的 DMA 接口。

(19) void TIM_DMACmd(TIM_TypeDef * TIMx, uint16_t TIM_DMASource, FunctionalState NewState);

功能描述：使能或者禁止 TIMx 的 DMA 请求。

(20) void TIM_InternalClockConfig(TIM_TypeDef * TIMx);

功能描述：配置 TIMx 的内部时钟。

(21) void TIM_ITRxExternalClockConfig(TIM_TypeDef * TIMx, uint16_t TIM_InputTriggerSource);

功能描述：配置 TIMx 的内部触发器为外部时钟。

(22) void TIM_TIxExternalClockConfig(TIM_TypeDef * TIMx, uint16_t TIM_TIxExternalCLKSource,uint16_t TIM_ICPolarity, uint16_t ICFilter);

功能描述：把 TIMx 的触发器配置成为外部时钟。

(23) void TIM_ETRClockMode1Config(TIM_TypeDef * TIMx, uint16_t TIM_ExtTRGPrescaler, uint16_t TIM_ExtTRGPolarity,uint16_t ExtTRGFilter);

功能描述：配置外部时钟 Mode1。

(24) void TIM_ETRClockMode2Config(TIM_TypeDef * TIMx, uint16_t TIM_ExtTRGPrescaler, uint16_t TIM_ExtTRGPolarity, uint16_t ExtTRGFilter);

功能描述：配置外部时钟 Mode2。

(25) void TIM_ETRConfig(TIM_TypeDef * TIMx, uint16_t TIM_ExtTRGPrescaler, uint16_t TIM_ExtTRGPolarity, uint16_t ExtTRGFilter);

功能描述：配置 TIMx 的外部触发器。

(26) void TIM_PrescalerConfig(TIM_TypeDef * TIMx, uint16_t Prescaler, uint16_t TIM_PSCReloadMode);

功能描述：配置 TIMx 的预装值。

(27) void TIM_CounterModeConfig(TIM_TypeDef * TIMx, uint16_t TIM_CounterMode);

功能描述：配置 TIMx 的计数模式。

(28) void TIM_SelectInputTrigger(TIM_TypeDef * TIMx, uint16_t TIM_InputTriggerSource);

功能描述：选择 TIMx 的输入触发源。

(29) void TIM_EncoderInterfaceConfig(TIM_TypeDef * TIMx, uint16_t TIM_EncoderMode,uint16_t TIM_IC1Polarity, uint16_t TIM_IC2Polarity);

功能描述：配置 TIMx 的编码接口。

(30) void TIM_ForcedOC1Config(TIM_TypeDef * TIMx, uint16_t TIM_ForcedAction);

功能描述：强制 TIMx 的通道 1 输出一个波形触发 OC1REF 至活动或者非活动状态。

(31) void TIM_ForcedOC2Config(TIM_TypeDef * TIMx, uint16_t TIM_ForcedAction);

功能描述：强制 TIMx 的通道 2 输出一个波形触发 OC2REF 至活动或者非活动状态。

(32) void TIM_ForcedOC3Config(TIM_TypeDef * TIMx, uint16_t TIM_ForcedAction);

功能描述：强制 TIMx 的通道 3 输出一个波形触发 OC3REF 至活动或者非活动状态。

(33) void TIM_ForcedOC4Config(TIM_TypeDef * TIMx, uint16_t TIM_ForcedAction);

功能描述：强制 TIMx 的通道 4 输出一个波形触发 OC4REF 至活动或者非活动状态。

(34) void TIM_ARRPreloadConfig(TIM_TypeDef * TIMx, FunctionalState NewState);

功能描述：预装载寄存器的内容被立即传送到影子寄存器。

(35) void TIM_SelectCOM(TIM_TypeDef * TIMx, FunctionalState NewState);

功能描述：选择 TIMx 外设的通信事件。

(36) void TIM_SelectCCDMA(TIM_TypeDef * TIMx, FunctionalState NewState);

功能描述：选择 TIMx 外设捕获比较 DMA 的源。

(37) void TIM_CCPreloadControl(TIM_TypeDef * TIMx, FunctionalState NewState);

功能描述：设置或者置位 TIMx 外设捕获比较控制位。

(38) void TIM_OC1PreloadConfig(TIM_TypeDef * TIMx, uint16_t TIM_OCPreload);

功能描述：使能或者禁止 TIMx 外设在 CCR1 预装寄存器。

(39) void TIM_OC2PreloadConfig(TIM_TypeDef * TIMx, uint16_t TIM_OCPreload);

功能描述：使能或者禁止 TIMx 外设在 CCR2 预装寄存器。

(40) void TIM_OC3PreloadConfig(TIM_TypeDef * TIMx, uint16_t TIM_OCPreload);

功能描述：使能或者禁止 TIMx 外设在 CCR3 预装寄存器。

(41) void TIM_OC4PreloadConfig(TIM_TypeDef * TIMx, uint16_t TIM_OCPreload);

功能描述：使能或者禁止 TIMx 外设在 CCR4 预装寄存器。

(42) void TIM_OC1FastConfig(TIM_TypeDef * TIMx, uint16_t TIM_OCFast);

功能描述：配置 TIMx 输出比较 1 的快速特性。

(43) void TIM_OC2FastConfig(TIM_TypeDef * TIMx, uint16_t TIM_OCFast);

功能描述：配置 TIMx 输出比较 2 的快速特性。

(44) void TIM_OC3FastConfig(TIM_TypeDef * TIMx, uint16_t TIM_OCFast);

功能描述：配置 TIMx 输出比较 3 的快速特性。

(45) void TIM_OC4FastConfig(TIM_TypeDef * TIMx, uint16_t TIM_OCFast);

功能描述：配置 TIMx 输出比较 4 的快速特性。

(46) void TIM_ClearOC1Ref(TIM_TypeDef * TIMx, uint16_t TIM_OCClear);

功能描述：通过外部事件清除或者保护 OCREF1 的信号。

(47) void TIM_ClearOC2Ref(TIM_TypeDef * TIMx, uint16_t TIM_OCClear);

功能描述：通过外部事件清除或者保护 OCREF2 的信号。

(48) void TIM_ClearOC3Ref(TIM_TypeDef * TIMx, uint16_t TIM_OCClear);

功能描述：通过外部事件清除或者保护 OCREF3 的信号。

(49) void TIM_ClearOC4Ref(TIM_TypeDef * TIMx, uint16_t TIM_OCClear);

功能描述：通过外部事件清除或者保护 OCREF4 的信号。

(50) void TIM_OC1PolarityConfig(TIM_TypeDef * TIMx, uint16_t TIM_OCPolarity);

功能描述：配置 TIMx 通道 1 的极性。

(51) void TIM_OC1NPolarityConfig(TIM_TypeDef * TIMx, uint16_t TIM_OCNPolarity);

功能描述：配置 TIMx 通道 1N 的极性。

(52) void TIM_OC2PolarityConfig(TIM_TypeDef * TIMx, uint16_t TIM_OCPolarity);

功能描述：配置 TIMx 通道 2 的极性。

(53) void TIM_OC2NPolarityConfig(TIM_TypeDef * TIMx, uint16_t TIM_OCNPolarity);

功能描述：配置 TIMx 通道 2N 的极性。

(54) void TIM_OC3PolarityConfig(TIM_TypeDef * TIMx, uint16_t TIM_OCPolarity);

功能描述：配置 TIMx 通道 3 的极性。

(55) void TIM_OC3NPolarityConfig(TIM_TypeDef * TIMx, uint16_t TIM_OCNPolarity);

功能描述：配置 TIMx 通道 3N 的极性。

(56) void TIM_OC4PolarityConfig(TIM_TypeDef * TIMx, uint16_t TIM_OCPolarity);

功能描述：配置 TIMx 通道 4 的极性。

(57) void TIM_CCxCmd(TIM_TypeDef * TIMx, uint16_t TIM_Channel, uint16_t TIM_CCx);

功能描述：使能或者静止 TIMx 的捕获比较通道 x。

(58) void TIM_CCxNCmd(TIM_TypeDef * TIMx, uint16_t TIM_Channel, uint16_t TIM_CCxN);

功能描述：使能或者静止 TIMx 的捕获比较通道 xN。

(59) void TIM_SelectOCxM(TIM_TypeDef * TIMx, uint16_t TIM_Channel, uint16_t TIM_OCMode);

功能描述：选择 TIMx 输出比较器的工作模式。

(60) void TIM_UpdateDisableConfig(TIM_TypeDef * TIMx, FunctionalState NewState);

功能描述：使能或者禁止 TIMx 的更新事件。

(61) void TIM_UpdateRequestConfig(TIM_TypeDef * TIMx, uint16_t TIM_UpdateSource);

功能描述：配置 TIMx 更新请求的中断源。

(62) void TIM_SelectHallSensor(TIM_TypeDef * TIMx, FunctionalState NewState);

功能描述：使能或者禁止霍尔传感器的接口。

(63) void TIM_SelectOnePulseMode(TIM_TypeDef * TIMx, uint16_t TIM_OPMode);

功能描述：选择 TIMx 的单脉冲模式。

(64) void TIM_SelectOutputTrigger(TIM_TypeDef * TIMx, uint16_t TIM_TRGOSource);

功能描述：选择 TIMx 输出触发器的工作模式。

(65) void TIM_SelectSlaveMode(TIM_TypeDef * TIMx, uint16_t TIM_SlaveMode);

功能描述：选择 TIMx 从机模式。

(66) void TIM_SelectMasterSlaveMode(TIM_TypeDef * TIMx, uint16_t TIM_MasterSlaveMode);

功能描述：设置或者置位 TIMx 的主机/从机模式。

(67) void TIM_SetCounter(TIM_TypeDef * TIMx, uint16_t Counter);

功能描述：设置 TIMx 计数寄存器的值。

(68) void TIM_SetAutoreload(TIM_TypeDef * TIMx, uint16_t Autoreload);

功能描述：设置 TIMx 的自动填充属性。

(69) void TIM_SetCompare1(TIM_TypeDef * TIMx, uint16_t Compare1);

功能描述：设置 TIMx 捕获比较寄存器 1 的值。

(70) void TIM_SetCompare2(TIM_TypeDef * TIMx, uint16_t Compare2);

功能描述：设置 TIMx 捕获比较寄存器 2 的值。

(71) void TIM_SetCompare3(TIM_TypeDef * TIMx, uint16_t Compare3);

功能描述：设置 TIMx 捕获比较寄存器 3 的值。

(72) void TIM_SetCompare4(TIM_TypeDef * TIMx, uint16_t Compare4);

功能描述：设置 TIMx 捕获比较寄存器 4 的值。

(73) void TIM_SetIC1Prescaler(TIM_TypeDef * TIMx, uint16_t TIM_ICPSC);

功能描述：设置 TIMx 输入捕获寄存器 1 的值。

(74) void TIM_SetIC2Prescaler(TIM_TypeDef * TIMx, uint16_t TIM_ICPSC);

功能描述：设置 TIMx 输入捕获寄存器 2 的值。

(75) void TIM_SetIC3Prescaler(TIM_TypeDef * TIMx, uint16_t TIM_ICPSC);

功能描述：设置 TIMx 输入捕获寄存器 3 的值。

(76) void TIM_SetIC4Prescaler(TIM_TypeDef * TIMx, uint16_t TIM_ICPSC);

功能描述：设置 TIMx 输入捕获寄存器 4 的值。

(77) void TIM_SetClockDivision(TIM_TypeDef * TIMx, uint16_t TIM_CKD);

功能描述：设置 TIMx 的时钟分频系数。

(78) uint16_t TIM_GetCapture1(TIM_TypeDef * TIMx)；

功能描述：获取 TIMx 的输入捕获 1 的值。

(79) uint16_t TIM_GetCapture2(TIM_TypeDef * TIMx)；

功能描述：获取 TIMx 的输入捕获 2 的值。

(80) uint16_t TIM_GetCapture3(TIM_TypeDef * TIMx)；

功能描述：获取 TIMx 的输入捕获 3 的值。

(81) uint16_t TIM_GetCapture4(TIM_TypeDef * TIMx)；

功能描述：获取 TIMx 的输入捕获 4 的值。

(82) uint16_t TIM_GetCounter(TIM_TypeDef * TIMx)；

功能描述：获取 TIMx 的计数值。

(83) uint16_t TIM_GetPrescaler(TIM_TypeDef * TIMx)；

功能描述：获取 TIMx 的预装值。

(84) FlagStatus TIM_GetFlagStatus(TIM_TypeDef * TIMx，uint16_t TIM_FLAG)；

功能描述：检测指定的 TIMx 标志是否置位。

(85) void TIM_ClearFlag(TIM_TypeDef * TIMx，uint16_t TIM_FLAG)；

功能描述：清除指定 TIMx 的标志。

(86) ITStatus TIM_GetITStatus(TIM_TypeDef * TIMx，uint16_t TIM_IT)；

功能描述：检测制定的定时中断是否发生。

(87) void TIM_ClearITPendingBit(TIM_TypeDef * TIMx，uint16_t TIM_IT)；

功能描述：清除指定 TIMx 的中断标志。

6.1.7 TIMx 使用示例

1. 通用定时器的使用示例

本示例通过 TIM2 的定时功能，使得 LED 灯按照 1s 的时间间隔来闪烁。

1) 时钟配置

```
void RCC_cfg()
{
    //定义错误状态变量
    ErrorStatus HSEStartUpStatus;
    //将 RCC 寄存器重新设置为默认值
    RCC_DeInit();
    //打开外部高速时钟晶振
    RCC_HSEConfig(RCC_HSE_ON);
    //等待外部高速时钟晶振工作
    HSEStartUpStatus = RCC_WaitForHSEStartUp();
    if(HSEStartUpStatus == SUCCESS)
    {
        //设置 AHB 时钟(HCLK)为系统时钟
```

```
        RCC_HCLKConfig(RCC_SYSCLK_Div1);
        //设置高速 AHB时钟(APB2)为 HCLK时钟
        RCC_PCLK2Config(RCC_HCLK_Div1);
        //设置低速 AHB时钟(APB1)为 HCLK的二分频
        RCC_PCLK1Config(RCC_HCLK_Div2);
        //设置 FLASH 代码延时
        FLASH_SetLatency(FLASH_Latency_2);
        //使能预取指缓存
        FLASH_PrefetchBufferCmd(FLASH_PrefetchBuffer_Enable);
        //设置 PLL 时钟,为 HSE 的 9 倍频 8MHz×9 = 72MHz
        RCC_PLLConfig(RCC_PLLSource_HSE_Div1, RCC_PLLMul_9);
        //使能 PLL
        RCC_PLLCmd(ENABLE);
        //等待 PLL 准备就绪
        while(RCC_GetFlagStatus(RCC_FLAG_PLLRDY) == RESET);
        //设置 PLL 为系统时钟源
        RCC_SYSCLKConfig(RCC_SYSCLKSource_PLLCLK);
        //判断 PLL 是否是系统时钟
        while(RCC_GetSYSCLKSource() != 0x08);
    }
    //允许 TIM2 的时钟
    RCC_APB1PeriphClockCmd(RCC_APB1Periph_TIM2,ENABLE);
    //允许 GPIO 的时钟
    RCC_APB2PeriphClockCmd(RCC_APB2Periph_GPIOB,ENABLE);
}
```

2）计时器配置

```
void TIMER_cfg()
{
    TIM_TimeBaseInitTypeDef TIM_TimeBaseStructure;
    //重新将 Timer 设置为默认值
    TIM_DeInit(TIM2);
    //采用内部时钟给 TIM2 提供时钟源
    TIM_InternalClockConfig(TIM2);
    //预分频系数为 36 000-1,这样计数器时钟为 72MHz/36 000 = 2kHz
    TIM_TimeBaseStructure.TIM_Prescaler = 36 000-1;
    //设置时钟分割
    TIM_TimeBaseStructure.TIM_ClockDivision = TIM_CKD_DIV1;
    //设置计数器模式为向上计数模式
    TIM_TimeBaseStructure.TIM_CounterMode = TIM_CounterMode_Up;
    //设置计数溢出大小,每计 2000 个数就产生一个更新事件
    TIM_TimeBaseStructure.TIM_Period = 2000-1;
    //将配置应用到 TIM2 中
    TIM_TimeBaseInit(TIM2,&TIM_TimeBaseStructure);
    //清除溢出中断标志
    TIM_ClearFlag(TIM2, TIM_FLAG_Update);
    //禁止 ARR 预装载缓冲器
    TIM_ARRPreloadConfig(TIM2, DISABLE);
```

```
    //开启 TIM2 的中断
    TIM_ITConfig(TIM2,TIM_IT_Update,ENABLE);
}
```

3）中断配置

```
void NVIC_cfg()
{
    NVIC_InitTypeDef NVIC_InitStructure;
    //选择中断分组 1
    NVIC_PriorityGroupConfig(NVIC_PriorityGroup_1);
    //选择 TIM2 的中断通道
    NVIC_InitStructure.NVIC_IRQChannel = TIM2_IRQChannel;
    //抢占式中断优先级设置为 0
    NVIC_InitStructure.NVIC_IRQChannelPreemptionPriority = 0;
    //响应式中断优先级设置为 0
    NVIC_InitStructure.NVIC_IRQChannelSubPriority = 0;
    //使能中断
    NVIC_InitStructure.NVIC_IRQChannelCmd = ENABLE;
    NVIC_Init(&NVIC_InitStructure);
}
```

4）GPIO 配置

```
void GPIO_cfg()
{
    GPIO_InitTypeDef GPIO_InitStructure;
    GPIO_InitStructure.GPIO_Pin = GPIO_Pin_5;                //选择引脚 5
    GPIO_InitStructure.GPIO_Speed = GPIO_Speed_50MHz;  //输出频率最大 50MHz
    GPIO_InitStructure.GPIO_Mode = GPIO_Mode_Out_PP;   //带上拉电阻输出
    GPIO_Init(GPIOB,&GPIO_InitStructure);
}
```

5）中断配置

在 stm32f10x_it.c 中，找到函数 TIM2_IRQHandler()，并向其中添加以下代码：

```
oid TIM2_IRQHandler(void)
{
    u8 ReadValue;
    //检测是否发生溢出更新事件
    if(TIM_GetITStatus(TIM2, TIM_IT_Update) != RESET)
    {
        //清除 TIM2 的中断待处理位
        TIM_ClearITPendingBit(TIM2 , TIM_FLAG_Update);
        //将 PB.5 引脚输出数值写入 ReadValue
        ReadValue = GPIO_ReadOutputDataBit(GPIOB,GPIO_Pin_5);
        if(ReadValue == 0)
        {
            GPIO_SetBits(GPIOB,GPIO_Pin_5);
        }
        else
        {
```

```
            GPIO_ResetBits(GPIOB,GPIO_Pin_5);
        }
    }
}
```

6）主函数体

```
void RCC_cfg();
void TIMER_cfg();
void NVIC_cfg();
void GPIO_cfg();
int main()
{
    RCC_cfg();
    NVIC_cfg();
    GPIO_cfg();
    TIMER_cfg();
    //开启定时器 2
    TIM_Cmd(TIM2,ENABLE);
    while(1);
}
```

2. 使用 TIMx 进行 PWM 控制

现在越来越多的场合需要进行 PWM 控制，例如电机控制、调速、控制灯光亮度等，所以熟悉 PWM 控制技术非常关键。

```
// ******************************
//PWM GPIO 配置
// ******************************
void pwm_gpio_cfg(void)
{
    GPIO_InitTypeDef GPIO_InitStructure;
    //PA8-> TIM1-CH1 PA11-> TIM1-CH4
    RCC_APB2PeriphClockCmd(RCC_APB2Periph_GPIOA, ENABLE);
    RCC_APB2PeriphClockCmd(RCC_APB2Periph_AFIO, ENABLE);
    GPIO_InitStructure.GPIO_Speed = GPIO_Speed_50MHz;
    GPIO_InitStructure.GPIO_Pin = GPIO_Pin_8;
    GPIO_InitStructure.GPIO_Mode = GPIO_Mode_AF_PP;
    GPIO_Init(GPIOA, &GPIO_InitStructure);
}
// ******************************
//时钟的 PWM 控制
// ******************************
void pwm_tim1_cfg(void)
{
    TIM_TimeBaseInitTypeDef TIM_TimeBaseStructure;
    //72 000/(36×100)kHz = 20kHz
    RCC_APB2PeriphClockCmd(RCC_APB2Periph_TIM1,ENABLE);
    TIM_DeInit(TIM1);
    TIM_InternalClockConfig(TIM1);
    TIM_TimeBaseStructure.TIM_Prescaler = 7200-1;
```

```
    //预分频系数为 36,时钟为 72MHz/36 = 2MHz
    //Prescaler 取值说明: 18-> 40K;36-> 20K;72-> 10K
    TIM_TimeBaseStructure.TIM_Period = 10 000-1;
    //设置计数溢出大小,每计 100 个数就产生一个更新事件
    TIM_TimeBaseStructure.TIM_ClockDivision = TIM_CKD_DIV1;
    //设置时钟分割
    TIM_TimeBaseStructure.TIM_CounterMode = TIM_CounterMode_Up;
    //设置计数器模式为向上计数模式
    TIM_TimeBaseInit(TIM1, &TIM_TimeBaseStructure);
    //将配置应用到 TIM2 中
    pwm_cfg();
    TIM_ARRPreloadConfig(TIM1, DISABLE);
    //禁止 ARR 预装载缓冲器
    TIM_Cmd(TIM1, ENABLE);
    //使能 TIMx 外设
     TIM_CtrlPWMOutputs(TIM1, ENABLE);
}
// ********************************
//PWM 配置
// ********************************
void pwm_cfg(void)
{
    TIM_OCInitTypeDef TimOCInitStructure;
    //设置默认值
    TIM_OCStructInit(&TimOCInitStructure);
    TimOCInitStructure.TIM_OCMode = TIM_OCMode_PWM1;
    //PWM 模式 1 输出
    TimOCInitStructure.TIM_OCPolarity = TIM_OCPolarity_High;
    //TIM 输出比较极性高
    TimOCInitStructure.TIM_OutputState = TIM_OutputState_Enable;
    //使能输出状态
    TimOCInitStructure.TIM_Pulse = 1000;
    //设置占空比,占空比=(CCRx/ARR)×100%或(TIM_Pulse/TIM_Period)×100%
    TIM_OC1Init(TIM1, &TimOCInitStructure);
    //TIM2 的 CH2 输出
    TIM_OC1PreloadConfig(TIM1,TIM_OCPreload_Enable);
    TIM_CtrlPWMOutputs(TIM1,ENABLE);
    //设置 TIM2 的 PWM 输出为使能
}
// *********************************
//设置输出功率 0~100,设置 0 关断,100 全开
// *********************************
void pwm_set(u8 pulse)
{
    TIM_OCInitTypeDef TimOCInitStructure;
    TIM_OCStructInit(&TimOCInitStructure);
    TimOCInitStructure.TIM_OCMode = TIM_OCMode_PWM1;
    //PWM 模式 1 输出
    TimOCInitStructure.TIM_OCPolarity = TIM_OCPolarity_High;
    //TIM 输出比较极性高
    TimOCInitStructure.TIM_OutputState = TIM_OutputState_Enable;
    //使能输出状态
```

```
    TimOCInitStructure.TIM_Pulse = 10 000-pulse * 100;
    //设置占空比,占空比=(CCRx/ARR)×100%或(TIM_Pulse/TIM_Period)×100%
    TIM_OC1Init(TIM1, &TimOCInitStructure);
    //TIM2 的 CH2 输出
}
```

3. 定时器的级联示例

STM32 定时器是 16 位的,因此局限了它的使用,级联就是解决 16 位的局限,使它能够进行 32 位的应用。

本例中系统时钟 72MHz,TIM2 为主定时器,且用系统时钟。TIM2_CH1(PA0)输出为 1MHz,占空比为 50%的方波。并定义更新事件作为输出。

TIM4 为从定时器,时钟为 TIM2 的更新时间,即为 1MHz。TIM4_CH1(PB6)定义为翻转模式,输出为 1MHz/(15+1)/2=31.25KHz,50%占空比。

```
void Timer_Configuration(void)                              //STM32 定时器 级联
{
    TIM_TimeBaseInitTypeDef TIM_TimeBaseStructure;
    TIM_OCInitTypeDef TIM_OCInitStructure;
    GPIO_InitTypeDef GPIO_InitStructure;

    RCC_APB1PeriphClockCmd(RCC_APB1Periph_TIM2, ENABLE);   //打开相关的 RCC
    RCC_APB1PeriphClockCmd(RCC_APB1Periph_TIM4, ENABLE);
    RCC_APB2PeriphClockCmd(RCC_APB2Periph_GPIOA | RCC_APB2Periph_GPIOB
        |RCC_APB2Periph_GPIOC| RCC_APB2Periph_GPIOD|
        RCC_APB2Periph_GPIOE |RCC_APB2Periph_GPIOF|
        RCC_APB2Periph_GPIOG , ENABLE);

    TIM_TimeBaseStructInit(&TIM_TimeBaseStructure);    //初始化默认值
    TIM_TimeBaseStructure.TIM_Period = 71;          //TIM2 的周期为 72MHz/(71+1)=1MHz
    TIM_TimeBaseStructure.TIM_Prescaler = 0x0;
    TIM_TimeBaseStructure.TIM_ClockDivision = 0x0;
    TIM_TimeBaseStructure.TIM_CounterMode = TIM_CounterMode_Up;
    TIM_TimeBaseInit(TIM2,&TIM_TimeBaseStructure);

    TIM_OCInitStructure.TIM_OCMode = TIM_OCMode_PWM1;
                                                     //定义 TIM2 输出引脚和比较输出
    TIM_OCInitStructure.TIM_OutputState = TIM_OutputState_Enable;
    TIM_OCInitStructure.TIM_Pulse = 36;
    TIM_OCInitStructure.TIM_OCPolarity = TIM_OCPolarity_High;
    TIM_OC1Init(TIM2, &TIM_OCInitStructure);          //定义输出在 CH1
    TIM_OC1PreloadConfig(TIM2, TIM_OCPreload_Enable);
    //允许预转载.因为 ARR 和 CCR 在运行过程中不更改,所以用处不大
    TIM_SelectOutputTrigger(TIM2, TIM_TRGOSource_Update);
    //选择 TIM2 的级联输出信号为 TRGO
    TIM_SelectMasterSlaveMode(TIM2, TIM_MasterSlaveMode_Enable);
    //打开 TIM2 的主从模式
    GPIO_InitStructure.GPIO_Pin = GPIO_Pin_0;          //TIM2_CH1 的相关 I/O 口定义
    GPIO_InitStructure.GPIO_Mode = GPIO_Mode_AF_PP;
    GPIO_InitStructure.GPIO_Speed = GPIO_Speed_50MHz;
    GPIO_Init(GPIOA, &GPIO_InitStructure);
    //TIM4 的时基定义
    TIM_TimeBaseStructInit(&TIM_TimeBaseStructure);
```

```
    TIM_TimeBaseStructure.TIM_Period = 15;
    TIM_TimeBaseStructure.TIM_Prescaler =0;
    TIM_TimeBaseStructure.TIM_ClockDivision = 0x0;
    TIM_TimeBaseStructure.TIM_CounterMode = TIM_CounterMode_Up;
    TIM_TimeBaseInit(TIM4,&TIM_TimeBaseStructure);

    //TIM4 的 CH1 输出的相关定义
    TIM_OCInitStructure.TIM_OCMode=TIM_OCMode_Toggle;
    TIM_OCInitStructure.TIM_OCPolarity=TIM_OCPolarity_High;
    TIM_OCInitStructure.TIM_OutputState=TIM_OutputState_Enable;
    TIM_OCInitStructure.TIM_Pulse=8;                    //50%
    TIM_OC1Init(TIM4, &TIM_OCInitStructure);
    TIM_OC1PreloadConfig(TIM4, TIM_OCPreload_Enable); //允许预装载
    TIM_SelectSlaveMode(TIM4, TIM_SlaveMode_Trigger);
    //TIM4 的从模式选择,比如门控模式、触发模式等.Important!
    TIM_SelectInputTrigger(TIM4, TIM_TS_ITR1);
    //选择 TIM4 的输入时钟信号为 ITR1,即 TIM2 的 TRGO.可查手册 TIMx_SMCR 的表 78
    TIM_ITRxExternalClockConfig(TIM4,TIM_TS_ITR1);
    //选择 TIM4 位外部时钟触发.此行非常关键,必须执行
    //输出引脚定义
    GPIO_InitStructure.GPIO_Pin = GPIO_Pin_6;
    GPIO_InitStructure.GPIO_Mode = GPIO_Mode_AF_PP;
    GPIO_InitStructure.GPIO_Speed = GPIO_Speed_50MHz;
    GPIO_Init(GPIOB, &GPIO_InitStructure);
    TIM_Cmd(TIM4, ENABLE);                     /* 使用 TIM4,TIM2 计数器 */
    TIM_Cmd(TIM2, ENABLE);
}
```

6.2 外设 DMA 技术

6.2.1 DMA 基本概念

直接存储器存取(DMA)用来提供在外设和存储器之间或者存储器和存储器之间的高速数据传输。无须 CPU 干预,数据可以通过 DMA 快速地移动,这就节省了 CPU 的资源来做其他操作。两个 DMA 控制器有 12 个通道(DMA1 有 7 个通道,DMA2 有 5 个通道),每个通道专门用来管理来自于一个或多个外设对存储器访问的请求。还有一个仲裁器来协调各个 DMA 请求的优先权。DMA 框图如图 6-2 所示。

1. DMA 主要特性

(1) 12 个独立的可配置的通道(请求):DMA1 有 7 个通道,DMA2 有 5 个通道。

(2) 每个通道都直接连接专用的硬件 DMA 请求,每个通道都同样支持软件触发。这些功能通过软件来配置。

(3) 在同一个 DMA 模块上,多个请求间的优先权可以通过软件编程设置(共有四级:很高、高、中等和低),优先权设置相等时由硬件决定(请求 0 优先于请求 1,依此类推)。

(4) 独立数据源和目标数据区的传输宽度(字节、半字、全字),模拟打包和拆包的过程。源和目标地址必须按数据传输宽度对齐。

(5) 支持循环的缓冲器管理。

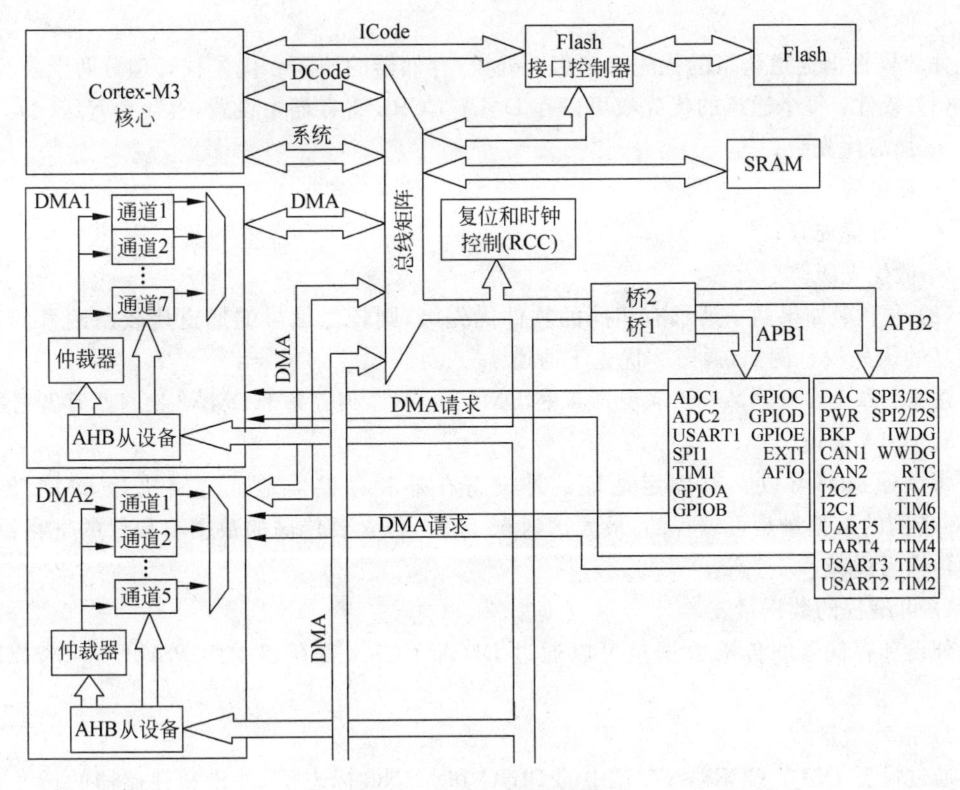

图 6-2 DMA 功能框图

(6) 每个通道都有 3 个事件标志(DMA 半传输、DMA 传输完成和 DMA 传输出错),这 3 个事件标志逻辑或成为一个单独的中断请求。

(7) 存储器和存储器间的传输。

(8) 外设和存储器、存储器和外设之间的传输。

(9) 闪存、SRAM、外设的 SRAM、APB1、APB2 和 AHB 外设均可作为访问的源和目标。

(10) 可编程的数据传输数目:最大为 65 535。

2. DMA 功能描述

DMA 控制器和 Cortex-M3 核心共享系统数据总线,执行直接存储器数据传输。当 CPU 和 DMA 同时访问相同的目标(RAM 或外设)时,DMA 请求会暂停 CPU 访问系统总线达若干个周期,总线仲裁器执行循环调度,以保证 CPU 至少可以得到一半的系统总线(存储器或外设)带宽。

3. DMA 处理

在发生一个事件后,外设向 DMA 控制器发送一个请求信号。DMA 控制器根据通道的优先权处理请求。当 DMA 控制器开始访问发出请求的外设时,DMA 控制器立即发送给它一个应答信号。当从 DMA 控制器得到应答信号时,外设立即释放它的请求。一旦外设释放了这个请求,DMA 控制器同时撤销应答信号。如果有更多的请求时,外设可以启动下一个周期。

4. 仲裁器

仲裁器根据通道请求的优先级来启动外设/存储器的访问。优先权管理分两个阶段。

(1) 软件：每个通道的优先权可以在 DMA_CCRx 寄存器中设置，有 4 个等级。

- 最高优先级；
- 高优先级；
- 中等优先级；
- 低优先级。

(2) 硬件：如果两个请求有相同的软件优先级，则较低编号的通道比较高编号的通道有较高的优先权。例如，通道 2 优先于通道 4。

注意：在大容量产品和互联型产品中，DMA1 控制器拥有高于 DMA2 控制器的优先级。

5. DMA 通道

每个通道都可以在有固定地址的外设寄存器和存储器地址之间执行 DMA 传输。DMA 传输的数据量是可编程的，最大达到 65 535。包含要传输的数据项数量的寄存器，在每次传输后递减。

1) 可编程的数据量

外设和存储器的传输数据量可以通过 DMA_CCRx 寄存器中的 PSIZE 和 MSIZE 位编程。

2) 指针增量

通过设置 DMA_CCRx 寄存器中的 PINC 和 MINC 标志位，外设和存储器的指针在每次传输后可以有选择地完成自动增量。当设置为增量模式时，下一个要传输的地址将是前一个地址加上增量值，增量值取决于所选的数据宽度为 1、2 或 4。第一个传输的地址是存放在 DMA_CPARx /DMA_CMARx 寄存器中的地址。在传输过程中，这些寄存器保持它们初始的数值，软件不能改变和读出当前正在传输的地址(它在内部的当前外设/存储器地址寄存器中)。

当通道配置为非循环模式时，传输结束后(即传输计数变为 0)将不再产生 DMA 操作。要开始新的 DMA 传输，需要在关闭 DMA 通道的情况下，在 DMA_CNDTRx 寄存器中重新写入传输数目。

在循环模式下，最后一次传输结束时，DMA_CNDTRx 寄存器的内容会自动地被重新加载为其初始数值，内部的当前外设/存储器地址寄存器也被重新加载为 DMA_CPARx/DMA_CMARx 寄存器设定的初始基地址。

6. DMA 通道配置过程

下面是配置 DMA 通道 x 的过程(x 代表通道号)。

(1) 在 DMA_CPARx 寄存器中设置外设寄存器的地址。发生外设数据传输请求时，这个地址将是数据传输的源或目标。

(2) 在 DMA_CMARx 寄存器中设置数据存储器的地址。发生外设数据传输请求时，传输的数据将从这个地址读出或写入这个地址。

(3) 在 DMA_CNDTRx 寄存器中设置要传输的数据量。在每个数据传输后，这个数值递减。

(4) 在 DMA_CCRx 寄存器的 PL[1:0]位中设置通道的优先级。

(5) 在DMA_CCRx寄存器中设置数据传输的方向、循环模式、外设和存储器的增量模式、外设和存储器的数据宽度、传输一半产生中断或传输完成产生中断。

(6) 设置DMA_CCRx寄存器的ENABLE位,启动该通道。

一旦启动了DMA通道,它即可响应连到该通道上的外设的DMA请求。

当传输一半的数据后,半传输标志(HTIF)被置1,当设置了允许半传输中断位(HTIE)时,将产生一个中断请求。在数据传输结束后,传输完成标志(TCIF)被置1,当设置了允许传输完成中断位(TCIE)时,将产生一个中断请求。

7. DMA工作模式

1) 循环模式

循环模式用于处理循环缓冲区和连续的数据传输(如ADC的扫描模式)。在DMA_CCRx寄存器中的CIRC位用于开启这一功能。当启动了循环模式,数据传输的数目变为0时,将会自动地被恢复成配置通道时设置的初值,DMA操作将会继续进行。

2) 存储器到存储器模式

DMA通道的操作可以在没有外设请求的情况下进行,这种操作就是存储器到存储器模式。当设置了DMA_CCRx寄存器中的MEM2MEM位之后,在软件设置了DMA_CCRx寄存器中的EN位启动DMA通道时,DMA传输将马上开始。当DMA_CNDTRx寄存器变为0时,DMA传输结束。存储器到存储器模式不能与循环模式同时使用。

6.2.2 DMA1和DMA2请求详表

1. DMA1请求一览表

从外设(TIMx(x=1、2、3、4)、ADC1、SPI1、SPI/I2S2、I2Cx(x=1、2))和USARTx(x=1、2、3))产生的7个请求,通过逻辑或输入到DMA1控制器,这意味着同时只能有一个请求有效,如表6-2所示。

表6-2 DMA1通道请求一览表

外设	通道1	通道2	通道3	通道4	通道5	通道6	通道7
ADC1	ADC1						
SPI/I²S		SPI1_RX	SPI1_TX	SPI/I2S2_RX	SPI/I2S2_TX		
USART		USART3_TX	USART3_RX	USART1_TX	USART1_RX	USART2_RX	USART2_TX
I²C				I2C2_TX	I2C2_RX	I2C1_RX	I2C1_RX
TIM1		TIM1_CH1	TIM1_CH2	TIM1_TX4 TIM1_TRIG TIM1_COM	TIM1_UP	TIM1_CH3	
TIM2	TIM2_CH3	TIM2_CP			TIM2_CH1		TIM2_CH2 TIM2_CH4
TIM3		TIM3_CH3	TIM3_CH4 TIM3_UP			TIM3_CH1 TIM3_TRIG	
TIM4	TIM4_CH1			TIM4_CH2	TIM4_CH3		TIM4_UP

2. DMA2请求一览表

从外设(TIMx(x=5、6、7、8)、ADC3、SPI1、SPI/I2S3、I2Cx(x=1、2))和UART4)产生

的 5 个请求,通过逻辑或输入到 DMA2 控制器,这意味着同时只能有一个请求有效,如表 6-3 所示。

表 6-3 DMA2 通道请求一览表

外设	通道 1	通道 2	通道 3	通道 4	通道 5
ADC3					ADC3
SPI/I2S3	SPI/I2S3_RX	SPI/I2S3_TX			
UART4			UART4_RX		UART4_TX
SDIO				SDIO	
TIM5	TIM5_CH4 TIM5_TRIG	TIM5_CH3 TIM5_UP		TIM5_CH2	TIM5_CH1
TIM6/ DAC 通道 1			TIM6_UP/ DAC 通道 1		
TIM7/ DAC 通道 2				TIM7_UP/ DAC 通道 2	
TIM8	TIM8_CH3 TIM8_UP	TIM8_CH4 TIM8_TRIG TIM8_COM	TIM8_CH1		TIM8_CH2

6.2.3 DMA 操作相关的库函数

(1) void DMA_DeInit(DMA_Channel_TypeDef * DMAy_Channelx);

功能描述:将 DMA 的通道 x 寄存器重设为默认值。

(2) void DMA_Init(DMA_Channel_TypeDef * DMAy_Channelx,DMA_InitTypeDef * DMA_InitStruct);

功能描述:根据 DMA_InitStruct 中指定的参数初始化 DMA 的通道 x 寄存器。

(3) DMA_StructInit(DMA_InitTypeDef * DMA_InitStruct);

功能描述:把 DMA_InitStruct 中的每一个参数按默认值填入。

(4) void DMA_Cmd(DMA_Channel_TypeDef * DMAy_Channelx, FunctionalState NewState);

功能描述:使能或者失能指定的通道 x。

(5) void DMA_ITConfig(DMA_Channel_TypeDef * DMAy_Channelx, uint32_t DMA_IT,FunctionalState NewState);

功能描述:使能或者失能指定的通道 x 中断。

(6) uint16_t DMA_GetCurrDataCounter(DMA_Channel_TypeDef * DMAy_Channelx);

功能描述:返回当前 DMA 通道 x 剩余的待传输数据数目。

(7) FlagStatus DMA_GetFlagStatus(uint32_t DMA_FLAG);

功能描述:检查指定的 DMA 通道 x 标志位设置与否。

(8) void DMA_ClearFlag(uint32_t DMA_FLAG);

功能描述：清除 DMA 通道 x 待处理标志位。

(9) ITStatus DMA_GetITStatus(uint32_t DMA_IT)；

功能描述：检查指定的 DMA 通道 x 中断发生与否。

(10) void DMA_ClearITPendingBit(uint32_t DMA_IT)；

功能描述：清除 DMA 通道 x 中断待处理标志位。

6.2.4 DMA 使用示例

1. USART1 DMA 串口通信示例

串口 1～4 都可以使用 DMA 进行发送和接收，因此这是一个解决通信瓶颈的最好方法。因为只要不占用 MCU 时间进行发送，系统的效率就会提高很多倍。

串口 1 使用 DMA 收发的处理过程如下：

```
void dma_usart1_configuration(int speed)
{
    NVIC_InitTypeDef NVIC_InitStructure;
    DMA_InitTypeDef DMA_InitStructure;
    GPIO_InitTypeDef USART1_GPIO;                    //GPIO 类型结构定义
    USART_InitTypeDef USART_InitStructure;           //串口设置恢复默认参数
    //打开串口对应的外设时钟
    RCC_APB2PeriphClockCmd(RCC_APB2Periph_USART1 , ENABLE);
    // *******************************************
    // *******************************************
    //串口发 DMA 配置
    //启动 DMA 时钟
    RCC_AHBPeriphClockCmd(RCC_AHBPeriph_DMA1, ENABLE);
    DMA_DeInit(DMA1_Channel4);                       //DMA1 通道 4 配置
    DMA_InitStructure.DMA_PeripheralBaseAddr = (u32)(&USART1->DR);
    //外设地址
    DMA_InitStructure.DMA_MemoryBaseAddr = (uint32_t)com1_tx_buffer;
    //内存地址
    DMA_InitStructure.DMA_DIR = DMA_DIR_PeripheralDST;
    //DMA 传输方向单向
    DMA_InitStructure.DMA_BufferSize = 256;
    //设置 DMA 在传输时缓冲区的长度
    DMA_InitStructure.DMA_PeripheralInc = DMA_PeripheralInc_Disable;
    //设置 DMA 的外设递增模式,一个外设
    DMA_InitStructure.DMA_MemoryInc = DMA_MemoryInc_Enable;
    //设置 DMA 的内存递增
    DMA_InitStructure.DMA_PeripheralDataSize = DMA_PeripheralDataSize_Byte;
    //外设数据字长
    DMA_InitStructure.DMA_MemoryDataSize = DMA_PeripheralDataSize_Byte;
    //内存数据字长
    DMA_InitStructure.DMA_Mode = DMA_Mode_Normal;
    //设置 DMA 的传输模式 DMA_Mode_Circular 为循环模式
    //DMA_Mode_Circular/DMA_Mode_Normal
    DMA_InitStructure.DMA_Priority = DMA_Priority_High;
```

```
//设置 DMA 的优先级别
DMA_InitStructure.DMA_M2M = DMA_M2M_Disable;
//设置 DMA 的 2 个 memory 中的变量互相访问
DMA_Init(DMA1_Channel4,&DMA_InitStructure);
DMA_ITConfig(DMA1_Channel4,DMA_IT_TC,ENABLE);
DMA_ITConfig(DMA1_Channel4,DMA_IT_TE,ENABLE);
//采用 DMA 方式发送
USART_DMACmd(USART1,USART_DMAReq_Tx,ENABLE);
//使能通道 4,先关掉,需要发送的时候再开启
DMA_Cmd(DMA1_Channel4, DISABLE);
//****************************************
//****************************************
//串口收 DMA 配置
//启动 DMA 时钟
RCC_AHBPeriphClockCmd(RCC_AHBPeriph_DMA1, ENABLE);
DMA_DeInit(DMA1_Channel5);                    //DMA1 通道 5 配置
DMA_InitStructure.DMA_PeripheralBaseAddr = (u32)(&USART1->DR);
//外设地址
DMA_InitStructure.DMA_MemoryBaseAddr = (uint32_t)com1_rx_buffer;
//内存地址
DMA_InitStructure.DMA_DIR = DMA_DIR_PeripheralSRC;
//DMA 传输方向单向
DMA_InitStructure.DMA_BufferSize = com1_rx_size;
//设置 DMA 在传输时缓冲区的长度
DMA_InitStructure.DMA_PeripheralInc = DMA_PeripheralInc_Disable;
//设置 DMA 的外设递增模式,一个外设
DMA_InitStructure.DMA_MemoryInc = DMA_MemoryInc_Enable;
//设置 DMA 的内存递增模式
DMA_InitStructure.DMA_PeripheralDataSize = DMA_PeripheralDataSize_Byte;
//外设数据字长
DMA_InitStructure.DMA_MemoryDataSize = DMA_MemoryDataSize_Byte;
//内存数据字长
DMA_InitStructure.DMA_Mode = DMA_Mode_Normal;
//设置 DMA 的传输模式
DMA_Mode_Circular/DMA_Mode_Normal
DMA_InitStructure.DMA_Priority = DMA_Priority_High;
//设置 DMA 的优先级别
DMA_InitStructure.DMA_M2M = DMA_M2M_Disable;
//设置 DMA 的 2 个 memory 中的变量互相访问
DMA_Init(DMA1_Channel5,&DMA_InitStructure);
DMA_ITConfig(DMA1_Channel5,DMA_IT_TC,ENABLE);
DMA_ITConfig(DMA1_Channel5,DMA_IT_TE,ENABLE);
//采用 DMA 方式接收
USART_DMACmd(USART1,USART_DMAReq_Rx,ENABLE);
//使能通道 5
DMA_Cmd(DMA1_Channel5,ENABLE);
//**********************************************
//初始化串口参数
//**********************************************
RCC_APB2PeriphClockCmd(RCC_APB2Periph_USART1|
RCC_APB2Periph_AFIO,ENABLE);
```

```
    USART1_GPIO.GPIO_Pin=(GPIO_Pin_9);                          //PA9 是 TX
    USART1_GPIO.GPIO_Speed=GPIO_Speed_50MHz;                    //最快时钟
    USART1_GPIO.GPIO_Mode=GPIO_Mode_AF_PP;
    GPIO_Init(GPIOA, &USART1_GPIO);                             //设置
    USART1_GPIO.GPIO_Pin=(GPIO_Pin_10);                         //PA10 是 RX
    USART1_GPIO.GPIO_Mode=GPIO_Mode_IN_FLOATING;
    //RX,还是有外接 10K 上拉,所以开漏输入模式
    GPIO_Init(GPIOA, &USART1_GPIO);                             //再设置
    //初始化参数设置
    USART_InitStructure.USART_BaudRate = speed;                 //波特率 115 200
    USART_InitStructure.USART_WordLength = USART_WordLength_8b;
    //字长 8 位
    USART_InitStructure.USART_StopBits = USART_StopBits_1;     //1 位停止字节
    USART_InitStructure.USART_Parity = USART_Parity_No;        //无奇偶校验
    USART_InitStructure.USART_HardwareFlowControl =
    USART_HardwareFlowControl_None;                             //无流控制
    USART_InitStructure.USART_Mode = USART_Mode_Rx | USART_Mode_Tx;
    USART_Init(USART1, &USART_InitStructure);                   //初始化
    USART_ClearFlag(USART1,USART_FLAG_TC);
    /* 清发送外城标志,Transmission Complete flag */
    USART_Cmd(USART1, ENABLE);
    //TXE 发送中断,TC 传输完成中断,RXNE 接收中断,PE 奇偶错误中断,可以是多个
    //USART_ITConfig(USART1,USART_IT_RXNE,ENABLE);
    USART_ITConfig(USART1,USART_IT_TC,DISABLE);                //关闭发送中断
    USART_ITConfig(USART1,USART_IT_RXNE,DISABLE);              //关闭接收中断
    USART_ITConfig(USART1,USART_IT_IDLE,ENABLE);               //打开总线空闲中断
    //配置 UART1 中断优先级设置
    NVIC_PriorityGroupConfig(NVIC_PriorityGroup_2);
    NVIC_InitStructure.NVIC_IRQChannel = USART1_IRQn;          //通道设置为串口 1 中断
    NVIC_InitStructure.NVIC_IRQChannelPreemptionPriority = 2;  //中断占先等级 0
    NVIC_InitStructure.NVIC_IRQChannelSubPriority = 1;         //中断响应优先级 0
    NVIC_InitStructure.NVIC_IRQChannelCmd = ENABLE;            //打开中断
    NVIC_Init(&NVIC_InitStructure);
    //DMA 发送中断优先级设置
    //NVIC_InitStructure.NVIC_IRQChannel = DMAChannel4_IRQHandler;
    NVIC_InitStructure.NVIC_IRQChannel = DMA1_Channel4_IRQn;
    NVIC_InitStructure.NVIC_IRQChannelPreemptionPriority = 3;
    NVIC_InitStructure.NVIC_IRQChannelSubPriority = 2;
    NVIC_InitStructure.NVIC_IRQChannelCmd = ENABLE;
    NVIC_Init(&NVIC_InitStructure);
    //DMA 接收中断优先级设置
    NVIC_InitStructure.NVIC_IRQChannel = DMA1_Channel5_IRQn;
    NVIC_InitStructure.NVIC_IRQChannelPreemptionPriority = 2;
    NVIC_InitStructure.NVIC_IRQChannelSubPriority = 0;
    NVIC_InitStructure.NVIC_IRQChannelCmd = ENABLE;
    NVIC_Init(&NVIC_InitStructure);
}
```

上面代码中 USART_ITConfig(USART1、USART_IT_IDLE、ENABLE)的作用就是监控串口 1 的总线接收的空闲状态,如果发送接收会产生一个空闲中断,在空闲中断里可以

处理通信协议以及与数据发送相关的东西,这样就有利于接收不同长度的数据报文进行处理,而不影响 MCU 的通信过程。

下面是串口 1 总线接收空闲中断的时候进行的相关处理,这一过程非常高效和实用,可以有效地解决现实应用中的棘手问题。

```
void USART1_IRQHandler(void)
{
    //u8 tmpchar
    OS_CPU_SR cpu_sr;
    char str[20];
    u8 tmp ;
    u16 tlen;
    uint32_t temp = 0;
    uint16_t i = 0;
    OS_ENTER_CRITICAL();                          //保存全局中断标志,关总中断
    OSIntNesting++;
    OS_EXIT_CRITICAL();                           //恢复全局中断标志
    if(USART_GetITStatus(USART1, USART_IT_IDLE) != RESET)
    {
        DMA_Cmd(DMA1_Channel5,DISABLE);
        temp = com1_rx_size - DMA_GetCurrDataCounter(DMA1_Channel5);
        //协议处理
        tlen = Rx_msg_parsing_com1(temp);
        while(USART1_TX_Finish==0){ ; }           //等待数据传输完成才下一次
        if(tlen>0)                                //如果要发送数据,则进行 DMA 发送
        {
            DMA_Cmd(DMA1_Channel4,DISABLE);       //改变 datasize 前先要禁止通道工作
            DMA1_Channel4->CNDTR = tlen;          //DMA1,传输数据量
            USART1_TX_Finish=0;                   //DMA 传输开始标志量
            DMA_Cmd(DMA1_Channel4,ENABLE);
        }
        //设置下一次 DMA 接收
        DMA1_Channel5->CNDTR = com1_rx_size;      //重装填
        DMA_Cmd(DMA1_Channel5,ENABLE);            //处理完,重开 DMA
        //读 SR 后读 DR 清除 Idle
        i = USART1->SR;
        i = USART1->DR;
        if(USART_GetITStatus(USART1,USART_IT_PE|USART_IT_FE|USART_IT_NE) !=
RESET)                                            //出错
        USART_ClearITPendingBit(USART1,USART_IT_PE | USART_IT_FE |
        USART_IT_NE);
        USART_ClearITPendingBit(USART1, USART_IT_TC);
        USART_ClearITPendingBit(USART1,USART_IT_IDLE);
    }
    OSIntExit();
}
```

以下是 DMA4/5 通道的中断处理,需要注意的是,DMA5 中断一般不会触发,主要是因为在串口总线中断中,已经监听了接收缓冲区的数据并及时处理,还来不及中断的时候系统已经把接收的数据进行了完整的处理。所以这些中断函数的主要任务就是清除任务标志。

```
void DMA1_Channel4_IRQHandler(void)
{
    //char str[20];
    //清除标志位
    OS_CPU_SR cpu_sr;
    OS_ENTER_CRITICAL();                          //保存全局中断标志,关总中断
    OSIntNesting++;
    OS_EXIT_CRITICAL();                           //恢复全局中断标志
    DMA_ClearITPendingBit(DMA1_FLAG_TC4);
    DMA_ClearITPendingBit(DMA1_FLAG_TE4);
    DMA1_Channel4->CNDTR = 256;                   //重装填
    //关闭 DMA
    DMA_Cmd(DMA1_Channel4,DISABLE);
    USART1_TX_Finish = 1;
    OSIntExit();
}
/****************************************************************************
* Function Name : DMA1_Channel5_IRQHandler
* Description : This function handles DMA1 Channel 5 interrupt request.
* Input : None
* Output : None
* Return : None
****************************************************************************/
void DMA1_Channel5_IRQHandler(void)
{
    OS_CPU_SR cpu_sr;
    OS_ENTER_CRITICAL();                          //保存全局中断标志,关总中断
    OSIntNesting++;
    OS_EXIT_CRITICAL();                           //恢复全局中断标志
    //一般情况下只有当收满指定长度字节的时候才处理本中断,一般用不到
    DMA_ClearITPendingBit(DMA1_IT_TC5);
    DMA_ClearITPendingBit(DMA1_IT_TE5);
    DMA_Cmd(DMA1_Channel5,DISABLE);               //关闭 DMA,防止处理期间有数据
    DMA1_Channel5->CNDTR = com1_rx_size;          //重装填
    DMA_Cmd(DMA1_Channel5,ENABLE);                //处理完,重开 DMA
    OSIntExit();
}
```

STM32 库函数中中断名称不一致导致的故障：STM32 中断函数中很多函数有可能是早期的命名,所以在后期的 3.5 固件库中,很多函数定义都不是很明确。中断函数指向不明的情况下,一旦产生中断,系统将不知道该去哪里执行代码,所以就会死机或者重启。这种状况在调试串口通信的时候遇见过,CAN 通信的时候也遇见过,这次在 DMA 通信的时候又遇见了,所以状况发生时,读者一定要清楚问题的故障在哪里。

以处理这次 DMA 中断为例：

```
//DMA 发送中断优先级设置
NVIC_InitStructure.NVIC_IRQChannel = DMA1_Channel4_IRQn;
NVIC_InitStructure.NVIC_IRQChannelPreemptionPriority = 3;
```

```
NVIC_InitStructure.NVIC_IRQChannelSubPriority = 2;
NVIC_InitStructure.NVIC_IRQChannelCmd = ENABLE;
NVIC_Init(&NVIC_InitStructure);
```

在中断设置中定义的为：DMA1_Channel4_IRQn。

查阅 SMT32 启动文件 startup_stm32f10x_hd.s 中的定义为：

```
DCD DMA1_Channel1_IRQHandler                    ;DMA1 Channel 1
DCD DMA1_Channel2_IRQHandler                    ;DMA1 Channel 2
DCD DMA1_Channel3_IRQHandler                    ;DMA1 Channel 3
DCD DMA1_Channel4_IRQHandler                    ;DMA1 Channel 4
DCD DMA1_Channel5_IRQHandler                    ;DMA1 Channel 5
DCD DMA1_Channel6_IRQHandler                    ;DMA1 Channel 6
DCD DMA1_Channel7_IRQHandler                    ;DMA1 Channel 7
```

而在 STM3210X_IT.C 中定义的却是这样的：

```
void DMA1_Channel4_IRQn (void)
{
    //char str[20];
    //清除标志位
    OS_CPU_SR cpu_sr;
    OS_ENTER_CRITICAL();                          //保存全局中断标志
    OSIntNesting++;
    OS_EXIT_CRITICAL();                           //恢复全局中断标志
    sprintf(str,"D:%d",com1_tx_buffer[0]);
    dsptxt_16(340,6,str);
    DMA_ClearITPendingBit(DMA1_FLAG_TC4);
    DMA_ClearITPendingBit(DMA1_FLAG_TE4);
    DMA1_Channel4->CNDTR = 256;                   //重装填
    //关闭 DMA
    DMA_Cmd(DMA1_Channel4,DISABLE);
    USART1_TX_Finish = 1;
    OSIntExit();
}
```

按照这种代码执行下去，永远找不到终端响应程序的入口，一旦产生中断，系统将死机。如果将 DMA1_Channel4_IRQn 改为 DMA1_Channel4_IRQHandler，这样问题得到解决，测试通过。同样的问题也曾发生在 CAN 通信和 USART 通信中断的调试过程中，一定要注意这种中断程序发生的问题。

2. ADC 的 DMA 通信示例

```
vu16 ADC_ConvertedValue;
void RCC_Config(void);
void GPIO_Config(void);
void USART_Config(void);
void DMA_Config(void);
void ADC_Config(void);
void Put_String(u8 *p);
void Delay(vu32 nCount);
int main(void)
```

```
{
    RCC_Config();
    GPIO_Config();
    USART_Config();
    DMA_Config();
    ADC_Config();
    while(1)
    {
        Delay(0x8FFFF);
        printf("ADC = %X Volt = %d mv/r/n", ADC_ConvertedValue,
        ADC_ConvertedValue * 3300/4096);
    }
}
/ *************************************************
函数: void RCC_Config(void)
功能: 配置系统时钟
参数: 无
返回: 无
************************************************* /
void RCC_Config(void)
{
    ErrorStatus HSEStartUpStatus;                    //定义外部高速晶体启动状态枚举变量
    RCC_DeInit();                                    //复位 RCC 外部设备寄存器到默认值
    RCC_HSEConfig(RCC_HSE_ON);                       //打开外部高速晶振
    HSEStartUpStatus = RCC_WaitForHSEStartUp();      //等待外部高速时钟准备好
    if(HSEStartUpStatus == SUCCESS)                  //外部高速时钟已经准备好
    {
        RCC_HCLKConfig(RCC_SYSCLK_Div1);             //配置 AHB(HCLK)时钟=SYSCLK
        RCC_PCLK2Config(RCC_HCLK_Div1);              //配置 APB2(PCLK2)钟=AHB时钟
        RCC_PCLK1Config(RCC_HCLK_Div2);              //配置 APB1(PCLK1)钟=AHB 1/2 时钟
        RCC_ADCCLKConfig(RCC_PCLK2_Div4);            //配置 ADC 时钟=PCLK2 1/4

        RCC_PLLConfig(RCC_PLLSource_HSE_Div1, RCC_PLLMul_9);
        //配置 PLL 时钟 == 外部高速晶体时钟 * 9
        RCC_ADCCLKConfig(RCC_PCLK2_Div4);            //配置 ADC 时钟= PCLK2/4
        RCC_PLLCmd(ENABLE);                          //使能 PLL 时钟
        while(RCC_GetFlagStatus(RCC_FLAG_PLLRDY) == RESET)  //等待 PLL 时钟就绪
        {
        }
        RCC_SYSCLKConfig(RCC_SYSCLKSource_PLLCLK);        //配置系统时钟 = PLL 时钟

        while(RCC_GetSYSCLKSource() != 0x08)         //检查 PLL 时钟是否作为系统时钟
        {
        }
    }
    RCC_AHBPeriphClockCmd(RCC_AHBPeriph_DMA, ENABLE);  //使能 DMA 时钟
    RCC_ APB2PeriphClockCmd ( RCC _ APB2Periph _ ADC1 | RCC _ APB2Periph _ GPIOC,
ENABLE);
    //使能 ADC1、GPIOC 时钟
    RCC_APB2PeriphClockCmd(RCC_APB2Periph_GPIOD | RCC_APB2Periph_AFIO, ENABLE);
    //打开 GPIOD、AFIO 时钟
```

```
    RCC_APB1PeriphClockCmd(RCC_APB1Periph_USART2, ENABLE);   //使能串口 2 时钟
}
/ ***********************************************
函数: void GPIO_Config(void)
功能: GPIO 配置
参数: 无
返回: 无
************************************************ /
void GPIO_Config(void)
{
    //设置 RTS(PD.04)、Tx(PD.05)为推拉输出模式
    GPIO_InitTypeDef GPIO_InitStructure;                  //定义 GPIO 初始化结构体
    GPIO_PinRemapConfig(GPIO_Remap_USART2, ENABLE);       //使能 GPIO 端口映射 USART2
    GPIO_InitStructure.GPIO_Pin = GPIO_Pin_4 | GPIO_Pin_5; //选择 PIN4 PIN5
    GPIO_InitStructure.GPIO_Speed = GPIO_Speed_50MHz;     //引脚频率 50M
    GPIO_InitStructure.GPIO_Mode = GPIO_Mode_AF_PP;       //引脚设置推拉输出
    GPIO_Init(GPIOD, &GPIO_InitStructure);                //初始化 GPIOD
    //配置 CTS (PD.03)、USART2 Rx (PD.06)为浮点输入模式
    GPIO_InitStructure.GPIO_Pin = GPIO_Pin_3 | GPIO_Pin_6;
    GPIO_InitStructure.GPIO_Mode = GPIO_Mode_IN_FLOATING;
    GPIO_Init(GPIOD, &GPIO_InitStructure);
    //配置 PC4 为模拟输入
    GPIO_InitStructure.GPIO_Pin = GPIO_Pin_4;
    GPIO_InitStructure.GPIO_Mode = GPIO_Mode_AIN;
    GPIO_Init(GPIOC, &GPIO_InitStructure);
}
/ ***********************************************
函数: void DMA_Config(void)
功能: DMA 配置
参数: 无
返回: 无
************************************************ /
void DMA_Config(void)
{
    DMA_InitTypeDef DMA_InitStructure;                    //定义 DMA 初始化结构体
    DMA_DeInit(DMA_Channel1);                             //复位 DMA 通道 1
    DMA_InitStructure.DMA_PeripheralBaseAddr = ADC1_DR_Address;
    //定义 DMA 通道外设基地址=ADC1_DR_Address
    DMA_InitStructure.DMA_MemoryBaseAddr = (u32)&ADC_ConvertedValue;
    //定义 DMA 通道存储器地址
    DMA_InitStructure.DMA_DIR = DMA_DIR_PeripheralSRC;  //指定外设为源地址
    DMA_InitStructure.DMA_BufferSize = 1;                 //定义 DMA 缓冲区大小 1
    DMA_InitStructure.DMA_PeripheralInc = DMA_PeripheralInc_Disable;
    //当前外设寄存器地址不变
    DMA_InitStructure.DMA_MemoryInc = DMA_MemoryInc_Disable;
    //当前存储器地址不变
    DMA_InitStructure.DMA_PeripheralDataSize =
    DMA_PeripheralDataSize_HalfWord;
    //定义外设数据宽度 16 位
    DMA_InitStructure.DMA_MemoryDataSize = DMA_MemoryDataSize_HalfWord;
```

```
    //定义存储器数据宽度 16 位
    DMA_InitStructure.DMA_Mode = DMA_Mode_Circular;
    //DMA 通道操作模式为环形缓冲模式
    DMA_InitStructure.DMA_Priority = DMA_Priority_High;      //DMA 通道优先级高
    DMA_InitStructure.DMA_M2M = DMA_M2M_Disable; //禁止 DMA 通道存储器到存储器传输
    DMA_Init(DMA_Channel1, &DMA_InitStructure);              //初始化 DMA 通道 1
    DMA_Cmd(DMA_Channel1, ENABLE);                           //使能 DMA 通道 1
}
/ ***********************************************
函数: void ADC_Config(void)
功能: ADC 配置
参数: 无
返回: 无
*********************************************** /
void ADC_Config(void)
{
    ADC_InitTypeDef ADC_InitStructure;                       //定义 ADC 初始化结构体变量
    ADC_InitStructure.ADC_Mode = ADC_Mode_Independent;
    //ADC1 和 ADC2 工作在独立模式
    ADC_InitStructure.ADC_ScanConvMode = ENABLE;             //使能扫描
    ADC_InitStructure.ADC_ContinuousConvMode = ENABLE;  //ADC 转换工作在连续模式
    ADC_InitStructure.ADC_ExternalTrigConv = ADC_ExternalTrigConv_None;
    //有软件控制转换
    ADC_InitStructure.ADC_DataAlign = ADC_DataAlign_Right; //转换数据右对齐
    ADC_InitStructure.ADC_NbrOfChannel = 1;                  //转换通道为通道 1
    ADC_Init(ADC1, &ADC_InitStructure);                      //初始化 ADC
    ADC_RegularChannelConfig(ADC1, ADC_Channel_14, 1,
    ADC_SampleTime_28Cycles5);
    //ADC1 选择信道 14,音序器等级 1,采样时间 239.5 个周期
    ADC_DMACmd(ADC1, ENABLE);                                //使能 ADC1 模块 DMA
    ADC_Cmd(ADC1, ENABLE);                                   //使能 ADC1
    ADC_ResetCalibration(ADC1);                              //重置 ADC1 校准寄存器
    while(ADC_GetResetCalibrationStatus(ADC1));              //等待 ADC1 校准重置完成
    ADC_StartCalibration(ADC1);                              //开始 ADC1 校准
    while(ADC_GetCalibrationStatus(ADC1));                   //等待 ADC1 校准完成
    ADC_SoftwareStartConvCmd(ADC1, ENABLE);                  //使能 ADC1 软件开始转换
}
```

6.3 备份域寄存器

备份寄存器是 42 个 16 位的寄存器,可用来存储 84 个字节的用户应用程序数据。它们处在备份域里,当 VDD 电源被切断,其仍然由 VBAT 维持供电。当系统在待机模式下被唤醒或系统复位或电源复位时,它们也不会被复位。

此外,BKP 控制寄存器用来管理侵入检测和 RTC 校准功能。

6.3.1 BKP 的工作机制

1. 特性

- 用来管理防侵入检测并具有中断功能的状态/控制寄存器；
- 用来存储 RTC 校验值的校验寄存器；
- 在 PC13 引脚(当该引脚不用于侵入检测时)上输出 RTC 校准时钟、RTC 闹钟脉冲或者秒脉冲。

2. 访问

复位后，对备份寄存器和 RTC 的访问被禁止，并且备份域被保护以防止可能存在的意外的写操作。执行以下操作可以使能对备份寄存器和 RTC 的访问。

- 通过设置寄存器 RCC_APB1ENR 的 PWREN 和 BKPEN 位来打开电源和后备接口(与 APB1 总线连接的接口)的时钟；
- 电源控制寄存器(PWR_CR)的 DBP 位来使能对后备寄存器和 RTC 的访问。

3. 侵入检测

当 TAMPER 引脚上的信号从 0 变成 1 或者从 1 变成 0(取决于备份控制寄存器 BKP_CR 的 TPAL 位)，会产生一个侵入检测事件，侵入检测事件将所有数据备份寄存器内容清除。

侵入检测信号是边沿检测信号与侵入检测允许位的逻辑与，因此，在侵入检测引脚被允许前发生的侵入事件也可以被检测到。

设置 BKP_CSR 寄存器的 TPIE 位为 1，当检测到侵入事件时就会产生一个中断。

在一个侵入事件被检测到并被清除后，侵入检测引脚 TAMPER 应该被禁止。然后，在再次写入备份数据寄存器前重新用 TPE 位启动侵入检测功能。这样，可以阻止软件在侵入检测引脚上仍然有侵入事件时对备份数据寄存器进行写操作。当 VDD 电源断开时，侵入检测功能仍然有效。为了避免不必要的复位数据备份寄存器，TAMPER 引脚应该在片外连接到正确的电平。

4. RTC 校准

RTC 时钟可以经 64 分频输出到侵入检测引脚 TAMPER 上。通过设置 RTC 校验寄存器(BKP_RTCCR)的 CCO 位来开启这一功能。

5. 寄存器

1) BKP_DRx (备份数据寄存器 x，x=1，2，…，10)

BKP_DRx 寄存器不会被系统复位、电源复位、从待机模式唤醒所复位，它们可以由备份域复位来复位或由侵入引脚事件复位(如果侵入检测引脚 TAMPER 功能被开启时)。

2) BKP_RTCCR(RTC 时钟校准寄存器)

(1) CCO 位：校准时钟输出(Calibration clock output)

此位置 1 可以在侵入检测引脚输出经 64 分频后的 RTC 时钟。当 CCO 位置 1 时，必须关闭侵入检测功能(TPE 位)以避免检测到无用的侵入信号；当 VDD 供电断开时，该位被清除。

(2) ASOE 位：允许输出闹钟或秒脉冲(Alarm or second output enable)

该位允许 RTC 闹钟或秒脉冲输出到 TAMPER 引脚上，输出脉冲的宽度为一个 RTC 时钟的周期。设置 ASOE 位时不能开启 TAMPER 的功能，该位只能被后备区的复位所清除。

(3) ASOS 位：闹钟或秒输出选择(Alarm or second output selection)

当设置了 ASOE 位，ASOS 位可用于选择在 TAMPER 引脚上输出的是 RTC 秒脉冲还是闹钟脉冲信号。

- 0：输出 RTC 闹钟脉冲；
- 1：输出秒脉冲，该位只能被后备区的复位所清除。

3) BKP_CR(备份控制寄存器)

(1) TPE 位

- 0：侵入检测 TAMPER 引脚作为通用 I/O 口使用；
- 1：开启侵入检测引脚作为侵入检测使用。

(2) TPAL 位：侵入检测 TAMPER 引脚有效电平(TAMPER pin active level)

- 0：侵入检测 TAMPER 引脚上的高电平会清除所有数据备份寄存器(如果 TPE 位为 1)。
- 1：侵入检测 TAMPER 引脚上的低电平会清除所有数据备份寄存器(如果 TPE 位为 1)。

4) BKP_CSR(备份控制/状态寄存器)

主要是侵入事件和中断的标志位和清除标志位、中断允许位。

6.3.2 BKP 操作相关的库函数

(1) void BKP_DeInit(void);

功能描述：将 BKP 的外设寄存器初始化为默认值。

(2) void BKP_TamperPinLevelConfig(uint16_t BKP_TamperPinLevel);

功能描述：配置入侵检测 TAMPER 引脚。

(3) void BKP_TamperPinCmd(FunctionalState NewState);

功能描述：使能或者禁止入侵检测引脚。

(4) void BKP_ITConfig(FunctionalState NewState);

功能描述：使能或者禁止入侵检测引脚中断。

(5) void BKP_RTCOutputConfig(uint16_t BKP_RTCOutputSource);

功能描述：选择一个 RTC 输出源到入侵检测引脚。

(6) void BKP_SetRTCCalibrationValue(uint8_t CalibrationValue);

功能描述：设置入侵检测校准值。

(7) void BKP_WriteBackupRegister(uint16_t BKP_DR, uint16_t Data);

功能描述：把用户数据写入到指定的入侵检测寄存器。

(8) uint16_t BKP_ReadBackupRegister(uint16_t BKP_DR);

功能描述：从指定的寄存器读取用户数据。

(9) FlagStatus BKP_GetFlagStatus(void);

功能描述:检测入侵检测引脚是否被置位。

(10) void BKP_ClearFlag(void);

功能描述:清除入侵检测置位标志。

(11) ITStatus BKP_GetITStatus(void);

功能描述:获取 BKP 中断标志。

(12) void BKP_ClearITPendingBit(void);

功能描述:清除 BKP 中断标志。

6.3.3 BKP 使用示例

```
u16 BKPDataR[]=
{BKP_DR2,BKP_DR3,BKP_DR4,BKP_DR5,BKP_DR6,BKP_DR7,BKP_DR8,BKP_DR9,BKP_
DR10,BKP_DR11,BKP_DR12,BKP_DR13,BKP_DR14,BKP_DR15,BKP_DR16,BKP_DR17,BKP_
DR18,BKP_DR19,BKP_DR20,BKP_DR21,BKP_DR22,BKP_DR23,BKP_DR24/*,BKP_DR25,
BKP_DR26,BKP_DR27,BKP_DR28,BKP_DR29,BKP_DR30,BKP_DR31,BKP_DR32,BKP_DR33,
BKP_DR34,BKP_DR35,BKP_DR36*/};
_calendar_obj calendar;                    //时钟结构体
/*****************************************************************
功能:将形参数据 uint16_t Data 写入某某号备份域数据寄存器 uint16_t BKP_DR;
注意:在本函数中形参 uint16_t BKP_DR 是 uint16_t 类型,因为备份域只能读/写该类型数据;
同时又代表备份域数据寄存器的寄存器号;
小容量的 CM3 只有 20 字节的存储空间,大容量 84 字节;对应地址偏移:0x04~0x28,0x40~0xBC;
复位值:0x0000 0000.
*****************************************************************/
void BKP_WriteBackupRegister(uint16_t BKP_DR, uint16_t Data)
{
    __IO uint32_t tmp = 0;          //tmp 是 u32 类型,不是指针!只是代表指针的 u32 类型编号
    // Check the parameters
    assert_param(IS_BKP_DR(BKP_DR));
    //#define BKP_BASE (APB1PERIPH_BASE + 0x6C00);
    //#define APB1PERIPH_BASE PERIPH_BASE
    //#define PERIPH_BASE ((uint32_t)0x40000000)
    tmp = (uint32_t)BKP_BASE; //BKP_BASE =(uint32_t)0x40000000+0x6C00;
    tmp += BKP_DR;
    *(__IO uint32_t *) tmp = Data;
    //将 tmp 强制类型转换为"__IO uint32_t *",再赋值
}
u8 WriteToBackupReg(u16 *FirstBackupData, u8 writetonum)
{
    u8 index=0;
    RCC_APB1PeriphClockCmd(RCC_APB1Periph_PWR | RCC_APB1Periph_BKP, ENABLE);
    //使能 PWR 和 BKP 外设时钟
    WR_BackupAccessCmd(ENABLE); //使能后备寄存器访问
    RTC_WaitForLastTask();          //等待最近一次对 RTC 寄存器的写操作完成
    RTC_WaitForSynchro();           //等待 RTC 寄存器同步
    RTC_WaitForLastTask();          //等待最近一次对 RTC 寄存器的写操作完成
    RTC_WaitForLastTask();          //等待最近一次对 RTC 寄存器的写操作完成
    for(index=0;index<writetonum;index++)
    {
```

```
        //BKPDataR[0]就是 BKP_DR2 寄存器,即数据从 BKP_DR2 寄存器开始写入
        BKP_WriteBackupRegister(BKPDataR[index],FirstBackupData[index]);
        delay_ms(50);
        printf("写入的数据=: %c\n",FirstBackupData[index]);
        //将写入的数据打印出来
        LED1_TOGGLE;
    }
    return 0;
}
void ReadToBackupReg(u16 * FirstBackupData, u8 readtonum)
{
    u16 index=0;
    RCC_APB1PeriphClockCmd(RCC_APB1Periph_PWR | RCC_APB1Periph_BKP, ENABLE);
    //使能 PWR 和 BKP 外设时钟
    WR_BackupAccessCmd(ENABLE);          //使能后备寄存器访问
    RTC_WaitForLastTask();               //等待最近一次对 RTC 寄存器的写操作完成
    for(index=0;index< readtonum;index++)
    {
        //FirstBackupData[index]用以存放读到的数据,从 BKP_DR2 寄存器开始读
        FirstBackupData[index]=BKP_ReadBackupRegister(BKPDataR[index]);
        delay_ms(50);
        printf("读到 RTC 备份域数据寄存器的值 BKP_DRx=: %c\n",FirstBackupData[index]);
        LED2_TOGGLE;
    }
}
```

主程序:

```
int main(void)
{
    u16 rb[20];                          //用以存放读到的 RTC 备份域数据寄存器数据
    //u16 buf[]={0x12a,0x13a,0x14a,0x15a,0x16a,0x17a,0x18a,0x19a,0x45,0x34,
    //0xaaaa,0xbbbb,0xcccc,0x12a,0x13a,0x14a,0x15a,0x16a,0x17a,0x18a,0x19a};
    u16 n, m=0;
    u8 buf[]={"hello!i'm wangyan."};
    uart_init(9600);
    delay_init();
    //RTC_Init();
    WriteToBackupReg((u16 *)buf,sizeof(buf));   //写入缓冲字符串
    delay_ms(1000);
    //printf("写入的数据数 sizeof(buf)=: %d\n",sizeof(buf));
    delay_ms(1000);
    ReadToBackupReg(rb,sizeof(buf));       //从 BKP_DR2 寄存器开始读,一共读出 20 个数据
    delay_ms(1000);
    /* 单独读出某个寄存器的值用以验证是否写入成功;打印出 12a */
    //m=BKP_ReadBackupRegister(BKP_DR14);
    //printf("读到 RTC 备份域数据寄存器的值 BKP_DR14=: %x\n",m);
    //n=BKP_ReadBackupRegister(BKP_DR1);
    //printf("读到 RTC 备份域数据寄存器的值 BKP_DR1=: %x\n",n);
    while (1)
    {};
}
```

以上程序代码只有关键函数,有这些就应该可以实现 BKP 的 E2PROM 功能了。

6.4 ADC 模/数转换器

STM32F10X 系列 MCU 上自带 12 位的 ADC 数/模转换器，它采用逐次逼近型模拟数字转换器，具有 18 个通道，各通道的 A/D 转换可以单次、连续、扫描和间断模式执行，ADC 的结果可以以左对齐或者右对齐的方式存储在 16 位寄存器中。

STM32 的每个 ADC 模块通过内部的模拟多路开关，可以切换到不同的输入通道并进行转换。STM32 特别地加入了多种成组转换的模式，可以由程序设置好之后，对多个模拟通道自动地进行逐个的采样转换。单个 ADC 结构框图如图 6-3 所示。

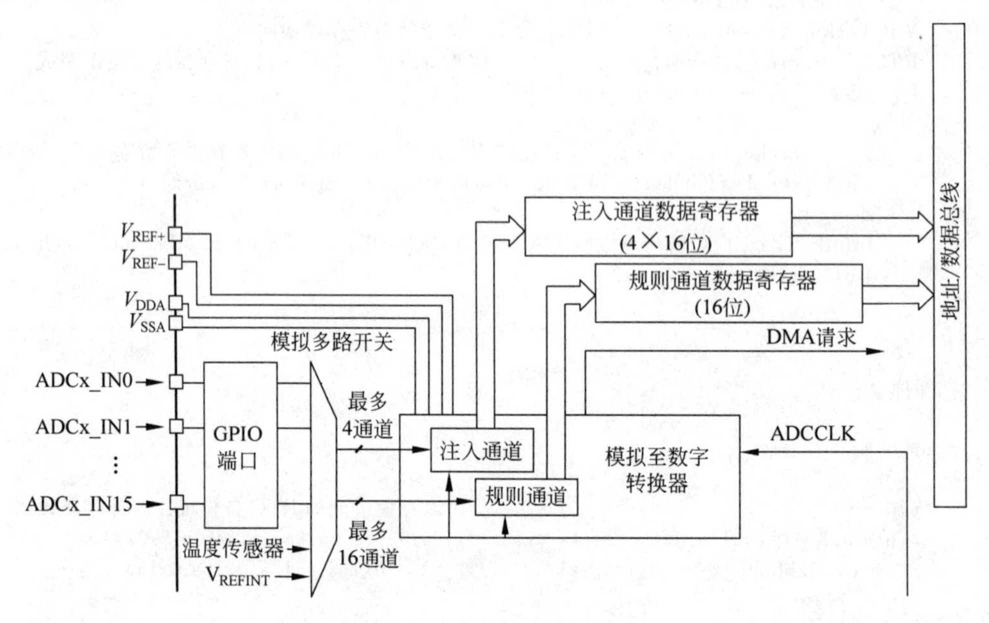

图 6-3 单个 ADC 结构框图

6.4.1 ADC 主要特征

(1) 1MHz 转换速率、12 位转换结果(12 位 0～4095)。

STM32F103 系列：在 56MHz 时转换时间为 1μs；72MHz 时转换时间为 1.17μs。

(2) 转换范围：0～3.6V(若需要将采集的数据用电压来显示，设采集的数据为 x(0～4095)，此时的计算公式就为(x/4096)×3.6)。

(3) ADC 供电要求：2.4～3.6 V。

(4) ADC 输入范围：$V_{REF-} \leqslant VIN \leqslant V_{REF+}$ (V_{REF+} 和 V_{REF-} 只有 LQFP100 封装才有)。

(5) 双重模式(带 2 个 ADC 的设备)：8 种转换模式。

(6) 最多有 18 个通道：16 个外部通道；2 个内部通道：连接到温度传感器和内部参考电压(VREFINT = 1.2V)。

(7) 转换结束、注入转换结束和发生模拟看门狗事件时产生中断。

(8) 单次和连续转换模式。

(9) 从通道 0 到通道 *n* 的自动扫描模式。

(10) 自校准。

(11) 带内嵌数据一致性的数据对齐。

(12) 采样间隔可以按通道分别编程。

(13) 规则转换和注入转换均有外部触发选项。

(14) 规则通道转换期间有 DMA 请求产生。

6.4.2 ADC 功能介绍

ADC 的相关引脚如表 6-4 所示。

表 6-4 ADC 引脚定义

名 称	信号类型	注 解
V_{REF+}	输入,模拟参考正极	ADC 使用的高端/正极参考电压 2.4V 和 VDDA 之间
V_{DDA}	输入,模拟电源	等效于 VDD 的模拟电源且在 2.4V 和 3.6V 之间
V_{REF-}	输入,模拟参考负极	ADC 使用的低端/负极参考电压,$V_{REF-}=V_{SSA}$
V_{SSA}	输入,模拟电源地	等效于 VSS 的模拟电源地
ADC_X_IN[15:0]	模拟信号输入	16 个模拟输入通道

具体通道说明详见表 6-5。

表 6-5 ADC 模拟通道定义

通道	ADC1	ADC2	ADC3
通道 0	PA0	PA0	PA0
通道 1	PA1	PA1	PA1
通道 2	PA2	PA2	PA2
通道 3	PA3	PA3	PA3
通道 4	PA4	PA4	PF6
通道 5	PA5	PA5	PF7
通道 6	PA6	PA6	PF8
通道 7	PA7	PA7	PF9
通道 8	PB0	PB0	PF10
通道 9	PB1	PB1	
通道 10	PC0	PC0	PC0
通道 11	PC1	PC1	PC1
通道 12	PC2	PC2	PC2
通道 13	PC3	PC3	PC3
通道 14	PC4	PC4	
通道 15	PC5	PC5	
通道 16	温度传感器		
通道 17	内部电压		

1. ADC 开关控制

通过设置 ADC_CR2 寄存器的 ADON 位可给 ADC 上电。当第一次设置 ADON 位时，它将 ADC 从断电状态下唤醒。

ADC 上电延迟一段时间后(t_{STAB})，再次设置 ADON 位时开始进行转换。通过清除 ADON 位可以停止转换，并将 ADC 置于断电模式。在这个模式中，ADC 几乎不耗电(仅几个 μA)。

2. ADC 时钟

由时钟控制器提供的 ADCCLK 时钟和 PCLK2(APB2 时钟)同步。RCC 控制器为 ADC 时钟提供一个专用的可编程预分频器，详见小容量、中容量和大容量产品的复位和时钟控制(RCC)章节。

3. 通道选择

有 16 个多路通道。可以把转换组织成两组：规则组和注入组。在任意多个通道上以任意顺序进行的一系列转换构成成组转换。例如，可以按如下顺序完成转换：通道 3、通道 8、通道 2、通道 2、通道 0、通道 2、通道 2、通道 15。

- 规则组由多达 16 个转换组成。规则通道和它们的转换顺序在 ADC_SQRx 寄存器中选择。规则组中转换的总数应写入 ADC_SQR1 寄存器的 L[3:0]位中。
- 注入组由多达 4 个转换组成。注入通道和它们的转换顺序在 ADC_JSQR 寄存器中选择。注入组里的转换总数目应写入 ADC_JSQR 寄存器的 L[1:0]位中。

如果 ADC_SQRx 或 ADC_JSQR 寄存器在转换期间被更改，当前的转换被清除，一个新的启动脉冲将发送到 ADC 以转换新选择的组。

内部通道温度传感器和通道 ADC1_IN16 相连接，内部参照电压 V_{REFINT} 和 ADC1_IN17 相连接。可以按注入或规则通道对这两个内部通道进行转换。

4. 单次转换模式

单次转换模式下，ADC 只执行一次转换。该模式既可通过设置 ADC_CR2 寄存器的 ADON 位(只适用于规则通道)启动，也可通过外部触发启动(适用于规则通道或注入通道)，这时 CONT 位为 0。

一旦选择通道的转换完成：

(1) 如果一个规则通道被转换：

- 转换数据被储存在 16 位的 ADC_DR 寄存器中；
- EOC(转换结束)标志被设置；
- 如果设置了 EOCIE，则产生中断。

(2) 如果一个注入通道被转换：

- 转换数据被储存在 16 位的 ADC_DRJ1 寄存器中；
- JEOC(注入转换结束)标志被设置；
- 如果设置了 JEOCIE 位，则产生中断。

然后 ADC 停止。

5. 连续转换模式

在连续转换模式中，当前面 ADC 转换一结束马上就启动另一次转换。此模式可通过外部触发启动或通过设置 ADC_CR2 寄存器上的 ADON 位启动，此时 CONT 位是 1。每个转换后：

(1) 如果一个规则通道被转换：

- 转换数据被储存在 16 位的 ADC_DR 寄存器中；

- EOC(转换结束)标志被设置;
- 如果设置了EOCIE,则产生中断。

(2) 如果一个注入通道被转换:

- 转换数据被储存在16位的ADC_DRJ1寄存器中;
- JEOC(注入转换结束)标志被设置;
- 如果设置了JEOCIE位,则产生中断。

6. 时序图

如图6-4所示,ADC在开始精确转换前需要一个稳定时间 t_{STAB}。在开始ADC转换和14个时钟周期后,EOC标志被设置,16位ADC数据寄存器包含转换的结果。

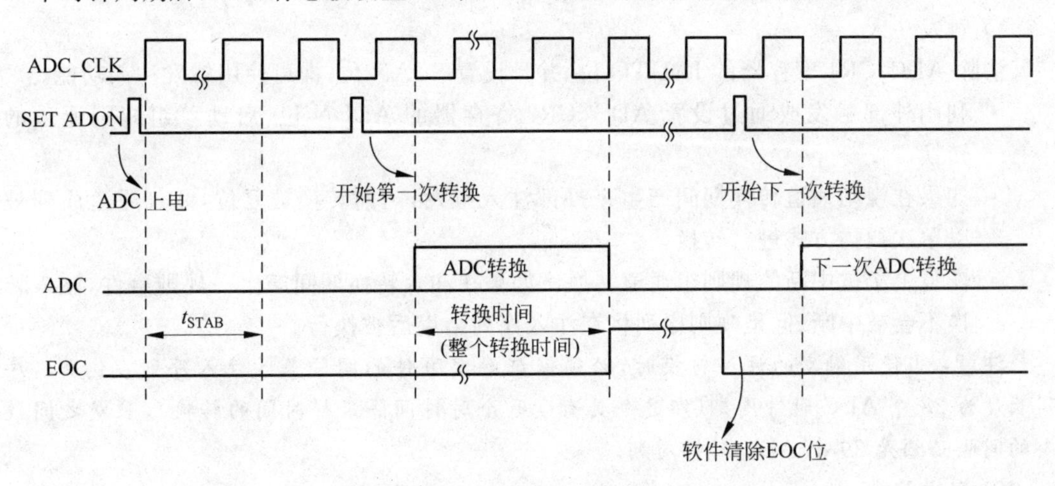

图6-4 ADC转换时序图

7. 模拟看门狗

如果被ADC转换的模拟电压低于低阈值或高于高阈值,AWD模拟看门狗状态位被设置。阈值位于ADC_HTR和ADC_LTR寄存器的最低12个有效位中。通过设置ADC_CR1寄存器的AWDIE位以允许产生相应中断。

阈值独立于由ADC_CR2寄存器上的ALIGN位选择的数据对齐模式。比较是在对齐之前完成的。通过配置ADC_CR1寄存器,模拟看门狗可以作用于一个或多个通道,其通道选择如表6-6所示。

表6-6 模拟看门狗通道选择

模拟看门狗警戒的通道	ADC_CR1寄存器控制位		
	AWDSGL位	AWDEN位	JAWDEN位
无	任意值	0	0
所有注入通道	0	0	1
所有规则通道	0	1	0
所有注入和规则通道	0	1	1
单一的注入通道	1	0	1
单一的规则通道	1	1	0
单一的注入或规则通道	1	1	1

8. 扫描模式

此模式用来扫描一组模拟通道。扫描模式可通过设置 ADC_CR1 寄存器的 SCAN 位来选择。一旦这个位被设置,ADC 扫描所有被 ADC_SQRX 寄存器(对规则通道)或 ADC_JSQR 寄存器(对注入通道)选中的所有通道。在每个组的每个通道上执行单次转换。在每个转换结束时,同一组的下一个通道被自动转换。如果设置了 CONT 位,转换不会在选择组的最后一个通道上停止,而是再次从选择组的第一个通道继续转换。

如果设置了 DMA 位,在每次 EOC 后,DMA 控制器把规则组通道的转换数据传输到 SRAM 中,而注入通道转换的数据总是存储在 ADC_JDRx 寄存器中。

9. 注入通道管理

1) 触发注入

清除 ADC_CR1 寄存器的 JAUTO 位,并且设置 SCAN 位,即可使用触发注入功能。

- 利用外部触发或通过设置 ADC_CR2 寄存器的 ADON 位,启动一组规则通道的转换。
- 如果在规则通道转换期间产生一外部注入触发,当前转换被复位,注入通道序列被以单次扫描方式进行转换。
- 恢复上次被中断的规则组通道转换。如果在注入转换期间产生一规则事件,注入转换不会被中断,但是规则序列将在注入序列结束后被执行。

注意:当使用触发的注入转换时,必须保证触发事件的间隔长于注入序列。例如:序列长度为 28 个 ADC 时钟周期(即 2 个具有 1.5 个时钟间隔采样时间的转换),触发之间最小的间隔必须是 29 个 ADC 时钟周期。

2) 自动注入

如果设置了 JAUTO 位,在规则组通道之后,注入组通道被自动转换。这可以用来转换在 ADC_SQRx 和 ADC_JSQR 寄存器中设置的多至 20 个转换序列。

在此模式里,必须禁止注入通道的外部触发。如果除 JAUTO 位外还设置了 CONT 位,规则通道至注入通道的转换序列被连续执行。

对于 ADC 时钟预分频系数为 4~8 时,当从规则转换切换到注入序列或从注入转换切换到规则序列时,会自动插入一个 ADC 时钟间隔;当 ADC 时钟预分频系数为 2 时,则有 2 个 ADC 时钟间隔的延时。

注入转换延时如图 6-5 所示。

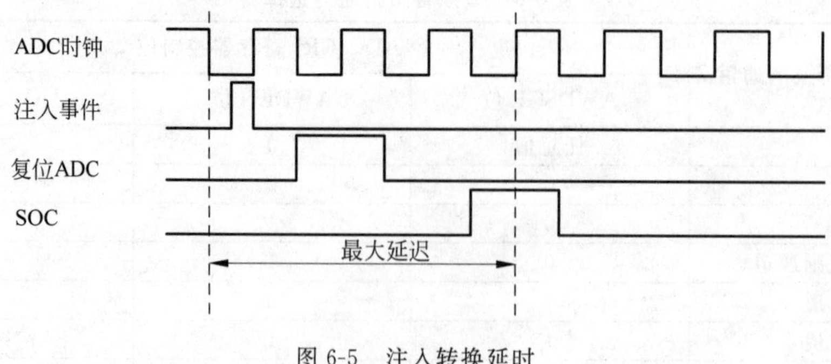

图 6-5 注入转换延时

注意：不可能同时使用自动注入和间断模式。

10. 间断模式

1）规则组

此模式通过设置 ADC_CR1 寄存器上的 DISCEN 位激活。它可以用来执行一个短序列的 n 次转换（$n \leqslant 8$），此转换是 ADC_SQRx 寄存器所选择的转换序列的一部分。数值 n 由 ADC_CR1 寄存器的 DISCNUM[2:0]位给出。

一个外部触发信号可以启动 ADC_SQRx 寄存器中描述的下一轮 n 次转换，直到此序列所有的转换完成为止。总的序列长度由 ADC_SQR1 寄存器的 L[3:0]定义。

举例：$n=3$，被转换的通道为 0、1、2、3、6、7、9、10。

第一次触发：转换的序列为 0、1、2；

第二次触发：转换的序列为 3、6、7；

第三次触发：转换的序列为 9、10，并产生 EOC 事件；

第四次触发：转换的序列 0、1、2。

注意：当以间断模式转换一个规则组时，转换序列结束后不自动从头开始。

当所有子组被转换完成，下一次触发启动第一个子组的转换。在上面的例子中，第四次触发重新转换第一子组的通道 0、1 和 2。

2）注入组

此模式通过设置 ADC_CR1 寄存器的 JDISCEN 位激活。在一个外部触发事件后，该模式按通道顺序逐个转换 ADC_JSQR 寄存器中选择的序列。

一个外部触发信号可以启动 ADC_JSQR 寄存器选择的下一个通道序列的转换，直到序列中所有的转换完成为止。总的序列长度由 ADC_JSQR 寄存器的 JL[1:0]位定义。

举例：$n=1$，被转换的通道为 1、2、3。

第一次触发：通道 1 被转换；

第二次触发：通道 2 被转换；

第三次触发：通道 3 被转换，并且产生 EOC 和 JEOC 事件；

第四次触发：通道 1 被转换。

注意：

- 当完成所有注入通道转换，下个触发启动第 1 个注入通道的转换。在上述例子中，第四个触发重新转换第 1 个注入通道 1。
- 不能同时使用自动注入和间断模式。

11. 校准

ADC 有一个内置自校准模式。校准可大幅减小因内部电容器组的变化而造成的准精度误差。在校准期间，在每个电容器上都会计算出一个误差修正码（数字值），这个码用于消除在随后的转换中每个电容器上产生的误差。

通过设置 ADC_CR2 寄存器的 CAL 位启动校准。一旦校准结束，CAL 位被硬件复位，可以开始正常转换。建议在上电时执行一次 ADC 校准。校准阶段结束后，校准码储存在 ADC_DR 中。ADC 的校准时序图如图 6-6 所示。

注意：

- 建议在每次上电后执行一次校准。

• 启动校准前,ADC 必须处于关电状态(ADON=0)超过至少两个 ADC 时钟周期。

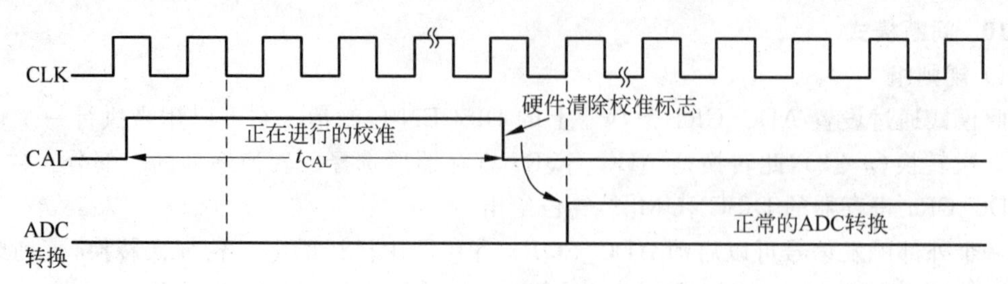

图 6-6 ADC 的校准时序图

12. 数据对齐

ADC_CR2 寄存器中的 ALIGN 位选择转换后数据储存的对齐方式。数据可以左对齐或右对齐,如表 6-7 和表 6-8 所示。

表 6-7 数据左对齐

注入组

SEXT	D11	D10	D9	D8	D7	D6	D5	D4	D3	D2	D1	D0	0	0	0

规则组

D11	D10	D9	D8	D7	D6	D5	D4	D3	D2	D1	D0	0	0	0	0

表 6-8 数据右对齐

注入组

SEXT	SEXT	SEXT	SEXT	D11	D10	D9	D8	D7	D6	D5	D4	D3	D2	D1	D0

规则组

0	0	0	0	D11	D10	D9	D8	D7	D6	D5	D4	D3	D2	D1	D0

注入组通道转换的数据值已经减去了在 ADC_JOFRx 寄存器中定义的偏移量,因此结果可以是一个负值。SEXT 位是扩展的符号值。对于规则组通道,不需减去偏移值,因此只有 12 个位有效。

6.4.3 ADC 操作相关的库函数

(1) void ADC_DeInit(ADC_TypeDef * ADCx);

功能描述:将外设 ADCx 的全部寄存器重设为默认值。

(2) void ADC_Init(ADC_TypeDef * ADCx, ADC_InitTypeDef * ADC_InitStruct);

功能描述:根据 ADC_InitStruct 中指定的参数初始化外设 ADCx 的寄存器。

(3) void ADC_StructInit(ADC_InitTypeDef * ADC_InitStruct);

功能描述:把 ADC_InitStruct 中的每一个参数按默认值填入。

(4) void ADC_Cmd(ADC_TypeDef * ADCx, FunctionalState NewState);

功能描述:使能或失能指定的 ADC。

(5) void ADC_DMACmd(ADC_TypeDef * ADCx, FunctionalState NewState);

功能描述：使能或失能指定的 ADC 的 DMA 请求。

(6) void ADC_ITConfig(ADC_TypeDef * ADCx, uint16_t ADC_IT, FunctionalState NewState);

功能描述：使能或失能指定的 ADC 的中断。

(7) void ADC_ResetCalibration(ADC_TypeDef * ADCx);

功能描述：重置指定的 ADC 的校准寄存器。

(8) FlagStatus ADC_GetResetCalibrationStatus(ADC_TypeDef * ADCx);

功能描述：获取 ADC 重置校准寄存器的状态。

(9) void ADC_StartCalibration(ADC_TypeDef * ADCx);

功能描述：开始指定 ADC 的校准程序。

(10) FlagStatus ADC_GetCalibrationStatus(ADC_TypeDef * ADCx);

功能描述：获取指定 ADC 的校准状态。

(11) void ADC_SoftwareStartConvCmd(ADC_TypeDef * ADCx, FunctionalState NewState);

功能描述：使能或失能指定的 ADC 的软件转换启动功能。

(12) FlagStatus ADC_GetSoftwareStartConvStatus(ADC_TypeDef * ADCx);

功能描述：获取 ADC 软件转换启动状态。

(13) void ADC_DiscModeChannelCountConfig(ADC_TypeDef * ADCx, uint8_t Number);

功能描述：对 ADC 规则组通道配置间断模式。

(14) void ADC_DiscModeCmd(ADC_TypeDef * ADCx, FunctionalState NewState);

功能描述：使能或失能指定的 ADC 规则组通道的间断模式。

(15) void ADC_RegularChannelConfig(ADC_TypeDef * ADCx, uint8_t ADC_Channel, uint8_t Rank, uint8_t ADC_SampleTime);

功能描述：设置指定 ADC 的规则组通道,设置它们的转化顺序和采样时间。

(16) void ADC_ExternalTrigConvCmd(ADC_TypeDef * ADCx, FunctionalState NewState);

功能描述：使能或失能 ADCx 的经外部触发启动转换功能。

(17) uint16_t ADC_GetConversionValue(ADC_TypeDef * ADCx);

功能描述：返回最近一次 ADCx 规则组的转换结果。

(18) uint32_t ADC_GetDualModeConversionValue(void);

功能描述：返回最近一次双 ADC 模式下的转换结果。

(19) void ADC_AutoInjectedConvCmd(ADC_TypeDef * ADCx, FunctionalState NewState);

功能描述：使能或失能指定 ADC 在规则组转化后自动开始注入组转换。

(20) void ADC_InjectedDiscModeCmd(ADC_TypeDef * ADCx, FunctionalState NewState);

功能描述：使能或者失能指定 ADC 的注入组间断模式。

(21) void ADC_ExternalTrigInjectedConvConfig(ADC_TypeDef * ADCx,uint32_t ADC_ExternalTrigInjecConv);

功能描述：配置ADCx的外部触发启动注入组转换功能。

(22) void ADC_ExternalTrigInjectedConvCmd(ADC_TypeDef * ADCx,FunctionalState NewState);

功能描述：使能或失能ADCx的经外部触发启动注入组转换功能。

(23) void ADC_SoftwareStartInjectedConvCmd(ADC_TypeDef * ADCx,FunctionalState NewState);

功能描述：使能或失能ADCx软件启动注入组转换功能。

(24) FlagStatus ADC_GetSoftwareStartInjectedConvCmdStatus(ADC_TypeDef * ADCx);

功能描述：获取指定ADC的软件启动注入组转换状态。

(25) void ADC_InjectedChannelConfig(ADC_TypeDef * ADCx, uint8_t ADC_Channel,uint8_t Rank, uint8_t ADC_SampleTime);

功能描述：设置指定ADC的注入组通道,设置它们的转化顺序和采样时间。

(26) void ADC_InjectedSequencerLengthConfig(ADC_TypeDef * ADCx, uint8_t Length);

功能描述：设置注入组通道的转换序列长度。

(27) void ADC_SetInjectedOffset(ADC_TypeDef * ADCx, uint8_t ADC_InjectedChannel,uint16_t Offset);

功能描述：设置注入组通道的转换偏移值。

(28) uint16_t ADC_GetInjectedConversionValue(ADC_TypeDef * ADCx,uint8_t ADC_InjectedChannel);

功能描述：返回ADC指定注入通道的转换结果。

(29) void ADC_AnalogWatchdogCmd(ADC_TypeDef * ADCx, uint32_t ADC_AnalogWatchdog);

功能描述：使能或失能指定单个/全体,规则/注入组通道上的模拟看门狗。

(30) void ADC_AnalogWatchdogThresholdsConfig(ADC_TypeDef * ADCx,uint16_t HighThreshold, uint16_t LowThreshold);

功能描述：设置模拟看门狗的高/低阈值。

(31) void ADC_AnalogWatchdogSingleChannelConfig(ADC_TypeDef * ADCx,uint8_t ADC_Channel);

功能描述：对单个ADC通道设置模拟看门狗。

(32) void ADC_TempSensorVrefintCmd(FunctionalState NewState);

功能描述：使能或失能温度传感器和内部参考电压通道。

(33) FlagStatus ADC_GetFlagStatus(ADC_TypeDef * ADCx, uint8_t ADC_FLAG);

功能描述：检查制定ADC标志位置1与否。

(34) void ADC_ClearFlag(ADC_TypeDef * ADCx, uint8_t ADC_FLAG);

功能描述：清除ADCx的待处理标志位。

(35) ITStatus ADC_GetITStatus(ADC_TypeDef * ADCx, uint16_t ADC_IT);

功能描述：检查指定的 ADC 中断是否发生。

(36) void ADC_ClearITPendingBit(ADC_TypeDef * ADCx, uint16_t ADC_IT);

功能描述：清除 ADCx 的中断待处理位。

6.4.4 ADC 使用示例

首先应将 PC0 设置成模拟输入：

```
#include "adc.h"
/* 为何定义 ADC1_DR_Address 为((u32)0x40012400+0x4c) ,因为存放 AD 转换结果的寄存器的
地址就是 0x4001244c */
#define ADC1_DR_Address ((u32)0x40012400+0x4c)
/* 定义变量 ADC_ConvertedValue,放 AD1 通道 10 转换的数据 */
__IO uint16_t ADC_ConvertedValue;
static void ADC1_GPIO_Config(void)
{
    GPIO_InitTypeDef GPIO_InitStructure;
    /* Enable ADC1 and GPIOC clock */
    RCC_APB2PeriphClockCmd(RCC_APB2Periph_ADC1|RCC_APB2Periph_GPIOC,ENABLE);
    GPIO_InitStructure.GPIO_Pin = GPIO_Pin_0
    GPIO_InitStructure.GPIO_Mode = GPIO_Mode_AIN;
    GPIO_Init(GPIOC, &GPIO_InitStructure);
}
/****************************************
* 函数名: ADC1_Mode_Config
* 描述: 配置 ADC1 的工作模式为 MDA 模式
* 输入 : 无
* 输出 : 无
* 调用: 内部调用
****************************************/
static void ADC1_Mode_Config(void)
{
    DMA_InitTypeDef DMA_InitStructure;
    ADC_InitTypeDef ADC_InitStructure;
    /* 将与 DMA 有关的寄存器设为初始值 */
    DMA_DeInit(DMA1_Channel1);
    /* 定义 DMA 外设基地址,这里的 ADC1_DR_Address 是用户自己定义的,即为存放转换结果
的寄存器,它的作用就是告诉 DMA 取数就到 ADC1_DR_Address 这里来取. */
    DMA_InitStructure.DMA_PeripheralBaseAddr =ADC1_DR_Address;
    /* 定义内存基地址,即告诉 DMA 要将从 AD 中取来的数放到 ADC_ConvertedValue 中 */
    DMA_InitStructure.DMA_MemoryBaseAddr =(u32)&ADC_ConvertedValue;
    /* 定义 AD 外设作为数据传输的来源,即告诉 DMA 是将 AD 中的数据取出放到内存中,不能
反过来 */
    DMA_InitStructure.DMA_DIR = DMA_DIR_PeripheralSRC;
    /* 指定 DMA 通道的 DMA 缓存的大小,即告诉 DMA 开辟几个内存空间,由于只取通道 10 的
AD 数据,所以只需开辟一个内存空间 */
    DMA_InitStructure.DMA_BufferSize = 1;
    /* 设定寄存器地址固定,即告诉 DMA,只从固定的一个地方取数 */
```

```
    DMA_InitStructure.DMA_PeripheralInc = DMA_PeripheralInc_Disable;
    /*设定内存地址固定,即每次 DMA,只将数搬到固定的内存中*/
    DMA_InitStructure.DMA_MemoryInc = DMA_MemoryInc_Enable;
    /*设定外设数据宽度,即告诉 DMA 要取的数的大小*/
    DMA_InitStructure.DMA_PeripheralDataSize =
        DMA_PeripheralDataSize_HalfWord;
    /*设定内存的宽度*/
    DMA_InitStructure.DMA_MemoryDataSize = DMA_MemoryDataSize_HalfWord;
    /*设定 DMA 工作再循环缓存模式,即告诉 DMA 要不停地搬运,不能偷懒*/
    DMA_InitStructure.DMA_Mode = DMA_Mode_Circular;
    /*设定 DMA 选定的通道软件优先级*/
    DMA_InitStructure.DMA_Priority = DMA_Priority_High;
    DMA_InitStructure.DMA_M2M = DMA_M2M_Disable;
    DMA_Init(DMA1_Channel1, &DMA_InitStructure);
    /* Enable DMA channel1,CPU 有好几个通道,现在只用 DMA1_Channel1 */
    DMA_Cmd(DMA1_Channel1, ENABLE); /*设置 ADC 工作在独立模式*/
    ADC_InitStructure.ADC_Mode = ADC_Mode_Independent;
    /*规定 AD 转换工作在单次模式,即对一个通道采样*/
    ADC_InitStructure.ADC_ScanConvMode = DISABLE
    /*设定 AD 转化在连续模式*/
    ADC_InitStructure.ADC_ContinuousConvMode = ENABLE;
    /*不使用外部触发转换*/
    ADC_InitStructure.ADC_ExternalTrigConv = ADC_ExternalTrigConv_None;
    /*采集的数据在寄存器中以右对齐的方式存放*/
    ADC_InitStructure.ADC_DataAlign = ADC_DataAlign_Right;
    /*设定要转换的 AD 通道数目*/
    ADC_InitStructure.ADC_NbrOfChannel = 1;
    ADC_Init(ADC1, &ADC_InitStructure);
    /*配置 ADC 时钟为 PCLK2 的 8 分频,即 9MHz*/
    RCC_ADCCLKConfig(RCC_PCLK2_Div8);
    /*配置 ADC1 的通道 11 为 55.5 个采样周期 */
    ADC_RegularChannelConfig(ADC1, ADC_Channel_10,1,
        ADC_SampleTime_55Cycles5);          /* Enable ADC1 DMA */
    ADC_DMACmd(ADC1, ENABLE);               /*Enable ADC1 */
    ADC_Cmd(ADC1, ENABLE);                  /*复位校准寄存器 */
    ADC_ResetCalibration(ADC1);             /*等待校准寄存器复位完成 */
    while(ADC_GetResetCalibrationStatus(ADC1));   /*ADC 校准*/
    ADC_StartCalibration(ADC1);             /*等待校准完成*/
    while(ADC_GetCalibrationStatus(ADC1));
    /*由于没有采用外部触发,所以使用软件触发 ADC 转换*/
    ADC_SoftwareStartConvCmd(ADC1, ENABLE);
}
```

配置完以上的程序后,A/D 每转换一次,DMA 都会将转换结果搬到变量 ADC_ConvertedValue 中,而不需用每次都用赋值语句来取值 A/D 转换的值。

6.5 DAC 数/模转换器

数字/模拟转换模块(DAC)是 12 位数字输入、电压输出的数字/模拟转换器。DAC 可以配置为 8 位或 12 位模式,也可以与 DMA 控制器配合使用。DAC 工作在 12 位模式时,数据可以设置成左对齐或右对齐。DAC 模块有两个输出通道，每个通道都有单独的转换器。在双 DAC 模式下，两个通道可以独立地进行转换，也可以同时进行转换并同步地更新两个通道的输出。DAC 可以通过引脚输入参考电压 V_{REF+} 以获得更精确的转换结果。

6.5.1 DAC 的主要特征

两个 DAC 转换器：每个转换器对应一个输出通道，具有如下特征：

- 8 位或者 12 位单调输出；
- 12 位模式下数据左对齐或者右对齐；
- 同步更新功能；
- 噪声波形生成；
- 三角波形生成；
- 双 DAC 通道同时或者分别转换；
- 每个通道都有 DMA 功能；
- 外部触发转换；
- 输入参考电压 V_{REF+}。

单个 DAC 通道的框图如图 6-7 所示。

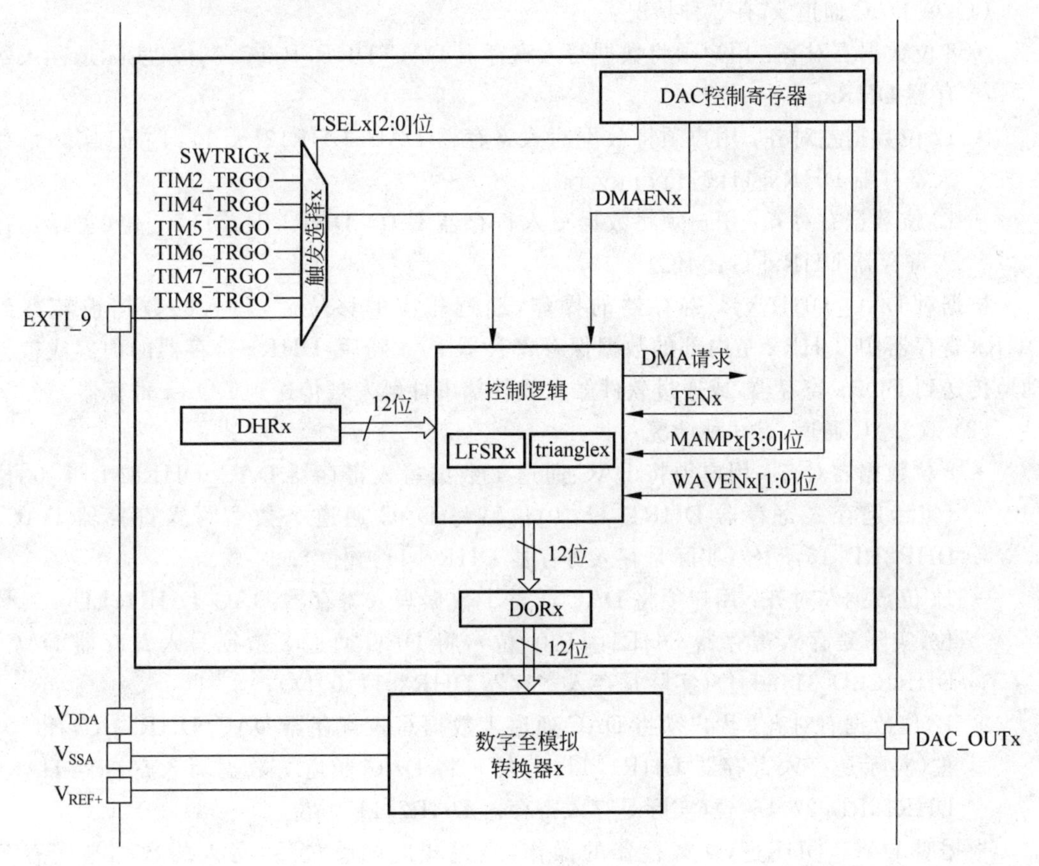

图 6-7 DAC 通道模块框图

DAC 相关引脚如下：

- V_{REF+} 输入，正模拟参考电压 2.4V≤V_{REF+}≤V_{DDA}(3.3V)；
- V_{DDA} 输入，模拟电源；
- V_{SSA} 输入，模拟电源地，模拟电源的地线；
- DAC_OUTx，模拟输出信号，DAC 通道 x 的模拟输出。

6.5.2 DAC 的功能介绍

1. 使能 DAC 通道

将 DAC_CR 寄存器的 ENx 位置 1 即可打开对 DAC 通道 x 的供电。经过一段启动时间 t_{WAKEUP}，DAC 通道 x 即被使能。

2. 使能 DAC 输出缓存

DAC 集成了两个输出缓存，可以用来减少输出阻抗，无须外部运放即可直接驱动外部负载。每个 DAC 通道输出缓存可以通过设置 DAC_CR 寄存器的 BOFFx 位来使能或者关闭。

3. DAC 数据格式

根据选择的配置模式，数据按照下文所述写入指定的寄存器：

(1) 单 DAC 通道 x，有 3 种情况：

- 8 位数据右对齐：用户须将数据写入寄存器 DAC_DHR8Rx[7:0]位(实际是存入寄存器 DHRx[11:4]位)；
- 12 位数据左对齐：用户须将数据写入寄存器 DAC_DHR12Lx[15:4]位(实际是存入寄存器 DHRx[11:0]位)；
- 12 位数据右对齐：用户须将数据写入寄存器 DAC_DHR12Rx[11:0]位(实际是存入寄存器 DHRx[11:0]位)。

根据对 DAC_DHRyyyx 寄存器的操作，经过相应的移位后，写入的数据被转存到 DHRx 寄存器中(DHRx 是内部的数据保存寄存器 x)。随后，DHRx 寄存器的内容或被自动地传送到 DORx 寄存器，或通过软件触发或外部事件触发被传送到 DORx 寄存器。

(2) 双 DAC 通道，有 3 种情况：

- 8 位数据右对齐：用户须将 DAC 通道 1 数据写入寄存器 DAC_DHR8RD[7:0]位(实际是存入寄存器 DHR1[11:4]位)，将 DAC 通道 2 数据写入寄存器 DAC_DHR8RD[15:8]位(实际是存入寄存器 DHR2[11:4]位)；
- 12 位数据左对齐：用户须将 DAC 通道 1 数据写入寄存器 DAC_DHR12LD[15:4]位(实际是存入寄存器 DHR1[11:0]位)，将 DAC 通道 2 数据写入寄存器 DAC_DHR12LD[31:20]位(实际是存入寄存器 DHR2[11:0]位)；
- 12 位数据右对齐：用户须将 DAC 通道 1 数据写入寄存器 DAC_DHR12RD[11:0]位(实际是存入寄存器 DHR1[11:0]位)，将 DAC 通道 2 数据写入寄存器 DAC_DHR12RD[27:16]位(实际是存入寄存器 DHR2[11:0]位)。

根据对 DAC_DHRyyyD 寄存器的操作，经过相应的移位后，写入的数据被转存到 DHR1 和 DHR2 寄存器中(DHR1 和 DHR2 是内部的数据保存寄存器 x)。随后，DHR1 和

DHR2 的内容或被自动地传送到 DORx 寄存器，或通过软件触发或外部事件触发被传送到 DORx 寄存器。

4. DAC 转换

不能直接对寄存器 DAC_DORx 写入数据，任何输出到 DAC 通道 x 的数据都必须写入 DAC_DHRx 寄存器（数据实际写入 DAC_DHR8Rx、DAC_DHR12Lx、DAC_DHR12Rx、DAC_DHR8RD、AC_DHR12LD 或者 DAC_DHR12RD 寄存器）。

如果没有选中硬件触发（寄存器 DAC_CR1 的 TENx 位置 0），存入寄存器 DAC_DHRx 的数据会在一个 APB1 时钟周期后自动传至寄存器 DAC_DORx。如果选中硬件触发（寄存器 DAC_CR1 的 TENx 位置 1），数据传输在触发发生以后 3 个 APB1 时钟周期后完成。

一旦数据从 DAC_DHRx 寄存器装入 DAC_DORx 寄存器，在经过时间 $t_{SETTLING}$ 之后，输出即有效，这段时间的长短依电源电压和模拟输出负载的不同会有所变化。转换时序如图 6-8 所示。

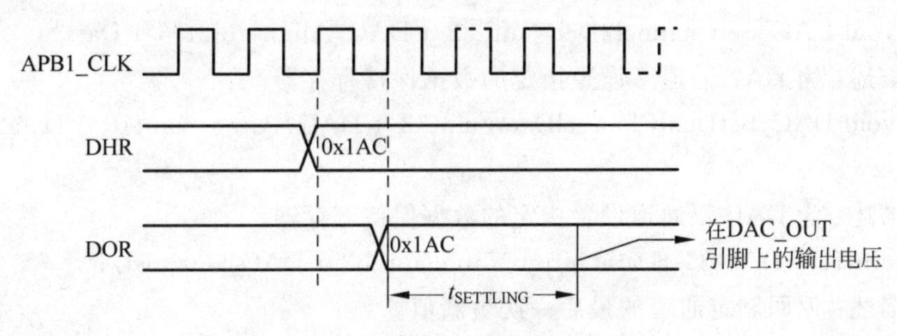

图 6-8　DAC 触发失能时的转换时序

5. DAC 输出电压

数字输入经过 DAC 被线性地转换为模拟电压输出，其范围为 0～V_{REF+}。

任一 DAC 通道引脚上的输出电压满足下面的关系：

$$\text{DAC 输出} = V_{REF} \times (\text{DOR}/4095)$$

6.5.3　DAC 操作相关的库函数

(1) void DAC_DeInit(void)；

功能描述：将 DAC 外设初始化至默认值。

(2) void DAC_Init(uint32_t DAC_Channel, DAC_InitTypeDef * DAC_InitStruct)；

功能描述：根据 DAC_InitStruct 指定的参数初始化 DAC 外设。

(3) void DAC_StructInit(DAC_InitTypeDef * DAC_InitStruct)；

功能描述：用默认值填充 DAC_InitStruct 结构体。

(4) void DAC_Cmd(uint32_t DAC_Channel, FunctionalState NewState)；

功能描述：使能或者禁止指定的 DAC 通道。

(5) void DAC_ITConfig(uint32_t DAC_Channel, uint32_t DAC_IT, FunctionalState NewState)；

功能描述：使能或者禁止指定的 DAC 中断。

(6) void DAC_DMACmd(uint32_t DAC_Channel, FunctionalState NewState);

功能描述:使能或者禁止指定的 DMA 通道的 DMA 请求。

(7) void DAC_SoftwareTriggerCmd(uint32_t DAC_Channel, FunctionalState NewState);

功能描述:使能或者禁止指定的 DAC 通道的软件触发功能。

(8) void DAC_DualSoftwareTriggerCmd(FunctionalState NewState);

功能描述:使能或者禁止指定的双通道 DAC 功能。

(9) void DAC_WaveGenerationCmd(uint32_t DAC_Channel, uint32_t DAC_Wave, FunctionalState NewState);

功能描述:使能或者禁止指定的 DMA 通道的波形发生器。

(10) void DAC_SetChannel1Data(uint32_t DAC_Align, uint16_t Data);

功能描述:为 DAC 通道 1 设置指定的数据保持寄存器。

(11) void DAC_SetChannel2Data(uint32_t DAC_Align, uint16_t Data);

功能描述:为 DAC 通道 2 设置指定的数据保持寄存器。

(12) void DAC_SetDualChannelData(uint32_t DAC_Align, uint16_t Data2,uint16_t Data1);

功能描述:为 DAC 双通道设置指定的数据保持寄存器。

(13) uint16_t DAC_GetDataOutputValue(uint32_t DAC_Channel);

功能描述:返回制定通道的最后一次更新值。

(14) FlagStatus DAC_GetFlagStatus(uint32_t DAC_Channel, uint32_t DAC_FLAG);

功能描述:检测指定的 DAC 中断是否被置位。

(15) void DAC_ClearFlag(uint32_t DAC_Channel, uint32_t DAC_FLAG);

功能描述:清除指定的 DAC 通道的标志值。

(16) ITStatus DAC_GetITStatus(uint32_t DAC_Channel, uint32_t DAC_IT);

功能描述:获取 DAC 中断的状态。

(17) void DAC_ClearITPendingBit(uint32_t DAC_Channel, uint32_t DAC_IT);

功能描述:清除 DAC 中断标志。

6.5.4 DAC 使用示例

以下是 dac.c 中的源代码:

```
#include "dac.h"
//DAC 通道 1 输出初始化
void Dac1_Init(void)
{
    GPIO_InitTypeDef GPIO_InitStructure;
    DAC_InitTypeDef
    DAC_InitType;
    RCC_APB2PeriphClockCmd(RCC_APB2Periph_GPIOA, ENABLE );    //①使能 PA 时钟
```

```
    RCC_APB1PeriphClockCmd(RCC_APB1Periph_DAC, ENABLE );            //②使能 DAC 时钟
    GPIO_InitStructure.GPIO_Pin = GPIO_Pin_4;                       //端口配置
    GPIO_InitStructure.GPIO_Mode = GPIO_Mode_AIN;                   //模拟输入
    GPIO_InitStructure.GPIO_Speed = GPIO_Speed_50MHz;
    GPIO_Init(GPIOA, &GPIO_InitStructure);                          //初始化
    GPIOA GPIO_SetBits(GPIOA,GPIO_Pin_4) ;                          //PA.4 输出高
    DAC_InitType.DAC_Trigger=DAC_Trigger_None;                      //不使用触发功能
    DAC_InitType.DAC_WaveGeneration=DAC_WaveGeneration_None;        //不使用波形发生
    DAC_InitType.DAC_LFSRUnmask_TriangleAmplitude=DAC_LFSRUnmask_Bit0;
    DAC_InitType.DAC_OutputBuffer=DAC_OutputBuffer_Disable          //DAC1 输出缓存关
    DAC_Init(DAC_Channel_1,&DAC_InitType);                          //初始化 DAC 通道 1
    DAC_Cmd(DAC_Channel_1, ENABLE);                                 //使能 DAC1
    DAC_SetChannel1Data(DAC_Align_12b_R, 0);               //12 位右对齐,设置 DAC 初始值
}
//设置通道 1 输出电压                                       //vol:0~3300,代表 0~3.3V
void Dac1_Set_Vol(u16 vol)
{
    float temp=vol;
    temp/=1000;
    temp=temp*4096/3.3;
    DAC_SetChannel1Data(DAC_Align_12b_R,temp);                  //12 位右对齐,设置 DAC 值
}
```

main.c 主函数如下:

```
int main(void)
{
    u16 adcx;
    float temp;
    u8 t=0;
    u16 dacval=0;
    u8 key;
    delay_init();                                                   //延时函数初始化
    NVIC_Configuration();   //设置 NVIC 中断分组 2:2 位抢占优先级,2 位响应优先级
    uart_init(9600);                                                //串口初始化为 9600
    KEY_Init();                                                     //初始化按键程序
    LED_Init();                                                     //LED 端口初始化
    LCD_Init();                                                     //LCD 初始化
    usmart_dev.init(72);                                            //初始化 USMART
    Adc_Init();                                                     //ADC 初始化
    Dac1_Init();                                                    //DAC 初始化
    POINT_COLOR=RED;                                                //设置字体为红色
    LCD_ShowString(60,50,200,16,16,"Mini STM32");
    LCD_ShowString(60,70,200,16,16,"DAC TEST");
    LCD_ShowString(60,90,200,16,16,"ATOM@ALIENTEK");
    LCD_ShowString(60,110,200,16,16,"2012/8/3");
    LCD_ShowString(60,130,200,16,16,"WKUP:+ KEY1:-");               //显示提示信息
    POINT_COLOR=BLUE;                                               //设置字体为蓝色
    LCD_ShowString(60,150,200,16,16,"DAC VAL:");
    LCD_ShowString(60,170,200,16,16,"DAC VOL:0.000V");
```

```
    LCD_ShowString(60,190,200,16,16,"ADC VOL:0.000V");
    DAC_SetChannel1Data(DAC_Align_12b_R, 0);                    //初始值为 0
    while(1)
    {
        t++;
        key=KEY_Scan(0);
        if(key==4)
        {
            if(dacval<4000)dacval+=200;
            DAC_SetChannel1Data(DAC_Align_12b_R, dacval);       //设置 DAC 值
        }
        else if(key==2)
        {
            if(dacval>200)dacval-=200;
            else dacval=0;
            DAC_SetChannel1Data(DAC_Align_12b_R, dacval);       //设置 DAC 值
        }
        if(t==10||key==2||key==4)                    //WKUP/KEY1 按下了,或者定时时间到了
        {
            adcx=DAC_GetDataOutputValue(DAC_Channel_1);         //读取前面设置的 DAC 值
            LCD_ShowxNum(124,150,adcx,4,16,0);                  //显示 DAC 寄存器值
            temp=(float)adcx*(3.3/4096);                        //得到 DAC 电压值
            adcx=temp;
            LCD_ShowxNum(124,170,temp,1,16,0);                  //显示电压值整数部分
            temp-=adcx;
            temp*=1000;
            LCD_ShowxNum(140,170,temp,3,16,0X80);               //显示电压值的小数部分
            adcx=Get_Adc_Average(ADC_Channel_1,10);             //得到 ADC 转换值
            temp=(float)adcx*(3.3/4096);                        //得到 ADC 电压值
            adcx=temp;
            LCD_ShowxNum(124,190,temp,1,16,0);                  //显示电压值整数部分
            temp-=adcx;
            temp*=1000;
            LCD_ShowxNum(140,190,temp,3,16,0X80);               //显示电压值的小数部分
            LED0=!LED0;
            t=0;
        }   delay_ms(10);
    }
}
```

6.6 看门狗定时器

6.6.1 看门狗应用介绍

STM32F10xxx 内置两个看门狗,提供了更高的安全性、时间的精确性和使用的灵活性。两个看门狗设备(独立看门狗和窗口看门狗)可用来检测和解决由软件错误引起的故障;当计数器达到给定的超时值时,触发一个中断(仅适用于窗口型看门狗)或产生系统复位。

独立看门狗(IWDG)由专用的低速时钟(LSI)驱动，即使主时钟发生故障它也仍然有效。

窗口看门狗(WWDG)由从 APB1 时钟分频后得到的时钟驱动，通过可配置的时间窗口来检测应用程序非正常的过迟或过早的操作。

IWDG 最适合应用于那些需要看门狗作为一个在主程序之外，能够完全独立工作，并且对时间精度要求较低的场合。

WWDG 最适合那些要求看门狗在精确计时窗口起作用的应用程序。

6.6.2 独立看门狗 IWDG

1. IWDG 主要性能

- 自由运行的递减计数器；
- 时钟由独立的 RC 振荡器提供(可在停止和待机模式下工作)；
- 看门狗被激活后，则在计数器计数至 0x000 时产生复位。

2. IWDG 功能描述

独立看门狗模块的功能框图如图 6-9 所示。

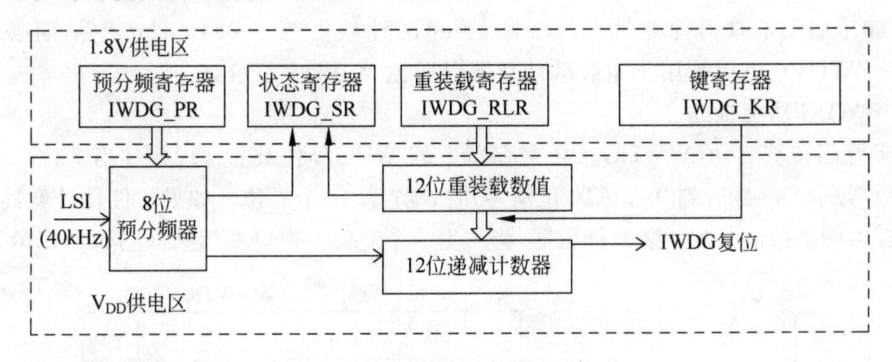

图 6-9 独立看门狗应用框图

在键寄存器(IWDG_KR)中写入 0xCCCC，开始启用独立看门狗；此时计数器开始从其复位值 0xFFF 递减计数。当计数器计数到末尾 0x000 时，会产生一个复位信号(IWDG_RESET)。

无论何时，只要在键寄存器 IWDG_KR 中写入 0xAAAA，IWDG_RLR 中的值就会被重新加载到计数器，从而避免产生看门狗复位。

1) 硬件看门狗

如果用户在选择字节中启用了“硬件看门狗”功能，在系统上电复位后，看门狗会自动开始运行；如果在计数器计数结束前，若软件没有向键寄存器写入相应的值，则系统会产生复位。

2) 寄存器访问保护

IWDG_PR 和 IWDG_RLR 寄存器具有写保护功能。要修改这两个寄存器的值，必须先向 IWDG_KR 寄存器中写入 0x5555。以不同的值写入这个寄存器将会打乱操作顺序，寄存器将重新被保护。重装载操作(即写入 0xAAAA)也会启动写保护功能。状态寄存器指示预分频值和递减计数器是否正在被更新。

3）调试模式

当微控制器进入调试模式时(Cortex-M3 核心停止)，根据调试模块中的 DBG_IWDG_STOP 配置位的状态，IWDG 的计数器能够继续工作或停止。

6.6.3　窗口看门狗 WWDG

窗口看门狗通常被用来监测由外部干扰或不可预见的逻辑条件造成的应用程序背离正常的运行序列而产生的软件故障。除非递减计数器的值在 T6 位变成 0 前被刷新，看门狗电路在达到预置的时间周期时，会产生一个 MCU 复位。在递减计数器达到窗口寄存器数值之前，如果 7 位的递减计数器数值(在控制寄存器中)被刷新，那么也将产生一个 MCU 复位。这表明递减计数器需要在一个有限的时间窗口中被刷新。

1. WWDG 主要特性

- 可编程的自由运行递减计数器。
- 条件复位：当递减计数器的值小于 0x40，则产生复位(若看门狗被启动)；当递减计数器在窗口外被重新装载，则产生复位(若看门狗被启动)。
- 如果启动了看门狗并且允许中断，当递减计数器等于 0x40 时产生早期唤醒中断(EWI)，它可以被用于重装载计数器以避免 WWDG 复位。

2. WWDG 功能描述

如果看门狗被启动(WWDG_CR 寄存器中的 WDGA 位被置 1)，并且当 7 位(T[6:0])递减计数器从 0x40 翻转到 0x3F(T6 位清零)时，则产生一个复位。如果软件在计数器值大于窗口寄存器中的数值时重新装载计数器，将产生一个复位。窗口看门狗框图如图 6-10 所示。

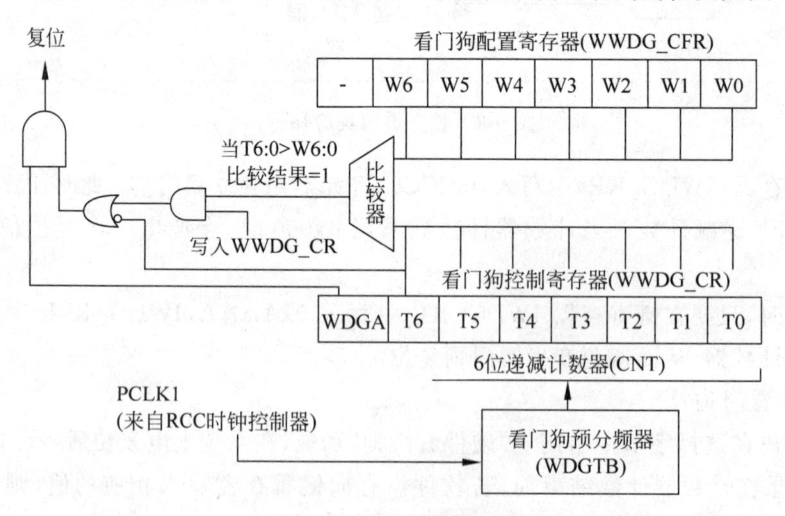

图 6-10　窗口看门狗框图

应用程序在正常运行过程中必须定期地写入 WWDG_CR 寄存器以防止 MCU 发生复位。只有当计数器值小于窗口寄存器的值时，才能进行写操作。储存在 WWDG_CR 寄存器中的数值必须在 0xC0～0xFF 之间。

1）启动看门狗

在系统复位后，看门狗总是处于关闭状态，设置 WWDG_CR 寄存器的 WDGA 位能够开启看门狗，随后它不能再被关闭，除非发生复位。

2）控制递减计数器

递减计数器处于自由运行状态，即使看门狗被禁止，递减计数器仍继续递减计数。当看门狗被启用时，T6 位必须被设置，以防止立即产生一个复位。

T[5:0]位包含了看门狗产生复位之前的计时数目；复位前的延时时间在一个最小值和一个最大值之间变化，这是因为写入 WWDG_CR 寄存器时，预分频值是未知的。

配置寄存器（WWDG_CFR）中包含窗口的上限值：要避免产生复位，递减计数器必须在其值小于窗口寄存器的数值并且大于 0x3F 时被重新装载。

另一个重装载计数器的方法是利用早期唤醒中断（EWI）。设置 WWDG_CFR 寄存器中的 EWI 位开启该中断。当递减计数器到达 0x40 时，则产生此中断，相应的中断服务程序（ISR）可以用来加载计数器以防止 WWDG 复位。在 WWDG_SR 寄存器中写 0 可以清除该中断。

注意：可以用 T6 位产生一个软件复位（设置 WDGA 位为 1，T6 位为 0）。

6.6.4　看门狗操作相关的库函数

1. 独立看门狗操作相关的库函数

（1）void IWDG_WriteAccessCmd(uint16_t IWDG_WriteAccess)；

功能描述：用默认阐述初始化独立看门狗设置。

（2）void IWDG_SetPrescaler(uint8_t IWDG_Prescaler)；

功能描述：设置独立看门狗的预置值。

（3）void IWDG_SetReload(uint16_t Reload)；

功能描述：设置 IWDG 的重新装载值。

（4）void IWDG_ReloadCounter(void)；

功能描述：重新装载设定的计数值。

（5）void IWDG_Enable(void)；

功能描述：使能 IWDG。

（6）FlagStatus IWDG_GetFlagStatus(uint16_t IWDG_FLAG)；

功能描述：检测独立看门狗电路的状态。

2. 窗口看门狗操作相关库函数

（1）void WWDG_DeInit(void)；

功能描述：用默认阐述初始化窗口看门狗设置。

（2）void WWDG_SetPrescaler(uint32_t WWDG_Prescaler)；

功能描述：设置窗口看门狗的预置值。

（3）void WWDG_SetWindowValue(uint8_t WindowValue)；

功能描述：设置窗口看门狗的值。

（4）void WWDG_EnableIT(void)；

功能描述：设置窗口看门狗的提前唤醒中断。

(5) void WWDG_SetCounter(uint8_t Counter);

功能描述:设置窗口看门狗的计数值。

(6) void WWDG_Enable(uint8_t Counter);

功能描述:使能窗口看门狗并装载计数值。

(7) FlagStatus WWDG_GetFlagStatus(void);

功能描述:检测窗口看门狗提前唤醒中断的标志状态。

(8) void WWDG_ClearFlag(void);

功能描述:清除 EWI 的中断标志。

6.6.5 看门狗使用示例

1. 独立看门狗使用示例

第一部分:

```
int main()
{
  NVIC_Config();
  LED_Init();
  LEDOn(LED1);
  delay_ms(500);
  LEDOff(LED1);
  IWDG_WriteAccessCmd(IWDG_WriteAccess_Enable);               //使能写入 PR 和 RLR
  IWDG_SetPrescaler(IWDG_Prescaler_128);                      //写入 PR 预分频值
  IWDG_SetReload(100);
  IWDG_Enable();
  while(1)
  {
    IWDG_ReloadCounter();                       //KR 写入 0x5555,重新开始计数,不让复位
  }
}
```

在这次实验中看到 LED 亮一下就保持常暗,说明 MCU 没有被复位。

第二部分,RLR 计数器不重装,看看能否复位 MCU:

```
int main()
{
  NVIC_Config();
  LED_Init();
  LEDOn(LED1);
  delay_ms(500);
  LEDOff(LED1);
  IWDG_WriteAccessCmd(IWDG_WriteAccess_Enable);               //使能写入 PR 和 RLR
  IWDG_SetPrescaler(IWDG_Prescaler_32);                       //写入 PR 预分频值
  IWDG_SetReload(100);
  IWDG_Enable();
  while(1)
  {
```

```
    //等待 MCU 被 IWDG 复位
  }
}
```

这次可以看到 LED 在闪烁了。

2. 窗口看门狗使用示例

```
//********************************
//功能:看门狗电路初始化
//********************************
void IWDG_Init(u8 prer,u16 rlr)
{
    IWDG_WriteAccessCmd(IWDG_WriteAccess_Enable);
    //使能对寄存器 IWDG_PR 和 IWDG_RLR 的写操作
    IWDG_SetPrescaler(prer);
    //设置 IWDG 预分频值:设置 IWDG 预分频值为 64
    IWDG_SetReload(rlr);
    //设置 IWDG 重装载值
    IWDG_ReloadCounter();
    //按照 IWDG 重装载寄存器的值重装载 IWDG 计数器
    IWDG_Enable();                                          //使能 IWDG
}
//*******************************************
//喂独立看门狗
//*******************************************
void IWDG_Feed(void)
{
    IWDG_ReloadCounter();
}
//*******************************************
//保存 WWDG 计数器的设置值,默认为最大
//*******************************************
u8 WWDG_CNT=0x7f;
void WWDG_Init(u8 tr,u8 wr,u32 fprer)
{
    RCC_APB1PeriphClockCmd(RCC_APB1Periph_WWDG, ENABLE);   //WWDG 时钟使能
    WWDG_SetPrescaler(fprer);                               //设置 WWDG 预分频值
    WWDG_SetWindowValue(wr);                                //设置窗口值
    WWDG_Enable(tr);                                        //使能看门狗,设置 counter
    WWDG_ClearFlag();
    WWDG_NVIC_Init();                                       //初始化窗口看门狗 NVIC
    WWDG_EnableIT();                                        //开启窗口看门狗中断
}
//********************************
//重设置 WWDG 计数器的值
//********************************
void WWDG_Set_Counter(u8 cnt)
{
    WWDG_Enable(cnt);
}
//********************************
```

```
//窗口看门狗中断服务程序
//************************************
void WWDG_NVIC_Init()
{
    NVIC_InitTypeDef NVIC_InitStructure;
    NVIC_InitStructure.NVIC_IRQChannel = WWDG_IRQn;                    //WWDG 中断
    NVIC_InitStructure.NVIC_IRQChannelPreemptionPriority = 2;
    //抢占 2,子优先级 3,组 2
    NVIC_InitStructure.NVIC_IRQChannelSubPriority = 3;
    //抢占 2,子优先级 3,组 2
    NVIC_Init(&NVIC_InitStructure);                                    //NVIC 初始化
}
//************************************
//看门狗中断
//************************************
void WWDG_IRQHandler(void)
{
    OS_CPU_SR cpu_sr;
    OS_ENTER_CRITICAL();
    //保存全局中断标志,关总中断//Tell μC/OS-Ⅱ that we are starting an ISR
    OSIntNesting++;
    OS_EXIT_CRITICAL();                                                //恢复全局中断标志
    //************************************
    WWDG_SetCounter(0x7F);                        //当禁掉此句后,窗口看门狗将产生复位
    WWDG_ClearFlag();                                                  //清除提前唤醒中断标志位
    //************************************
    OSIntExit();
    //在 os_core.c 文件里定义,如果有更高优先级的任务就绪了,则执行一次任务切换
}
```

第7章

STM32F103的通信接口及应用

STM32提供非常强大的通信和数据交换接口，这些接口可以达到13个之多，其中包括：

(1) 多达2个I^2C接口(支持SMBus/PMBus)；

(2) 多达5个USART接口(支持ISO7816，LIN，IrDA接口和调制解调控制)；

(3) 多达3个SPI接口(18M位/秒)，2个可复用I^2S接口；

(4) CAN接口(2.0B主动)；

(5) USB 2.0全速接口；

(6) SDIO接口。

本章将针对这些接口进行详细的介绍。

7.1 USART串行通信技术

7.1.1 USART介绍

通用同步异步收发器(USART)提供了一种灵活的方法与使用工业标准NRZ异步串行数据格式的外部设备之间进行全双工数据交换。USART利用分数波特率发生器提供宽范围的波特率选择。

它支持同步单向通信和半双工单线通信，也支持LIN(局部互联网)、智能卡协议和IrDA(红外数据组织)SIR ENDEC规范以及调制解调器(CTS/RTS)操作。它还允许多处理器通信。

使用多缓冲器配置的DMA方式，可以实现高速数据通信。其功能框图如图7-1所示。

7.1.2 USART主要特性

- 全双工，异步通信；
- NRZ标准格式；

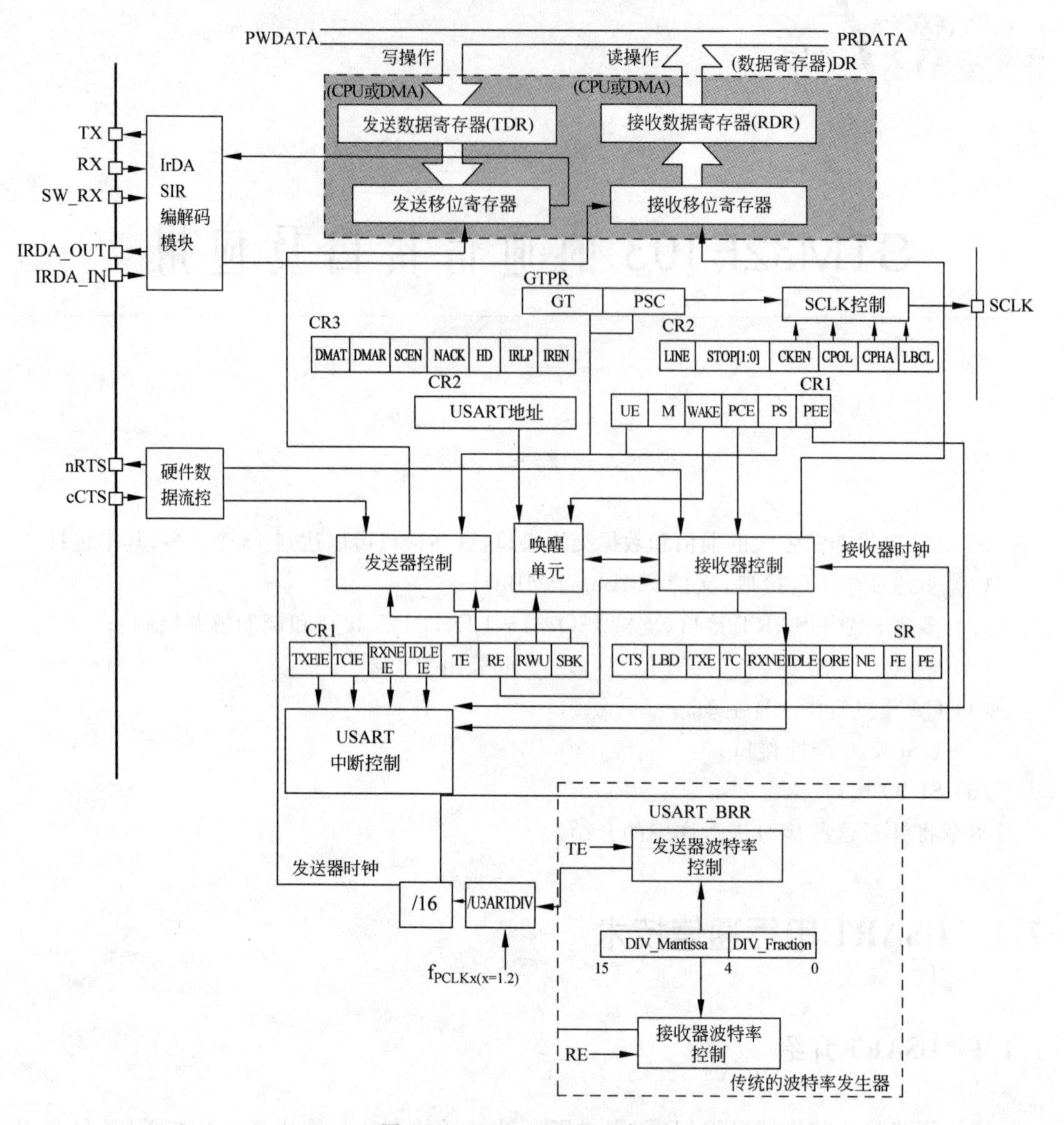

图 7-1 STM32 USART 框图

- 分数波特率发生器系统:发送和接收共用的可编程波特率,最高达 4.5Mb/s;
- 可编程数据字长度(8 位或 9 位);
- 可配置的停止位:支持 1 或 2 个停止位;
- LIN 主发送同步断开符的能力以及 LIN 从检测断开符的能力:当 USART 硬件配置成 LIN 时,生成 13 位断开符;检测 10/11 位断开符;
- 发送方为同步传输提供时钟;
- IRDA SIR 编码器解码器:在正常模式下支持 3/16 位的持续时间;
- 智能卡模拟功能:智能卡接口支持 ISO7816-3 标准里定义的异步智能卡协议;智能卡用到的 0.5 和 1.5 个停止位;
- 单线半双工通信;

- 可配置的使用 DMA 的多缓冲器通信：在 SRAM 里利用集中式 DMA 缓冲接收/发送字节；
- 单独的发送器和接收器使能位；
- 检测标志：接收缓冲器满、发送缓冲器空、传输结束标志；
- 校验控制：发送校验位、对接收数据进行校验；
- 四个错误检测标志：溢出错误、噪声错误、帧错误、校验错误；
- 10 个带标志的中断源：CTS 改变、LIN 断开符检测、发送数据寄存器空、发送完成、接收数据寄存器满、检测到总线为空闲、溢出错误、帧错误、噪声错误、校验错误；
- 多处理器通信——如果地址不匹配，则进入静默模式；
- 从静默模式中唤醒(通过空闲总线检测或地址标志检测)；
- 两种唤醒接收器的方式：地址位(MSB,第 9 位)、总线空闲。

7.1.3 USART 功能概述

USART 接口通过三个引脚与其他设备连接在一起。任何 USART 双向通信至少需要两个脚：接收数据输入(RX)和发送数据输出(TX)。

RX：接收数据串行输入。通过采样技术来区别数据和噪声，从而恢复数据。

TX：发送数据输出。当发送器被禁止时，输出引脚恢复到它的 I/O 端口配置。当发送器被激活，并且不发送数据时，TX 引脚处于高电平。在单线和智能卡模式里，此 I/O 口被同时用于数据的发送和接收。

- 总线在发送或接收前应处于空闲状态；
- 一个起始位；
- 一个数据字(8 或 9 位)，最低有效位在前；
- 0.5、1.5、2 个的停止位，由此表明数据帧的结束；
- 使用分数波特率发生器——12 位整数和 4 位小数的表示方法；
- 一个状态寄存器(USART_SR)；
- 数据寄存器(USART_DR)；
- 一个波特率寄存器(USART_BRR)，12 位的整数和 4 位小数；
- 一个智能卡模式下的保护时间寄存器(USART_GTPR)。

在同步模式中需要下列引脚：

- CK：发送器时钟输出。此引脚输出用于同步传输的时钟(在 Start 位和 Stop 位上没有时钟脉冲软件可选择，可以在最后一个数据位送出一个时钟脉冲)。数据可以在 RX 上同步被接收。这可以用来控制带有移位寄存器的外部设备(例如 LCD 驱动器)。时钟相位和极性都是软件可编程的。在智能卡模式里，CK 可以为智能卡提供时钟。

在 IrDA 模式中需要下列引脚：

- IrDA_RDI：IrDA 模式下的数据输入。
- IrDA_TDO：IrDA 模式下的数据输出。

在流控制模式中需要下列引脚：

- nCTS：清除发送，若是高电平，在当前数据传输结束时阻断下一次的数据发送。
- nRTS：发送请求，若是低电平，表明USART准备好接收数据。

7.1.4 USART操作相关的库函数

(1) void USART_DeInit(USART_TypeDef * USARTx)；

功能描述：使用默认值初始化USART的外设寄存器。

(2) void USART_Init(USART_TypeDef * USARTx，USART_InitTypeDef * USART_InitStruct)；

功能描述：根据指定的参数初始化串口外设。

(3) void USART_StructInit(USART_InitTypeDef * USART_InitStruct)；

功能描述：根据USART_InitStruct结构的设置进行初始化。

(4) void USART_ClockInit(USART_TypeDef * USARTx，USART_ClockInitTypeDef * USART_ClockInitStruct)；

功能描述：根据时钟参数结构的设置，初始化USART的外设时钟。

(5) void USART_ClockStructInit(USART_ClockInitTypeDef * USART_ClockInitStruct)；

功能描述：用默认值初始化USART_ClockInitStruct结构体。

(6) void USART_Cmd(USART_TypeDef * USARTx，FunctionalState NewState)；

功能描述：使能或者禁止制定的串口外设。

(7) void USART_ITConfig(USART_TypeDef * USARTx，uint16_t USART_IT，FunctionalState NewState)；

功能描述：使能或者禁止制定的串口外设中断。

(8) void USART_DMACmd(USART_TypeDef * USARTx，uint16_t USART_DMAReq，FunctionalState NewState)；

功能描述：使能或者禁止制定的串口DMA功能。

(9) void USART_SetAddress(USART_TypeDef * USARTx，uint8_t USART_Address)；

功能描述：设置USART外设的地址，一般不常用。

(10) void USART_WakeUpConfig(USART_TypeDef * USARTx，uint16_t USART_WakeUp)；

功能描述：选择串口唤醒的方法。

(11) void USART_ReceiverWakeUpCmd(USART_TypeDef * USARTx，FunctionalState NewState)；

功能描述：确定USART处于静默状态还是运行状态。

(12) void USART_LINBreakDetectLengthConfig(USART_TypeDef * USARTx，uint16_t USART_LINBreakDetectLength)；

功能描述：设置USART LIN(局部互联网)断开检测的长度。

(13) void USART_LINCmd(USART_TypeDef * USARTx，FunctionalState NewState)；

功能描述：使能或者禁止LIN模式。

(14) void USART_SendData(USART_TypeDef * USARTx, uint16_t Data);

功能描述：通过指定的USART外设传输数据。

(15) uint16_t USART_ReceiveData(USART_TypeDef * USARTx);

功能描述：通过指定的USART接收数据。

(16) void USART_SendBreak(USART_TypeDef * USARTx);

功能描述：LIN主机发送一个断开符。

(17) void USART_SetGuardTime(USART_TypeDef * USARTx, uint8_t USART_GuardTime);

功能描述：设置指定的USART保护时间。

(18) void USART_SetPrescaler(USART_TypeDef * USARTx, uint8_t USART_Prescaler);

功能描述：设置USART外设系统时钟的预装值。

(19) void USART_SmartCardCmd(USART_TypeDef * USARTx, FunctionalState NewState);

功能描述：使能或者禁止智能卡模式。

(20) void USART_SmartCardNACKCmd(USART_TypeDef * USARTx, FunctionalState NewState);

功能描述：使能或者禁止智能卡的NACK传输。

(21) void USART_HalfDuplexCmd(USART_TypeDef * USARTx, FunctionalState NewState);

功能描述：使能或者禁止USART的半双工模式。

(22) void USART_OverSampling8Cmd(USART_TypeDef * USARTx, FunctionalState NewState);

功能描述：使能或者禁止USART的每个位采样超过8次。

(23) void USART_OneBitMethodCmd(USART_TypeDef * USARTx, FunctionalState NewState);

功能描述：使能或者禁止USART的1位采样方法。

(24) void USART_IrDAConfig(USART_TypeDef * USARTx, uint16_t USART_IrDAMode);

功能描述：配置USART的红外数据接口。

(25) void USART_IrDACmd(USART_TypeDef * USARTx, FunctionalState NewState);

功能描述：使能或者禁止USART的红外接口。

(26) FlagStatus USART_GetFlagStatus(USART_TypeDef * USARTx, uint16_t USART_FLAG);

功能描述：检测USART的标志是否置位。

(27) void USART_ClearFlag(USART_TypeDef * USARTx, uint16_t USART_FLAG);

功能描述：清除USART的挂起标志。

(28) ITStatus USART_GetITStatus(USART_TypeDef * USARTx, uint16_t

USART_IT);

功能描述：获得 USART 的中断状态。

(29) void USART_ClearITPendingBit(USART_TypeDef * USARTx, uint16_t USART_IT);

功能描述：清除 USART 的中断挂起标志。

7.1.5 USART 使用示例

```
/*************************************************************
*
* Function Name : 串口功能定义及其初始化区域
* Description : USART1～3 的初始化定义
*
*************************************************************/

/**********************************************************
* Function Name : USART1_Init
* Description : USART1 的初始化
**********************************************************/
void USART1_Init(u32 speed)
{
    GPIO_InitTypeDef USART1_GPIO;                          //GPIO 类型结构定义
    USART_InitTypeDef USART_InitStructure;                 //串口设置恢复默认参数
    NVIC_InitTypeDef NVIC_InitStructure;
    //USART_ClockInitTypeDef USART_ClockIni;
    //memset( (void *)&gCommCtrl, 0, sizeof(COMM_CTRL) );
    //初始化 gCommCtrl 中的内存值
    RCC_APB2PeriphClockCmd(RCC_APB2Periph_USART1,ENABLE);
    //|RCC_APB2Periph_GPIOA|RCC_APB2Periph_AFIO
    //使用 USART1 与 GPIOA 的时钟
    //GPIO 的设置
    USART1_GPIO.GPIO_Pin=(GPIO_Pin_9);                     //PA9 是 TX
    USART1_GPIO.GPIO_Speed=GPIO_Speed_50MHz;
    USART1_GPIO.GPIO_Mode=GPIO_Mode_AF_PP;
    GPIO_Init(GPIOA, &USART1_GPIO);
    USART1_GPIO.GPIO_Pin=(GPIO_Pin_10);                    //PA10 是 RX
    USART1_GPIO.GPIO_Mode=GPIO_Mode_IN_FLOATING;
    //RX,还是有外接 10kΩ 上拉,所以开漏输入模式
    GPIO_Init(GPIOA, &USART1_GPIO);                        //再设置
    //初始化参数设置
    USART_InitStructure.USART_BaudRate = speed;            //波特率依据要求
    USART_InitStructure.USART_WordLength = USART_WordLength_8b;
    //字长 8 位
    USART_InitStructure.USART_StopBits = USART_StopBits_1;
    //1 位停止字节
    USART_InitStructure.USART_Parity = USART_Parity_No; //无奇偶校验
    USART_InitStructure.USART_HardwareFlowControl
    =USART_HardwareFlowControl_None;                       //无流控制
```

```
    USART_InitStructure.USART_Mode = USART_Mode_Rx | USART_Mode_Tx;
    USART_Init(USART1, &USART_InitStructure);              //初始化
    USART_ITConfig(USART1, USART_IT_RXNE, ENABLE);
    //初始化时只使能 RX,不然一上电就会进入中断
    USART_Cmd(USART1, ENABLE);                             //启动串口
    NVIC_PriorityGroupConfig(NVIC_PriorityGroup_2);
    //配置为全部为响应级的中断
    //这样相当于 ARM7 中只有 IRQ,没有 FIQ
    /* Enable the USARTy Interrupt */
    NVIC_InitStructure.NVIC_IRQChannel = USART1_IRQn;
    //这个值要和入口设置对应
    //NVIC_InitStructure.NVIC_IRQChannel = USART1_IRQChannel;
    //选择串口 1 中断
    NVIC_InitStructure.NVIC_IRQChannelPreemptionPriority=1;
    NVIC_InitStructure.NVIC_IRQChannelSubPriority = 0;
    //优先级 0
    NVIC_InitStructure.NVIC_IRQChannelCmd = ENABLE;
    //使能中断
    NVIC_Init(&NVIC_InitStructure);                        //进行配置
}

// ****************************************************
//【CommPutch】1 串口发送数据
// ****************************************************
void usart1putch( u8 txchar )
{
    USART_ClearFlag(USART1,USART_FLAG_TC);
    USART_SendData(USART1,txchar);
    while(USART_GetFlagStatus(USART1,USART_FLAG_TC)==RESET);
}
// ****************************************************
//【commSendStr】通信串口发送字符串
// ****************************************************
void usart1sendstr( char * pStr )
{
    u8 txchar;
    while(1)
    {
        txchar = *pStr++;
        if( txchar == 0 ) break;
            usart1putch(txchar);
    }
    return;
}
// ****************************************************
//【USART1 SEND CMD】通信串口发送命令
// ****************************************************
void usart1sendcmd( u8 *pcmd,u8 count )
{
    u8 txchar,i;
    //USART_GetFlagStatus(USART1,USART_FLAG_TC);
```

```
    for(i=0;i<count;i++)
    {
        txchar = *pcmd++;
        usart1putch(txchar);
    }
    return;
}
/*****************************************************
* Function Name : USART1_IRQHandler
* Description : This function handles USART2 global interrupt request
* Input : None
* Output : None
* Return : None
*****************************************************/
void USART2_IRQHandler(void)
{
    OS_CPU_SR cpu_sr;
    uint32_t temp = 0;
    u8 i;
    if(USART_GetITStatus(USART2, USART_IT_IDLE) != RESET)
    {
        DMA_Cmd(DMA1_Channel6,DISABLE);
        temp = com2_rx_size - DMA_GetCurrDataCounter(DMA1_Channel6);
        //协议处理
        //串口 2 基本上不接收数据处理
        //读 SR 后,读 DR,清除 Idle
        i = USART2->SR;
        i = USART2->DR;
        if(USART_GetITStatus(USART2,USART_IT_PE|USART_IT_FE|USART_IT_NE) !=
RESET)//出错
        USART_ClearITPendingBit(USART2,USART_IT_PE | USART_IT_FE | USART_IT_NE);
        USART_ClearITPendingBit(USART2, USART_IT_TC);
        USART_ClearITPendingBit(USART2,USART_IT_IDLE);
    }
}
```

7.2 SPI 通信接口应用

7.2.1 SPI 简介

SPI 是串行外围设备接口(Serial Peripheral Interface)的缩写,是 Motorola 公司首先在其 MC68HCXX 系列处理器上定义的。SPI 接口主要应用在 EEPROM、Flash、实时时钟、A/D 转换器还有数字信号处理器和数字信号解码器之间。

SPI 是一种高速的、全双工、同步的通信总线,并且在芯片的引脚上只占用四根线,节约了芯片的引脚,同时也为 PCB 的布局节省空间,提供方便。正是出于这种简单易用的特性,现在越来越多的芯片集成了这种通信协议，STM32 也有 SPI 接口。

SPI 接口一般使用 4 条线：

- MISO：主设备数据输入，从设备数据输出；
- MOSI：主设备数据输出，从设备数据输入；
- SCLK：时钟信号，由主设备产生；
- CS：从设备片选信号，由主设备控制。

SPI 主要特点有：

- 可以同时发出和接收串行数据；
- 可以当作主机或从机工作；
- 提供频率可编程时钟；
- 发送结束中断标志；
- 写冲突保护；
- 总线竞争保护等。

在大容量产品和互联型产品上，SPI 接口可以配置为支持 SPI 协议或者支持 I^2S 音频协议。SPI 接口默认工作在 SPI 方式，可以通过软件把功能从 SPI 模式切换到 I^2S 模式。

在小容量和中容量产品上，不支持 I^2S 音频协议。

SPI 允许芯片与外部设备以半/全双工、同步、串行方式通信。接口可以被配置成主模式，并为外部从设备提供通信时钟(SCK)。接口还能以多主配置方式工作。

SPI 可用于多种用途，包括使用一条双向数据线的双线单工同步传输，还可使用 CRC 校验的可靠通信。

I^2S 是一种 3 引脚的同步串行接口通信协议。它支持四种音频标准，包括飞利浦 I^2S 标准、MSB 和 LSB 对齐标准以及 PCM 标准。它在半双工通信中，可以工作在主和从两种模式下。当它作为主设备时，通过接口向外部的从设备提供时钟信号。

警告：由于 SPI3/I2S3 的部分引脚与 JTAG 引脚共享(SPI3_NSS/I2S3_WS 与 JTDI，SPI3_SCK/I2S3_CK 与 JTDO)，因此这些引脚不受 I/O 控制器控制，它们(在每次复位后)被默认保留为 JTAG 用途。如果用户想把引脚配置给 SPI3/I2S3，必须(在调试时)关闭 JTAG 并切换至 SWD 接口，或者(在标准应用时)同时关闭 JTAG 和 SWD 接口。

7.2.2 SPI 和 I^2S 主要特征

1. SPI 特征

- 3 线全双工同步传输；
- 带或不带第三根双向数据线的双线单工同步传输；
- 8 或 16 位传输帧格式选择；
- 主或从操作；
- 支持多主模式；
- 8 个主模式波特率预分频系数(最大为 $f_{PCLK}/2$)；
- 从模式频率(最大为 $f_{PCLK}/2$)；
- 主模式和从模式的快速通信；

- 主模式和从模式下均可以由软件或硬件进行 NSS 管理：主/从操作模式的动态改变；
- 可编程的时钟极性和相位；
- 可编程的数据顺序，MSB 在前或 LSB 在前；
- 可触发中断的专用发送和接收标志；
- SPI 总线忙状态标志；
- 支持可靠通信的硬件 CRC：在发送模式下，CRC 值可以被作为最后一个字节发送；在全双工模式中，对接收到的最后一个字节自动进行 CRC 校验；
- 可触发中断的主模式故障、过载以及 CRC 错误标志；
- 支持 DMA 功能的 1 字节发送和接收缓冲器：产生发送和接受请求。

2. I²S 功能

- 单工通信(仅发送或接收)；
- 主或者从操作；
- 8 位线性可编程预分频器，获得精确的音频采样频率(8～96kHz)；
- 数据格式可以是 16 位，24 位或者 32 位；
- 音频信道固定数据包帧为 16 位(16 位数据帧)或 32 位(16、24 或 32 位数据帧)；
- 可编程的时钟极性(稳定态)；
- 从发送模式下的下溢标志位和主/从接收模式下的溢出标志位；
- 16 位数据寄存器用来发送和接收，在通道两端各有一个寄存器；
- 支持的 I²S 协议：I²S 飞利浦标准、MSB 对齐标准(左对齐)、LSB 对齐标准(右对齐)、PCM 标准(16 位通道帧上带长或短帧同步或者 16 位数据帧扩展为 32 位通道帧)；
- 数据方向总是 MSB 在先；
- 发送和接收都具有 DMA 能力；
- 主时钟可以输出到外部音频设备，比率固定为 $256\times f_s$(f_s 为音频采样频率)；
- 在互联型产品中，两个 I²S 模块(I2S2 和 I2S3)有一个专用的 PLL(PLL3)，产生更加精准的时钟。

7.2.3 SPI 功能介绍

SPI 的功能框图如图 7-2 所示。通常 SPI 通过 4 个引脚与外部器件相连：

MISO：主设备输入/从设备输出引脚。该引脚在从模式下发送数据，在主模式下接收数据。

MOSI：主设备输出/从设备输入引脚。该引脚在主模式下发送数据，在从模式下接收数据。

SCK：串口时钟，作为主设备的输出、从设备的输入。

NSS：从设备选择。这是一个可选的引脚，用来选择主/从设备。它的功能是用来作为“片选引脚”，让主设备可以单独地与特定从设备通信，避免数据线上的冲突。

从设备的 NSS 引脚可以由主设备的一个标准 I/O 引脚来驱动。

一旦被使能(SSOE 位)，NSS 引脚也可以作为输出引脚，并在 SPI 处于主模式时拉低；此时，所有的 SPI 设备，如果它们的 NSS 引脚连接到主设备的 NSS 引脚，则会检测到低电

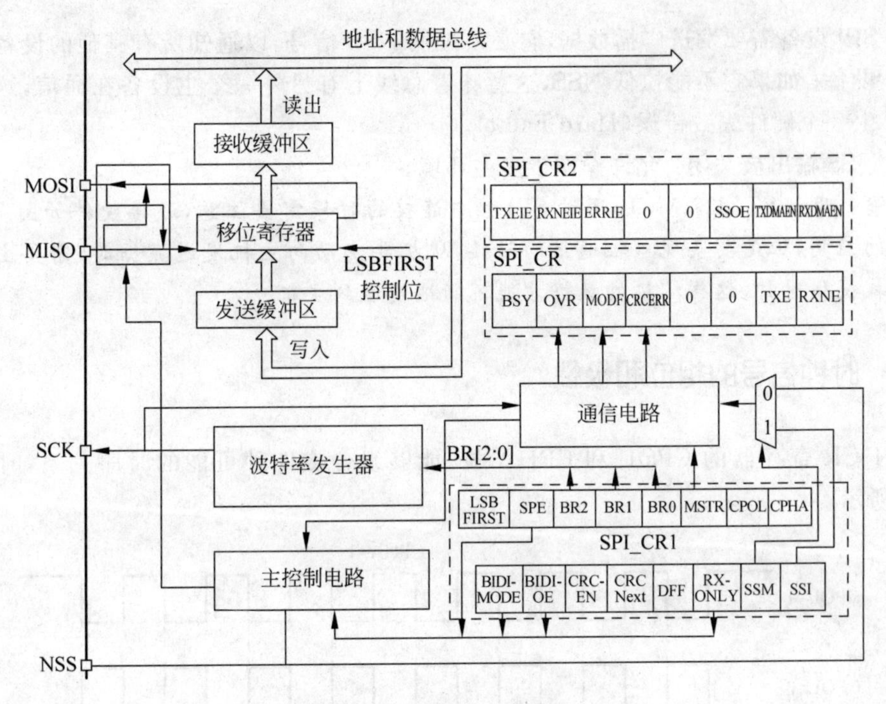

图 7-2 STM32 SPI 框图

平,如果它们被设置为 NSS 硬件模式,就会自动进入从设备状态。

当 SPI 配置为主设备、NSS 配置为输入引脚(MSTR=1,SSOE=0)时,如果 NSS 被拉低,则这个 SPI 设备进入主模式失败状态:即 MSTR 位被自动清除,此设备进入从模式。

图 7-3 是一个单主和单从设备互连的例子。

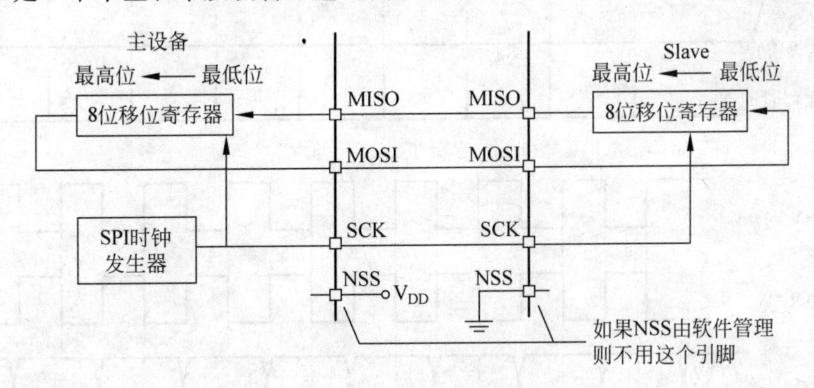

图 7-3 SPI 通信单主和单从的应用

从选择(NSS)脚管理有两种 NSS 模式:

(1) 软件 NSS 模式:可以通过设置 SPI_CR1 寄存器的 SSM 位来使能这种模式。在这种模式下 NSS 引脚可以用作他用,而内部 NSS 信号电平可以通过写 SPI_CR1 的 SSI 位来驱动。

(2) 硬件 NSS 模式,分两种情况:

- NSS 输出被使能:当 STM32F10xxx 工作为主 SPI,并且 NSS 输出已经通过 SPI_CR2 寄存器的 SSOE 位使能,这时 NSS 引脚被拉低,所有 NSS 引脚与这个主 SPI 的 NSS 引脚相连并配置为硬件 NSS 的 SPI 设备,将自动变成从 SPI 设备。当一个

SPI 设备需要发送广播数据,它必须拉低 NSS 信号,以通知所有其他的设备它是主设备;如果它不能拉低 NSS,这意味着总线上有另外一个主设备在通信,这时将产生一个硬件失败错误(Hard Fault)。

• NSS 输出被关闭:允许操作于多主环境。

注意:两个 STM32 MCU 通过 SPI 接口连接的时候需要注意,连接硬件如图 7-3 单主和单从的应用,但是要实现双机通信的时候,从机要主动向主机发送数据时,需要主机不停地向从机提供时钟,这样从机的数据才能不断地发送到主机。

7.2.4　时钟信号的相位和极性

SPI_CR 寄存器的 CPOL 和 CPHA 位,能够组合成四种可能的时序关系,时序图如图 7-4 所示。

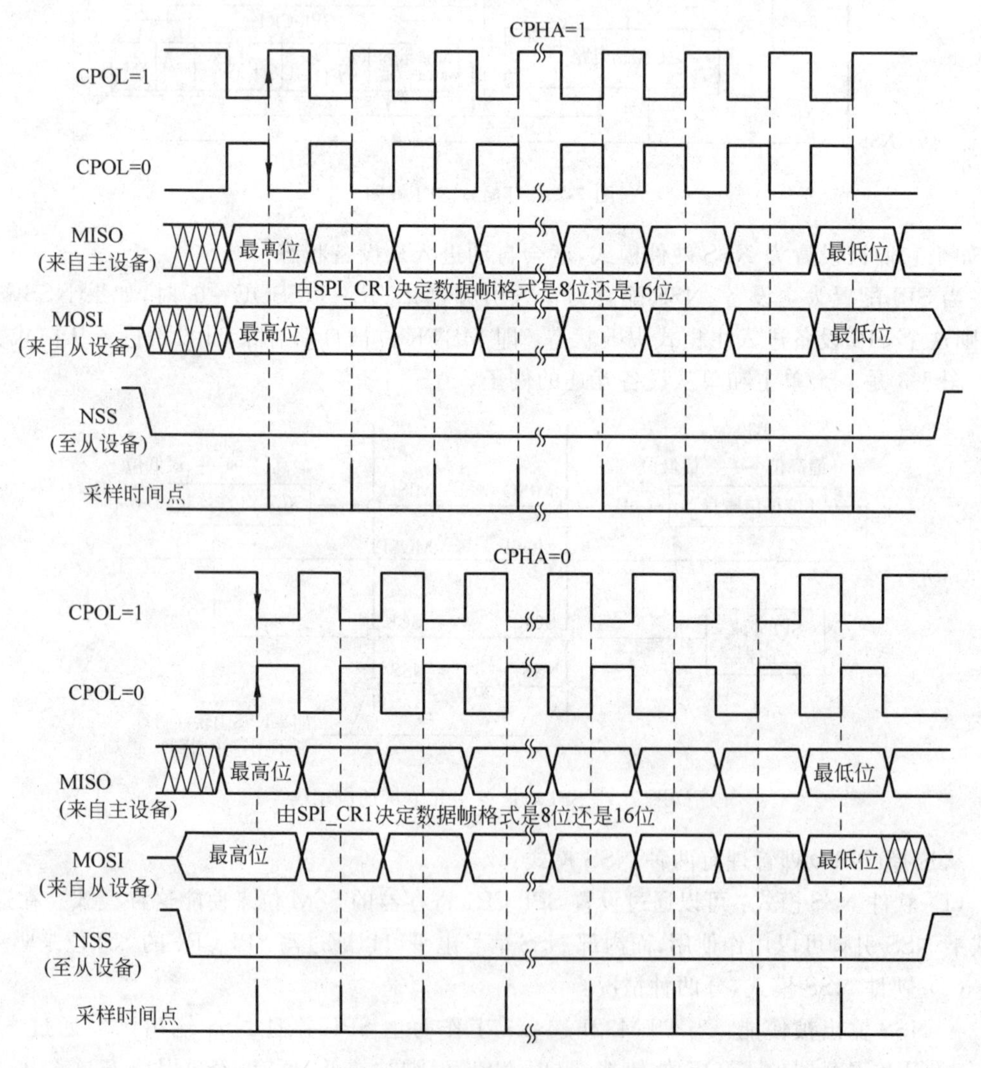

图 7-4　SPI 数据时钟时序图

CPOL(时钟极性)位控制在没有数据传输时时钟的空闲状态电平，此位对主模式和从模式下的设备都有效。如果 CPOL 被清 0，SCK 引脚在空闲状态保持低电平；如果 CPOL 被置 1，SCK 引脚在空闲状态保持高电平。

如果 CPHA(时钟相位)位被置 1，SCK 时钟的第二个边沿(CPOL 位为 0 时就是下降沿，CPOL 位为 1 时就是上升沿)进行数据位的采样，数据在第二个时钟边沿被锁存。如果 CPHA 位被清 0，SCK 时钟的第一边沿(CPOL 位为 0 时就是下降沿，CPOL 位为 1 时就是上升沿)进行数据位采样，数据在第一个时钟边沿被锁存。

7.2.5 SPI 工作模式

1. 配置 SPI 为从模式

在从模式下，SCK 引脚用于接收从主设备来的串行时钟。SPI_CR1 寄存器中 BR[2:0] 的设置不影响数据传输速率。

注意：建议在主设备发送时钟之前使能 SPI 从设备，否则可能会发生意外的数据传输。在通信时钟的第一个边沿到来之前或正在进行的通信结束之前，从设备的数据寄存器必须就绪。在使能从设备和主设备之前，通信时钟的极性必须处于稳定的数值。

1) 配置步骤

(1) 设置 DFF 位以定义数据帧格式为 8 位或 16 位。

(2) 选择 CPOL 和 CPHA 位来定义数据传输和串行时钟之间的相位关系。为保证数据传输的正确性，从设备和主设备的 CPOL 和 CPHA 位必须配置成相同的方式。

(3) 帧格式(SPI_CR1 寄存器中的 LSBFIRST 位定义的“MSB 在前”还是“LSB 在前”)必须与主设备相同。

(4) 硬件 NSS 模式下，在完整的数据帧(8 位或 16 位)传输过程中，NSS 引脚必须为低电平。软件 NSS 模式下，设置 SPI_CR1 寄存器中的 SSM 位并清除 SSI 位。

(5) 清除 MSTR 位、设置 SPE 位(SPI_CR1 寄存器)，使相应引脚工作于 SPI 模式下。

在这个配置中，MOSI 引脚是数据输入，MISO 引脚是数据输出。

2) 数据发送过程

在写操作中，数据字被并行地写入发送缓冲器。

当从设备收到时钟信号，并且在 MOSI 引脚上出现第一个数据位时，发送过程开始(译注：此时第一个位被发送出去)。余下的位(对于 8 位数据帧格式，还有 7 位；对于 16 位数据帧格式，还有 15 位)被装进移位寄存器。当发送缓冲器中的数据传输到移位寄存器时，SPI_SP 寄存器的 TXE 标志被设置，如果设置了 SPI_CR2 寄存器的 TXEIE 位，将会产生中断。

3) 数据接收过程

对于接收器，当数据接收完成时：

- 移位寄存器中的数据传送到接收缓冲器，SPI_SR 寄存器中的 RXNE 标志被设置。
- 如果设置了 SPI_CR2 寄存器中的 RXNEIE 位，则产生中断。

在最后一个采样时钟边沿后，RXNE 位被置 1，移位寄存器中接收到的数据字节被传送到接收缓冲器。当读 SPI_DR 寄存器时，SPI 设备返回。

2. 配置 SPI 为主模式

在主配置时,SCK 脚产生串行时钟。

1) 配置步骤

(1) 通过 SPI_CR1 寄存器的 BR[2:0]位定义串行时钟波特率。

(2) 选择 CPOL 和 CPHA 位,定义数据传输和串行时钟间的相位关系。

(3) 设置 DFF 位来定义 8 位或 16 位数据帧格式。

(4) 配置 SPI_CR1 寄存器的 LSBFIRST 位定义帧格式。

(5) 如果需要 NSS 引脚工作在输入模式,硬件模式下,在整个数据帧传输期间应把 NSS 脚连接到高电平;在软件模式下,需设置 SPI_CR1 寄存器的 SSM 位和 SSI 位。如果 NSS 引脚工作在输出模式,则只需设置 SSOE 位。

(6) 必须设置 MSTR 位和 SPE 位(只有当 NSS 脚被连到高电平,这些位才能保持置位)。

在这个配置中,MOSI 引脚是数据输出,而 MISO 引脚是数据输入。

2) 数据发送过程

当写入数据至发送缓冲器时,发送过程开始。

在发送第一个数据位时,数据字被并行地(通过内部总线)传入移位寄存器,而后串行地移出到 MOSI 脚上;MSB 在先还是 LSB 在先,取决于 SPI_CR1 寄存器中的 LSBFIRST 位的设置。数据从发送缓冲器传输到移位寄存器时 TXE 标志将被置位,如果设置了 SPI_CR1 寄存器中的 TXEIE 位,将产生中断。

3) 数据接收过程

对于接收器来说,当数据传输完成时:

- 传送移位寄存器里的数据到接收缓冲器,并且 RXNE 标志被置位。
- 如果设置了 SPI_CR2 寄存器中的 RXNEIE 位,则产生中断。

在最后采样时钟沿,RXNE 位被设置,在移位寄存器中接收到的数据字被传送到接收缓冲器。读 SPI_DR 寄存器时,SPI 设备返回接收缓冲器中的数据。

读 SPI_DR 寄存器将清除 RXNE 位。

一旦传输开始,如果下一个将发送的数据被放进了发送缓冲器,就可以维持一个连续的传输流。在试图写发送缓冲器之前,需确认 TXE 标志应该为 1。

注意:在 NSS 硬件模式下,从设备的 NSS 输入由 NSS 引脚控制,或由另一个由软件驱动的 GPIO 引脚控制。

7.2.6 SPI 操作相关的库函数

(1) void SPI_I2S_DeInit(SPI_TypeDef * SPIx);

功能描述:将 SPIx 外设寄存器重置为它们的默认值(Affects also the I2Ss)。

(2) void SPI_Init(SPI_TypeDef * SPIx, SPI_InitTypeDef * SPI_InitStruct);

功能描述:根据 SPI_InitStruct 中的特定参数初始化 SPIx 外设。

(3) void I2S_Init(SPI_TypeDef * SPIx, I2S_InitTypeDef * I2S_InitStruct);

功能描述:根据 SPI_InitStruct 中的特定参数初始化 SPIx 外设。

(4) void SPI_StructInit(SPI_InitTypeDef * SPI_InitStruct);

功能描述：使用默认值填充 SPI_InitStruct 每一个成员。

(5) void I2S_StructInit(I2S_InitTypeDef * I2S_InitStruct);

功能描述：用默认值填充每个 I2S_InitStruct 结构成员。

(6) void SPI_Cmd(SPI_TypeDef * SPIx, FunctionalState NewState);

功能描述：用默认值填充每个 I2S_InitStruct 结构成员变量。

(7) void I2S_Cmd(SPI_TypeDef * SPIx, FunctionalState NewState);

功能描述：使能或禁止指定的 SPI 外设(在 I2S 模式)。

(8) void SPI_I2S_ITConfig(SPI_TypeDef * SPIx, uint8_t SPI_I2S_IT,FunctionalState NewState);

功能描述：使能或禁止指定的 SPI/I2S 中断。

(9) void SPI_I2S_DMACmd(SPI_TypeDef * SPIx, uint16_t SPI_I2S_DMAReq, FunctionalState NewState);

功能描述：使能或禁止 SPIx/I2Sx DMA 接口。

(10) void SPI_I2S_SendData(SPI_TypeDef * SPIx, uint16_t Data);

功能描述：通过 SPIx/I2Sx 外设发送数据。

(11) uint16_t SPI_I2S_ReceiveData(SPI_TypeDef * SPIx);

功能描述：返回最近从 SPIx/I2Sx 外部设备接收的数据。

(12) void SPI_NSSInternalSoftwareConfig(SPI_TypeDef * SPIx, uint16_t SPI_NSSInternalSoft);

功能描述：软件配置选择的 SPI 内部引脚。

(13) void SPI_SSOutputCmd(SPI_TypeDef * SPIx, FunctionalState NewState);

功能描述：使能或关闭选定的 SPI 接口的 SS 输出。

(14) void SPI_DataSizeConfig(SPI_TypeDef * SPIx, uint16_t SPI_DataSize);

功能描述：为选定的 SPI 接口配置数据大小。

(15) void SPI_TransmitCRC(SPI_TypeDef * SPIx);

功能描述：传送指定 SPI 的 CRC 校验值。

(16) void SPI_CalculateCRC(SPI_TypeDef * SPIx, FunctionalState NewState);

功能描述：使能或取消传送字节的 CRC 校验值的计算。

(17) uint16_t SPI_GetCRC(SPI_TypeDef * SPIx, uint8_t SPI_CRC);

功能描述：返回特定 SPI 外设传送或接收的 CRC 寄存器的值。

(18) uint16_t SPI_GetCRCPolynomial(SPI_TypeDef * SPIx);

功能描述：返回特定 SPI 接口的 CRC 多项式寄存器的值。

(19) void SPI_BiDirectionalLineConfig(SPI_TypeDef * SPIx, uint16_t SPI_Direction);

功能描述：为特定的 SPI 接口在双向模式时选择数据传输方向。

(20) FlagStatus SPI_I2S_GetFlagStatus(SPI_TypeDef * SPIx, uint16_t SPI_I2S_FLAG);

功能描述：检查指定的 SPI/I2S 标记是否被置位。

(21) void SPI_I2S_ClearFlag(SPI_TypeDef * SPIx, uint16_t SPI_I2S_FLAG);

功能描述：清除 SPIx CRC 错误(CRCERR)标志。

(22) ITStatus SPI_I2S_GetITStatus(SPI_TypeDef * SPIx, uint8_t SPI_I2S_IT);

功能描述：检查指定的 SPI/I2S 中断是否发生。

(23) void SPI_I2S_ClearITPendingBit(SPI_TypeDef * SPIx, uint8_t SPI_I2S_IT);

功能描述：清除某个 SPI CRC 错误(CRCERR)中断挂起位。

7.2.7 SPI 使用示例

1. 基于硬件的 SPI 的示例

```
//4463 复位脚
#define SI_SDN_LOW GPIO_ResetBits(GPIOA, GPIO_Pin_13)
#define SI_SDN_HIGH GPIO_SetBits(GPIOA, GPIO_Pin_13)
//4463SPI 片选脚
#define SI_CSN_LOW GPIO_ResetBits(GPIOB, GPIO_Pin_12)
#define SI_CSN_HIGH GPIO_SetBits(GPIOB, GPIO_Pin_12)
//4463 时钟脚(输入/输出时在 SPI.C 里面配置的)
#define SI_SCK_LOW GPIO_ResetBits(GPIOB, GPIO_Pin_13)
#define SI_SCK_HIGH GPIO_SetBits(GPIOB, GPIO_Pin_13)
//主机模式下：STM32SPI 数据输出,4463 输入
#define SI_SDO_LOW GPIO_ResetBits(GPIOB, GPIO_Pin_15)
#define SI_SDO_HIGH GPIO_SetBits(GPIOB, GPIO_Pin_15)
//主机模式下：STM32SPI 数据输入,4463 输出
//****************************************
//SPI I/O 初始化
//****************************************
void SPI2IO_Init(void)
{
    GPIO_InitTypeDef GPIO_InitStructure;
    SPI_InitTypeDef SPI_InitStructure;
    RCC_APB1PeriphClockCmd(RCC_APB1Periph_SPI2, ENABLE );
    //GPIOA 时钟使能, SPI2 时钟使能
    RCC_AHBPeriphClockCmd(RCC_AHBPeriph_GPIOB, ENABLE );
    //GPIOB 时钟使能, SPI2 时钟使能
    GPIO_InitStructure.GPIO_Pin = GPIO_Pin_13|GPIO_Pin_14|GPIO_Pin_15;
    GPIO_InitStructure.GPIO_Mode = GPIO_Mode_AF;
    GPIO_InitStructure.GPIO_OType = GPIO_OType_PP;
    GPIO_InitStructure.GPIO_PuPd = GPIO_PuPd_DOWN;
    GPIO_InitStructure.GPIO_Speed = GPIO_Speed_40MHz;
    GPIO_Init(GPIOB, &GPIO_InitStructure);
    GPIO_PinAFConfig(GPIOB, GPIO_PinSource13, GPIO_AF_SPI2);
    //SCK
    GPIO_PinAFConfig(GPIOB, GPIO_PinSource14, GPIO_AF_SPI2);
    //MISO
    GPIO_PinAFConfig(GPIOB, GPIO_PinSource15, GPIO_AF_SPI2);
    //MOSI
    GPIO_PinAFConfig(GPIOB, GPIO_PinSource12, GPIO_AF_SPI2);
    //NSS
    delay_ms(60);
    //SPI_I2S_DeInit(SPI2);
```

```
    SPI_InitStructure.SPI_Direction = SPI_Direction_2Lines_FullDuplex;
    SPI_InitStructure.SPI_Mode = SPI_Mode_Master;          //设置为主 SPI
    SPI_InitStructure.SPI_DataSize = SPI_DataSize_8b;
    SPI_InitStructure.SPI_CPOL = SPI_CPOL_Low;
    SPI_InitStructure.SPI_CPHA = SPI_CPHA_2Edge;
    SPI_InitStructure.SPI_NSS = SPI_NSS_Soft;
    SPI_InitStructure.SPI_BaudRatePrescaler = SPI_BaudRatePrescaler_256;
    SPI_InitStructure.SPI_FirstBit = SPI_FirstBit_MSB;
    SPI_InitStructure.SPI_CRCPolynomial = 7;
    SPI_Init(SPI2, &SPI_InitStructure);
    //根据 SPI_InitStruct 中指定的参数初始化外设 SPIx 寄存器
    SPI_Cmd(SPI2, ENABLE);                                 //使能 SPI 外设
    delay_ms(60);
}
/*=====================================================================
u8 SPI_ExchangeByte(u8 TxData)
Function : wait the device ready to response a command
INTPUT : NONE
OUTPUT : NONE
=====================================================================*/
u8 SPI_ExchangeByte(u8 TxData)
{
    //使用软件 SPI 模拟的发送接收,有时候速度优于硬件 SPI 的速度
    while (SPI_I2S_GetFlagStatus(SPI2, SPI_I2S_FLAG_TXE) == RESET);
    //检查指定的 SPI 标志位设置与否:发送缓存空标志位
    SPI_I2S_SendData(SPI2, TxData);                        //通过外设 SPIx 发送一个数据
    while (SPI_I2S_GetFlagStatus(SPI2, SPI_I2S_FLAG_RXNE) == RESET);
    //检查指定的 SPI 标志位设置与否:接收缓存非空标志位
    return SPI_I2S_ReceiveData(SPI2);                      //返回通过 SPIx 最近接收的数据
}
```

2. 基于软件模拟的 SPI 的示例

```
//4463 复位脚
#define SI_SDN_LOW GPIO_ResetBits(GPIOA, GPIO_Pin_13)
#define SI_SDN_HIGH GPIO_SetBits(GPIOA, GPIO_Pin_13)
//4463SPI 片选脚
#define SI_CSN_LOW GPIO_ResetBits(GPIOB, GPIO_Pin_12)
#define SI_CSN_HIGH GPIO_SetBits(GPIOB, GPIO_Pin_12)
//4463 时钟脚(输入/输出时在 SPI.C 里面配置的)
#define SI_SCK_LOW GPIO_ResetBits(GPIOB, GPIO_Pin_13)
#define SI_SCK_HIGH GPIO_SetBits(GPIOB, GPIO_Pin_13)
//主机模式下: STM32SPI 数据输出,4463 输入
#define SI_SDO_LOW GPIO_ResetBits(GPIOB, GPIO_Pin_15)
#define SI_SDO_HIGH GPIO_SetBits(GPIOB, GPIO_Pin_15)
//主机模式下: STM32SPI 数据输入,4463 输出
//****************************************
//SPI I/O 初始化
//****************************************
void SPI2IO_Init(void)
{
```

```
    GPIO_InitTypeDef GPIO_InitStructure;
    SPI_InitTypeDef SPI_InitStructure;
    RCC_APB1PeriphClockCmd(RCC_APB1Periph_SPI2, ENABLE );
    //GPIOA 时钟使能, SPI2 时钟使能
    RCC_AHBPeriphClockCmd(RCC_AHBPeriph_GPIOB, ENABLE );
    //GPIOB 时钟使能, SPI2 时钟使能
    GPIO_InitStructure.GPIO_Pin = GPIO_Pin_12|GPIO_Pin_13|GPIO_Pin_15;
    //NSS,SCK,MOSI
    GPIO_InitStructure.GPIO_Mode = GPIO_Mode_OUT;
    GPIO_InitStructure.GPIO_OType = GPIO_OType_PP;
    GPIO_InitStructure.GPIO_PuPd = GPIO_PuPd_DOWN;
    GPIO_InitStructure.GPIO_Speed = GPIO_Speed_40MHz;
    GPIO_Init(GPIOB, &GPIO_InitStructure);
    GPIO_InitStructure.GPIO_Pin = GPIO_Pin_14;
    //MISO
    GPIO_InitStructure.GPIO_Mode = GPIO_Mode_IN;
    GPIO_InitStructure.GPIO_OType = GPIO_OType_PP;
    GPIO_InitStructure.GPIO_PuPd = GPIO_PuPd_DOWN;
    GPIO_InitStructure.GPIO_Speed = GPIO_Speed_40MHz;
    GPIO_Init(GPIOB, &GPIO_InitStructure);
    delay_ms(60);
    }
/*=============================================================
u8 SPI_ExchangeByte(u8 TxData)
Function : wait the device ready to response a command
INTPUT : NONE
OUTPUT : NONE
=============================================================*/
u8 SPI_ExchangeByte(u8 TxData)
{

    u8 i,ret=0;
      for(i=0;i<8;i++)
      {
          if(TxData&0x80)
          SI_SDO_HIGH; //RF_SDI=1;
          else
          SI_SDO_LOW; //RF_SDI=0;
          TxData<<=1;
          ret<<=1;
          //if(SI4463_SDI)
          //ret|=1;
          SI_SCK_HIGH; //RF_SCK_HIGH();
          //上升沿,采样数据手册时钟上升沿时输出,下降沿输出
          delay_us(1);
           if(SI4463_SDI)
            ret|=1;
          SI_SCK_LOW; //RF_SCK_LOW(); //下降沿,锁存
      }
      return ret;
}
```

7.3 I²C 通信接口应用

I²C(芯片间)总线接口连接微控制器和串行 I²C 总线。它提供多主机功能,控制所有 I²C 总线特定的时序、协议、仲裁和定时。支持标准和快速两种模式,同时与 SMBus 2.0 兼容。STM32 的 I²C 框图如图 7-5 所示。

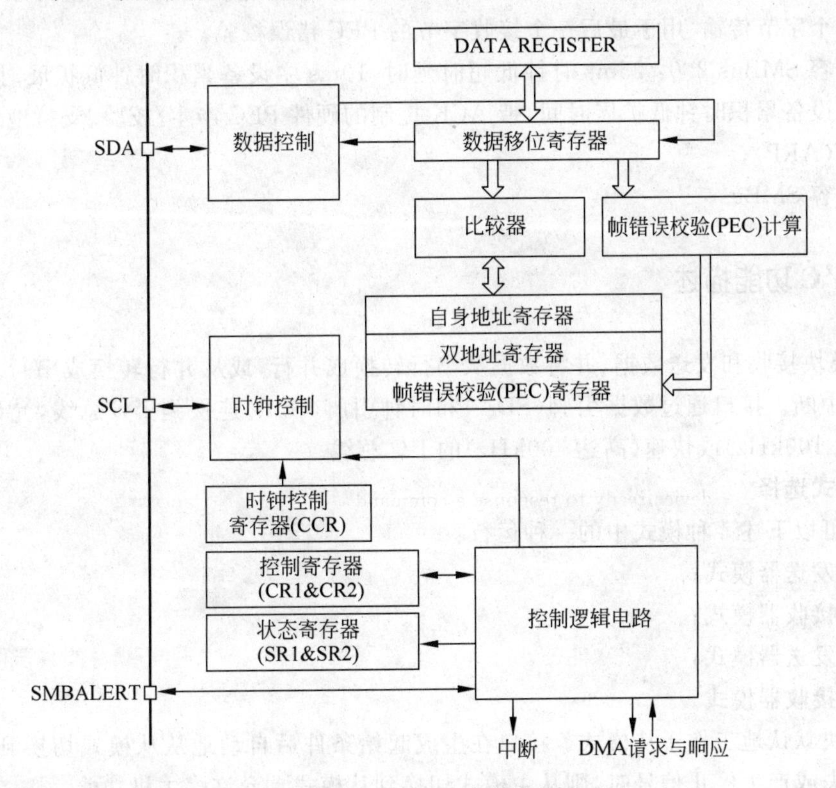

图 7-5 STM32 I²C 的功能框图

I²C 模块有多种用途,包括 CRC 码的生成和校验、系统管理总线(System Management Bus,SMBus)和电源管理总线(Power Management Bus,PMBus)。

根据特定设备的需要,可以使用 DMA 以减轻 CPU 的负担。

7.3.1 I²C 主要特点

- 并行总线/I²C 总线协议转换器;
- 多主机功能:该模块既可做主设备也可做从设备;
- I²C 主设备功能:产生时钟、产生起始和停止信号;
- I²C 从设备功能:可编程的 I²C 地址检测、可响应两个从地址的双地址能力、停止位检测;
- 产生和检测 7 位/10 位地址和广播呼叫;
- 支持不同的通信速度:标准速度(高达 100kHz)、快速速度(高达 400kHz);

- 状态标志：发送器/接收器模式标志、字节发送结束标志、I²C 总线忙标志；
- 错误标志：主模式时的仲裁丢失、地址/数据传输后的应答(ACK)错误、检测到错位的起始或停止条件、禁止拉长时钟功能时的上溢或下溢；
- 两个中断向量：一个中断用于地址/数据通信成功；一个中断用于错误；
- 可选的拉长时钟功能；
- 具单字节缓冲器的 DMA；
- 可配置的 PEC(信息包错误检测)的产生或校验：发送模式中 PEC 值可以作为最后一个字节传输、用于最后一个接收字节的 PEC 错误校验；
- 兼容 SMBus 2.0：25ms 时钟低超时延时、10ms 主设备累积时钟低扩展时间、25ms 从设备累积时钟低扩展时间、带 ACK 控制的硬件 PEC 产生/校验、支持地址分辨协议(ARP)；
- 兼容 SMBus。

7.3.2 I²C 功能描述

I²C 模块接收和发送数据，并将数据从串行转换成并行，或从并行转换成串行。可以开启或禁止中断。接口通过数据引脚(SDA)和时钟引脚(SCL)连接到 I²C 总线，允许连接到标准(高达 100kHz)或快速(高达 400kHz)的 I²C 总线。

1. 模式选择

接口可以下述 4 种模式中的一种运行：

- 从发送器模式；
- 从接收器模式；
- 主发送器模式；
- 主接收器模式。

该模块默认地工作于从模式。接口在生成起始条件后自动地从从模式切换到主模式；当仲裁丢失或产生停止信号时，则从主模式切换到从模式。允许多主机功能。

2. 通信流

主模式时，I²C 接口启动数据传输并产生时钟信号。串行数据传输总是以起始条件开始并以停止条件结束。起始条件和停止条件都是在主模式下由软件控制产生。

从模式时，I²C 接口能识别它自己的地址(7 位或 10 位)和广播呼叫地址。软件能够控制开启或禁止广播呼叫地址的识别。

数据和地址按 8 位/字节进行传输，高位在前。跟在起始条件后的 1 或 2 个字节是地址(7 位模式为 1 个字节，10 位模式为 2 个字节)。地址只在主模式发送。

在一个字节传输的 8 个时钟后的第 9 个时钟期间，接收器必须回送一个应答位(ACK)给发送器。参考图 7-6 所示。

软件可以开启或禁止应答(ACK)，并可以设置 I²C 接口的地址(7 位、10 位地址或广播呼叫地址)。

注意：在 SMBus 模式下，SMBALERT 是可选信号。如果禁止了 SMBus，则不能使用该信号。

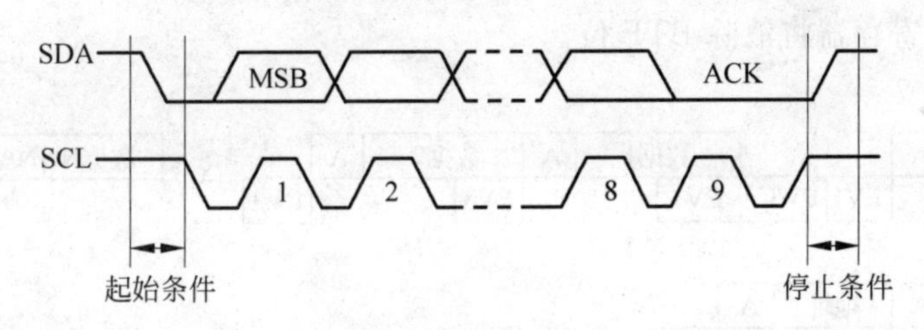

图 7-6 I^2C 总线协议

7.3.3 I^2C 从模式

默认情况下，I^2C 接口总是工作在从模式。从从模式切换到主模式，需要产生一个起始条件。为了产生正确的时序，必须在 I2C_CR2 寄存器中设定该模块的输入时钟。输入时钟的频率必须至少是：

- 标准模式下为：2MHz；
- 快速模式下为：4MHz。

一旦检测到起始条件，在 SDA 线上接收到的地址被送到移位寄存器。然后与芯片自己的地址 OAR1 和 OAR2(当 ENDUAL＝1)或者广播呼叫地址(如果 ENGC＝1)相比较。

注意：在 10 位地址模式时，比较包括头段序列(11110xx0)，其中的 xx 是地址的两个最高有效位。

头段或地址不匹配：I^2C 接口将其忽略并等待另一个起始条件。

头段匹配(仅 10 位模式)：如果 ACK 位被置 1，I^2C 接口产生一个应答脉冲并等待 8 位从地址。

地址匹配：I^2C 接口产生以下时序：

- 如果 ACK 被置 1，则产生一个应答脉冲。
- 硬件设置 ADDR 位；如果设置了 ITEVFEN 位，则产生一个中断。
- 如果 ENDUAL＝1，软件必须读 DUALF 位，以确认响应了哪个从地址。

在 10 位模式，接收到地址序列后，从设备总是处于接收器模式。在收到与地址匹配的头序列并且最低位为 1(即 11110xx1)后，当接收到重复的起始条件时，将进入发送器模式。

在从模式下 TRA 位指示当前是处于接收器模式还是发送器模式。

1. 从发送器

在接收到地址和清除 ADDR 位后，从发送器将字节从 DR 寄存器经由内部移位寄存器发送到 SDA 线上。

从设备保持 SCL 为低电平，直到 ADDR 位被清除并且待发送数据已写入 DR 寄存器(见图 7-7 中的 EV1 和 EV3)。

当收到应答脉冲时，TxE 位被硬件置位，如果设置了 ITEVFEN 和 ITBUFEN 位，则产生一个中断。

如果 TxE 位被置位，但在下一个数据发送结束之前没有新数据写入到 I2C_DR 寄存器，则 BTF 位被置位，在清除 BTF 之前 I^2C 接口将保持 SCL 为低电平；读出 I2C_SR1 之后再写入 I2C_DR 寄存器将清除 BTF 位。

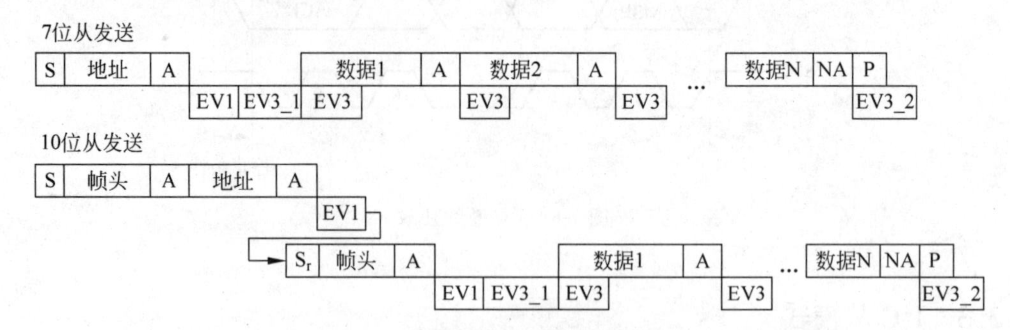

图 7-7 从发送器的传输序列图

从发送器的传输序列图说明：S=Start(起始条件)，Sr=重复的起始条件，P=Stop(停止条件)，A=响应，NA=非响应，EVx=事件(ITEVFEN=1 时产生中断)。

EV1：ADDR=1，读 SR1 然后读 SR2 将清除该事件。

EV3_1：TxE=1，移位寄存器空，数据寄存器空，写 DR。

EV3：TxE=1，移位寄存器非空，数据寄存器空，写 DR 将清除该事件。

EV3_2：AF=1，在 SR1 寄存器的 AF 位写 0 可清除 AF 位。

注意：

(1) EV1 和 EV3_1 事件拉长 SCL 低的时间，直到对应的软件序列结束。

(2) EV3 的软件序列必须在当前字节传输结束之前完成。

2. 从接收器

在接收到地址并清除 ADDR 后，从接收器将通过内部移位寄存器从 SDA 线接收到的字节存进 DR 寄存器。I^2C 接口在接收到每个字节后都执行下列操作。

- 如果设置了 ACK 位，则产生一个应答脉冲。
- 硬件设置 RxNE=1。如果设置了 ITEVFEN 和 ITBUFEN 位，则产生一个中断。

如果 RxNE 被置位，并且在接收新的数据结束之前 DR 寄存器未被读出，BTF 位被置位，在清除 BTF 之前 I^2C 接口将保持 SCL 为低电平；读出 I2C_SR1 之后再写入 I2C_DR 寄存器将清除 BTF 位。

从接收器的接收序列图如图 7-8 所示。

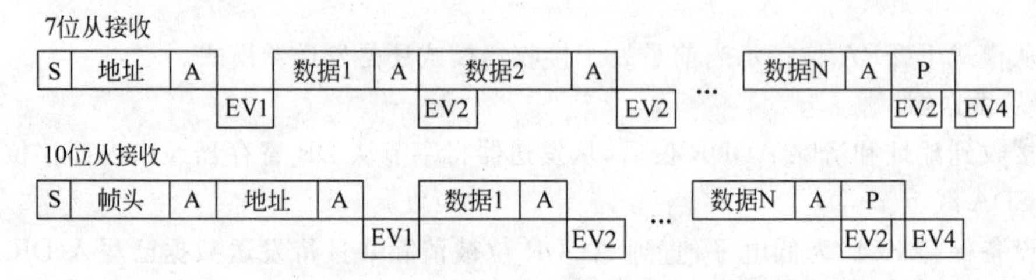

图 7-8 从接收器的接收序列图

从接收器的接收序列图说明：S=Start(起始条件)，Sr=重复的起始条件，P=Stop(停止条件)，A=响应，NA=非响应，EVx=事件(ITEVFEN=1 时产生中断)。

EV1：ADDR=1，读 SR1 然后读 SR2 将清除该事件。

EV2：RxNE＝1，读 DR 将清除该事件。

EV4：STOPF＝1，读 SR1 然后写 CR1 寄存器将清除该事件。

注意：

(1) EV1 事件拉长 SCL 低的时间，直到对应的软件序列结束。

(2) EV2 的软件序列必须在当前字节传输结束之前完成。

3. 关闭从通信

在传输完最后一个数据字节后，主设备产生一个停止条件，I^2C 接口检测到这一条件时：

- 设置 STOPF＝1，如果设置了 ITEVFEN 位，则产生一个中断。
- 然后 I^2C 接口等待读 SR1 寄存器，再写 CR1 寄存器。

4. I^2C 主模式

在主模式时，I^2C 接口启动数据传输并产生时钟信号。串行数据传输总是以起始条件开始并以停止条件结束。当通过 START 位在总线上产生了起始条件，设备就进入了主模式。

以下是主模式所要求的操作顺序：

- 在 I2C_CR2 寄存器中设定该模块的输入时钟以产生正确的时序；
- 配置时钟控制寄存器；
- 配置上升时间寄存器；
- 编程 I2C_CR1 寄存器启动外设；
- 置 I2C_CR1 寄存器中的 START 位为 1，产生起始条件。

I^2C 模块的输入时钟频率必须至少是：

- 标准模式下为：2MHz；
- 快速模式下为：4MHz。

1) 起始条件

当 BUSY＝0 时，设置 START＝1，I^2C 接口将产生一个开始条件并切换至主模式(M/SL 位置位)。

注意：在主模式下，设置 START 位将在当前字节传输完后由硬件产生一个重开始条件。

一旦发出开始条件，SB 位被硬件置位，如果设置了 ITEVFEN 位，则会产生一个中断。然后主设备等待读 SR1 寄存器，紧跟着将从地址写入 DR 寄存器。

2) 从地址的发送

从地址通过内部移位寄存器被送到 SDA 线上。

(1) 在 10 位地址模式时，发送一个头段序列产生以下事件：

- ADD10 位被硬件置位，如果设置了 ITEVFEN 位，则产生一个中断。

然后主设备等待读 SR1 寄存器，再将第二个地址字节写入 DR 寄存器。

- ADDR 位被硬件置位，如果设置了 ITEVFEN 位，则产生一个中断。

随后主设备等待一次读 SR1 寄存器，跟着读 SR2 寄存器。

(2) 在 7 位地址模式时，只需送出一个地址字节：

- 该地址字节被送出。
- ADDR 位被硬件置位，如果设置了 ITEVFEN 位，则产生一个中断。

随后主设备等待一次读 SR1 寄存器，跟着读 SR2 寄存器。

根据送出从地址的最低位,主设备决定进入发送器模式还是进入接收器模式。

(3) 在 7 位地址模式时:

- 要进入发送器模式,主设备发送从地址时置最低位为 0。
- 要进入接收器模式,主设备发送从地址时置最低位为 1。

(4) 在 10 位地址模式时:

- 要进入发送器模式,主设备先送头字节(11110xx0),然后送最低位为 0 的从地址(这里 xx 代表 10 位地址中的最高 2 位)。
- 要进入接收器模式,主设备先送头字节(11110xx0),然后送最低位为 1 的从地址。然后再重新发送一个开始条件,后面跟着头字节(11110xx1)(这里 xx 代表 10 位地址中的最高 2 位)。

TRA 位指示主设备是在接收器模式还是发送器模式。

5. 主发送器

在发送了地址和清除了 ADDR 位后,主设备通过内部移位寄存器将字节从 DR 寄存器发送到 SDA 线上。

主设备等待,直到 TxE 被清除,如图 7-9 所示。

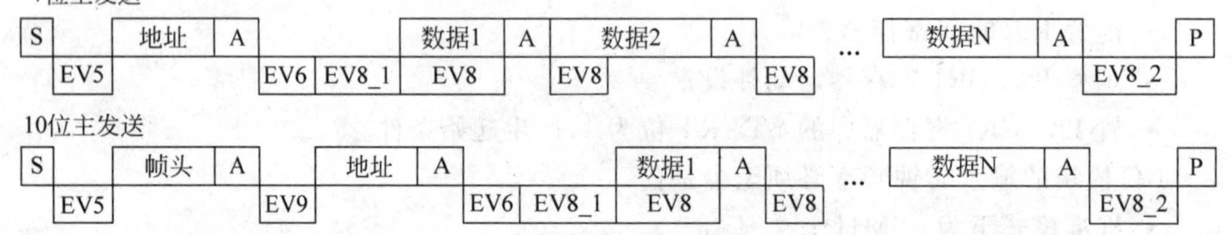

图 7-9 主发送器的传输序列图

当收到应答脉冲时,TxE 位被硬件置位,如果设置了 INEVFEN 和 ITBUFEN 位,则产生一个中断。

如果 TxE 被置位并且在上一次数据发送结束之前没有写新的数据字节到 DR 寄存器,则 BTF 被硬件置位,在清除 BTF 之前 I^2C 接口将保持 SCL 为低电平;读出 I2C_SR1 之后再写入 I2C_DR 寄存器将清除 BTF 位。

在 DR 寄存器中写入最后一个字节后,通过设置 STOP 位产生一个停止条件,然后 I^2C 接口将自动回到从模式(M/S 位清除)。

主发送器的传输序列图说明:S=Start(起始条件),Sr=重复的起始条件,P=Stop(停止条件),A=响应,NA=非响应,EVx=事件(ITEVFEN=1 时产生中断)。

EV5:SB=1,读 SR1 然后将地址写入 DR 寄存器将清除该事件。

EV6:ADDR=1,读 SR1 然后读 SR2 将清除该事件。

EV8_1:TxE=1,移位寄存器空,数据寄存器空,写 DR 寄存器。

EV8:TxE=1,移位寄存器非空,数据寄存器空,写入 DR 寄存器将清除该事件。

EV8_2:TxE=1,BTF=1,请求设置停止位。TxE 和 BTF 位由硬件在产生停止条件时清除。

EV9:ADDR10=1,读 SR1 然后写入 DR 寄存器将清除该事件。

注意：

(1) EV5、EV6、EV9、EV8_1 和 EV8_2 事件拉长 SCL 低的时间，直到对应的软件序列结束。

(2) EV8 的软件序列必须在当前字节传输结束之前完成。

6. 主接收器

在发送地址和清除 ADDR 之后，I^2C 接口进入主接收器模式。在此模式下，I^2C 接口从 SDA 线接收数据字节，并通过内部移位寄存器送至 DR 寄存器。在每个字节后，I^2C 接口依次执行以下操作：

- 如果 ACK 位被置位，发出一个应答脉冲。
- 硬件设置 RxNE＝1，如果设置了 INEVFEN 和 ITBUFEN 位，则会产生一个中断 EV7。

如果 RxNE 位被置位，并且在接收新数据结束前，DR 寄存器中的数据没有被读走，硬件将设置 BTF＝1，在清除 BTF 之前 I^2C 接口将保持 SCL 为低电平；读出 I2C_SR1 之后再读出 I2C_DR 寄存器将清除 BTF 位。

主设备在从从设备接收到最后一个字节后发送一个 NACK。接收到 NACK 后，从设备释放对 SCL 和 SDA 线的控制，主设备就可以发送一个停止/重起始条件。

- 为了在收到最后一个字节后产生一个 NACK 脉冲，在读倒数第二个数据字节之后（在倒数第二个 RxNE 事件之后）必须清除 ACK 位。
- 为了产生一个停止/重起始条件，软件必须在读倒数第二个数据字节之后（在倒数第二个 RxNE 事件之后）设置 STOP/START 位。
- 只接收一个字节时，刚好在 EV6 之后（EV6_1 时，清除 ADDR 之后）要关闭应答和停止条件的产生位，如图 7-10 所示。

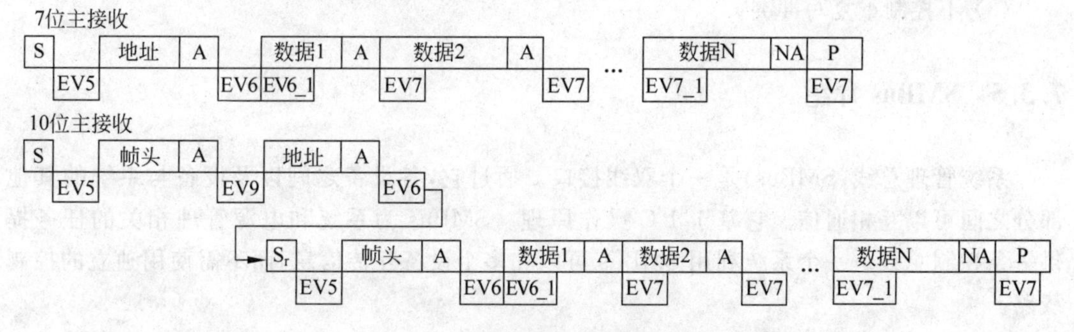

图 7-10　主接收器的接收序列图

在产生了停止条件后，I^2C 接口自动回到从模式（M/SL 位被清除）。

主接收器的接收序列图说明：S＝Start（起始条件），Sr＝重复的起始条件，P＝Stop（停止条件），A＝响应，NA＝非响应，EVx＝事件（ITEVFEN＝1 时产生中断）。

EV5：SB＝1，读 SR1 然后将地址写入 DR 寄存器将清除该事件。

EV6：ADDR＝1，读 SR1 然后读 SR2 将清除该事件。在 10 位主接收模式下，该事件后应设置 CR2 的 START＝1。

EV6_1：没有对应的事件标志，只适于接收一个字节的情况。恰好在 EV6 之后（即清除了 ADDR 之后），要清除响应和停止条件的产生位。

EV7：RxNE=1，读 DR 寄存器清除该事件。

EV7_1：RxNE=1，读 DR 寄存器清除该事件。设置 ACK=0 和 STOP 请求。

EV9：ADDR10=1，读 SR1 然后写入 DR 寄存器将清除该事件。

注意：

(1) 如果收到一个单独的字节，则是 NA。

(2) EV5、EV6 和 EV9 事件拉长 SCL 低电平，直到对应的软件序列结束。

(3) EV7 的软件序列必须在当前字节传输结束前完成。

(4) EV6_1 或 EV7_1 的软件序列必须在当前传输字节的 ACK 脉冲之前完成。

7.3.4 SDA/SCL 线控制

1. 如果允许时钟延长

(1) 发送器模式：如果 TxE=1 且 BTF=1，I^2C 接口在传输前保持时钟线为低，以等待软件读取 SR1，然后把数据写进数据寄存器(缓冲器和移位寄存器都是空的)。

(2) 接收器模式：如果 RxNE=1 且 BTF=1，I^2C 接口在接收到数据字节后保持时钟线为低，以等待软件读 SR1，然后读数据寄存器 DR(缓冲器和移位寄存器都是满的)。

2. 如果在从模式中禁止时钟延长

(1) 如果 RxNE=1，在接收到下个字节前 DR 还没有被读出，则发生过载错。接收到的最后一个字节丢失。

(2) 如果 TxE=1，在必须发送下个字节之前却没有新数据写进 DR，则发生欠载错。相同的字节将被重复发出。

(3) 不控制重复写冲突。

7.3.5 SMBus 介绍

系统管理总线(SMBus)是一个双线接口。通过它，各设备之间以及设备与系统的其他部分之间可以互相通信。它基于 I^2C 操作原理。SMBus 为系统和电源管理相关的任务提供一条控制总线。一个系统利用 SMBus 可以和多个设备互传信息，而不需使用独立的控制线路。

SMBus 标准涉及三类设备。从设备：接收或响应命令的设备。主设备：用来发送命令、产生时钟和终止发送的设备。主机：一种专用的主设备，它提供与系统 CPU 的主接口。主机必须具有主—从机功能并且必须支持 SMBus 提醒协议。一个系统里只允许有一个主机。

SMBus 和 I^2C 之间的相似点：

- 2 条线的总线协议(1 个时钟，1 个数据) +可选的 SMBus 提醒线；
- 主—从通信，主设备提供时钟；
- 多主机功能；
- SMBus 数据格式类似于 I^2C 的 7 位地址格式。

SMBus 和 I^2C 之间的不同点，如表 7-1 所示。

表 7-1 SMBus与I^2C的比较

SMBus	I^2C
最大传输速度 100kHz	最大传输速度 400kHz
最小传输速度 10kHz	无最小传输速度
35ms 时钟低超时	无时钟超时
固定的逻辑电平	逻辑电平由 VDD 决定
不同的地址类型(保留的、动态的…)	7位、10位和广播呼叫从地址类型
不同的总线协议(快速命令、处理呼叫…)	无总线协议

1. SMBus应用用途

利用系统管理总线,设备可提供制造商信息,告诉系统它的型号/部件号,保存暂停事件的状态,报告不同类型的错误,接收控制参数和返回它的状态。SMBus为系统和电源管理相关的任务提供控制总线。

1) 设备标识

在系统管理总线上,任何一个作为从模式的设备都有一个唯一的地址,叫做从地址。

2) 总线协议

SMBus技术规范支持9个总线协议。有关这些协议的详细资料和SMBus地址类型,请参考2.0版的SMBus规范(http://smbus.org/specs/)。这些协议由用户的软件来执行。

2. 地址解析协议(ARP)

通过给每个从设备动态地分配一个新的唯一地址,可以解决SMBus的从地址冲突。地址解析协议具有以下的特性:

- 使用标准SMBus物理层仲裁机制分配地址;
- 当设备维持供电期间,分配的地址仍保持不变,也允许设备在断电后保留其地址;
- 在地址分配后,没有额外的SMBus的打包开销(也就是说访问分配地址的设备与访问固定地址的设备所用时间是一样的);
- 任何一个SMBus主设备可以遍历总线。

为了分配地址,需要一种区分每个设备的机制,每个设备必须拥有一个唯一的设备标识符(UDID)。

关于在ARP上128位的UDID的详细信息,参考2.0版的SMBus规范(http://smbus.org/specs/)。

3. SMBus提醒模式

SMBus提醒是一个带中断线的可选信号,用于那些希望扩展它们的控制能力而牺牲一个引脚的设备。SMBALERT和SCL、SDA信号一样,是一种线与信号。SMBALERT通常和SMBus广播呼叫地址一起使用。与SMBus有关的消息为2字节。

一个只具有从功能的设备,可以通过设置I2C_CR1寄存器上的ALERT位,使用SMBALERT给主机发信号表示它希望进行通信。主机处理该中断并通过提醒响应地址ARA(Alert Response Address,地址值为0001100x)访问所有SMBALERT设备。只有那些将SMBALERT拉低的设备能应答ARA。此状态是由I2C_SR1寄存器中的SMBALERT状态标记来标识的。主机执行一个修改过的接收字节操作。由从发送设备提供的7位设备地址被放在字节的7个最高位上,第八个位可以是0或1。

如果多个设备把SMBALERT拉低,最高优先级设备(最小的地址)将在地址传输期间通过标准仲裁赢得通信权。在确认从地址后,此设备不得再拉低它的SMBALERT,如果当信息传输完成后,主机仍看到SMBALERT低,就知道需要再次读ARA。

没有实现SMBALERT信号的主机可以定期访问ARA。

4. 超时错误

在定时规范上I^2C和SMBus之间有很多差别。

SMBus定义了一个时钟低超时,35ms的超时。SMBus规定TLOW:SEXT为从设备的累积时钟低扩展时间。SMBus规定TLOW:MEXT为主设备的累积时钟低扩展时间。更多超时细节请参考2.0版的SMBus规范(http://smbus.org/specs/)。

I2C_SR1中的状态标志Timeout或Tlow错误表明了这个特性的状态。

5. 如何使用SMBus模式的接口

为了从I^2C模式切换到SMBus模式,应该执行下列步骤:

- 设置I2C_CR1寄存器中的SMBus位;
- 按应用要求配置I2C_CR1寄存器中的SMBTYPE和ENARP位。

软件程序必须处理多种SMBus协议:

- 如果ENARP=1且SMBTYPE=0,使用SMB设备默认地址。
- 如果ENARP=1且SMBTYPE=1,使用SMB主设备头字段。
- 如果SMBALERT=1,使用SMB提醒响应地址。

6. DMA请求

DMA请求(当被使能时)仅用于数据传输。发送时数据寄存器变空或接收时数据寄存器变满,则产生DMA请求。DMA请求必须在当前字节传输结束之前被响应。当为相应DMA通道设置的数据传输量已经完成时,DMA控制器发送传输结束信号ETO到I^2C接口,并且在中断允许时产生一个传输完成中断:

- 主发送器:在EOT中断服务程序中,需禁止DMA请求,然后在等到BTF事件后设置停止条件。
- 主接收器:当要接收的数据数目大于或等于2时,DMA控制器发送一个硬件信号EOT_1,它对应DMA传输(字节数-1)。如果在I2C_CR2寄存器中设置了LAST位,硬件在发送完EOT_1后的下一个字节,将自动发送NACK。在中断允许的情况下,用户可以在DMA传输完成的中断服务程序中产生一个停止条件。

1) 利用DMA发送

通过设置I2C_CR2寄存器中的DMAEN位可以激活DMA模式。只要TxE位被置位,数据将由DMA从预置的存储区装载进I2C_DR寄存器。为I^2C分配一个DMA通道,须执行以下步骤(x是通道号):

(1) 在DMA_CPARx寄存器中设置I2C_DR寄存器地址。数据将在每个TxE事件后从存储器传送至这个地址。

(2) 在DMA_CMARx寄存器中设置存储器地址。数据在每个TxE事件后从这个存储区传送至I2C_DR。

(3) 在DMA_CNDTRx寄存器中设置所需的传输字节数。在每个TxE事件后,此值将被递减。

(4) 利用DMA_CCRx寄存器中的PL[0:1]位配置通道优先级。

(5) 设置DMA_CCRx寄存器中的DIR位,并根据应用要求可以配置在整个传输完成一半或全部完成时发出中断请求。

(6) 通过设置DMA_CCTx寄存器上的EN位激活通道。

当DMA控制器中设置的数据传输数目已经完成时,DMA控制器给I^2C接口发送一个传输结束的EOT/EOT_1信号。在中断允许的情况下,将产生一个DMA中断。

注意:如果使用DMA进行发送时,不要设置I2C_CR2寄存器的ITBUFEN位。

2) 利用DMA接收

通过设置I2C_CR2寄存器中的DMAEN位可以激活DMA接收模式。每次接收到数据字节时,将由DMA把I2C_DR寄存器的数据传送到设置的存储区(参考DMA说明)。设置DMA通道进行I^2C接收,须执行以下步骤(x是通道号):

(1) 在DMA_CPARx寄存器中设置I2C_DR寄存器的地址。数据将在每次RxNE事件后从此地址传送到存储区。

(2) 在DMA_CMARx寄存器中设置存储区地址。数据将在每次RxNE事件后从I2C_DR寄存器传送到此存储区。

(3) 在DMA_CNDTRx寄存器中设置所需的传输字节数。在每个RxNE事件后,此值将被递减。

(4) 用DMA_CCRx寄存器中的PL[0:1]配置通道优先级。

(5) 清除DMA_CCRx寄存器中的DIR位,根据应用要求可以设置在数据传输完成一半或全部完成时发出中断请求。

(6) 设置DMA_CCRx寄存器中的EN位激活该通道。

当DMA控制器中设置的数据传输数目已经完成时,DMA控制器给I^2C接口发送一个传输结束的EOT/ EOT_1信号。在中断允许的情况下,将产生一个DMA中断。

注意:如果使用DMA进行接收时,不要设置I2C_CR2寄存器的ITBUFEN位。

7.3.6 I^2C操作相关的库函数

(1) void I2C_Init(I2C_TypeDef * I2Cx, I2C_InitTypeDef * I2C_InitStruct);

功能描述:将I^2C外设寄存器用默认参数进行设置。

(2) void I2C_StructInit(I2C_InitTypeDef * I2C_InitStruct);

功能描述:根据I2C_InitStruct制定的参数初始化I^2C的外设寄存器。

(3) void I2C_Cmd(I2C_TypeDef * I2Cx, FunctionalState NewState);

功能描述:使能或者禁止I^2C外设。

(4) void I2C_GenerateSTART(I2C_TypeDef * I2Cx, FunctionalState NewState);

功能描述:产生一个I^2Cx通信启动条件。

(5) void I2C_GenerateSTOP(I2C_TypeDef * I2Cx, FunctionalState NewState);

功能描述:产生一个I^2Cx通信停止条件。

(6) void I2C_AcknowledgeConfig(I2C_TypeDef * I2Cx, FunctionalState NewState);

功能描述：使能或者禁止指定 I^2C 的应答功能。

(7) void I2C_OwnAddress2Config(I2C_TypeDef * I2Cx, uint8_t Address);

功能描述：设置指定 I^2C 的自身地址。

(8) void I2C_DualAddressCmd(I2C_TypeDef * I2Cx, FunctionalState NewState);

功能描述：使能或者禁止指定 I^2C 的双地址模式。

(9) void I2C_GeneralCallCmd(I2C_TypeDef * I2Cx, FunctionalState NewState);

功能描述：使能或者禁止 I^2C 的呼叫特性。

(10) void I2C_SoftwareResetCmd(I2C_TypeDef * I2Cx, FunctionalState NewState);

功能描述：使能或者禁止 I^2C 的软件复位命令。

(11) void I2C_SMBusAlertConfig(I2C_TypeDef * I2Cx, uint16_t I2C_SMBusAlert);

功能描述：驱动指定 I^2Cx 的 SMBusAlert 引脚电平为高或低。

(12) void I2C_ARPCmd(I2C_TypeDef * I2Cx, FunctionalState NewState);

功能描述：使能或者禁止 I^2C 的 ARP(地址解析协议)。

(13) void I2C_StretchClockCmd(I2C_TypeDef * I2Cx, FunctionalState NewState);

功能描述：使能或者禁止 I^2C 的时钟延展。

(14) void I2C_FastModeDutyCycleConfig (I2C_TypeDef * I2Cx, uint16_t I2C_DutyCycle);

功能描述：选择 I^2C 快速模式的占空比。

(15) void I2C_Send7bitAddress(I2C_TypeDef * I2Cx, uint8_t Address, uint8_t I2C_Direction);

功能描述：传输一个地址字节来选择从机地址。

/ * 数据传输功能 * /

(16) void I2C_SendData(I2C_TypeDef * I2Cx, uint8_t Data);

功能描述：通过 I^2C 外设发送一个字节。

(17) uint8_t I2C_ReceiveData(I2C_TypeDef * I2Cx);

功能描述：返回一个 I^2C 接收的最新数据。

(18) void I2C_NACKPositionConfig(I2C_TypeDef * I2Cx, uint16_t I2C_NACKPosition);

功能描述：选择 I^2C 在快速接收模式下的应答位置。

/ * PEC(信息包错误检测)管理功能 * /

(19) void I2C_TransmitPEC(I2C_TypeDef * I2Cx, FunctionalState NewState);

功能描述：使能或失能指定的 I^2C 的 PEC 传输。

(20) void I2C_PECPositionConfig(I2C_TypeDef * I2Cx, uint16_t I2C_PECPosition);

功能描述：选择制定 I^2C 的 PEC 位置。

(21) void I2C_CalculatePEC(I2C_TypeDef * I2Cx, FunctionalState NewState);

功能描述：使能或者禁止计算传输字节的 PEC 值。

(22) uint8_t I2C_GetPEC(I2C_TypeDef * I2Cx);

功能描述：返回制定 I^2C 的 PEC 值。

/ * DMA 传输函数 * /

(23) void I2C_DMACmd(I2C_TypeDef * I2Cx, FunctionalState NewState);

功能描述：使能或禁止 I²C 的 DMA 请求。

(24) void I2C_DMALastTransferCmd(I2C_TypeDef * I2Cx, FunctionalState NewState);

功能描述：使下次的 DMA 传输为最后一次传输。

/ * 中断、事件管理函数 * /

(25) uint16_t I2C_ReadRegister(I2C_TypeDef * I2Cx, uint8_t I2C_Register);

功能描述：读取制定的 I²C 外设寄存器。

(26) void I2C_ITConfig(I2C_TypeDef * I2Cx, uint16_t I2C_IT, FunctionalState NewState);

功能描述：使能或失能指定的 I²C 中断。

(27) FlagStatus I2C_GetFlagStatus(I2C_TypeDef * I2Cx, uint32_t I2C_FLAG);

功能描述：检查指定的 I²C 标志位设置与否。

(28) ErrorStatus I2C_CheckEvent(I2C_TypeDef * I2Cx, uint32_t I2C_EVENT);

功能描述：检查事件的错误状态，一个 I²C 事件当作一个参数传递。

(29) uint32_t I2C_GetLastEvent(I2C_TypeDef * I2Cx);

功能描述：返回最近一次 I²C 事件。

(30) void I2C_ClearFlag(I2C_TypeDef * I2Cx, uint32_t I2C_FLAG);

功能描述：清除 I2Cx 的待处理标志位。

(31) ITStatus I2C_GetITStatus(I2C_TypeDef * I2Cx, uint32_t I2C_IT);

功能描述：检查指定的 I²C 中断发生与否。

(32) void I2C_ClearITPendingBit(I2C_TypeDef * I2Cx, uint32_t I2C_IT);

功能描述：清除 I2Cx 的中断待处理位。

7.3.7 I²C 使用示例

1. 基于硬件的 I²C 的应用

```
#include "OLED_I2C.h"
#include "codetab.h"
#include "bsp.h"
void I2C_Configuration(void)
{
    I2C_InitTypeDef I2C_InitStructure;
    GPIO_InitTypeDef GPIO_InitStructure;

    RCC_APB1PeriphClockCmd(RCC_APB1Periph_I2C1, ENABLE);
    RCC_APB2PeriphClockCmd(RCC_APB2Periph_GPIOB, ENABLE);

    /* STM32F103C8T6 芯片的硬件 I2C: PB6 -- SCL; PB7 -- SDA */
    GPIO_InitStructure.GPIO_Pin = GPIO_Pin_6 | GPIO_Pin_7;
    GPIO_InitStructure.GPIO_Speed = GPIO_Speed_50MHz;
    GPIO_InitStructure.GPIO_Mode = GPIO_Mode_AF_OD; //I²C 必须开漏输出
    GPIO_Init(GPIOB, &GPIO_InitStructure);
```

```
    I2C_DeInit(I2C1);                                          //使用 I2C1
    I2C_InitStructure.I2C_Mode = I2C_Mode_I2C;
    I2C_InitStructure.I2C_DutyCycle = I2C_DutyCycle_2;
    I2C_InitStructure.I2C_OwnAddress1 = 0x30;                  //主机的 I2C 地址,随便写的
    I2C_InitStructure.I2C_Ack = I2C_Ack_Enable;
    I2C_InitStructure.I2C_AcknowledgedAddress =
    I2C_AcknowledgedAddress_7bit;
    I2C_InitStructure.I2C_ClockSpeed = 400000;

    I2C_Cmd(I2C1, ENABLE);
    I2C_Init(I2C1, &I2C_InitStructure);
}

void I2C_WriteByte(uint8_t addr,uint8_t data)
{
    while(I2C_GetFlagStatus(I2C1, I2C_FLAG_BUSY));

    I2C_GenerateSTART(I2C1, ENABLE);                           //开启 I2C1
    while(!I2C_CheckEvent(I2C1, I2C_EVENT_MASTER_MODE_SELECT));
    /* EV5,主模式 */

    I2C_Send7bitAddress(I2C1, OLED_ADDRESS, I2C_Direction_Transmitter);
    //器件地址 -- 默认 0x78
    while(!I2C_CheckEvent(I2C1,
    I2C_EVENT_MASTER_TRANSMITTER_MODE_SELECTED));

    I2C_SendData(I2C1, addr);                                  //寄存器地址
    while (!I2C_CheckEvent(I2C1, I2C_EVENT_MASTER_BYTE_TRANSMITTED));
    I2C_SendData(I2C1, data);                                  //发送数据
    while (!I2C_CheckEvent(I2C1, I2C_EVENT_MASTER_BYTE_TRANSMITTED));
    I2C_GenerateSTOP(I2C1, ENABLE);                            //关闭 I2C1 总线
}

void WriteCmd(unsigned char I2C_Command)                       //写命令
{
    I2C_WriteByte(0x00, I2C_Command);
}

void WriteDat(unsigned char I2C_Data)                          //写数据
{
    I2C_WriteByte(0x40, I2C_Data);
}

void OLED_Init(void)
{
    delay_ms(100);                                             //这里的延时很重要

    WriteCmd(0xAE);                                            //关闭显示
    WriteCmd(0x20);                                            //设置内存地址模式
    WriteCmd(0x10);
    //00,Horizontal Addressing Mode;
```

```
    //01,Vertical Addressing Mode;
    //10,Page Addressing Mode (RESET);
    //11,Invalid
    WriteCmd(0xb0); //Set Page Start Address for Page Addressing Mode,0-7
    WriteCmd(0xc8); //Set COM Output Scan Direction
    WriteCmd(0x00); //--set low column address
    WriteCmd(0x10); //--set high column address
    WriteCmd(0x40); //--set start line address
    WriteCmd(0x81); //--set contrast control register
    WriteCmd(0xff); //亮度调节 0x00~0xff
    WriteCmd(0xa1); //--set segment re-map 0 to 127
    WriteCmd(0xa6); //--set normal display
    WriteCmd(0xa8); //--set multiplex ratio(1 to 64)
    WriteCmd(0x3F); //
    WriteCmd(0xa4);
    //0xa4,Output follows RAM content;0xa5,Output ignores RAM content
    WriteCmd(0xd3); //--set display offset
    WriteCmd(0x00); //--not offset
    WriteCmd(0xd5);
    //--set display clock divide ratio/oscillator frequency
    WriteCmd(0xf0); //--set divide ratio
    WriteCmd(0xd9); //--set pre-charge period
    WriteCmd(0x22); //
    WriteCmd(0xda); //--set com pins hardware configuration
    WriteCmd(0x12);
    WriteCmd(0xdb); //--set vcomh
    WriteCmd(0x20); //0x20,0.77xVcc
    WriteCmd(0x8d); //--set DC-DC enable
    WriteCmd(0x14); //
    WriteCmd(0xaf); //--turn on oled panel
}

void OLED_SetPos(unsigned char x, unsigned char y)          //设置起始点坐标
{
    WriteCmd(0xb0+y);
    WriteCmd(((x&0xf0)>>4)|0x10);
    WriteCmd((x&0x0f)|0x01);
}
```

2. 基于软件的 I²C 的应用

除了使用 I²C 的库函数对指定引脚进行 I²C 操作，也可以使用任意引脚做 I²C 操作。在头文件中加入如下代码：

```
// CRL 管理低 8 位的方向,CRH 管理高 8 位的方向,8 表示输入,3 表示输出
#define SDA_IN() {GPIOB->CRH &= 0xFFFFFFF0;GPIOB->CRH |= 0x00000008;}
//#defineDIR_DATA_OUT() {SHT_PORT->CRH &= 0xFFFF0FFF;SHT_PORT->CRH |=
0x00003000;}
#define SDA_OUT() {GPIOB->CRH &= 0xFFFFFFF0;GPIOB->CRH |= 0x00000003;}
//#define SCL_OUT() {GPIOB->CRL&=0xF0FFFFFF;GPIOB->CRL|=0x03000000;}
//I/O 操作函数
#define IIC_SCL PBout(9)                                    //SCL
```

```
#define IIC_SDA PBout(8)                                                //SDA
#define READ_SDA PBin(8)                                                //输入 SDA
//********************
// 初始化 IIC
//********************
void IIC_Init(void)
{
    GPIO_InitTypeDef GPIO_InitStructure;
    //RCC->APB2ENR|=1<<4;                                               //先使能外设 I/O PORTC 时钟
    RCC_APB2PeriphClockCmd(RCC_APB2Periph_GPIOB, ENABLE );

    GPIO_InitStructure.GPIO_Pin = GPIO_Pin_8|GPIO_Pin_9;
    GPIO_InitStructure.GPIO_Mode = GPIO_Mode_Out_OD;   //开漏输出
    //GPIO_InitStructure.GPIO_Mode = GPIO_Mode_Out_PP; //推挽输出
    //以上两种类型开漏、推挽输出都可以读/写成功
    GPIO_InitStructure.GPIO_Speed = GPIO_Speed_50MHz;
    GPIO_Init(GPIOB, &GPIO_InitStructure);

    IIC_SCL=1;
    IIC_SDA=1;
}
//************************
//产生 IIC 起始信号
//************************
void IIC_Start(void)
{
    SDA_OUT();                                                  //SDA 线输出
    IIC_SDA=1;
    IIC_SCL=1;
    delay_us(4);
    IIC_SDA=0;                               //当时钟总线为高时,数据总线将从高跳变低
    delay_us(4);
    IIC_SCL=0;                               //钳住 I2C 总线,准备发送或接收数据
    delay_us(4);
}
//**************************
//产生 IIC 停止信号
//**************************
void IIC_Stop(void)
{
    SDA_OUT();                               //SDA 线输出
    IIC_SCL=0;
    delay_us(4);
    IIC_SDA=0;                               //当时钟总线为高时,数据总线将从低跳变高
    delay_us(4);
    IIC_SCL=1;
    delay_us(4);
    IIC_SDA=1;                               //发送 I2C 总线结束信号
    delay_us(4);
}
//**************************
```

```
//等待应答信号到来
//返回值: 1,接收应答失败
//          0,接收应答成功
// ****************************
u8 IIC_Wait_Ack(void)
{
    u8 ucErrTime=0;
    SDA_IN();                                    //SDA 设置为输入
    IIC_SDA=1;delay_us(1);
    IIC_SCL=1;delay_us(1);
    while(READ_SDA)
    {
        ucErrTime++;
        if(ucErrTime>250)
        {
            IIC_Stop();
            return 1;
        }
    }
    IIC_SCL=0;                                   //时钟输出 0
    return 0;
}
// ******************************
//产生 ACK 应答
// ******************************
void IIC_Ack(void)
{
    IIC_SCL=0;
    SDA_OUT();
    IIC_SDA=0;
    delay_us(2);
    IIC_SCL=1;
    delay_us(2);
    IIC_SCL=0;
}
// ******************************
//不产生 ACK 应答
// ******************************
void IIC_NAck(void)
{
    IIC_SCL=0;
    SDA_OUT();
    IIC_SDA=1;
    delay_us(2);
    IIC_SCL=1;
    delay_us(2);
    IIC_SCL=0;
}
// ******************************
//IIC 发送一个字节
//返回从机有无应答
```

```
//1,有应答
//0,无应答
//******************************
void IIC_Send_Byte(u8 txd)
{
    u8 t;
    SDA_OUT();
    IIC_SCL=0;                                    //拉低时钟开始数据传输
    for(t=0;t<8;t++)
    {
        IIC_SDA=(txd&0x80)>>7;
        txd<<=1;
        delay_us(2);
        IIC_SCL=1;
        delay_us(2);
        IIC_SCL=0;
        delay_us(2);
    }
}
//*********************************************
//读1个字节,ack=1时,发送ACK,ack=0,发送nACK
//*********************************************
u8 IIC_Read_Byte(unsigned char ack)
{
    unsigned char i,receive=0;
    SDA_IN();                                     //SDA设置为输入
    for(i=0;i<8;i++ )
    {
        IIC_SCL=0;
        delay_us(2);
        IIC_SCL=1;
        receive<<=1;
        if(READ_SDA)receive++;
        delay_us(1);
    }
    if (!ack)
        IIC_NAck();                               //发送nACK
    else
        IIC_Ack();                                //发送ACK
    return receive;
}
//*********************************************
//初始化IIC接口
//*********************************************
void AT24CXX_Init(void)
{
    IIC_Init();
}
//*********************************************
//在AT24CXX指定地址读出一个数据
//ReadAddr:开始读数的地址
```

```
//返回值：读到的数据
//***********************************************
u8 AT24CXX_ReadOneByte(u16 ReadAddr)
{
    u8 temp=0;
    IIC_Start();
    if(EE_TYPE>AT24C16)
    {
        IIC_Send_Byte(0XA0);                    //发送写命令
        IIC_Wait_Ack();
        IIC_Send_Byte(ReadAddr>>8);             //发送高地址
        IIC_Wait_Ack();
    }
    else IIC_Send_Byte(0XA0+((ReadAddr/256)<<1));
    //发送器件地址0XA0,写数据
    IIC_Wait_Ack();
    IIC_Send_Byte(ReadAddr%256);                //发送低地址
    IIC_Wait_Ack();
    IIC_Start();
    IIC_Send_Byte(0XA1);                        //进入接收模式
    IIC_Wait_Ack();
    temp=IIC_Read_Byte(0);
    IIC_Stop();                                 //产生一个停止条件
    return temp;
}
//***********************************************
//在AT24CXX指定地址写入一个数据
//WriteAddr：写入数据的目的地址
//DataToWrite:要写入的数据
//***********************************************
void AT24CXX_WriteOneByte(u16 WriteAddr, u8 DataToWrite)
{
    IIC_Start();
    if(EE_TYPE>AT24C16)
    {
        IIC_Send_Byte(0XA0);                    //发送写命令
        IIC_Wait_Ack();
        IIC_Send_Byte(WriteAddr>>8);            //发送高地址
    }else
    {
        IIC_Send_Byte(0XA0+((WriteAddr/256)<<1));
        //发送器件地址0XA0,写数据
    }
    IIC_Wait_Ack();
    IIC_Send_Byte(WriteAddr%256);               //发送低地址
    IIC_Wait_Ack();
    IIC_Send_Byte(DataToWrite);                 //发送字节
    IIC_Wait_Ack();
    IIC_Stop();                                 //产生一个停止条件
    OSTimeDlyHMSM(0, 0,0, 10);
}
```

```
//***********************************************
//在 AT24CXX 里面的指定地址开始写入长度为 Len 的数据
//该函数用于写入 16bit 或者 32bit 的数据
//WriteAddr :开始写入的地址
//DataToWrite:数据数组首地址
//Len :要写入数据的长度 2,4
//***********************************************
void AT24CXX_WriteLenByte(u16 WriteAddr, u32 DataToWrite, u8 Len)
{
    u8 t;
    for(t=0;t<Len;t++)
    {
        AT24CXX_WriteOneByte(WriteAddr+t, (DataToWrite>>(8*t))&0xff);
    }
}
//***********************************************
//在 AT24CXX 里面的指定地址开始读出长度为 Len 的数据
//该函数用于读出 16bit 或者 32bit 的数据
//ReadAddr :开始读出的地址
//返回值 :数据
//Len :要读出数据的长度 2,4
//***********************************************
u32 AT24CXX_ReadLenByte(u16 ReadAddr, u8 Len)
{
    u8 t;
    u32 temp=0;
    for(t=0;t<Len;t++)
    {
        temp<<=8;
        temp+=AT24CXX_ReadOneByte(ReadAddr+Len-t-1);
    }
    return temp;
}
//***********************************************
//检查 AT24CXX 是否正常
//这里用了 24XX 的最后一个地址(255)来存储标志字
//如果用其他 24C 系列,这个地址要修改
//返回 1:检测失败
//返回 0:检测成功
//***********************************************
u8 AT24CXX_Check(void)
{
    u8 temp;
    temp=AT24CXX_ReadOneByte(AT24C02);          //避免每次开机都写 AT24CXX
    if(temp==0X55)return 0;
    else                                        //排除第一次初始化的情况
    {
        AT24CXX_WriteOneByte(AT24C02,0X55);
        temp=AT24CXX_ReadOneByte(AT24C02);
        if(temp==0X55)return 0;
    }
```

```
    return 1;
}
//*********************************************
//在 AT24CXX 里面的指定地址开始读出指定个数的数据
//ReadAddr :开始读出的地址 对 24c02 为 0～255
//pBuffer :数据数组首地址
//NumToRead:要读出数据的个数
//*********************************************
void AT24CXX_Read(u16 ReadAddr, u8 * pBuffer, u16 NumToRead)
{
    while(NumToRead)
    {
        * pBuffer++=AT24CXX_ReadOneByte(ReadAddr++);
        NumToRead--;
    }
}
//*********************************************
//在 AT24CXX 里面的指定地址开始写入指定个数的数据
//WriteAddr :开始写入的地址 对 24c02 为 0～255
//pBuffer :数据数组首地址
//NumToWrite:要写入数据的个数
//*********************************************
void AT24CXX_Write(u16 WriteAddr, u8 * pBuffer, u16 NumToWrite)
{
    while(NumToWrite--)
    {
        AT24CXX_WriteOneByte(WriteAddr, * pBuffer);
        WriteAddr++;
        pBuffer++;
    }
}
```

7.4 CAN 总线通信接口应用

CAN 网络(Controller Area Network)是现场总线技术的一种，它是一种架构开放、广播式的新一代网络通信协议，称为控制器局域网现场总线。CAN 网络原本是德国 Bosch 公司为欧洲汽车市场所开发的。CAN 推出之初是用于汽车内部测量和执行部件之间的数据通信，例如汽车刹车防抱死系统、安全气囊等。对机动车辆总线和对现场总线的需求有许多相似之处，即能够以较低的成本、较高的实时处理能力在强电磁干扰环境下可靠地工作。因此 CAN 总线可广泛应用于离散控制领域中的过程监测和控制，特别是工业自动化的底层监控，以解决控制与测试之间的可靠性和实时数据交换。

CAN 总线有如下基本特点：

(1) CAN 协议最大的特点是废除了传统的站地址编码，代之以对数据通信数据块进行编码，可以多主方式工作。

(2) CAN 采用非破坏性仲裁技术，当两个节点同时向网络上传送数据时，优先级低的节点主动停止数据发送，而优先级高的节点可不受影响地继续传输数据，有效避免了总线冲突。

(3) CAN 采用短帧结构，每一帧的有效字节数为 8 个(CAN 技术规范 2.0A)，数据传输时间短，受干扰的概率低，重新发送的时间短。

(4) CAN 的每帧数据都有 CRC 校验及其他检错措施，保证了数据传输的高可靠性，适于在高干扰环境中使用。

(5) CAN 节点在错误严重的情况下，具有自动关闭总线的功能，切断它与总线的联系，以使总线上其他操作不受影响。

(6) CAN 可以点对点、一点对多点(成组)及全局广播集中方式传送和接收数据。

(7) CAN 总线直接通信距离最远可达 10km/5kbps，通信速率最高可达 1Mbps/40m。

(8) 采用不归零码(NRZ-Non-Return-to-Zero)编码/解码方式，并采用位填充(插入)技术。

7.4.1 bxCAN 介绍

bxCAN 是基本扩展 CAN(Basic Extended CAN)的缩写，它支持 CAN 协议 2.0A 和 2.0B。它的设计目标是：以小的 CPU 负荷来高效处理大量收到的报文。它也支持报文发送的优先级要求(优先级特性可软件配置)。对于安全紧要的应用，bxCAN 提供所有支持时间触发通信模式所需的硬件功能。

7.4.2 bxCAN 主要特点

- 支持 CAN 协议 2.0A 和 2.0B 主动模式；
- 波特率高可达 1 兆位/秒；
- 支持时间触发通信功能发送；
- 3 个发送邮箱；
- 发送报文的优先级特性可软件配置；
- 记录发送 SOF 时刻的时间戳接收；
- 3 级深度的两个接收 FIFO；
- 可变的过滤器组：在互联型产品中，CAN1 和 CAN2 分享 28 个过滤器组；其他 STM32F103xx 系列产品中有 14 个过滤器组；
- 标识符列表；
- FIFO 溢出处理方式可配置；
- 记录接收 SOF 时刻的时间戳；
- 时间触发通信模式；
- 禁止自动重传模式；
- 16 位自由运行定时器；
- 可在后 2 个数据字节发送时间戳管理；
- 中断可屏蔽；
- 邮箱占用单独一块地址空间，便于提高软件效率的双 CAN；

- CAN1：是主 bxCAN，它负责管理在从 bxCAN 和 512 字节的 SRAM 存储器之间的通信；
- CAN2：是从 bxCAN，它不能直接访问 SRAM 存储器；
- 这两个 bxCAN 模块共享 512 字节的 SRAM 存储器。

注意：在 STM32 的中容量和大容量产品中，USB 和 CAN 共用一个专用的 512 字节的 SRAM 存储器用于数据的发送和接收，因此不能同时使用 USB 和 CAN（共享的 SRAM 被 USB 和 CAN 模块互斥地访问）。USB 和 CAN 可以同时用于一个应用中但不能在同一个时间使用。

7.4.3 bxCAN 总体描述

在当今的 CAN 应用中，CAN 网络的节点在不断增加，并且多个 CAN 常常通过网关连接起来，因此整个 CAN 网中的报文数量（每个节点都需要处理）急剧增加。除了应用层报文外，网络管理和诊断报文也被引入。CAN 的拓扑结构如图 7-11 所示。

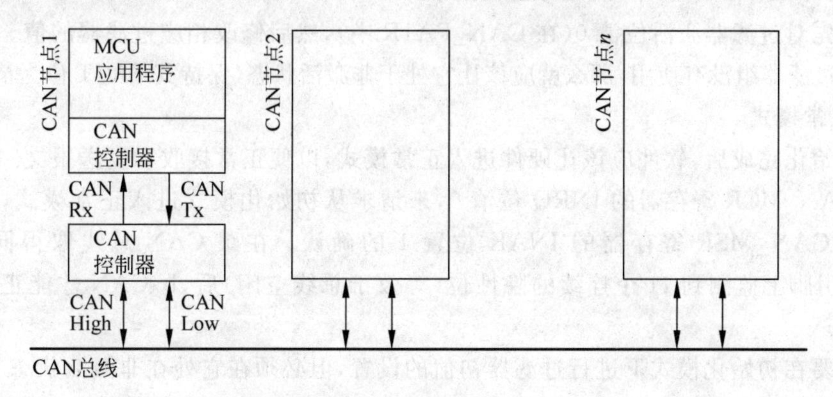

图 7-11　CAN 网络拓扑结构

引入的网络管理和诊断的报文功能为：

- 需要一个增强的过滤机制来处理各种类型的报文，此外，应用层任务需要更多 CPU 时间，因此报文接收所需的实时响应程度需要减轻。
- 接收 FIFO 的方案允许 CPU 花很长时间处理应用层任务而不会丢失报文。构筑在底层 CAN 驱动程序上的高层协议软件，要求跟 CAN 控制器之间有高效的接口。

7.4.4 bxCAN 工作模式

bxCAN 有 3 个主要的工作模式：初始化、正常和睡眠模式。在硬件复位后，bxCAN 工作在睡眠模式以节省电能，同时 CANTX 引脚的内部上拉电阻被激活。软件通过对 CAN_MCR 寄存器的 INRQ 或 SLEEP 位置 1，可以请求 bxCAN 进入初始化或睡眠模式。一旦进入了初始化或睡眠模式，bxCAN 就对 CAN_MSR 寄存器的 INAK 或 SLAK 位置 1 来进行确认，同时内部上拉电阻被禁用。当 INAK 和 SLAK 位都为 0 时，bxCAN 就处于正常模式。在进入正常模式前，bxCAN 必须跟 CAN 总线取得同步；为取得同步，bxCAN 要等待

CAN 总线达到空闲状态,即在 CANRX 引脚上监测到 11 个连续的隐性位。

1. 初始化模式

软件初始化应该在硬件处于初始化模式时进行。设置 CAN_MCR 寄存器的 INRQ 位为 1,请求 bxCAN 进入初始化模式,然后等待硬件对 CAN_MSR 寄存器的 INAK 位置 1 来进行确认。

清除 CAN_MCR 寄存器的 INRQ 位为 0,请求 bxCAN 退出初始化模式,当硬件对 CAN_MSR 寄存器的 INAK 位清 0 就确认了初始化模式的退出。当 bxCAN 处于初始化模式时,禁止报文的接收和发送,并且 CANTX 引脚输出隐性位(高电平)。初始化模式的进入,不会改变配置寄存器。

软件对 bxCAN 的初始化,至少包括位时间特性(CAN_BTR)和控制(CAN_MCR)这两个寄存器。在对 bxCAN 的过滤器组(模式、位宽、FIFO 关联、激活和过滤器值)进行初始化前,软件要对 CAN_FMR 寄存器的 FINIT 位设置 1。对过滤器的初始化可以在非初始化模式下进行。

注意:当 FINIT=1 时,报文的接收被禁止。

可以先对过滤器激活位清 0(在 CAN_FA1R 中),然后修改相应过滤器的值。

如果过滤器组没有使用,那么就应该让它处于非激活状态(保持其 FACT 位为清 0 状态)。

2. 正常模式

在初始化完成后,软件应该让硬件进入正常模式,以便正常接收和发送报文。软件可以通过对 CAN_MCR 寄存器的 INRQ 位清 0,来请求从初始化模式进入正常模式,然后要等待硬件对 CAN_MSR 寄存器的 INAK 位置 1 的确认。在跟 CAN 总线取得同步,即在 CANRX 引脚上监测到 11 个连续的隐性位(等效于总线空闲)后,bxCAN 才能正常接收和发送报文。

不需要在初始化模式下进行过滤器初值的设置,但必须在它处在非激活状态下完成(相应的 FACT 位为 0)。而过滤器的位宽和模式的设置,则必须在初始化模式中进入正常模式前完成。

3. 睡眠模式(低功耗)

bxCAN 可工作在低功耗的睡眠模式。软件通过对 CAN_MCR 寄存器的 SLEEP 位置 1,来请求进入这一模式。在该模式下,bxCAN 的时钟停止了,但软件仍然可以访问邮箱寄存器。

当 bxCAN 处于睡眠模式,软件必须对 CAN_MCR 寄存器的 INRQ 位置 1,并且同时对 SLEEP 位清 0,才能进入初始化模式。

有两种方式可以唤醒(退出睡眠模式)bxCAN:通过软件对 SLEEP 位清 1,或硬件检测到 CAN 总线的活动。

如果 CAN_MCR 寄存器的 AWUM 位为 1,一旦检测到 CAN 总线的活动,硬件就自动对 SLEEP 位清 0 来唤醒 bxCAN。如果 CAN_MCR 寄存器的 AWUM 位为 0,软件必须在唤醒中断里对 SLEEP 位清 0 才能退出睡眠状态。

注意:如果唤醒中断被允许(CAN_IER 寄存器的 WKUIE 位为 1),那么一旦检测到 CAN 总线活动就会产生唤醒中断,而不管硬件是否会自动唤醒 bxCAN。

图 7-12 中 bxCAN 工作模式在对 SLEEP 位清 0 后,睡眠模式的退出必须与 CAN 总线同步。当硬件对 SLAK 位清 0 时,就确认了睡眠模式的退出。

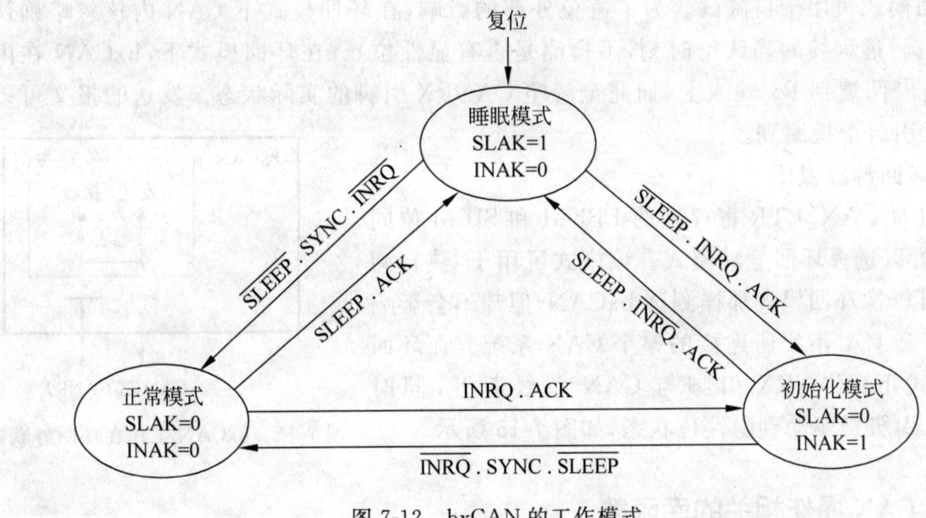

图 7-12　bxCAN 的工作模式

7.4.5　测试模式

通过对 CAN_BTR 寄存器的 SILM 和/或 LBKM 位置 1，来选择一种测试模式。只能在初始化模式下修改这 2 位。在选择了一种测试模式后，软件需要对 CAN_MCR 寄存器的 INRQ 位清 0，来真正进入测试模式。

1. 静默模式

通过对 CAN_BTR 寄存器的 SILM 位置 1，来选择静默模式。在静默模式下，bxCAN 可以正常地接收数据帧和远程帧，但只能发出隐性位，而不能真正发送报文。如果 bxCAN 需要发出显性位（确认位、过载标志、主动错误标志），那么这样的显性位在内部被接收回来，从而可以被 CAN 内核检测到，同时 CAN 总线不会受到影响而仍然维持在隐性位状态。因此，静默模式通常用于分析 CAN 总线的活动，而不会对总线造成影响，显性位（确认位、错误帧）不会真正发送到总线上。图 7-13 所示为 bxCAN 工作在静默模式。

2. 环回模式

通过对 CAN_BTR 寄存器的 LBKM 位置 1，来选择环回模式，如图 7-14 所示。在环回模式下，bxCAN 把发送的报文当作接收的报文并保存（如果可以通过接收过滤）在接收邮箱里。

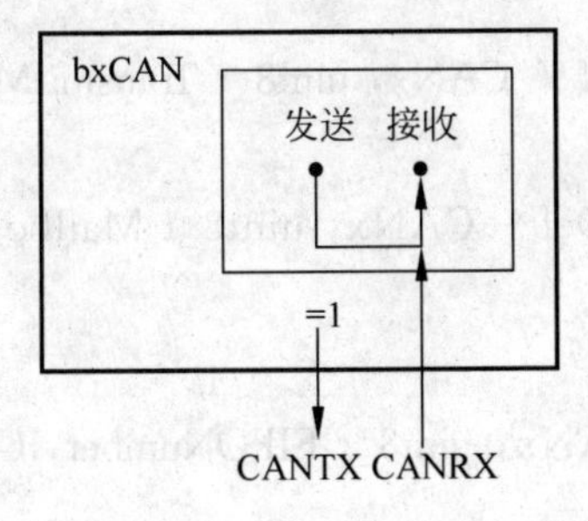

图 7-13　bxCAN 工作在静默方式

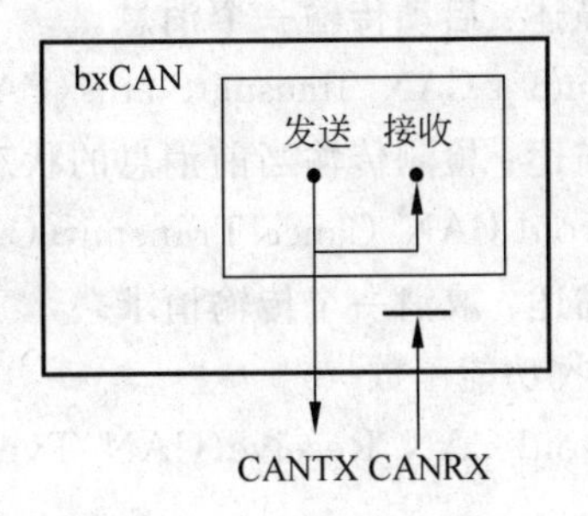

图 7-14　bxCAN 工作在环回方式

环回模式可用于自测试。为了避免外部的影响,在环回模式下 CAN 内核忽略确认错误(在数据/远程帧的确认位时刻,不检测是否有显性位)。在环回模式下,bxCAN 在内部把 Tx 输出回馈到 Rx 输入上,而完全忽略 CANRX 引脚的实际状态。发送的报文可以在 CANTX 引脚上检测到。

3. 环回静默模式

通过对 CAN_BTR 寄存器的 LBKM 和 SILM 位同时置 1,可以选择环回静默模式。该模式可用于"热自测试",即可以像环回模式那样测试 bxCAN,但却不会影响 CANTX 和 CANRX 所连接的整个 CAN 系统。在环回静默模式下,CANRX 引脚与 CAN 总线断开,同时 CANTX 引脚被驱动到隐性位状态,如图 7-15 所示。

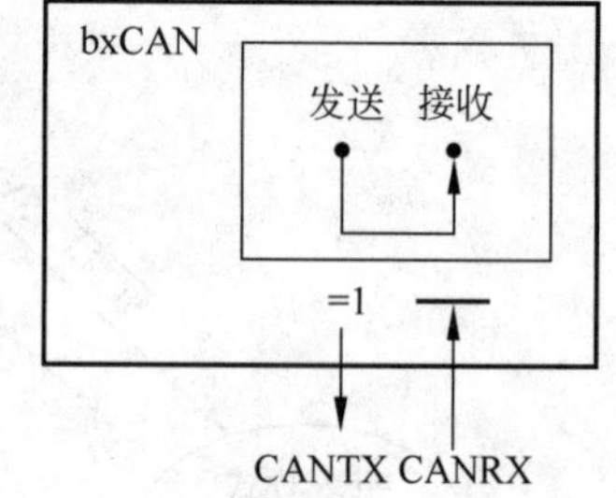

图 7-15　bxCAN 工作在环回静默方式

7.4.6　CAN 操作相关的库函数

(1) void CAN_DeInit(CAN_TypeDef * CANx);

功能描述:将 CANx 外设的寄存器初始化为默认值。

(2) uint8_t CAN_Init(CAN_TypeDef * CANx, CAN_InitTypeDef * CAN_InitStruct);

功能描述:用指定的参数初始化 CANx 外设寄存器。

(3) void CAN_FilterInit(CAN_FilterInitTypeDef * CAN_FilterInitStruct);

功能描述:根据 FilterInitStruct 制定的参数初始化 CANx 外设。

(4) void CAN_StructInit(CAN_InitTypeDef * CAN_InitStruct);

功能描述:用初始化值初始化 CAN_InitStruct 参数。

(5) void CAN_SlaveStartBank(uint8_t CAN_BankNumber);

功能描述:为从机 CAN 选择起始过滤器。

(6) void CAN_DBGFreeze(CAN_TypeDef * CANx, FunctionalState NewState);

功能描述:使能或者禁止 CAN 的调试冻结功能。

(7) void CAN_TTComModeCmd(CAN_TypeDef * CANx, FunctionalState NewState);

功能描述:使能或者禁止 CANx 的通信功能触发器操作。

/* 传输功能函数 */

(8) uint8_t CAN_Transmit(CAN_TypeDef * CANx, CanTxMsg * TxMessage);

功能描述:启动传输一个消息。

(9) uint8_t CAN_TransmitStatus (CAN_TypeDef * CANx, uint8_t TransmitMailbox);

功能描述:检测传输当前消息的状态。

(10) void CAN_CancelTransmit(CAN_TypeDef * CANx, uint8_t Mailbox);

功能描述:取消一个传输请求。

/* 接收功能函数 */

(11) void CAN_Receive(CAN_TypeDef * CANx, uint8_t FIFONumber, CanRxMsg * RxMessage);

功能描述:接收一个消息。

(12) void CAN_FIFORelease(CAN_TypeDef * CANx, uint8_t FIFONumber);

功能描述：释放指定的 FIFO 缓冲区。

(13) uint8_t CAN_MessagePending(CAN_TypeDef * CANx, uint8_t FIFONumber);

功能描述：返回接收到的 CAN 字节数。

/ * 操作模式函数 * /

(14) uint8_t CAN_OperatingModeRequest(CAN_TypeDef * CANx, uint8_t CAN_OperatingMode);

功能描述：选择 CAN 操作成功或者失败之后进入的操作模式。

(15) uint8_t CAN_Sleep(CAN_TypeDef * CANx);

功能描述：进入睡眠模式。

(16) uint8_t CAN_WakeUp(CAN_TypeDef * CANx);

功能描述：唤醒 CAN 总线。

/ * 错误管理函数 * /

(17) uint8_t CAN_GetLastErrorCode(CAN_TypeDef * CANx);

功能描述：返回 CANx 的最后一个错误代码。

(18) uint8_t CAN_GetReceiveErrorCounter(CAN_TypeDef * CANx);

功能描述：返回 CANx 接收错误总数。

(19) uint8_t CAN_GetLSBTransmitErrorCounter(CAN_TypeDef * CANx);

功能描述：返回 CANx 传输错误总数。

/ * 终端及标志管理函数 * /

(20) void CAN_ITConfig(CAN_TypeDef * CANx, uint32_t CAN_IT, FunctionalState NewState);

功能描述：使能或者禁止 CANx 的中断。

(21) FlagStatus CAN_GetFlagStatus(CAN_TypeDef * CANx, uint32_t CAN_FLAG);

功能描述：检查制定的 CAN 标识是否被置位。

(22) void CAN_ClearFlag(CAN_TypeDef * CANx, uint32_t CAN_FLAG);

功能描述：清除 CAN 总线的接收标志。

(23) ITStatus CAN_GetITStatus(CAN_TypeDef * CANx, uint32_t CAN_IT);

功能描述：获取 CANx 的中断状态。

(24) void CAN_ClearITPendingBit(CAN_TypeDef * CANx, uint32_t CAN_IT);

功能描述：清除 CAN 总线中断挂起标志。

7.4.7 CAN 使用示例

```
/ ************************************************************************
 * 程序名称: can_init
 * 功能描述: 总线初始化函数
 * 输入参数: 无
```

```
* 输出参数: 无
* 返回参数: 无
*********************************************************************/
void can_init(void)
{
    GPIO_InitTypeDef GPIO_InitStructure;
    NVIC_InitTypeDef NVIC_InitStructure;
    CAN_InitTypeDef CAN_InitStructure;
    CAN_FilterInitTypeDef CAN_FilterInitStructure;

    //GPIO SETUP
    RCC_APB2PeriphClockCmd(RCC_APB2Periph_AFIO|RCC_APB2Periph_GPIOA,ENABLE);
    RCC_APB1PeriphClockCmd(RCC_APB1Periph_CAN1,ENABLE);
    GPIO_InitStructure.GPIO_Pin = GPIO_Pin_11;
    GPIO_InitStructure.GPIO_Speed = GPIO_Speed_50MHz;
    GPIO_InitStructure.GPIO_Mode = GPIO_Mode_IPU;
    GPIO_Init(GPIOA, &GPIO_InitStructure);
    /* Configure CAN pin: TX */
    GPIO_InitStructure.GPIO_Pin = GPIO_Pin_12;
    GPIO_InitStructure.GPIO_Speed = GPIO_Speed_50MHz;
    GPIO_InitStructure.GPIO_Mode = GPIO_Mode_AF_PP;
    GPIO_Init(GPIOA, &GPIO_InitStructure);

    //RCC_APB1PeriphClockCmd(RCC_APB1Periph_CAN, ENABLE);
    CAN_DeInit(CAN1);
    /* CAN cell init */
    CAN_StructInit(&CAN_InitStructure);
    CAN_InitStructure.CAN_TTCM=DISABLE;
    CAN_InitStructure.CAN_ABOM=DISABLE;
    CAN_InitStructure.CAN_AWUM=DISABLE;
    CAN_InitStructure.CAN_NART=DISABLE;
    CAN_InitStructure.CAN_RFLM=DISABLE;
    CAN_InitStructure.CAN_TXFP=DISABLE;
    CAN_InitStructure.CAN_Mode=CAN_Mode_Normal;
    //CAN_Mode_Normal CAN_Mode_LoopBack
    CAN_InitStructure.CAN_SJW=CAN_SJW_1tq;
    CAN_InitStructure.CAN_BS1=CAN_BS1_8tq;
    CAN_InitStructure.CAN_BS2=CAN_BS2_7tq;
    CAN_InitStructure.CAN_Prescaler=5;
    CAN_Init(CAN1, &CAN_InitStructure);
    /* CAN filter init */
    CAN_FilterInitStructure.CAN_FilterNumber=0;
    CAN_FilterInitStructure.CAN_FilterMode=CAN_FilterMode_IdMask;
    CAN_FilterInitStructure.CAN_FilterScale=CAN_FilterScale_32bit;
    CAN_FilterInitStructure.CAN_FilterIdHigh=0x0000;
    CAN_FilterInitStructure.CAN_FilterIdLow=0x0000;
    CAN_FilterInitStructure.CAN_FilterMaskIdHigh=0x0000;
    CAN_FilterInitStructure.CAN_FilterMaskIdLow=0x0000;
```

```
    CAN_FilterInitStructure.CAN_FilterFIFOAssignment=0; //关联 FIFO0
    CAN_FilterInitStructure.CAN_FilterActivation=ENABLE;
    CAN_FilterInit(&CAN_FilterInitStructure);

    CAN_ITConfig(CAN1, CAN_IT_FMP0, ENABLE);
    NVIC_InitStructure.NVIC_IRQChannel =
    USB_LP_CAN1_RX0_IRQn;                    //USB_LP_CAN_RX0_IRQChannel
    NVIC_InitStructure.NVIC_IRQChannelPreemptionPriority = 0;
    NVIC_InitStructure.NVIC_IRQChannelSubPriority = 0;
    NVIC_InitStructure.NVIC_IRQChannelCmd = ENABLE;
    NVIC_Init(&NVIC_InitStructure);
}
/*****************************************************************
* 程序名称: can_tx
* 功能描述: 发送数据函数
* 输入参数: 无
* 输出参数: 无
* 返回参数: 无
*****************************************************************/
void can_tx(u8 id,u8 * data)
{
    CanTxMsg TxMessage;
    //CanRxMsg RxMessage;
    uint8_t TransmitMailbox = 0;
    u16 i;
    TxMessage.StdId = id;                    //DATA ID
    TxMessage.RTR = CAN_RTR_DATA;
    TxMessage.IDE = CAN_ID_EXT;
    TxMessage.DLC = 8;
    TxMessage.Data[0] = data[0];
    TxMessage.Data[1] = data[1];
    TxMessage.Data[2] = data[2];
    TxMessage.Data[3] = data[3];
    TxMessage.Data[4] = data[4];
    TxMessage.Data[5] = data[5];
    TxMessage.Data[6] = data[6];
    TxMessage.Data[7] = data[7];
    TransmitMailbox=CAN_Transmit(CAN1, &TxMessage);
    i = 0;
    while((CAN_TransmitStatus(CAN1, TransmitMailbox) != CANTXOK) && (i != 0xFF))
    {
        i++;
    }
    i = 0;
    while((CAN_MessagePending(CAN1, CAN_FIFO0) < 1) && (i != 0xFF))
    {
        i++;
    }
```

```
    return;
}
/**********************************************************************
* 程序名称: USB_LP_CAN_RX0_IRQHandler
* 功能描述: CAN RX0 中断接口函数
* 输入参数: 无
* 输出参数: 无
* 返回参数: 无
**********************************************************************/
void USB_LP_CAN_RX0_IRQHandler(void)
{
    CanRxMsg RxMessage;
    u16 u1,u2;
    OS_CPU_SR cpu_sr;
    OS_ENTER_CRITICAL();                           //保存全局中断标志,关总中断
    //告诉 μC/OS-Ⅱ 启动了中断服务程序
    OSIntNesting++;
    OS_EXIT_CRITICAL();                            //恢复全局中断标志

    RxMessage.StdId=0x00;
    RxMessage.ExtId=0x00;
    RxMessage.IDE=0;
    RxMessage.DLC=0;
    RxMessage.FMI=0;
    RxMessage.Data[0]=0x00;
    RxMessage.Data[1]=0x00;
    RxMessage.Data[2]=0x00;
    RxMessage.Data[3]=0x00;
    RxMessage.Data[4]=0x00;
    RxMessage.Data[5]=0x00;
    RxMessage.Data[6]=0x00;
    RxMessage.Data[7]=0x00;
    CAN_Receive(CAN1, CAN_FIFO0, &RxMessage);
    canbuf[0] = RxMessage.Data[0];
    canbuf[1] = RxMessage.Data[1];
    canbuf[2] = RxMessage.Data[2];
    canbuf[3] = RxMessage.Data[3];
    canbuf[4] = RxMessage.Data[4];
    canbuf[5] = RxMessage.Data[5];
    canbuf[6] = RxMessage.Data[6];
    canbuf[7] = RxMessage.Data[7];
    canbuf[8] = RxMessage.StdId;
    canbuf[9] = RxMessage.ExtId;
    canc++;
    //OSSemPost(CAN_SEM);
    OSIntExit();
    //在 os_core.c 文件里定义,如果有更高优先级的任务就绪了,则执行一次任务切换
}
```

7.5 SDIO 接口应用

SD 卡(Secure Digital Memory Card)是一种为满足安全性、容量、性能和使用环境等各方面的需求而设计的一种新型存储器件,SD 卡允许在两种模式下工作,即 SD 模式和 SPI 模式。

7.5.1 SD 卡内部及引脚示意图

SD 卡内部及引脚示意图如图 7-16 所示。

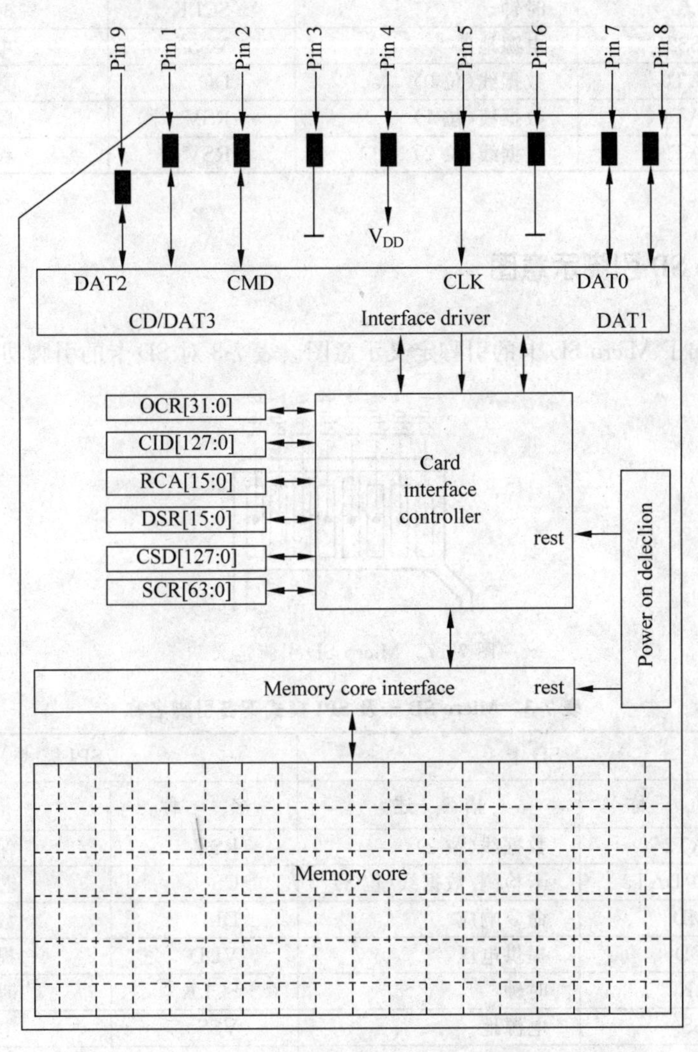

图 7-16 SD 卡内部及引脚示意图

7.5.2 SD 卡及 SPI 模式引脚名称

SD 卡及 SPI 模式下各引脚名称如表 7-2 所列。

表 7-2 SD 卡及 SPI 模式下各引脚名称

引脚	SD 卡		SPI 模式	
	名　称	描　述	名　称	描　述
1	CD/DAT3	卡检测/数据线(位 3)	CS	芯片选择
2	CMD	命令响应	DI	数据输入
3	VSS1	电源地 1	VSS1	电源地 1
4	VDD	提供电压	VDD	提供电压
5	CLK	时钟	SCLK	时钟
6	VSS2	电源地 2	VSS2	电源地 2
7	DAT0	数据线(位 0)	DO	数据输出
8	DAT1	数据线(位 1)	RSV	保留
9	DAT2	数据线(位 2)	RSV	保留

7.5.3 Micro SD 引脚示意图

图 7-17 列出了 Micro SD 卡的引脚定义示意图。表 7-3 对 SD 卡的引脚功能进行了说明。

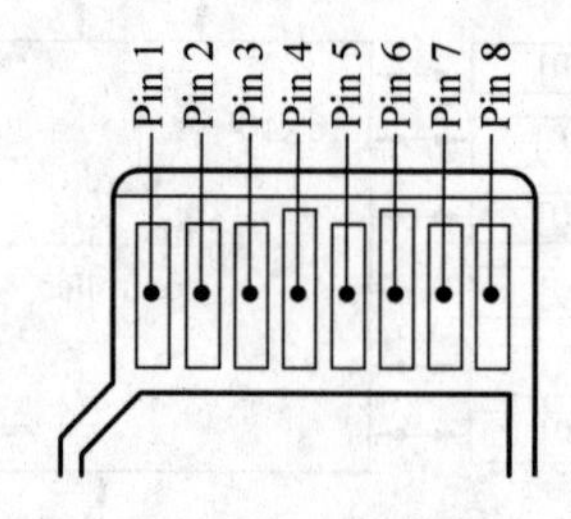

图 7-17 Micro SD 引脚定义

表 7-3 Micro SD 卡及 SPI 模式下各引脚名称

引脚	SD 卡		SPI 模式	
	名　称	描　述	名　称	描　述
1	DAT2	数据线(位 2)	RSV	保留
2	CD/DAT3	卡检测/数据线(位 3)	CS	芯片选择
3	CMD	命令响应	DI	数据输入
4	VDD	提供电压	VDD	提供电压
5	CLK	时钟	SCLK	时钟
6	VSS	电源地	VSS	电源地
7	DAT0	数据线(位 0)	DO	数据输出
8	DAT1	数据线(位 1)	RSV	保留

7.5.4 SD 模式

1. STM32 的 SDIO 适配器原理框图

图 7-18 列出了 STM32 与 SD 卡通过 SDIO 模式进行操作的接口示意图。

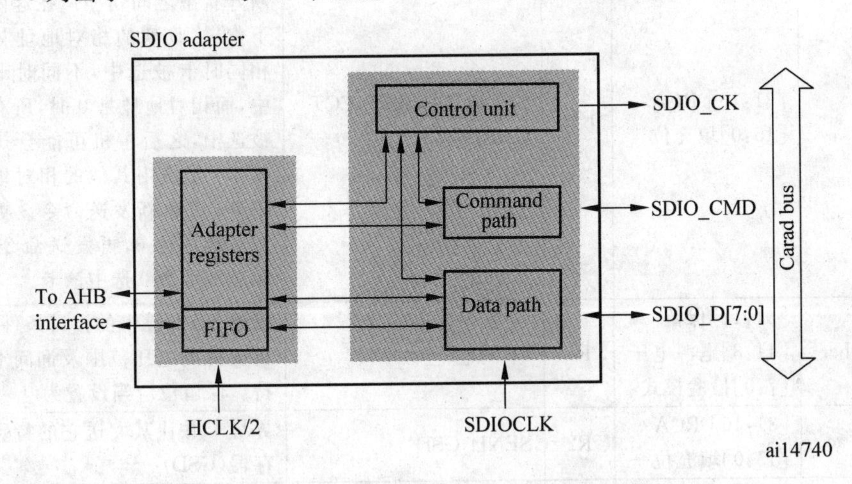

图 7-18 STM32 的 SDIO 适配器原理框图

2. SD 命令格式

SD 命令格式见表 7-4。

表 7-4 SD 卡命令格式

位	47	46	[45:40]	[39:8]	[7:1]	0
宽度	1	1	6	32	7	1
数值	0	1	—	—	—	1
说明	开始位	传输位	命令索引	参数	CRC7	结束位

3. SD 通用命令

SD 卡通用命令如表 7-5 所示。

表 7-5 SD 卡通用命令

命令索引	类型	参　数	响应格式	缩　写	说　明
CMD0	bc	[31:0]填充位	—	GO_IDLE_STATE	重置所有卡为空闲状态
CMD2	bcr	[31:0]填充位	R2	ALL_SEND_CID	要求所有卡发送 CID 号(任何连在总线上的卡都必须响应)
CMD3	bcr	[31:0]填充位	R6	SEND_RELATIVE_ADDR	要求卡发送一个新的相对地址(RCA)
CMD4	bc	[31:16] DSR [15:0]填充位	—	SET_DSR	规划所有卡的 DSR

续表

命令索引	类型	参数	响应格式	缩写	说明
CMD7	ac	[31:16] RCA [15:0]填充位	R1b	SELECT/DESELECT_CARD	使卡在备用和传输状态或者编程和断开状态之间切换。在这两种情况下,当接收到的相对地址与自己的相同时卡被选中,不同时卡取消选中,而相对地址是 0 时,所有卡都不被选中,之后主机可能会执行如下操作:①使用其他的相对地址来选中卡;②重新发送命令 3 更改卡的相对地址为 0,再发送命令 7,参数相对地址为 0 选中该卡
CMD8	bcr	[31:12]保留 [11:8]电源电压 [7:0]检验模式	R7	SEND_IF_COND	发送 SD 存储卡的接口条件,包括主机支持的电压范围及询问卡是否支持。保留位应当设置为 0
CMD9	ac	[31:16] RCA [15:0]填充位	R2	SEND_CSD	寻址卡并让其发送它的特殊数据寄存器(CSD)
CMD10	ac	[31:16] RCA [15:0]填充位	R2	SEND_CID	寻址卡并让其发送识别号(CID)
CMD12	ac	[31:0]填充位	R1b	STOP_TRANSMISSION	强制卡停止传输
CMD13	ac	[31:16] RCA [15:0]填充位	R1	SEND_STATUS	寻址卡并让其发送状态寄存器的数据
CMD15	ac	[31:16] RCA [15:0]保留	—	GO_INACTIVE_STATE	使被寻址的卡进入不活跃状态,该命令用在主机明确想要去激活某张卡
CMD16	ac	[31:0]块大小	R1	SET_BLOCKLEN	如果是标准容量 SD 存储卡,该命令为随后的块操作命令(读、写及上锁)设定块大小(单位为字节)。块大小默认为 512 字节。只有当该命令是 CSD 所允许时,才是一个合法的内存访问命令。 如果卡是高容量 SD 存储卡,使用该命令不会影响内存的读/写命令,块大小总是固定的 512 字节。该命令会影响卡上锁/解锁命令。 在这两种情形下,如果块大小被设置超过 512 字节,卡将会设置 BLOCK_LEN_ERROR 位
CMD17	adtc	[31:0]数据地址	R1	READ_SINGLE_BLOCK	如果是标准容量 SD 存储卡,该命令会读取由 SET_BLOCKLEN 命令所设置大小的块。 如果卡是高容量 SD 存储卡,读取的块大小固定位 512 字节,不受 SET_BLOCKLEN 命令影响

续表

命令索引	类型	参数	响应格式	缩写	说明
CMD18	adtc	[31:0]数据地址	R1	READ_MULTIPLE_BLOCK	使卡连续传输数据块到主机，直到被停止传输命令中断。块大小的详细说明同上
CMD24	adtc	[31:0]数据地址	R1	WRITE_BLOCK	如果是标准容量SD存储卡，该命令会写由SET_BLOCKLEN命令所设置大小的块。 如果卡是高容量SD存储卡，读取的块大小固定位512字节，不受SET_BLOCKLEN命令影响
CMD25	adtc	[31:0]数据地址	R1	WRITE_MULTIPLE_BLOCK	连续写数据块到卡，直到被停止传输命令中断。块大小的详细说明同上
CMD27	adtc	[31:0]填充位	R1	PROGRAM_CSD	对CSD中可编程的位编程
CMD28	ac	[31:0]数据地址	R1b	SET_WRITE_PROT	如果卡有写保护功能，该命令设置指定组的写保护位。写保护特性设置在卡的特殊数据区(WP_GRP_SIZE)。高容量SD存储卡不支持该命令
CMD29	ac	[31:0]数据地址	R1b	CLR_WRITE_PROT	如果卡有写保护功能，该命令清除指定组的写保护位。高容量SD存储卡不支持该命令
CMD30	adtc	[31:0]写保护数据的地址	R1	SEND_WRITE_PROT	如果卡有写保护功能，该命令要求卡发送写保护位的状态。高容量SD存储卡不支持该命令
CMD32	ac	[31:0]数据地址	R1	ERASE_WR_BLK_START	设置第一个擦除组的地址
CMD33	ac	[31:0]数据地址	R1	ERASE_WR_BLK_END	在连续的擦除范围内，设置最后一个擦除组的地址
CMD38	ac	[31:0]填充位	R1b	ERASE	擦除先前选择的数据块
CMD42	adtc	[31:0]保留	R1	LOCK_UNLOCK	用来设置/重置密码或对卡上锁/解锁。数据块的大小由SET_BLOCK_LEN命令设置。保留位应当设置为0
CMD55	ac	[31:16] RCA [15:0]填充位	R1	APP_CMD	指示卡下一个命令是应用相关命令而不是一个标准命令
CMD56	adtc	[31:1]填充位 0读/写	R1	GEN_CMD	在通用或应用相关命令中，或者用于向卡中传输一个数据块，或者用于从卡中读取一个数据块。如果是标准容量SD存储卡，数据块的大小由SET_BLOCK_LEN命令设置。如果卡是高容量SD存储卡，数据块的大小固定为512字节。当读/写位为1时，主机从卡读取数据，为0时写数据到卡里

4. SD卡应用命令

SD卡应用命令如表7-6所示。

表7-6 SD卡应用命令

命令索引	类型	参数	响应格式	缩写	说明
ACMD6	ac	[31:2]填充位 [1:0]数据线宽度	R1	SET_BUS_WIDTH	定义用于数据传输的数据线宽度(00表示1位,10表示4位)。允许的数据线宽度由SCR寄存器给出
ACMD13	adtc	[31:0]填充位	R1	SD_STATUS	返回SD状态
ACMD18	—	—	—	—	预留给SD安全应用
ACMD22	adtc	[31:0]填充位	R1	SEND_NUM_WR_BLOCKS	返回已写块的数量(未出错)。如果WRITE_BL_PARTIAL是0,ACMD22的单位总是512字节。如果WRITE_BL_PARTIAL是1,ACMD22的单位是写命令执行时的数据块大小
ACMD23	ac	[31:23]填充位 [22:0]块数量	R1	SET_WR_BLK_ERASE_COUNT	在写数据前设置预写块的数量(用于更快的多块写命令)。默认为0(一个写数据块)
ACMD25	—	—	—	—	预留给SD安全应用
ACMD26	—	—	—	—	预留给SD安全应用
ACMD38	—	—	—	—	预留给SD安全应用
ACMD41	bcr	[31]保留 30 HCS(OCR[30]) [29:24]保留 [23:0]供电电压窗口(OCR[23:0])	R3	SD_SEND_OP_COND	发送主机的容量支持信息(HCS)到被访问的卡,并利用CMD线询问其工作条件寄存器(OCR)中的内容。当卡接收到SEND_IF_COND命令时,HCS变得有效,保留位应当设置为0。CCS位将被设置成对应OCR[30]中的内容
ACMD42	ac	[31:1]填充位 0设置	R1	SET_CLR_CARD_DETECT	连接[1]或不连接[0]50kΩ的电阻到卡CD/DAT3(引脚1)信号线上
ACMD43 ⋮ ACMD49	—	—	—	—	预留给SD安全应用
ACMD51	adtc	[31:0]填充位	R1	SEND_SCR	读取SD配置寄存器(SCR)

5. 响应格式

SD卡读相应格式如表7-7所示。

表 7-7 SD 卡读/写相应格式

响应格式	位	域宽度	数　值	说　明
R1	47	1	0	开始位
	46	1	0	传输位
	[45:40]	6	X	命令索引
	[39:8]	32	X	卡状态
	[7:1]	7	X	CRC7
	0	1	1	结束位
R2	135	1	0	开始位
	134	1	0	传输位
	[133:128]	6	111111	命令索引
	[127:1]	127	X	卡状态
	0	1	1	结束位
R3	47	1	0	开始位
	46	1	0	传输位
	[45:40]	6	111111	保留
	[39:8]	32	X	OCR 寄存器
	[7:1]	7	111111	保留
	0	1	1	结束位
R6	47	1	0	开始位
	46	1	0	传输位
	[45:40]	6	X	CMD3
	[39:8]	16	X	卡新的相对地址(RCA)
		16	X	卡状态 23,22,19,12:0
	[7:1]	7	X	CRC7
	0	1	1	结束位
R7	47	1	0	开始位
	46	1	0	传输位
	[45:40]	6	001000	CMD8
	[39:20]	20	000000	保留
	[19:16]	4	X	可接受的电压范围
	[15:18]	8	X	检测响应
	[7:1]	7	X	CRC7
	0	1	1	结束位

注意：R1b 与 R1 格式相同，但可以选择在数据线上发送一个繁忙信号。收到这些命令后，依据收到命令之前的状态，卡可能变为繁忙。主机在收到此响应时应当检测忙状态。

R7 中可接受的电压范围定义如表 7-8 所示。

表 7-8 R7 中电压范围定义

可接受的电压范围	值	可接受的电压范围	值
0000b	未定义	0100b	保留
0001b	2.7～3.6	1000b	保留
0010b	为低电压范围保留	其他	未定义

6. 部分命令详解

CMD8 用于初始化符合物理规范 2.00 版本的 SD 存储卡。当卡处于空闲状态时，CMD8 才是有效的。该命令有两种功能：

(1) 电压检测：检测卡是否能在主机提供的电压下工作。

(2) 扩充现有的命令及响应：CMD8 能通过重新定义某些现有命令的保留位，增加其新的功能。ACMD41 就是这样被扩展后用于初始化高容量 SD 存储卡。

CMD8 命令格式，如表 7-9。

表 7-9 CMD8 格式说明

命令索引	类型	参　数	响应格式	缩写	说　明
CMD8	bcr	[31:12]保留 [11:8]电源电压 [7:0]检验模式	R7	SEND_IF_COND	发送 SD 存储卡的接口条件，包括主机支持的电压范围及询问卡是否支持。保留位应当设置为 0

其中电源电压定义如表 7-10 所示。

表 7-10 电源电压定义

电源电压	值	电源电压	值
0000b	未定义	0100b	保留
0001b	2.7～3.6	1000b	保留
0010b	为低电压范围保留	其他	未定义

当卡处于空闲状态，主机应当在发送 ACMD41 前发送 CMD8。在参数段，电源电压段是主机提供的电压值，而检测模式段可以是任何数值。若主机支持卡的工作电压，卡会把接收到的电源电压及检测模式数值在命令响应中原样返回给主机。若主机不支持卡的工作电压，卡不作响应并停留在空闲状态。

ACMD41 命令格式如表 7-11 所示。

表 7-11 ACMD41 命令格式

命令索引	类型	参　数	响应格式	缩写	说　明
ACMD41	bcr	[31]保留 30 HCS(OCR[30]) [29:24]保留 [23:0]供电电压窗口(OCR[23:0])	R3	SD_SEND_OP_COND	发送主机的容量支持信息(HCS)到被访问的卡，并利用 CMD 线询问其工作条件寄存器(OCR)中的内容。当卡接收到 SEND_IF_COND 命令时，HCS 变得有效，保留位应当设置为 0。CCS 位将被设置成对应 OCR[30]中的内容

ACMD41 用来进一步检查主机是否支持卡的工作电压，通过其命令参数中的 HCS 来区分是高容量卡(SDHC)还是标准容量卡(SDSC)。

7. SD 卡寄存器

SD 卡寄存器有：卡识别寄存器(CID)、相对卡地址寄存器(RCA)、驱动级寄存器(DSR)、特殊数据寄存器(CSD)、SD 卡配置寄存器(SCR)、工作状态寄存器(OCR)、SD 状态寄存器(SSR)、卡状态寄存器(CSR)。

1) 工作状态寄存器(OCR)

OCR 的格式如表 7-12。

表 7-12　OCR 的格式

OCR 位	OCR 段定义	OCR 位	OCR 段定义
0～3	保留	15	2.7～2.8
4	保留	16	2.8～2.9
5	保留	17	2.9～3.0
6	保留	18	3.0～3.1
7	为低电压范围保留	19	3.1～3.2
8	保留	20	3.2～3.3
9	保留	21	3.3～3.4
10	保留	22	3.4～3.5
11	保留	23	3.5～3.6
12	保留	24～29	保留
13	保留	30	卡容量状态(CCS)①
14	保留	31	卡供电状态(busy)②

注：① 当卡的供电状态位被设置时，该位才有效。② 如果卡没有完成启动程序，该位会被设置为低。

OCR 的第 15～23 位分别对应着一个电压值，表示可支持电压。若返回的命令响应 R3 中对应的 OCR 位为 1，则表示这个 SD 卡支持该位对应的电压值。第 30 位即为 CCS 位，若响应 R3 中这一位为 1，则表示这个 SD 卡为高容量卡，否则为标准容量卡。只要卡处于忙状态，对应的位(31)就会被设置为低。

2) 卡识别寄存器(CID)

卡识别寄存器有 128 位，它包含的卡的识别信息在卡识别阶段使用。每张卡都有一个唯一的识别号码。CID 的格式如表 7-13。

表 7-13　CID 格式定义

名　称	缩写	位宽	对应位
生产商标识(Manufacturer ID)	MID	8	[127:120]
原始设备制造商/应用标识(OEM/Application ID)	OID	16	[119:104]
产品名称(Product name)	PNM	40	[103:64]
产品修订版本(Product revision)	PRV	8	[63:56]
产品序列号(Product serial number)	PSN	32	[55:24]

续表

名　称	缩写	位宽	对应位
保留	—	4	[23:20]
生产日期(Manufacturing date)	MDT	12	[19:8]
CRC7 校验和(CRC7 checksum)	CRC	7	[7:1]
未使用,总为 1	—	1	0

3）特殊数据寄存器(CSD)

特殊数据寄存器提供关于如何访问卡内数据的信息,它定义了数据格式、纠错类型、最大数据访问时间、DSR 寄存器是否可用等。该寄存器可编程的部分(条目中标有 W 或 E,见表 7-14)可被 CMD27 改变。表 7-14 中条目的类型按如下定义：R 表示可读的,W(1)表示只可写一次,W 表示可写多次。

CSD 版本 1.0 格式如表 7-14 所示。

表 7-14　CSD 版本 1.0 格式定义

名　称	字　段	位宽	值	类型	对应位
CSD 架构(CSD structure)	CSD_STRUCTURE	2	00b	R	[127:126]
保留	—	6	00 0000b	R	[125:120]
数据读取时间 1(data read access-time-1)	TAAC	8	xxh	R	[119:112]
数据读取时间 2,单位 100 时钟周期(data read access-time-2 in CLK cycles (NSAC×100))	NSAC	8	xxh	R	[111:104]
最大数据传输速率(max data transfer rate)	TRAN_SPEED	8	32h 或 5Ah	R	[103:96]
卡命令集(card command classes)	CCC	12	01x110110101b	R	[95:84]
最大读数据块长度(max read data block length)	READ_BL_LEN	4	xh	R	[83:80]
允许读块的一部分(partial blocks for read allowed)	READ_BL_PARTIAL	1	1b	R	79
写块偏差(write block misalignment)	WRITE_BLK_MISALIGN	1	xb	R	78
读块偏差(read block misalignment)	READ_BLK_MISALIGN	1	xb	R	77
应用 DSR(DSR implemented)	DSR_IMP	1	xb	R	76
保留	—	2	00b	R	[75:74]
规格尺寸(device size)	C_SIZE	12	xxxh	R	[73:62]
最小电压时的最大读电流(max read current @VDD min)	VDD_R_CURR_MIN	3	xxxb	R	[61:59]
最大电压时的最大读电流(max read current @VDD max)	VDD_R_CURR_MAX	3	xxxb	R	[58:56]
最小电压时的最大写电流(max write current @VDD min)	VDD_W_CURR_MIN	3	xxxb	R	[55:53]
最大电压时的最大写电流(max write current @VDD max)	VDD_W_CURR_MAX	3	xxxb	R	[52:50]

续表

名 称	字 段	位宽	值	类型	对应位
设备大小乘数(device size multiplier)	C_SIZE_MULT	3	xxxb	R	[49:47]
使能块擦除(erase single block enable)	ERASE_BLK_EN	1	xb	R	46
擦除扇区的大小(erase sector size)	SECTOR_SIZE	7	xxxxxxxb	R	[45:39]
写保护组大小(write protect group size)	WP_GRP_SIZE	7	xxxxxxxb	R	[38:32]
使能写保护组(write protect group enable)	WP_GRP_ENABLE	1	xb	R	31
保留(不使用)		2	00b	R	[30:29]
写速度系数(write speed factor)	R2W_FACTOR	3	xxxb	R	[28:26]
最大写数据块大小(max write data block length)	WRITE_BL_LEN	4	xxxxb	R	[25:22]
允许写块的一部分(partial blocks for write allowed)	WRITE_BL_PARTIAL	1	xb	R	21
保留	—	5	00000b	R	[20:16]
文件格式组(File format group)	FILE_FORMAT_GRP	1	xb	R/W(1)	15
复制标志(OTP)(copy flag (OTP))	COPY	1	xb	R/W(1)	14
永久的写保护(permanent write protection)	PERM_WRITE_PROTECT	1	xb	R/W(1)	13
临时写保护(temporary write protection)	TMP_WRITE_PROTECT	1	xb	R/W	12
文件格式(File format)	FILE_FORMAT	2	xxb	R/W(1)	[11:10]
保留		2	00b	R/W	[9:8]
CRC	CRC	7	xxxxxxxb	R/W	[7:1]
未用,总是1	—	1	1b	—	0

CSD 版本 2.0 格式如表 7-15 所示。

表 7-15 CSD 版本 2.0 格式

名 称	字 段	位宽	值	类型	对应位
CSD 架构(CSD structure)	CSD_STRUCTURE	2	01b	R	[127:126]
保留	—	6	00 0000b	R	[125:120]
数据读取时间(data read access-time)	TAAC	8	0Eh	R	[119:112]
数据读取时间,单位 100 时钟周期(data read access-time in CLK cycles (NSAC×100))	NSAC	8	00h	R	[111:104]
最大数据传输速率(max data transfer rate)	TRAN_SPEED	8	32h 或 5Ah	R	[103:96]
卡命令集(card command classes)	CCC	12	01x110110101b	R	[95:84]
最大读数据块长度(max read data block length)	READ_BL_LEN	4	9	R	[83:80]

续表

名　称	字　段	位宽	值	类型	对应位
允许读块的一部分(partial blocks for read allowed)	READ_BL_PARTIAL	1	0	R	79
写块偏差(write block misalignment)	WRITE_BLK_MISALIGN	1	0	R	78
读块偏差(read block misalignment)	READ_BLK_MISALIGN	1	0	R	77
应用 DSR(DSR implemented)	DSR_IMP	1	xb	R	76
保留	—	6	00 0000b	R	[75:70]
规格尺寸(device size)	C_SIZE	22	00 xxxxh	R	[69:48]
保留	—	1	0	R	47
使能块擦除(erase single block enable)	ERASE_BLK_EN	1	1	R	46
擦除扇区的大小(erase sector size)	SECTOR_SIZE	7	7Fh	R	[45:39]
写保护组大小(write protect group size)	WP_GRP_SIZE	7	0000000h	R	[38:32]
使能写保护组(write protect group enable)	WP_GRP_ENABLE	1	0	R	31
保留(不使用)		2	00b	R	[30:29]
写速度系数(write speed factor)	R2W_FACTOR	3	010b	R	[28:26]
最大写数据块大小(max write data block length)	WRITE_BL_LEN	4	9	R	[25:22]
允许写块的一部分(partial blocks for write allowed)	WRITE_BL_PARTIAL	1	0	R	21
保留	—	5	00000b	R	[20:16]
文件格式组(File format group)	FILE_FORMAT_GRP	1	0	R	15
复制标志(OTP)(copy flag (OTP))	COPY	1	xb	R/W(1)	14
永久的写保护(permanent write protection)	PERM_WRITE_PROTECT	1	xb	R/W(1)	13
临时写保护(temporary write protection)	TMP_WRITE_PROTECT	1	xb	R/W	12
文件格式(File format)	FILE_FORMAT	2	00b	R	[11:10]
保留		2	00b	R	[9:8]
CRC	CRC	7	xxxxxxxb	R/W	[7:1]
未用,总是 1	—	1	1b	—	0

不同物理规范版本和卡片容量的 CSD 的字段结构寄存器是不同的,CSD 寄存器中的 CSD_STRUCTURE 字段显示其结构版本。表 7-16 即为相应 CSD 架构的版本号。

表 7-16　CSD 架构的版本号

CSD_STRUCTURE	CSD 架构版本	有效地 SD 存储卡物理规范版本/卡容量
0	CSD 版本 1.0	版本 1.01～1.10 版本 2.00/标准容量
1	CSD 版本 2.0	版本 2.00/高容量
2～3	保留	

4）相对卡地址寄存器(RCA Register)

卡相对地址寄存器中可写的16位记录着卡在识别期间发布的相对地址，该地址用于主机与卡之后的通信。RCA 默认值为 0，发送 CMD7 时该值为 0 表示设置所有卡进入备用状态。

5）驱动级寄存器(DSR Register)(可选)

驱动级寄存器可用于提高总线扩展时的性能(表现取决于总线宽度、传输速率及卡的数量)，特殊数据寄存器(CSD Register)保存有该寄存器的使用信息，默认值为 0x404。

6）SD 卡配置寄存器(SCR Register)

SD 卡配置寄存器作为特殊数据寄存器的补充，提供每个 SD 存储卡特有的配置信息。该寄存器有 64 位，应当在出厂前由 SD 存储卡制造商设置。寄存器所包含的内容见表 7-17。

表 7-17　寄存器所包含的内容格式

描　述	字　段	位宽	类型	对应位
SCR 架构(SCR Structure)	SCR_STRUCTURE	4	R	[63:60]
SD 存储卡规范版本(SD Memory Card-Spec. Version)	SD_SPEC	4	R	[59:56]
擦除后的数据状态(data_status_after erases)	DATA_STAT_AFTER_ERASE	1	R	55
SD 安全支持(SD Security Support)	SD_SECURITY	3	R	[54:52]
支持的数据总线宽度(DAT Bus widths supported)	SD_BUS_WIDTHS	4	R	[51:48]
保留	—	16	R	[47:32]
为制造商保留(reserved for manufacturer usage)	—	32	R	[31:0]

8. SD 上电流程

SD 卡的上电流程是一个复杂的过程，其流程图如图 7-19 所示。

7.5.5 SDIO 操作相关的库函数

(1) void SDIO_DeInit(void);

功能描述：初始化 SDIO 外设寄存器。

(2) void SDIO_Init(SDIO_InitTypeDef * SDIO_InitStruct);

功能描述：初始化 SDIO_InitStruct 结构体。

(3) void SDIO_StructInit(SDIO_InitTypeDef * SDIO_InitStruct);

功能描述：初始化 SDIO_InitStruct 内的结构成员。

(4) void SDIO_ClockCmd(FunctionalState NewState);

功能描述：使能/禁止 SDIO 时钟。

(5) void SDIO_SetPowerState(uint32_t SDIO_PowerState);

功能描述：设置电源控制状态。

(6) uint32_t SDIO_GetPowerState(void);

功能描述：读取电源控制状态。

(7) void SDIO_ITConfig(uint32_t SDIO_IT, FunctionalState NewState);

功能描述：使能或者禁止中断。

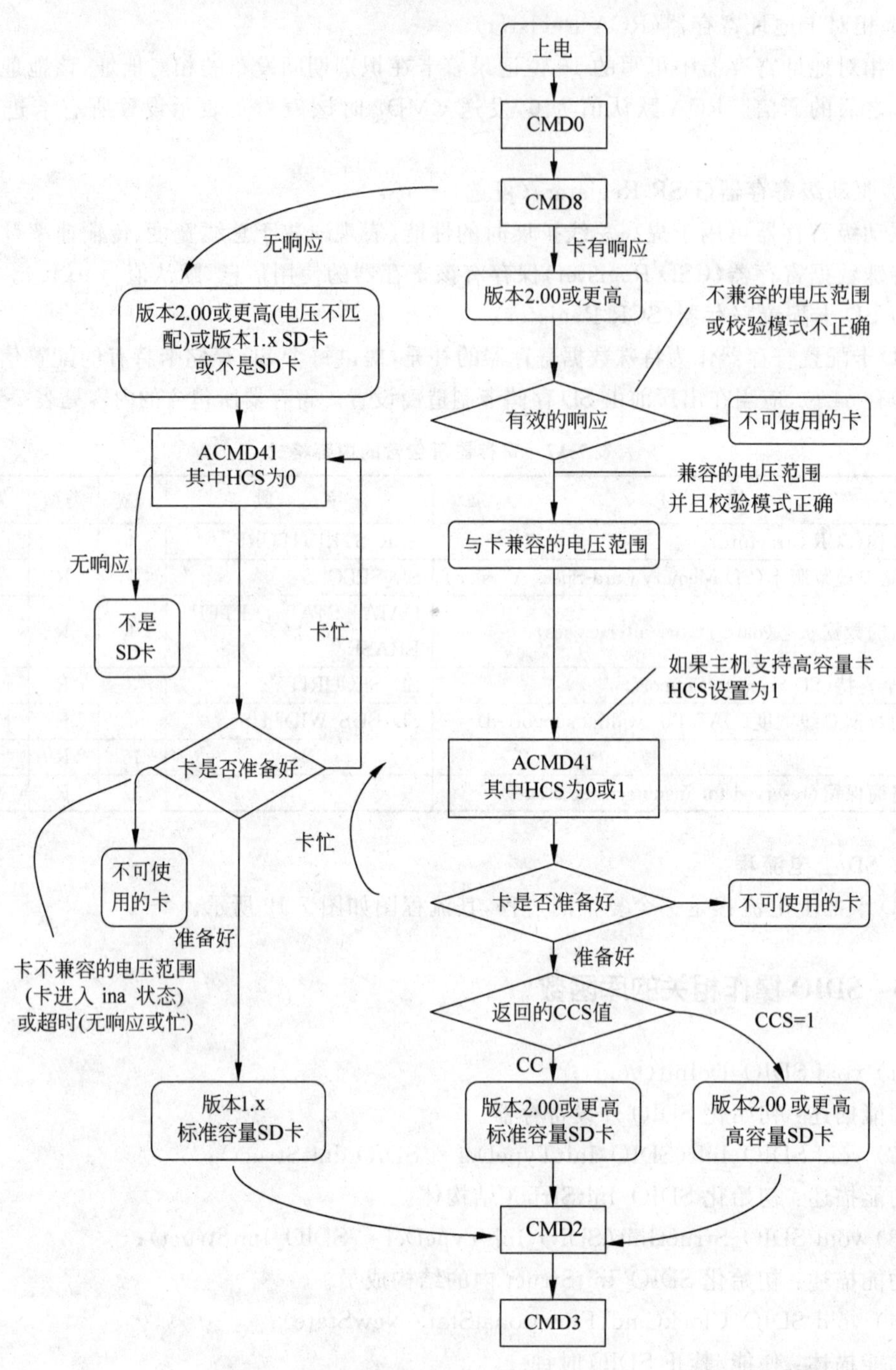

图 7-19 SD 卡上电流程

(8) void SDIO_DMACmd(FunctionalState NewState);

功能描述:使能或者禁止 DMA。

(9) void SDIO_SendCommand(SDIO_CmdInitTypeDef * SDIO_CmdInitStruct);

功能描述:初始化 SDIO_CmdInitStruct 并发送配置命令。

(10) void SDIO_CmdStructInit(SDIO_CmdInitTypeDef * SDIO_CmdInitStruct);

功能描述：为 SDIO_CmdInitStruct 结构体填充默认值。

(11) uint8_t SDIO_GetCommandResponse(void)；

功能描述：返回命令反馈信息(命令索引值)。

(12) uint32_t SDIO_GetResponse(uint32_t SDIO_RESP)；

功能描述：返回上次从 SD 卡传回的命令响应。

(13) void SDIO_DataConfig(SDIO_DataInitTypeDef * SDIO_DataInitStruct)；

功能描述：初始化 SDIO_DataInitStruct 以设置数据路径。

(14) void SDIO_DataStructInit(SDIO_DataInitTypeDef * SDIO_DataInitStruct)；

功能描述：初始化 SDIO_DataInitStruct 结构体的成员。

(15) uint32_t SDIO_GetDataCounter(void)；

功能描述：返回待传输的数据字节数。

(16) uint32_t SDIO_ReadData(void)；

功能描述：从 Rx FIFO 读出已收到的数据。

(17) void SDIO_WriteData(uint32_t Data)；

功能描述：向 Tx FIFO 写入待发送的数据。

(18) uint32_t SDIO_GetFIFOCount(void)；

功能描述：返回 FIFO 内的(发送或接收的)数据字数。

(19) void SDIO_StartSDIOReadWait(FunctionalState NewState)；

功能描述：开启读等待操作。

(20) void SDIO_StopSDIOReadWait(FunctionalState NewState)；

功能描述：关闭读等待操作。

(21) void SDIO_SetSDIOReadWaitMode(uint32_t SDIO_ReadWaitMode)；

功能描述：设置两个插入读等待间隔之一的选项。

(22) void SDIO_SetSDIOOperation(FunctionalState NewState)；

功能描述：使能或禁止 SDIO 模式。

(23) void SDIO_SendSDIOSuspendCmd(FunctionalState NewState)；

功能描述：使能或失能 SDIO 模式暂停命令(正发送)。

(24) void SDIO_CommandCompletionCmd(FunctionalState NewState)；

功能描述：使能或失能命令完成信号。

(25) void SDIO_CEATAITCmd(FunctionalState NewState)；

功能描述：使能或失能 CE-ATA 中断。

(26) void SDIO_SendCEATACmd(FunctionalState NewState)；

功能描述：发送 CE-ATA 命令(CMD61)。

(27) FlagStatus SDIO_GetFlagStatus(uint32_t SDIO_FLAG)；

功能描述：检查 SDIO 的标志位是否已被设置。

(28) void SDIO_ClearFlag(uint32_t SDIO_FLAG)；

功能描述：清除 SDIO 挂起标志位。

(29) ITStatus SDIO_GetITStatus(uint32_t SDIO_IT)；

功能描述：检查 SDIO 中断是已否发生。

(30) void SDIO_ClearITPendingBit(uint32_t SDIO_IT);

功能描述：清除 SDIO 中断挂起位。

7.5.6 SDIO 使用示例

1. integer.h 头文件

```
Typedef int INT;
Typedef unsignedint UINT;
Typedef signed char CHAR;/ * Thesetypesmustbe8-bitinteger *
```

2. ff.h 头文件

```
#include"integer.h"使用 integer.h 的类型定义
#ifndef_FATFS#define_FATFS0x007C 版本号 007c,0.07c
#define_WORD_ACCESS0                //如果定义为 1,则可以使用 word 访问
#define _USE_LFN 1                  //这个是长文件名支持,以前的 0.06 版本不支持
#define _MAX_LFN 255                //最长支持 255 个双字节字符
#define _FS_RPATH 0                 //是否文件相对路径选项
#define _FS_REENTRANT 0             //如果要支持文件系统可重入,必须加入几个函数
#define _TIMEOUT 1000
#define _SYNC_t HANDLE
#elif _CODE_PAGE == 936
#define _DF1S 0x81
#define _DF1E 0xFE
#define _DS1S 0x40
#define _DS1E 0x7E
#define _DS2S 0x80
#define _DS2E 0xFE
//接下来很大一部分都是与语言相关的因素,略过
/ * Character code support macros       * / 三个宏判断是否大写、小写、数字
#define IsUpper(c) (((c)>='A')&&((c)<='Z'))
#define IsLower(c) (((c)>='a')&&((c)<='z'))
#define IsDigit(c) (((c)>='0')&&((c)<='9'))
#if _DF1S                              / * 双字节编码相关的设定 * /
#if _MULTI_PARTITION
//该变量定义为 1 时,支持一个磁盘的多个分区
typedef struct _PARTITION
{
    BYTE pd;
    BYTE pt;
} PARTITION;
Extern const PARTITION Drives[];          //如果支持分区,则声明变量 Drivers
#define LD2PD(drv) (Drives[drv].pd)       //获得磁盘对应的物理磁盘
#define LD2PT(drv) (Drives[drv].pt)       //获得磁盘对应的分区
#else
#define LD2PD(drv) (drv)
#define LD2PT(drv) 0
#if _MAX_SS == 512                        //一般扇区长度取 512 字节
#define SS(fs) 512U
```

```
#if _LFN_UNICODE && _USE_LFN
typedef WCHAR XCHAR;                    /* XCHAR是文件名的码型所用 */
#else
typedef char XCHAR;                     /* SBCS, DBCS */
#endif
typedef struct _FATFS_ {
    BYTE fs_type;                       /* FAT sub type */
    BYTE drive;                         /*对应实际驱动号 01 */
    BYTE csize;                         /* 每个簇的扇区数目 */
    //先查一下簇的含义:应该是文件数据分配的基本单位
    BYTE n_fats;                        /* 文件分配表的数目 */
    //FAT文件系统依次应该是:引导扇区、文件分配表两个、根目录区和数据区
    BYTE wflag;
    //文件是否改动的标志,为1时要回写
    WORD id;                            /* 文件系统加载ID*/
    WORD n_rootdir;                     /* 根目录区目录项的数目 */
#if _FS_REENTRANT
    _SYNC_t sobj;                       /* 允许重入,则定义同步对象 */
#endif
#if _MAX_SS != 512
    WORD s_size;
#endif
#if !_FS_READONLY                       //文件为可写
    BYTE fsi_flag;
    //文件需要回写的标志
    DWORD last_clust;
    DWORD free_clust;
    DWORD fsi_sector;
#endif
#if _FS_RPATH
    DWORD cdir;                         //使用相对路径,则要存储文件系统当前目录
#endif
    DWORD sects_fat;                    //文件分配表占用的扇区
    DWORD max_clust;                    //最大簇数
    DWORD fatbase;                      //文件分配表开始扇区
    DWORD dirbase;                      //如果是FAT32,根目录开始扇区需要首先得到
    DWORD database;                     //数据区开始扇区
    DWORD winsect;
    //目前的扇区在win[]里面
    BYTE win[_MAX_SS];
    //这是一个win[512]数组,存储着一个扇区,作为扇区缓冲使用
} FATFS;
typedef struct _DIR_ {
    FATFS* fs;
    /*指向相应文件系统对象 */
    WORD id;                            /* 文件系统加载ID*/
    WORD index;
    /* 目前读/写索引代码 */
    DWORD sclust;
    /* 文件数据区开始簇 */
    DWORD clust;                        /* 目前处理的簇 */
```

```
    DWORD sect;                       /* 目前簇里对应的扇区 */
    BYTE* dir;
    BYTE* fn;
#if _USE_LFN
    WCHAR* lfn;
    /* 指向长文件名缓冲 */
    WORD lfn_idx;
#endif
} DIR;
typedef struct _FIL_ {
    FATFS* fs;
    WORD id;
    BYTE flag;                        /* 文件状态标志 */
    BYTE csect;
    /* 扇区偏移 */
    DWORD fptr;                       /* 读/写指针 */
    DWORD fsize;
    DWORD org_clust;                  /* 文件开始簇 */
    DWORD curr_clust;                 /* 当前簇 */
    DWORD dsect;                      /* 文件当前扇区 */
#if !_FS_READONLY
    DWORD dir_sect;
    /* 该文件目录项对应所在的扇区 */
    BYTE* dir_ptr;
#endif
#if !_FS_TINY
    BYTE buf[_MAX_SS];                /* 文件读/写缓冲 */
#endif
} FIL;
typedef struct _FILINFO_ {
    DWORD fsize;
    WORD fdate;
    WORD ftime;
    BYTE fattrib;
    char fname[13];
#if _USE_LFN
    XCHAR* lfname;
    int lfsize;
#endif
} FILINFO;
//这个结构主要描述文件的状态信息,包括文件名 13 个字符(8+.+3+\0)、属性、修改时间等
//接下来是函数的定义,先大概浏览一遍.
FRESULT f_mount (BYTE, FATFS*);
//加载文件系统,BYTE 参数是 ID,后一个是文件系统定义
FRESULT f_open (FIL*, const XCHAR*, BYTE);
//打开文件,第一个参数是文件信息结构,第二个参数是文件名,第三是文件打开模式
FRESULT f_read (FIL*, void*, UINT, UINT*);
//文件读取函数,参数 1 为文件对象(文件打开函数中得到),参数 2 为文件读取缓冲区
//参数 3 为读取的字节数,参数 4 意义不清晰,等读到源代码就清楚了
FRESULT f_write (FIL*, const void*, UINT, UINT*);          //写文件,参数跟读差不多
FRESULT f_lseek (FIL*, DWORD);        //移动文件的读/写指针,参数 2 应该是移动的数目
```

```
FRESULT f_close (FIL * );
FRESULT f_opendir (DIR * , const XCHAR * ); //打开目录,返回目录对象
FRESULT f_readdir (DIR * , FILINFO * );     //读取目录,获得文件信息
FRESULT f_stat (const XCHAR * , FILINFO * );
FRESULT f_getfree (const XCHAR * , DWORD * , FATFS ** );
FRESULT f_truncate (FIL * );
FRESULT f_sync (FIL * );
/* 将缓冲区数据写回文件 */
FRESULT f_unlink (const XCHAR * );          //删除目录中的一个文件
FRESULT f_mkdir (const XCHAR * );
FRESULT f_chmod (const XCHAR * , BYTE, BYTE);
FRESULT f_utime (const XCHAR * , const FILINFO * );
FRESULT f_rename (const XCHAR * , const XCHAR * );
FRESULT f_forward (FIL * , UINT( * )(const BYTE * ,UINT), UINT, UINT * );
/* 这个函数还要提供一个回调函数 */
FRESULT f_mkfs (BYTE, BYTE, WORD);
FRESULT f_chdir (const XCHAR * );           /* 改变当前目录 */
FRESULT f_chdrive (BYTE);
#if _USE_STRFUNC
Int f_putc (int, FIL * );
int f_puts (const char * , FIL * );
int f_printf (FIL * , const char * , ...);
char * f_gets (char * , int, FIL * );
#define f_eof(fp) (((fp)->fptr == (fp)->fsize) ? 1 : 0)
#define f_error(fp) (((fp)->flag & FA__ERROR) ? 1 : 0)
#if _FS_REENTRANT                           //如果定义了重入,则需要实现以下四个函数
BOOL ff_cre_syncobj(BYTE, _SYNC_t * );      //创建同步对象
BOOL ff_del_syncobj(_SYNC_t);               //删除同步对象
BOOL ff_req_grant(_SYNC_t);                 //申请同步对象
void ff_rel_grant(_SYNC_t);                 //释放同步对象
#endif
```

3. diskio.h 文件

```
typedef BYTE DSTATUS;
typedef DRESULT;                            //首先定义了两个变量,各个函数都有用到
BOOL assign_drives (int argc, char * argv[]);
DSTATUS disk_initialize (BYTE);             //磁盘初始化
DSTATUS disk_status (BYTE);                 //获取磁盘状态
DRESULT disk_read (BYTE, BYTE * , DWORD, BYTE);
#if _READONLY == 0
DRESULT disk_write (BYTE, const BYTE * , DWORD, BYTE);
#endif
DRESULT disk_ioctl (BYTE, BYTE, void * );
//磁盘控制
```

4. diskio.c 的结构

```
DSTATUS disk_initialize (BYTE drv)
{
    DSTATUS stat;
    int result;
```

```
    switch (drv) {
    case ATA :
        result = ATA_disk_initialize();
        //translate the reslut code here
        return stat;
    case MMC :
        result = MMC_disk_initialize();
        //translate the reslut code here
      return stat;
    case USB :
        result = USB_disk_initialize();
        //translate the reslut code here
        return stat;
    }
    return STA_NOINIT;
}
```

5. ff.c 文件简单浏览

```
#include "ff.h"
#include "diskio.h"
#define ENTER_FF(fs)                        { if (!lock_fs(fs)) return FR_TIMEOUT; }
//获取文件系统同步对象,不成功返回超时,成功,继续执行
#define LEAVE_FF(fs, res)                   { unlock_fs(fs, res); return res; }
//释放文件系统同步对象
Static FATFS * FatFs[_DRIVES];
//定义一个文件系统对象指针数组,当然一般也就用到一个元素
Static WORD LfnBuf[_MAX_LFN + 1];         //这个是与长文件名支持相关的
#define NAMEBUF(sp,lp) BYTE sp[12]; WCHAR * lp = LfnBuf
#define INITBUF(dj,sp,lp) dj.fn = sp; dj.lfn = lp
//下面都是函数的定义,很多只在内部使用
Static void mem_cpy (void * dst, const void * src, int cnt) {
    char * d = (char * )dst;
    const char * s = (const char * )src;
    while (cnt - ) * d++ = * s++;
}
//接下来还定义了几个内存操作的函数,这个函数实现了从一块内存到另一块的复制,下面还有
//mem_set()对一块内存进行清0或设置操作;mem_cmp()比较内存的多个字节是否相同
//相同返回0;chk_chr()检测字符串中是否存在某个字符,存在则返回该字符
FRESULT move_window (
    FATFS * fs,
    DWORD sector
)
//改变文件系统的当前工作扇区,如果想要操作的扇区就是当前扇区,什么事不做
//如果不是,则将原扇区写回;如果是 FAT 表,还得写入备份区
//这个函数内部使用,外部无法引用
FRESULT sync (
    FATFS * fs
) //这个函数用于更新 FAT32 文件系统的 FSI_Sector
DWORD get_fat (
        FATFS * fs,
```

```
        DWORD clst
)
        if (move_window(fs, fsect + (clst / (SS(fs) / 4)))) break;
//获取簇号码对应的 FAT 扇区
        return
    LD_DWORD(&fs-> win[((WORD)clst * 4) & (SS(fs) - 1)]) & 0x0FFFFFFF;
//这个函数应该是获取簇的下一个连接簇
//这个函数是获取下一簇
FRESULT put_fat (
        FATFS * fs,
        DWORD clst,
        /* Cluster# to be changed in range of 2 to fs-> max_clust - 1 */
        DWORD val
)                                       //上个函数是获取连接簇,这个是写入新的连接信息
FRESULT remove_chain (
        FATFS * fs,
        DWORD clst
)//将下一簇号写为 0,也就是该文件的簇到此为止,同时系统的自由簇增加 1
DWORD create_chain (
        FATFS * fs,
        DWORD clst
)//跟上一个相反,在该簇的位置写入新的下一簇簇号
DWORD clust2sect (
/* !=0: Sector number, 0: Failed - invalid cluster# */
        FATFS * fs,
        DWORD clst
) //这个函数是将簇号转变为对应的扇区号
clst * fs-> csize + fs-> database;    //这个是算法
FRESULT dir_seek (
        DIR * dj,
        WORD idx
)//这个函数的最终目的是根据索引号找到目录项所在簇、所在扇区、并使目录对象的对象指针指向
文件系统对象窗口扇区的对应位置
FRESULT dir_next
        DIR * dj,
        BOOL streach
) //移动当前目录项,根据索引
FRESULT dir_find (
        DIR * dj
)
FRESULT dir_read (
        DIR * dj
)
FRESULT dir_register (
        DIR * dj
)
FRESULT dir_remove (
        DIR * dj
)
//以上这些函数都是对目录项的操作函数
FRESULT create_name (
```

```
        DIR * dj,
        const XCHAR ** path
void get_fileinfo (
        DIR * dj,
        FILINFO * fno
)
//该函数用于获取文件状态信息.主要是从文件的目录项中获取信息
FRESULT follow_path (
        DIR * dj,
)
//该函数给定一个全路径,得到相应的目录对象
BYTE check_fs (
        FATFS * fs,
        DWORD sect
//该函数用于读取 BOOT 扇区,检查是否 FAT 文件系统
FRESULT auto_mount (
        const XCHAR ** path,
        FATFS ** rfs,
        BYTE chk_wp
FRESULT validate (
        FATFS * fs,
        WORD id
)//检查是否合法的文件系统
FRESULT f_mount (
        BYTE vol,
        FATFS * fs
)
//这是一个很重要的函数,装载文件系统.也是从这个函数开始,对外输出供用户调用
if (vol >= _DRIVES)                //现在只支持卷号 0
FatFs[vol] = fs;                   //将参数文件系统对象指针赋给全局文件对象指针
```

第8章

μC/OS-Ⅱ在 STM32 上的应用

μC/OS-Ⅱ由 Micrium 公司提供，是一个可移植、可固化的、可裁剪的、占先式多任务实时内核，它适用于多种微处理器、微控制器和数字处理芯片（已经移植到超过 100 种以上的微处理器应用中）。同时，该系统源代码开放、整洁、一致，注释详尽，适合系统开发。

μC/OS-Ⅱ已经通过联邦航空局（FAA）商用航行器认证，符合航空无线电技术委员会（RTCA）DO-178B 标准。

基于 Cortex-M3 核的 ARM 处理器支持两种模式，分别称为线程模式和处理模式。程序可以在系统复位时或中断返回时两种情况下进入线程模式，而处理模式只能通过中断或异常的方式来进入。处于线程模式中的代码可以分别运行在特权方式下和非特权方式下。处于处理模式中的代码总是运行在特权方式下。运行在特权方式下的代码对系统资源具有完全访问权，而运行在非特权方式下的代码对系统资源的访问权受到一定限制。处理器可以运行在 Thumb 状态或 Debug 状态。在指令流正常执行期间，处理器处于 Thumb 状态。当进行程序调试时，指令流可以暂停执行，这时处理器处于 Debug 状态。处理器有两个独立的堆栈指针，分别称为 MSP 和 PSP。系统复位时总是处于线程模式的特权方式下，并且默认使用的堆栈指针是 MSP。所以在 STM32 上移植 μC/OS-Ⅱ是完全可行的。

DevStm 4.0 开发板上已经有移植好的完整系统，读者可以查看开发板的资料并进行实验操作，也可以移植到其他产品中去应用。

8.1 μC/OS-Ⅱ的发展历史

μC/OS-Ⅱ被广泛应用于微处理器、微控制器和数字信号处理器。

μC/OS-Ⅱ的前身是 μC/OS，最早出自于 1992 年美国嵌入式系统专家 Jean J. Labrosse 在《嵌入式系统编程》杂志的 5 月和 6 月刊上刊登的文章连载，并把 μC/OS 的源码发布在该杂志的 BBS 上。

μC/OS 和 μC/OS-Ⅱ是专门为计算机的嵌入式应用设计的，绝大部分代码是用 C 语言编写的，CPU 硬件相关部分是用汇编语言编写的，总量约 200 行的汇编语言部分被压缩到最低限度，为的是便于移植到任何一种其他的 CPU 上。用户只要有标准的 ANSI 的 C 交叉编译器,有汇编器、连接器等软件工具,就可以将 μC/OS-Ⅱ嵌入到开发的产品中。μC/OS-Ⅱ具有执行效率高、占用空间小、实时性能优良和可扩展性强等特点,最小内核可编译至2KB。μC/OS-Ⅱ已经移植到了几乎所有知名的 CPU 上。

严格地说,μC/OS-Ⅱ只是一个实时操作系统内核,它仅仅包含了任务调度、任务管理、时间管理、内存管理和任务间的通信和同步等基本功能,没有提供输入/输出管理、文件系统、网络等额外的服务。但由于 μC/OS-Ⅱ良好的可扩展性和源码开放,这些非必需的功能完全可以由用户自己根据需要分别实现。

μC/OS-Ⅱ目标是实现一个基于优先级调度的抢占式的实时内核,并在这个内核之上提供最基本的系统服务,如信号量、邮箱、消息队列、内存管理、中断管理等。

μC/OS-Ⅱ以源代码的形式发布,是开源软件,但并不意味着它是免费软件。读者可以将其用于教学和私下研究(peaceful research);但若将其用于商业用途,则必须通过 Micrium 公司获得商用许可。

8.2 μC/OS-Ⅱ体系结构

μC/OS-Ⅱ可以提供如下服务:

- 信号量;
- 互斥信号量;
- 事件标识;
- 消息邮箱;
- 消息队列;
- 任务管理;
- 固定大小内存块管理;
- 时间管理。

另外,在 μC/OS-Ⅱ内核之上,有如下独立模块可供用户选择:

- μC/FS 文件系统模块;
- μC/GUI 图形软件模块;
- μC/TCP-IP 协议栈模块;
- μC/USB 协议栈模块。

μC/OS-Ⅱ可以大致分成核心、任务处理、时间处理、任务同步与通信、CPU 的移植等 5 个部分。

1. 核心部分(OSCore. c)

核心部分是操作系统的处理核心,包括操作系统初始化、操作系统运行、中断进出的前导、时钟节拍、任务调度、事件处理等多部分。能够维持系统基本工作的部分都在这里。

2. 任务处理部分(OSTask. c)

任务处理部分中的内容都是与任务的操作密切相关的。包括任务的建立、删除、挂起、恢复等。因为 μC/OS-Ⅱ是以任务为基本单位调度的,所以这部分内容也相当重要。

3. 时钟部分(OSTime. c)

μC/OS-Ⅱ中的最小时钟单位是 timetick(时钟节拍)。任务延时等操作是在这里完成的。

4. 任务同步和通信部分

任务同步和通信部分是事件处理部分,包括信号量、邮箱、邮箱队列、事件标志等部分;主要用于任务间的互相联系和对临界资源的访问。

5. 与 CPU 的接口部分

与 CPU 的接口部分是指 μC/OS-Ⅱ针对所使用的 CPU 的移植部分。由于 μC/OS-Ⅱ是一个通用性的操作系统,所以对于关键问题上的实现,还是需要根据具体 CPU 的具体内容和要求作相应的移植。这部分内容由于牵涉到 SP 等系统指针,所以通常用汇编语言编写。主要包括中断级任务切换的底层实现、任务级任务切换的底层实现、时钟节拍的产生和处理、中断的相关处理部分等内容。

8.2.1 任务管理

μC/OS-Ⅱ中最多可以支持 256 个任务,分别对应优先级 0~255,其中 0 为最高优先级,255 为最低优先级。

注意: μC/OS 中最多可以支持 64 个任务,分别对应优先级 0~63,其中 0 为最高优先级,63 为最低优先级。

μC/OS-Ⅱ提供了任务管理的各种函数调用,包括创建任务、删除任务、改变任务的优先级、任务挂起和恢复等。

系统初始化时会自动产生两个任务:一个是空闲任务,它的优先级最低,该任务仅给一个整型变量作累加运算;另一个是系统任务,它的优先级为次低,该任务负责统计当前 CPU 的利用率。

8.2.2 时间管理

μC/OS-Ⅱ的时间管理是通过定时中断来实现的,该定时中断一般为 10ms 或 100ms 发生一次,时间频率取决于用户对硬件系统的定时器编程。中断发生的时间间隔是固定不变的,该中断也成为一个时钟节拍。

μC/OS-Ⅱ要求用户在定时中断的服务程序中,调用系统提供的与时钟节拍相关的系统函数,例如中断级的任务切换函数、系统时间函数。

8.2.3 内存管理

在 ANSI C 中是使用 malloc 和 free 两个函数来动态分配和释放内存的。但在嵌入式实时系统中,多次这样的操作会导致内存碎片,且由于内存管理算法的原因,malloc 和 free 的执行时间也是不确定的。

μC/OS-Ⅱ中把连续的大块内存按分区管理。每个分区中包含整数个大小相同的内存块,但不同分区之间的内存块大小可以不同。用户需要动态分配内存时,系统选择一个适当的分区,按块来分配内存。释放内存时将该块放回它以前所属的分区,这样能有效解决碎片问题,同时执行时间也是固定的。

8.2.4 通信同步

对一个多任务的操作系统来说,任务间的通信和同步是必不可少的。μC/OS-Ⅱ中提供了4种同步对象,分别是信号量、邮箱、消息队列和事件。所有这些同步对象都有创建、等待、发送、查询的接口用于实现进程间的通信和同步。

μC/OS-Ⅱ采用的是可剥夺型实时多任务内核。可剥夺型的实时内核在任何时候都运行就绪了的最高优先级的任务。

μC/OS-Ⅱ的任务调度是完全基于任务优先级的抢占式调度,也就是最高优先级的任务一旦处于就绪状态,则立即抢占正在运行的低优先级任务的处理器资源。为了简化系统设计,μC/OS-Ⅱ规定所有任务的优先级不同,因为任务的优先级也同时唯一标志了该任务本身。

(1) 高优先级的任务因为需要某种临界资源,主动请求挂起,让出处理器,此时将调度就绪状态的低优先级任务获得执行,这种调度也称为任务级的上下文切换。

(2) 高优先级的任务因为时钟节拍到来,在时钟中断的处理程序中,内核发现高优先级任务获得了执行条件(如休眠的时钟到时),则在中断态直接切换到高优先级任务执行。这种调度也称为中断级的上下文切换。

这两种调度方式在μC/OS-Ⅱ的执行过程中非常普遍,一般来说前者发生在系统服务中,后者发生在时钟中断的服务程序中。

调度工作的内容可以分为两部分:最高优先级任务的寻找和任务切换。其最高优先级任务的寻找是通过建立就绪任务表来实现的。μC/OS-Ⅱ中的每一个任务都有独立的堆栈空间,并有一个称为任务控制块TCB(Task Control Block)的数据结构,其中第一个成员变量就是保存的任务堆栈指针。任务调度模块首先用变量OSTCBHighRdy记录当前最高级就绪任务的TCB地址,然后调用OS_TASK_SW()函数来进行任务切换。

8.3 μC/OS-Ⅱ关键函数

μC/OS-Ⅱ使用其实非常简单,以下列举它的关键函数,供读者参考学习,熟悉这些函数就可以熟悉μC/OS-Ⅱ的应用。

1. Void OSInit(void)

所属文件:OS_CORE.C。

调用者:启动代码。

功能描述:OSInit()初始化μC/OS-Ⅱ,对这个函数的调用必须在调用OSStart()函数之前,而OSStart()函数真正开始运行多任务。

2. Void OSIntEnter(void)

所属文件:OS_CORE.C。

调用者:中断。

功能描述：OSIntEnter()通知 μC/OS-Ⅱ一个中断处理函数正在执行，这有助于μC/OS-Ⅱ掌握中断嵌套的情况。OSIntEnter()函数通常和 OSIntExit()函数联合使用。

注意：在任务级不能调用该函数。如果系统使用的处理器能够自动地独立执行读取—修改—写入的操作，那么就可以直接递增中断嵌套层数(OSIntNesting)，这样可以避免调用函数所带来的额外的开销。

3. Void OSIntExit(void)

所属文件：OS_CORE.C。

调用者：中断。

功能描述：OSIntExit()通知 μC/OS-Ⅱ一个中断服务已执行完毕，这有助于 μC/OS-Ⅱ掌握中断嵌套的情况。

通常 OSIntExit()和 OSIntEnter()联合使用。当最后一层嵌套的中断执行完毕后，如果有更高优先级的任务准备就绪，μC/OS-Ⅱ会调用任务调度函数，在这种情况下，中断返回到更高优先级的任务而不是被中断了的任务。

注意：在任务级不能调用该函数。并且即使没有调用 OSIntEnter()而是使用直接递增 OSIntNesting 的方法，也必须调用 OSIntExit()函数。

4. Void OSSchedLock(void)

所属文件：OS_CORE.C。

调用者：任务或中断。

功能描述：OSSchedLock()函数停止任务调度，只有使用配对的函数 OSSchedUnlock()才能重新开始内核的任务调度。调用 OSSchedLock()函数的任务独占 CPU，不管有没有其他高优先级的就绪任务。

在这种情况下，中断仍然可以被接收和执行(中断必须允许)。OSSchedLock()函数和 OSSchedUnlock()函数必须配对使用。μC/OS-Ⅱ可以支持多达 254 层的 OSSchedLock()函数嵌套，必须调用同样次数的 OSSchedUnlock()函数才能恢复任务调度。

注意：任务调用了 OSSchedLock()函数后，决不能再调用可能导致当前任务挂起的系统函数：OSTimeDly()，OSTimeDlyHMSM()，OSSemPend()，OSMboxPend()，OSQPend()。因为任务调度已经被禁止，其他任务不能运行，这会导致系统死锁。

5. Void OSSchedUnlock(void)

所属文件：OS_CORE.C。

调用者：任务或中断。

功能描述：在调用了 OSSchedLock()函数后，OSSchedUnlock()函数恢复任务调度。

注意：任务调用了 OSSchedLock()函数后，决不能再调用可能导致当前任务挂起的系统函数：OSTimeDly()，OSTimeDlyHMSM()，OSSemPend()，OSMboxPend()，OSQPend()。因为任务调度已经被禁止，其他任务不能运行，这会导致系统死锁。

6. void OSStart(void)

所属文件：OS_CORE.C。

调用者：初始代码。

功能描述：OSStart()启动 μC/OS-Ⅱ的多任务环境。

注意：在调用 OSStart()之前必须先调用 OSInit()。在用户程序中 OSStart()只能被调用一次。第二次调用OSStart()将不进行任何操作。

7. void OSStatInit (void)

所属文件：OS_CORE.C。

调用者：初始代码。

开关量：OS_TASK_STAT_EN&&OS_TASK_CREATE_EXT_EN。

功能描述：SStatInit()获取当系统中没有其他任务运行时，32位计数器所能达到的最大值。OSStatInit()的调用时机是当多任务环境已经启动，且系统中只有一个任务在运行。也就是说，该函数只能在第一个被建立并运行的任务中调用。

8. INT8U OSTaskChangePrio(INT8U oldprio, INT8U newprio)

所属文件：OS_TASK.C。

调用者：任务。

开关量：OS_TASK_CHANGE_PRIO_EN。

功能描述：OSTaskChangePrio()改变一个任务的优先级。

参数：

- oldprio是任务原先的优先级。
- newprio是任务的新优先级。

返回值：OSTaskChangePrio()的返回值为下述之一。

- OS_NO_ERR：任务优先级成功改变。
- OS_PRO_INVALID：参数中的任务原先优先级或新优先级大于或等于OS_LOWEST_PRIO。
- OS_PRIO_EXIST：参数中的新优先级已经存在。
- OS_PRIO_ERR：参数中的任务原先优先级不存在。

注意：参数中的新优先级必须是没有使用过的，否则会返回错误码。在OSTaskChangePrio()中还会先判断要改变优先级的任务是否存在。

9. INT8U OSTaskCreate(void (*task)(void *pd), void *pdata, OS_STK *ptos, INT8U prio)

所属文件：OS_TASK.C。

调用者：任务或初始化代码。

功能描述：OSTaskCreate()建立一个新任务。任务的建立可以在多任务环境启动之前，也可以在正在运行的任务中建立。中断处理程序中不能建立任务。一个任务必须为无限循环结构，且不能有返回点。OSTaskCreate()是为与先前的μC/OS版本保持兼容，新增的特性在OSTaskCreateExt()函数中。无论用户程序中是否产生中断，在初始化任务堆栈时，堆栈的结构必须与CPU中断后寄存器入栈的顺序结构相同。详细说明请参考所用处理器的手册。

参数：

- task是指向任务代码的指针。
- pdata指向一个数据结构，该结构用来在建立任务时向任务传递参数。
- ptos为指向任务堆栈栈顶的指针。任务堆栈用来保存局部变量、函数参数、返回地址以及任务被中断时的CPU寄存器内容。任务堆栈的大小决定于任务的需要及预计的中断嵌套层数。计算堆栈的大小,需要知道任务的局部变量所占的空间,可能产生嵌套调用的函数及中断嵌套所需空间。如果初始化常量 OS_STK_GROWTH 设为 1,堆栈被设为从内存高地址向低地址增长,此时 ptos 应该指向任务堆栈空间的最高地址。反之,如果 OS_STK_GROWTH 设为 0,堆栈将从内存的低地址向高地址增长。

- prio 为任务的优先级。每个任务必须有一个唯一的优先级作为标识。数字越小,优先级越高。

返回值:OSTaskCreate()的返回值为下述之一。

- OS_NO_ERR:函数调用成功。
- OS_PRIO_EXIST:具有该优先级的任务已经存在。
- OS_PRIO_INVALID:参数指定的优先级大于 OS_LOWEST_PRIO。
- OS_NO_MORE_TCB:系统中没有 OS_TCB 可以分配给任务了。

注意:任务堆栈必须声明为 OS_STK 类型。

在任务中必须调用 μC/OS-Ⅱ提供的下述过程之一:延时等待、任务挂起、等待事件发生(等待信号量、消息邮箱、消息队列),以使其他任务得到 CPU。

用户程序中不能使用优先级 0、1、2、3 以及 OS_LOWEST_PRIO-3、OS_LOWEST_PRIO-2、OS_LOWEST_PRIO-1、OS_LOWEST_PRIO。这些优先级 μC/OS-Ⅱ系统保留,其余的 56 个优先级提供给应用程序。

10. INT8U OSTaskCreateExt(void(* task)(void * pd),void * pdata,OS_STK * ptos,INT8U prio,INT16U id,OS_STK * pbos,INT32U stk_size,void * pext,INT16U opt)

所属文件:OS_TASK.C。

调用者:任务或初始化代码。

功能描述:OSTaskCreateExt()建立一个新任务。与 OSTaskCreate()不同的是,OSTaskCreateExt()允许用户设置更多的细节内容。任务的建立可以在多任务环境启动之前,也可以在正在运行的任务中建立,但中断处理程序中不能建立新任务。一个任务必须为无限循环结构,且不能有返回点。

参数:

- task 是指向任务代码的指针。
- pdata 指针指向一个数据结构,该结构用来在建立任务时向任务传递参数。下例中说明 μC/OS 中的任务代码结构以及如何传递参数 pdata(如果在程序中不使用参数 pdata,为了避免在编译中出现"参数未使用"的警告信息,可以写一句 pdata = pdata)。
- ptos 为指向任务堆栈栈顶的指针。任务堆栈用来保存局部变量,函数参数,返回地址以及中断时的 CPU 寄存器内容。任务堆栈的大小决定于任务的需要及预计的中断嵌套层数。计算堆栈的大小,需要知道任务的局部变量所占的空间,可能产生嵌套调用的函数,及中断嵌套所需空间。如果初始化常量 OS_STK_GROWTH 设为 1,堆栈被设为向低端增长(从内存高地址向低地址增长)。此时 ptos 应该指向任务堆栈空间的最高地址。反之,如果 OS_STK_GROWTH 设为 0,堆栈将从低地址向高地址增长。

• prio 为任务的优先级。每个任务必须有一个唯一的优先级作为标识。数字越小,优先级越高。
• id 是任务的标识,目前这个参数没有实际的用途,但保留在 OSTaskCreateExt()中供今后扩展,应用程序中可设置 id 与优先级相同。
• pbos 为指向堆栈底端的指针。如果初始化常量 OS_STK_GROWTH 设为 1,堆栈被设为从内存高地址向低地址增长,此时 pbos 应该指向任务堆栈空间的最低地址。反之,如果 OS_STK_GROWTH 设为 0,堆栈将从低地址向高地址增长,pbos 应该指向堆栈空间的最高地址。参数 pbos 用于堆栈检测函数 OSTaskStkChk()。
• stk_size 指定任务堆栈的大小,其单位由 OS_STK 定义。当 OS_STK 的类型定义为 INT8U、INT16U、INT32U 的时候,stk_size 的单位为分别为字节(8 位)、字(16 位)和双字(32 位)。
• pext 是一个用户定义数据结构的指针,可作为 TCB 的扩展。例如,当任务切换时,用户定义的数据结构中可存放浮点寄存器的数值、任务运行时间、任务切入次数等信息。
• opt 存放与任务相关的操作信息。opt 的低 8 位由 μC/OS 保留,用户不能使用。用户可以使用 opt 的高 8 位。每一种操作由 opt 中的一位或几位指定,当相应的位被置位时,表示选择某种操作。

当前的 μC/OS-Ⅱ版本支持下列操作。

• OS_TASK_OPT_STK_CHK:决定是否进行任务堆栈检查。
• OS_TASK_OPT_STK_CLR:决定是否清空堆栈。
• OS_TASK_OPT_SAVE_FP:决定是否保存浮点寄存器的数值。此项操作仅当处理器有浮点硬件时有效。保存操作由硬件相关的代码完成。

其他操作请参考文件 μCOS_Ⅱ.H。

返回值:OSTaskCreateExt()的返回值为下述之一。

• OS_NO_ERR:函数调用成功。
• OS_PRIO_EXIST:具有该优先级的任务已经存在。
• OS_PRIO_INVALID:参数指定的优先级大于 OS_LOWEST_PRIO。
• OS_NO_MORE_TCB:系统中没有 OS_TCB 可以分配给任务了。

注意:任务堆栈必须声明为 OS_STK 类型。

在任务中必须进行 μC/OS-Ⅱ提供的下述过程之一:延时等待、任务挂起、等待事件发生(等待信号量、消息邮箱、消息队列),以使其他任务得到 CPU。用户程序中不能使用优先级 0、1、2、3 以及 OS_LOWEST_PRIO-3、OS_LOWEST_PRIO-2、OS_LOWEST_PRIO-1、OS_LOWEST_PRIO。这些优先级 μC/OS-Ⅱ系统保留,其余 56 个优先级提供给应用程序。

11. INT8U OSTaskDel (INT8U prio)

所属文件:OS_TASK.C。

调用者:任务。

功能描述:OS_TASK_DEL_ENOSTaskDel()函数删除一个指定优先级的任务。任务可以传递自己的优先级给 OSTaskDel(),从而删除自身。如果任务不知道自己的优先级,还可以传递参数 OS_PRIO_SELF。被删除的任务将回到休眠状态。任务被删除后可以用函数 OSTaskCreate()或 OSTaskCreateExt()重新建立。

参数：prio 为指定要删除任务的优先级，也可以用参数 OS_PRIO_SELF 代替，此时，下一个优先级最高的就绪任务将开始运行。

返回值：OSTaskDel()的返回值为下述之一。

- OS_NO_ERR：函数调用成功。
- OS_TASK_DEL_IDLE：错误操作，试图删除空闲任务(Idle task)。
- OS_TASK_DEL_ERR：错误操作，指定要删除的任务不存在。
- OS_PRIO_INVALID：参数指定的优先级大于 OS_LOWEST_PRIO。
- OS_TASK_DEL_ISR：错误操作，试图在中断处理程序中删除任务。

注意：OSTaskDel()将判断用户是否试图删除 μC/OS-Ⅱ中的空闲任务(Idle task)。

在删除占用系统资源的任务时要小心，此时，为安全起见可以用另一个函数 OSTaskDelReq()。

12. INT8U OSDelReq (INT8U prio)

所属文件：OS_TASK.C。

调用者：任务。

开关量：OS_TASK_DEL_EN。

功能描述：OSTaskDelReq()函数请求一个任务删除自身。通常 OSTaskDelReq()用于删除一个占有系统资源的任务(例如任务建立了信号量)。对于此类任务，在删除任务之前应当先释放任务占用的系统资源。具体的做法是：在需要被删除的任务中调用 OSTaskDelReq()检测是否有其他任务的删除请求，如果有，则释放自身占用的资源，然后调用 OSTaskDel()删除自身。例如，假设任务 5 要删除任务 10，而任务 10 占有系统资源，此时任务 5 不能直接调用 OSTaskDel(10)删除任务 10，而应该调用 OSTaskDelReq(10)向任务 10 发送删除请求。在任务 10 中调用 OSTaskDelReq(OS_PRIO_SELF)，并检测返回值。如果返回 OS_TASK_DEL_REQ，则表明有来自其他任务的删除请求，此时任务 10 应该先释放资源，然后调用 OSTaskDel(OS_PRIO_SELF)删除自己。任务 5 可以循环调用 OSTaskDelReq(10)并检测返回值，如果返回 OS_TASK_NOT_EXIST，表明任务 10 已经成功删除。

参数：prio 为要求删除任务的优先级。如果参数为 OS_PRIO_SELF，则表示调用函数的任务正在查询是否有来自其他任务的删除请求。

返回值：OSTaskDelReq()的返回值为下述之一。

- OS_NO_ERR：删除请求已经被任务记录。
- OS_TASK_NOT_EXIST：指定的任务不存在。发送删除请求的任务可以等待此返回值，看删除是否成功。
- OS_TASK_DEL_IDLE：错误操作，试图删除空闲任务(Idle task)。
- OS_PRIO_INVALID：参数指定的优先级大于 OS_LOWEST_PRIO 或没有设定 OS_PRIO_SELF 的值。
- OS_TASK_DEL_REQ：当前任务收到来自其他任务的删除请求。

注意：OSTaskDelReq()将判断用户是否试图删除 μC/OS 中的空闲任务(Idle task)。

13. INT8U OSTaskQuery（INT8U prio，OS_TCB * pdata）

所属文件：OS_TASK.C。

调用者：任务或中断。

功能描述：OSTaskQuery()用于获取任务信息，函数返回任务 TCB 的一个完整的拷贝。应用程序必须建立一个 OS_TCB 类型的数据结构容纳返回的数据。需要提醒用户的是，在对任务 OS_TCB 对象中的数据操作时要小心，尤其是数据项 OSTCBNext 和 OSTCBPrev，它们分别指向 TCB 链表中的后一项和前一项。

参数：

- prio 为指定要获取 TCB 内容的任务优先级，也可以指定参数 OS_PRIO_SELF，获取调用任务的信息。
- pdata 指向一个 OS_TCB 类型的数据结构，容纳返回的任务 TCB 的一个拷贝。

返回值：OSTaskQuery()的返回值为下述之一。

- OS_NO_ERR：函数调用成功。
- OS_PRIO_ERR：参数指定的任务非法。
- OS_PRIO_INVALID：参数指定的优先级大于 OS_LOWEST_PRIO。

注意：任务控制块(TCB)中所包含的数据成员取决于下述开关量在初始化时的设定(参见 OS_CFG.H)，主要包括 OS_TASK_CREATE_EN、OS_Q_EN、OS_MBOX_EN、OS_SEM_EN、OS_TASK_DEL_EN。

14. INT8U OSTaskResume(INT8U prio)

所属文件：OS_TASK.C。

调用者：任务。

开关量：OS_TASK_SUSPEND_EN。

功能描述：OSTaskResume()唤醒一个用 OSTaskSuspend()函数挂起的任务。OSTaskResume()也是唯一能"解挂"挂起任务的函数。

参数：prio 指定要唤醒任务的优先级。

返回值：OSTaskResume()的返回值为下述之一。

- OS_NO_ERR：函数调用成功。
- OS_TASK_RESUME_PRIO：要唤醒的任务不存在。
- OS_TASK_NOT_SUSPENDED：要唤醒的任务不在挂起状态。
- OS_PRIO_INVALID：参数指定的优先级大于或等于 OS_LOWEST_PRIO。

15. INT8U OSTaskStkChk(INT8U prio，OS_STK_DATA * pdata)

所属文件：OS_TASK.C。

调用者：任务。

开关量：OS_TASK_CREATE_EXT。

功能描述：OSTaskStkChk()检查任务堆栈状态，计算指定任务堆栈中的未用空间和已用空间。使用 OSTaskStkChk()函数要求所检查的任务是被 OSTaskCreateExt()函数建立的，且 opt 参数中 OS_TASK_OPT_STK_CHK 操作项打开。计算堆栈未用空间的方法是从堆栈底端向顶端逐个字节比较，检查堆栈中 0 的个数，直到一个非 0 的数值出现。这种方法的前提是堆栈建立时已经全部清零。要实现清零操作,需要在任务建立初始化堆栈时设置 OS_TASK_OPT_STK_CLR 为 1。如果应用程序在初始化时已经将全部 RAM 清零,且不进行任务删除操作,也可以设置 OS_TASK_OPT_STK_CLR 为 0,这将加快 OSTaskCreateExt()函数的执行速度。

参数:

- prio 为指定要获取堆栈信息的任务优先级,也可以指定参数 OS_PRIO_SELF,获取调用任务本身的信息。
- pdata 指向一个类型为 OS_STK_DATA 的数据结构,其中包含如下信息。

```
INT32U OSFree;                          /* 堆栈中未使用的字节数 */
INT32U OSUsed;                          /* 堆栈中已使用的字节数 */
```

返回值:OSTaskStkChk()的返回值为下述之一。

- OS_NO_ERR:函数调用成功。
- OS_PRIO_INVALID:参数指定的优先级大于 OS_LOWEST_PRIO,或未指定 OS_PRIO_SELF。
- OS_TASK_NOT_EXIST:指定的任务不存在。
- OS_TASK_OPT_ERR:任务用 OSTaskCreateExt()函数建立的时候没有指定 OS_TASK_OPT_STK_CHK 操作,或者任务是用 OSTaskCreate()函数建立的。

注意:函数的执行时间是由任务堆栈的大小决定的,事先不可预料。

在应用程序中可以把 OS_STK_DATA 结构中的数据项 OSFree 和 OSUsed 相加,可得到堆栈的大小。虽然原则上该函数可以在中断程序中调用,但由于该函数可能执行很长时间,所以实际中不提倡这种做法。

16. INT8U OSTaskSuspend(INT8U prio)

所属文件:OS_TASK.C。

调用者:任务。

开关量:OS_TASK_SUSPEND_EN。

功能描述:OSTaskSuspend()无条件挂起一个任务。调用此函数的任务也可以传递参数 OS_PRIO_SELF,挂起调用任务本身。当前任务挂起后,只有其他任务才能唤醒。任务挂起后,系统会重新进行任务调度,运行下一个优先级最高的就绪任务。唤醒挂起任务需要调用函数 OSTaskResume()。

任务的挂起是可以叠加到其他操作上的。例如,任务被挂起时正在进行延时操作,那么任务的唤醒就需要两个条件:延时的结束以及其他任务的唤醒操作。又如,任务被挂起时正在等待信号量,当任务从信号量的等待对列中清除后也不能立即运行,而必须等到唤醒操作后。

参数:prio 为指定要获取挂起的任务优先级,也可以指定参数 OS_PRIO_SELF,挂起任务本身。此时,下一个优先级最高的就绪任务将运行。

返回值:OSTaskSuspend()的返回值为下述之一。

- OS_NO_ERR:函数调用成功。
- OS_TASK_ SUSPEND_IDLE:试图挂起 μC/OS-Ⅱ中的空闲任务(Idle task)。此

为非法操作。

- OS_PRIO_INVALID：参数指定的优先级大于 OS_LOWEST_PRIO 或没有设定 OS_PRIO_SELF 的值。
- OS_TASK_SUSPEND_PRIO：要挂起的任务不存在。

注意：在程序中 OSTaskSuspend( )和 OSTaskResume( )应该成对使用。用 OSTaskSuspend()挂起的任务只能用 OSTaskResume()唤醒。

17. void OSTimeDly(INT16U ticks)

所属文件：OS_TIMC.C。

调用者：任务。

功能描述：OSTimeDly()将一个任务延时若干个时钟节拍。如果延时时间大于0，系统将立即进行任务调度。

延时时间的长度可为 0～65 535 个时钟节拍。延时时间 0 表示不进行延时，函数将立即返回调用者。延时的具体时间依赖于系统每秒钟有多少时钟节拍(由文件 SO_CFG.H 中的常量 OS_TICKS_PER_SEC 设定)。

参数：ticks 为要延时的时钟节拍数。

注意：注意到延时时间 0 表示不进行延时操作，而立即返回调用者。为了确保设定的延时时间，建议用户设定的时钟节拍数加 1。例如，希望延时 10 个时钟节拍，可设定参数为 11。

18. void OSTimeDlyHMSM(INT8U hours, INT8U minutes, INT8U seconds, INT8U milli)

所属文件：OS_TIMC.C。

调用者：任务。

功能描述：OSTimeDlyHMSM()将一个任务延时若干时间。延时的单位是小时、分、秒、毫秒。所以使用 OSTimeDlyHMSM()比 OSTimeDly()更方便。调用 OSTimeDlyHMSM()后，如果延时时间不为 0，系统将立即进行任务调度。

参数：

- hours 为延时小时数，范围为 0～255。
- minutes 为延时分钟数，范围为 0～59。
- seconds 为延时秒数，范围为 0～59。
- milli 为延时毫秒数，范围为 0～999。

需要说明的是，延时操作函数都是以时钟节拍为为单位的。实际的延时时间是时钟节拍的整数倍。例如系统每次时钟节拍间隔是 10ms，如果设定延时为 5ms，将不产生任何延时操作，而设定延时 15ms，实际的延时是两个时钟节拍，也就是 20ms。

返回值：OSTimeDlyHMSM()的返回值为下述之一。

- OS_NO_ERR：函数调用成功。
- OS_TIME_INVALID_MINUTES：参数错误，分钟数大于 59。
- OS_TIME_INVALID_SECONDS：参数错误，秒数大于 59。
- OS_TIME_INVALID_MILLI：参数错误，毫秒数大于 999。
- OS_TIME_ZERO_DLY：四个参数全为 0。

注意：OSTimeDlyHMSM(0,0,0,0)表示不进行延时操作，而立即返回调用者。另外，如果延时总时间超过65 535个时钟节拍，将不能用OSTimeDlyResume()函数终止延时并唤醒任务。

19. void OSTimeDlyResume(INT8U prio)

所属文件：OS_TIMC.C。

调用者：任务。

功能描述：OSTimeDlyResume()唤醒一个用OSTimeDly()或OSTimeDlyHMSM()函数延时的任务。

参数：prio为指定要唤醒任务的优先级。

返回值：OSTimeDlyResume()的返回值为下述之一。

- OS_NO_ERR：函数调用成功。
- OS_PRIO_INVALID：参数指定的优先级大于OS_LOWEST_PRIO。
- OS_TIME_NOT_DLY：要唤醒的任务不在延时状态。
- OS_TASK_NOT_EXIST：指定的任务不存在。

注意：用户不应该用OSTimeDlyResume()去唤醒一个设置了等待超时操作并且正在等待事件发生的任务。操作的结果是使该任务结束等待，除非的确希望这么做。

OSTimeDlyResume()函数不能唤醒一个用OSTimeDlyHMSM()延时，且延时时间总计超过65 535个时钟节拍的任务。例如，如果系统时钟为100Hz，OSTimeDlyResume()不能唤醒延时OSTimeDlyHMSM(0,10,55,350)或更长时间的任务(OSTimeDlyHMSM(0,10,55,350)共延时[10 minutes×60＋(55＋0.35)seconds]×100＝65 535次时钟节拍)。

20. INT32U OSTimeGet(void)

所属文件：OS_TIMC.C。

调用者：任务或中断。

功能描述：OSTimeGet()获取当前系统时钟数值。系统时钟是一个32位的计数器，记录系统上电后或时钟重新设置后的时钟计数。

返回值：当前时钟计数(时钟节拍数)。

21. void OSTimeSet(INT32U ticks)

所属文件：OS_TIMC.C。

调用者：任务或中断。

功能描述：OSTimeSet()设置当前系统时钟数值。系统时钟是一个32位的计数器，记录系统上电后或时钟重新设置后的时钟计数。

参数：ticks为要设置的时钟数，单位是时钟节拍数。

22. void OSTimeTick(void)

所属文件：OS_TIMC.C。

调用者：任务或中断。

功能描述：每次时钟节拍，μC/OS-Ⅱ都将执行OSTimeTick()函数。OSTimeTick()检查处于延时状态的任务是否达到延时时间(用OSTimeDly()或OSTimeDlyHMSM()函数延时)，或正在等待事件的任务是否超时。

注意：OSTimeTick()的运行时间和系统中的任务数直接相关，在任务或中断中都可以调用。如果在任务中调用，任务的优先级应该很高(优先级数字很小)，这是因为OSTimeTick()负责所有任务的延时操作。

23. INT16U OSVersion(void)

所属文件：OS_CORE.C。

调用者：任务或中断。

功能描述：OSVersion()获取当前μC/OS-Ⅱ的版本。

返回值：当前版本，格式为x.yy，返回值为乘以100后的数值。例如当前版本2.00，则返回200。

24. void OS_ENTER_CRITICAL(void)

所属文件：OS_CPU.C。

调用者：任务或中断。

功能描述：OS_ENTER_CRITICAL()和OS_EXIT_CRITICAL()为定义的宏，用来关闭、打开CPU的中断。

注意：OS_ENTER_CRITICAL()和OS_EXIT_CRITICAL()必须成对使用。

25. void OS_EXIT_CRITICAL(void)

所属文件：OS_CPU.C。

调用者：任务或中断。

功能描述：OS_ENTER_CRITICAL()和OS_EXIT_CRITICAL()为定义的宏，用来关闭、打开CPU的中断。

注意：OS_ENTER_CRITICAL()和OS_EXIT_CRITICAL()必须成对使用。

26. OS_MEM *OSMemCreate(void *addr, INT32U nblks, INT32U blksize, INT8U *err)

所属文件：OS_MEM.C。

调用者：任务或初始代码。

开关量：OS_MEM_EN。

功能描述：OSMemCreate()函数建立并初始化一块内存区。一块内存区包含指定数目的大小确定的内存块。程序可以包含这些内存块并在用完后释放回内存区。

参数：

- addr为建立的内存区的起始地址。内存区可以使用静态数组或在初始化时使用malloc()函数建立。
- nblks为需要的内存块的数目。每一个内存区最少需要定义两个内存块。
- blksize为每个内存块的大小，最少应该能够容纳一个指针。
- err是指向包含错误码的变量的指针。

OSMemCreate()函数返回的错误码可能为下述几种。

- OS_NO_ERR：成功建立内存区。
- OS_MEM_INVALID_PART：没有空闲的内存区。
- OS_MEM_INVALID_BLKS：没有为每一个内存区建立至少两个内存块。
- OS_MEM_INVALID_SIZE：内存块大小不足以容纳一个指针变量。

返回值：OSMemCreate()函数返回指向内存区控制块的指针。如果没有剩余内存区，OSMemCreate()函数返回空指针。

注意：必须首先建立内存区，然后使用。

27. Void * OSMemGet(OS_MEM * pmem, INT8U * err)

所属文件：OS_MEM.C。

调用者：任务或中断。

开关量：OS_MEM_EN。

功能描述：OSMemGet()函数用于从内存区分配一个内存块。用户程序必须知道所建立的内存块的大小，同时用户程序必须在使用完内存块后释放内存块。可以多次调用OSMemGet()函数。

参数：

- pmem是指向内存区控制块的指针，可以从OSMemCreate()函数返回得到。
- err是指向包含错误码的变量的指针。

OSMemGet()函数返回的错误码可能为下述几种。

- OS_NO_ERR：成功得到一个内存块。
- OS_MEM_NO_FREE_BLKS：内存区已经没有空间分配给内存块。

返回值：OSMemGet()函数返回指向内存区块的指针。如果没有空间分配给内存块，则OSMemGet()函数返回空指针。

注意：必须首先建立内存区，然后使用。

28. INT8U OSMemPut(OS_MEM * pmem, void * pblk)

所属文件：OS_MEM.C。

调用者：任务或中断。

开关量：OS_MEM_EN。

功能描述：OSMemPut()函数释放一个内存块，内存块必须释放回原先申请的内存区。

参数：

- pmem是指向内存区控制块的指针，可以从OSMemCreate()函数返回得到。
- pblk是指向将被释放的内存块的指针。

返回值：OSMemPut()函数的返回值为下述之一。

- OS_NO_ERR：成功释放内存块。
- OS_MEM_FULL：内存区已经不能再接受更多释放的内存块。这种情况说明用户程序出现了错误，释放了多于用OSMemGet()函数得到的内存块。

注意：必须首先建立内存区，然后使用。内存块必须释放回原先申请的内存区。

29. INT8U OSMemQuery(OS_MEM * pmem, OS_MEM_DATA * pdata)

所属文件：OS_MEM.C。

调用者：任务或中断。

开关量：OS_MEM_EN。

功能描述：OSMemQuery()函数得到内存区的信息。该函数返回OS_MEM结构包含的信息，但使用了一个新的OS_MEM_DATA的数据结构。OS_MEM_DATA数据结构还包含了正被使用的内存块数目的域。

参数:

- pmem 是指向内存区控制块的指针,可以从 OSMemCreate()函数返回得到。
- pdata 是指向 OS_MEM_DATA 数据结构的指针,该数据结构包含了以下的域。

```
Void OSAddr;                    /* 指向内存区起始地址的指针 */
Void OSFreeList;                /* 指向空闲内存块列表起始地址的指针 */
INT32U OSBlkSize;               /* 每个内存块的大小 */
INT32U OSNBlks;                 /* 该内存区的内存块总数 */
INT32U OSNFree;                 /* 空闲的内存块数目 */
INT32U OSNUsed;                 /* 使用的内存块数目 */
```

返回值:OSMemQuery()函数返回值总是 OS_NO_ERR。

注意:必须首先建立内存区,然后使用。

30. Void * OSMboxAccept(OS_EVENT * pevent)

所属文件:OS_MBOX.C。

调用者:任务或中断。

开关量:OS_MBOX_EN。

功能描述:OSMboxAccept()函数查看设备是否就绪或事件是否发生。

参数:pevent 是指向需要查看的消息邮箱的指针。当建立消息邮箱时,该指针返回到用户程序。

返回值:如果消息已经到达,则返回指向该消息的指针;如果消息邮箱没有消息,则返回空指针。

注意:必须先建立消息邮箱,然后使用。

31. OS_EVENT * OSMboxCreate(void * msg)

所属文件:OS_MBOX.C。

调用者:任务或启动代码。

开关量:OS_MBOX_EN。

功能描述:OSMboxCreate()建立并初始化一个消息邮箱。消息邮箱允许任务或中断向其他一个或几个任务发送消息。

参数:msg 参数用来初始化建立的消息邮箱。如果该指针不为空,则建立的消息邮箱将含有消息。

返回值:指向分配给所建立的消息邮箱的事件控制块的指针。如果没有可用的事件控制块,则返回空指针。

注意:必须先建立消息邮箱,然后使用。

32. OSMboxPend(OS_EVENT * pevent, INT16U timeout, int8u * err)

所属文件:OS_MBOX.C。

调用者:任务。

开关量:OS_MBOX_EN。

功能描述:OSMboxPend()用于任务等待消息。消息通过中断或另外的任务发送给需要的任务。消息是一个以指针定义的变量,在不同的程序中消息的使用也可能不同。如果调用 OSMboxPend()函数时消息邮箱已经存在需要的消息，那么该消息被返回给 OSMboxPend()的调用者，消息邮箱中清除该消息。如果调用 OSMboxPend()函数时消息邮箱中没有需要的消息，OSMboxPend()函数挂起当前任务直到得到需要的消息或超出定义等待超时的时间。如果同时有多个任务等待同一个消息，μC/OS-Ⅱ默认最高优先级的任务取得消息并且任务恢复执行。一个由 OSTaskSuspend()函数挂起的任务也可以接受消息，但这个任务将一直保持挂起状态直到通过调用 OSTaskResume()函数恢复任务的运行。

参数：

- pevent 是指向即将接收消息的消息邮箱的指针。该指针的值在建立该消息邮箱时可以得到(参考 OSMboxCreate()函数)。
- timeout 允许一个任务在经过了指定数目的时钟节拍后还没有得到需要的消息时恢复运行。如果该值为零表示任务将持续地等待消息。最大的等待时间为 65 535 个时钟节拍。这个时间长度并不是非常严格的，可能存在一个时钟节拍的误差，因为只有在一个时钟节拍结束后才会减少定义的等待超时时钟节拍。
- err 是指向包含错误码的变量的指针。

OSMboxPend()函数返回的错误码可能为下述几种。

- OS_NO_ERR：消息被正确的接收。
- OS_TIMEOUT：消息没有在指定的周期数内送到。
- OS_ERR_PEND_ISR：从中断调用该函数。虽然规定了不允许从中断调用该函数，但 μC/OS-Ⅱ仍然包含了检测这种情况的功能。
- OS_ERR_EVENT_TYPE：pevent 不是指向消息邮箱的指针。

返回值：OSMboxPend()函数返回接收的消息并将 * err 置为 OS_NO_ERR。如果没有在指定数目的时钟节拍内接收到需要的消息，OSMboxPend()函数返回空指针并且将 * err 设置为 OS_TIMEOUT。

注意：必须先建立消息邮箱，然后使用。不允许从中断调用该函数。

33. INT8U OSMboxPost(OS_EVENT * pevent, void * msg)

所属文件：OS_MBOX.C。

调用者：任务或中断。

开关量：OS_MBOX_EN。

功能描述：OSMboxPost()函数通过消息邮箱向任务发送消息。消息是一个指针长度的变量，在不同的程序中消息的使用也可能不同。如果消息邮箱中已经存在消息，返回错误码说明消息邮箱已满。

OSMboxPost()函数立即返回调用者，消息也没有能够发到消息邮箱。如果有任何任务在等待消息邮箱的消息，最高优先级的任务将得到这个消息。如果等待消息的任务优先级比发送消息的任务优先级高，那么高优先级的任务将得到消息而恢复执行，也就是说，发生了一次任务切换。

参数：

- pevent 是指向即将接收消息的消息邮箱的指针。该指针的值在建立该消息邮箱时可以得到(参考 OSMboxCreate()函数)。

• msg是即将实际发送给任务的消息。消息是一个指针长度的变量,在不同的程序中消息的使用也可能不同。不允许传递一个空指针,因为这意味着消息邮箱为空。

返回值：OSMboxPost()函数的返回值为下述之一。

• OS_NO_ERR：消息成功的放到消息邮箱中。
• OS_MBOX_FULL：消息邮箱已经包含了其他消息,不空。
• OS_ERR_EVENT_TYPE：pevent不是指向消息邮箱的指针。

注意：必须先建立消息邮箱,然后使用。

不允许传递一个空指针,因为这意味着消息邮箱为空。

34. INT8U OSMboxQuery(OS_EVENT * pevent, OS_MBOX_DATA * pdata)

所属文件：OS_MBOX.C。

调用者：任务或中断。

开关量：OS_MBOX_EN。

功能描述：OSMboxQuery()函数用来取得消息邮箱的信息。用户程序必须分配一个OS_MBOX_DATA的数据结构,该结构用来从消息邮箱的事件控制块接收数据。通过调用OSMboxQuery()函数可以知道任务是否在等待消息以及有多少个任务在等待消息,还可以检查消息邮箱现在的消息。

参数：

• pevent是指向即将接收消息的消息邮箱的指针。该指针的值在建立该消息邮箱时可以得到(参考OSMboxCreate()函数)。
• pdata是指向OS_MBOX_DATA数据结构的指针,该数据结构包含下述成员。

```
Void * OSMsg;                            /* 消息邮箱中消息的复制 */
INT8U OSEventTbl[OS_EVENT_TBL_SIZE];     /* 消息邮箱等待队列的复制 */
INT8U OSEventGrp;
```

返回值：OSMboxQuery()函数的返回值为下述之一。

• OS_NO_ERR：调用成功。
• OS_ERR_EVENT_TYPE：pevent不是指向消息邮箱的指针。

注意：必须先建立消息邮箱,然后使用。

35. void * OSQAccept(OS_EVENT * pevent)

所属文件：OS_Q.C。

调用者：任务或中断。

开关量：OS_Q_EN。

功能描述：OSQAccept()函数检查消息队列中是否已经有需要的消息。不同于OSQPend()函数,如果没有需要的消息,OSQAccept()函数并不挂起任务。如果消息已经到达,该消息被传递到用户任务。通常中断调用该函数,因为中断不允许挂起等待消息。

参数：pevent是指向需要查看的消息队列的指针。当建立消息队列时,该指针返回到用户程序。

返回值：如果消息已经到达,返回指向该消息的指针；如果消息队列没有消息,返回空指针。

注意：必须先建立消息队列,然后使用。

36. OS_EVENT * OSQCreate(void ** start, INT8U size)

所属文件：OS_Q.C。

调用者：任务或启动代码。

开关量：OS_Q_EN。

功能描述：OSQCreate()函数建立一个消息队列。任务或中断可以通过消息队列向其他一个或多个任务发送消息。消息的含义是和具体的应用密切相关的。

参数：

- start 是消息内存区的基地址，消息内存区是一个指针数组。
- size 是消息内存区的大小。

返回值：OSQCreate()函数返回一个指向消息队列事件控制块的指针。如果没有空余的事件空闲块，OSQCreate()函数返回空指针。

注意：必须先建立消息队列，然后使用。

37. INT8U * SOQFlush(OS_EVENT * pevent)

所属文件：OS_Q.C。

调用者：任务或中断。

开关量：OS_Q_EN。

功能描述：OSQFlush()函数清空消息队列并且忽略发送往队列的所有消息。不管队列中是否有消息，这个函数的执行时间都是相同的。

参数：pevent 是指向消息队列的指针。该指针的值在建立该队列时可以得到。

返回值：OSQFlush()函数的返回值为下述之一。

- OS_NO_ERR：消息队列被成功清空。
- OS_ERR_EVENT_TYPE：试图清除不是消息队列的对象。

注意：必须先建立消息队列，然后使用。

38. Void * OSQPend(OS_EVENT * pevent, INT16U timeout, INT8U * err)

所属文件：OS_Q.C。

调用者：任务。

开关量：OS_Q_EN。

功能描述：OSQPend()函数用于任务等待消息。消息通过中断或另外的任务发送给需要的任务。消息是一个以指针定义的变量，在不同的程序中消息的使用也可能不同。如果调用 OSQPend()函数时队列中已经存在需要的消息，那么该消息被返回给 OSQPend()函数的调用者，队列中清除该消息。

如果调用 OSQPend()函数时队列中没有需要的消息，OSQPend()函数挂起当前任务直到得到需要的消息或超出定义的超时时间。如果同时有多个任务等待同一个消息，μC/OS-Ⅱ默认最高优先级的任务取得消息并且任务恢复执行。一个由 OSTaskSuspend()函数挂起的任务也可以接收消息，但这个任务将一直保持挂起状态直到通过调用 OSTaskResume()函数恢复任务的运行。

参数：

- pevent 是指向即将接收消息的队列的指针。该指针的值在建立该队列时可以得到(参考 OSMboxCreate()函数)。

- timeout 允许一个任务在经过了指定数目的时钟节拍后还没有得到需要的消息时恢复运行状态。如果该值为零表示任务将持续地等待消息。最大的等待时间为 65 535 个时钟节拍。这个时间长度并不是非常严格的,可能存在一个时钟节拍的误差,因为只有在一个时钟节拍结束后才会减少定义的等待超时时钟节拍。
- err 是指向包含错误码的变量的指针。

OSQPend()函数返回的错误码可能为下述几种。

- OS_NO_ERR:消息被正确地接收。
- OS_TIMEOUT:消息没有在指定的周期数内送到。
- OS_ERR_PEND_ISR:从中断调用该函数。虽然规定了不允许从中断调用该函数,但 μC/OS-Ⅱ仍然包含了检测这种情况的功能。
- OS_ERR_EVENT_TYPE:pevent 不是指向消息队列的指针。

返回值:OSQPend()函数返回接收的消息并将 * err 置为 OS_NO_ERR。如果没有在指定数目的时钟节拍内接收到需要的消息,OSQPend()函数返回空指针并且将 * err 设置为 OS_TIMEOUT。

注意:必须先建立消息邮箱,然后使用。不允许从中断调用该函数。

39. INT8U OSQPost(OS_EVENT * pevent,void * msg)

所属文件:OS_Q. C。

调用者:任务或中断。

开关量:OS_Q_EN。

功能描述:OSQPost()函数通过消息队列向任务发送消息。消息是一个指针长度的变量,在不同的程序中消息的使用也可能不同。如果队列中已经存满消息,返回错误码。OSQPost()函数立即返回调用者,消息也没有能够发到队列。如果有任何任务在等待队列中的消息,最高优先级的任务将得到这个消息。如果等待消息的任务优先级比发送消息的任务优先级高,那么高优先级的任务将得到消息而恢复执行,也就是说,发生了一次任务切换。消息队列是先入先出(FIFO)机制的,先进入队列的消息先被传递给任务。

参数:

- pevent 是指向即将接收消息的消息队列的指针。该指针的值在建立该队列时可以得到(参考 OSQCreate()函数)。
- msg 是即将实际发送给任务的消息。消息是一个指针长度的变量,在不同的程序中消息的使用也可能不同。不允许传递一个空指针。

返回值:OSQPost()函数的返回值为下述之一。

- OS_NO_ERR:消息成功地放到消息队列中。
- OS_MBOX_FULL:消息队列已满。
- OS_ERR_EVENT_TYPE:pevent 不是指向消息队列的指针。

注意:必须先建立消息队列,然后使用。不允许传递一个空指针。

40. INT8U OSQPostFront(OS_EVENT * pevent, void * msg)

所属文件:OS_Q. C。

调用者:任务或中断。

开关量:OS_Q_EN。

功能描述：OSQPostFront()函数通过消息队列向任务发送消息。OSQPostFront()函数和OSQPost()函数非常相似，不同之处在于OSQPostFront()函数将发送的消息插到消息队列的最前端。也就是说，OSQPostFront()函数使得消息队列按照后入先出(LIFO)的方式工作，而不是先入先出(FIFO)。消息是一个指针长度的变量，在不同的程序中消息的使用也可能不同。如果队列中已经存满消息，返回错误码。OSQPost()函数立即返回调用者，消息也没能发到队列。如果有任何任务在等待队列中的消息，最高优先级的任务将得到这个消息。如果等待消息的任务优先级比发送消息的任务优先级高，那么高优先级的任务将得到消息而恢复执行，也就是说，发生了一次任务切换。

参数：

- pevent 是指向即将接收消息的消息队列的指针。该指针的值在建立该队列时可以得到。
- msg 是即将实际发送给任务的消息。消息是一个指针长度的变量，在不同的程序中消息的使用也可能不同。不允许传递一个空指针。

返回值：OSQPostFront()函数的返回值为下述之一。

- OS_NO_ERR：消息成功地放到消息队列中。
- OS_MBOX_FULL：消息队列已满。
- OS_ERR_EVENT_TYPE：pevent 不是指向消息队列的指针。

注意：必须先建立消息队列，然后使用。不允许传递一个空指针。

41. INT8U OSQQuery(OS_EVENT ＊pevent，OS_Q_DATA ＊pdata)

所属文件：OS_Q.C。

调用者：任务或中断。

开关量：OS_Q_EN。

功能描述：OSQQuery()函数用来取得消息队列的信息。用户程序必须建立一个OS_Q_DATA 的数据结构，该结构用来保存从消息队列的事件控制块得到的数据。通过调用OSQQuery()函数可以知道任务是否在等待消息、有多少个任务在等待消息、队列中有多少消息以及消息队列可以容纳的消息数。OSQQuery()函数还可以得到即将被传递给任务的消息的信息。

参数：

- pevent 是指向即将接收消息的消息邮箱的指针。该指针的值在建立该消息邮箱时可以得到(参考 OSQCreate()函数)。
- pdata 是指向 OS_Q_DATA 数据结构的指针，该数据结构包含下述成员。

```
Void * OSMsg;                                 /* 下一个可用的消息 */
INT16U OSNMsgs;                               /* 队列中的消息数目 */
INT16U OSQSize;                               /* 消息队列的大小 */
INT8U OSEventTbl[OS_EVENT_TBL_SIZE];          /* 消息队列的等待队列 */
INT8U OSEventGrp;
```

返回值：OSQQuery()函数的返回值为下述之一。

- OS_NO_ERR：调用成功。
- OS_ERR_EVENT_TYPE：pevent 不是指向消息队列的指针。

注意：必须先建立消息队列，然后使用。

42. INT16U * OSSemAccept(OS_EVENT * pevent)

所属文件：OS_SEM.C。

调用者：任务或中断。

开关量：OS_SEM_EN。

功能描述：OSSemAccept()函数查看设备是否就绪或事件是否发生。不同于OSSemPend()函数，如果设备没有就绪，OSSemAccept()函数并不挂起任务。中断调用该函数来查询信号量。

参数：pevent 是指向需要查询的设备的信号量。当建立信号量时，该指针返回到用户程序。

返回值：当调用 OSSemAccept()函数时，设备信号量的值大于零，说明设备就绪，这个值被返回调用者，设备信号量的值减 1。如果调用 OSSemAccept()函数，设备信号量的值等于零，说明设备没有就绪，返回零。

注意：必须先建立信号量，然后使用。

43. OS_EVENT * OSSemCreate(WORD value)

所属文件：OS_SEM.C。

调用者：任务。

开关量：OS_SEM_EN。

功能描述：OSSemCreate()函数建立并初始化一个信号量。信号量的作用如下：

允许一个任务和其他任务或者中断同步，取得设备的使用权标志事件的发生。

参数：value 参数是建立的信号量的初始值，可以取 0～65 535 之间的任何值。

返回值：OSSemCreate()函数返回指向分配给所建立的消息邮箱的事件控制块的指针。如果没有可用的事件控制块，OSSemCreate()函数返回空指针。

注意：必须先建立信号量，然后使用。

44. Void OSSemPend(OS_EVNNT * pevent, INT16U timeout, int8u * err)

所属文件：OS_SEM.C。

调用者：任务。

开关量：OS_SEM_EN。

功能描述：OSSemPend()函数用于任务试图取得设备的使用权，任务需要和其他任务或中断同步，任务需要等待特定事件的发生的场合。如果任务调用 OSSemPend()函数时，信号量的值大于零，OSSemPend()函数递减该值并返回该值。如果调用时信号量等于零，OSSemPend()函数将任务加入该信号量的等待队列。OSSemPend()函数挂起当前任务直到其他的任务或中断置起信号量或超出等待的预期时间。如果在预期的时钟节拍内信号量被置起，μC/OS-Ⅱ默认最高优先级的任务取得信号量恢复执行。一个被 OSTaskSuspend()函数挂起的任务也可以接收信号量，但这个任务将一直保持挂起状态直到通过调用OSTaskResume()函数恢复任务的运行。

参数：

- pevent 是指向信号量的指针。该指针的值在建立该信号量时可以得到。
- timeout 允许一个任务在经过了指定数目的时钟节拍后还没有得到需要的信号量时

恢复运行状态。如果该值为零表示任务将持续地等待信号量。最大的等待时间为65 535个时钟节拍。这个时间长度并不是非常严格的，可能存在一个时钟节拍的误差，因为只有在一个时钟节拍结束后才会减少定义的等待超时时钟节拍。

- err是指向包含错误码的变量的指针。

OSSemPend()函数返回的错误码可能为下述几种。

- OS_NO_ERR：信号量不为零。
- OS_TIMEOUT：信号量没有在指定的周期数内置起。
- OS_ERR_PEND_ISR：从中断调用该函数。虽然规定了不允许从中断调用该函数，但μC/OS-Ⅱ仍然包含了检测这种情况的功能。
- OS_ERR_EVENT_TYPE：pevent不是指向信号量的指针。

注意：必须先建立信号量，然后使用。不允许从中断调用该函数。

45. INT8U OSSemPost(OS_EVENT * pevent)

所属文件：OS_SEM.C。

调用者：任务或中断。

开关量：OS_SEM_EN。

功能描述：OSSemPost()函数置起指定的信号量。如果指定的信号量是零或大于零，OSSemPost()函数递增该信号量并返回。如果有任何任务在等待信号量，最高优先级的任务将得到信号量并进入就绪状态。任务调度函数将进行任务调度，决定当前运行的任务是否仍然为最高优先级的就绪状态的任务。

参数：pevent是指向信号量的指针。该指针的值在建立该信号量时可以得到。

返回值：OSSemPost()函数的返回值为下述之一。

- OS_NO_ERR：信号量成功的置起。
- OS_SEM_OVF：信号量的值溢出。
- OS_ERR_EVENT_TYPE：pevent不是指向信号量的指针。

注意：必须先建立信号量，然后使用。

46. INT8U OSSemQuery(OS_EVENT * pevent, OS_SEM_DATA * pdata)

所属文件：OS_SEM.C。

调用者：任务或中断。

开关量：OS_SEM_EN。

功能描述：OSSemQuery()函数用于获取某个信号量的信息。使用OSSemQuery()之前，应用程序需要先创立类型为OS_SEM_DATA的数据结构，用来保存从信号量的事件控制块中取得的数据。使用OSSemQuery()可以得知是否有以及有多少任务位于信号量的任务等待队列中(通过查询.OSEventTbl[]域)，还可以获取信号量的标识号码。OSEventTbl[]域的大小由语句：# define constant OS_ENENT_TBL_SIZE定义(参阅文件μCOS_Ⅱ.H)。

参数：

- pevent是一个指向信号量的指针。该指针在信号量建立后返回调用程序(参见OSSemCreat()函数)。
- pdata是一个指向数据结构OS_SEM_DATA的指针，该数据结构包含下述域。

```
INT16U OSCnt;                               /* 当前信号量标识号码 */
INT8U OSEventTbl[OS_EVENT_TBL_SIZE];        /*信号量等待队列*/
INT8U OSEventGrp;
```

返回值：OSSemQuery()函数有下述两个返回值。

- OS_NO_ERR 表示调用成功。
- OS_ERR_EVENT_TYPE 表示未向信号量传递指针。

注意：被操作的信号量必须是已经建立了的。

8.4 μC/OS-Ⅱ中断编程

在讲解 μC/OS-Ⅱ中断编程之前，先了解一下 μC/OS-Ⅱ对于中断以及中断服务程序的定义。

中断是计算机系统处理异步事件的重要机制。当异步事件发生时，事件通常是通过硬件向 CPU 发出中断请求的。在一般情况下，CPU 响应这个请求后会立即运行中断服务程序来处理该事件。

为了处理任务延时、任务调度等一些与时间有关的事件，任何一个计算机系统都应该有一个系统时钟。与其他计算机系统一样，μC/OS-Ⅱ的时钟是通过硬件定时器产生定时中断来实现的。

中断：任务在运行过程中，应内部或外部异步事件的请求中止当前任务，而去处理异步事件所要求的任务的过程叫做中断。

中断服务程序：应中断请求而运行的程序叫中断服务子程序(ISR)。

中断向量：中断服务子程序的入口地址叫中断向量。

CPU 响应中断的条件：至少有一个中断源向 CPU 发出中断信号；系统允许中断，且对此中断信号未予屏蔽。

中断响应过程：系统接收到中断请求后，如果这时 CPU 处于中断允许状态(及中断是开放的)，系统就会中止正在运行的当前任务，而按照中断向量的指向转而去运行中断服务子程序；当中断服务子程序运行结束后，系统将会根据情况返回到被终止的任务继续运行，或者转向运行另一个具有更高优先级的就绪任务。

μC/OS-Ⅱ系统允许中断嵌套，即高优先级的中断源的中断请求可以中断低优先级的中断服务程序的运行，为记录中断嵌套的层数，μC/OS-Ⅱ定义了一个全局变量 OSIntNesting。

在编写 μC/OS-Ⅱ的中断服务程序时，要用到两个重要的函数 OSIntEnter()和 OSIntExit()。函数 OSIntEnter()比较简单，它的作用就是把全局变量 OSIntNesting 加 1，从而用它来记录中断嵌套的层数。函数 OSIntExit()经常在中断服务程序保护被中断任务的断点数据之后，运行用户中断服务代码之前来调用。

另一个在中断服务程序中要调用的函数叫做退出中断服务函数 OSIntExit()。从图 8-1 可以看到，这个函数在中断嵌套层数计数器为 0、调度器未被锁定且从任务就绪表中查找到的最高级就绪任务又不是被中断的任务的条件下将要进行任务切换，否则就返回被中断的服务程序。

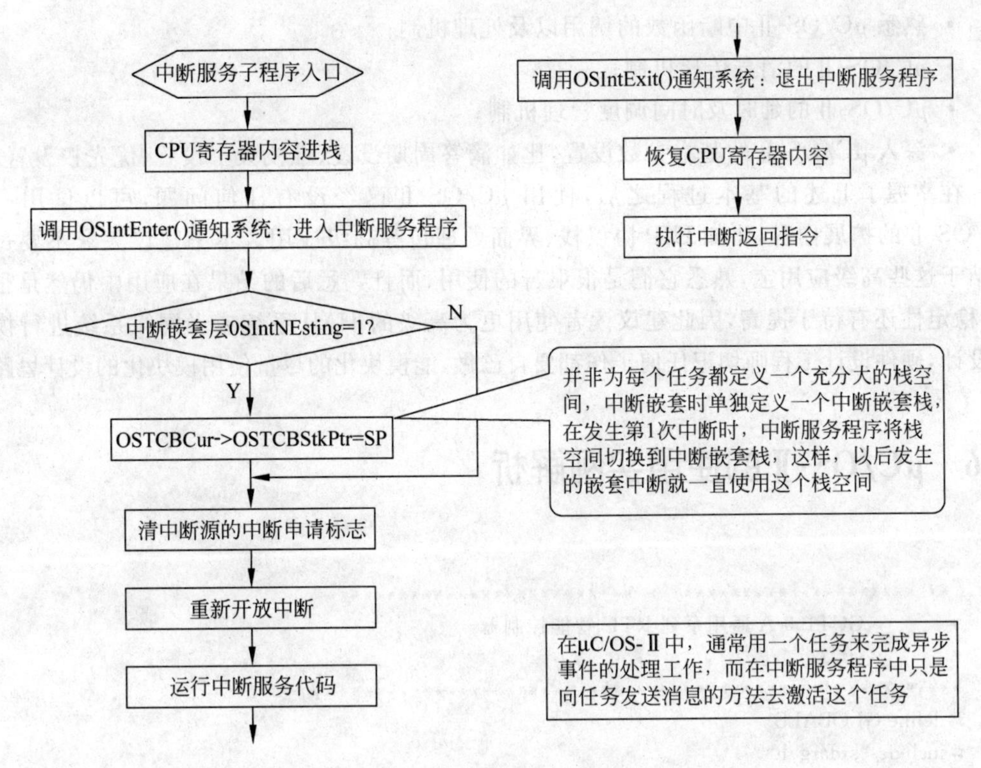

图 8-1 中断服务子程序的流程图

8.5 μC/OS-Ⅱ的学习方法

μC/OS-Ⅱ的使用会解决开发过程中很多使用单线程无法完成的工作，提供了一种可靠的多任务机制，这种技术已经在很多的行业当中形成了生产力，快速学习是我们的首要任务。但是，学习 μC/OS-Ⅱ对于初学者来讲是非常困难和棘手的事情，往往由于不熟悉会造成无法下手的恐惧感，本书建议从以下几个方面着手研究，读者将会更快地掌握 μC/OS-Ⅱ开发技术。

初学者上手需要掌握的基本过程如下。

- 首先利用现成的资料理解它的基本工作机制（不是全部及细节）。
- 熟悉 μC/OS-Ⅱ的各种函数及它的入口出口函数，尤其上文中列出的常用函数。
- 有开发板的利用开发板提供的例程，首先了解主函数的处理过程，再浏览一下其他 μC/OS-Ⅱ的核心文件，但是不要做大的修改。
- 开始动手修改代码，按照自己的理解做上几个测试程序，有开发板或者现成电路的最好。

有了基本的调试经验之后，进阶者需要逐步深入掌握 μC/OS-Ⅱ更加深入的概念：

- 任务的建立以及堆栈的设计技术；
- 熟悉 μC/OS-Ⅱ的时间调度以及堆栈的设置和调整；

- 熟悉 μC/OS-Ⅱ中断函数的调用以及处理机制；
- μC/OS-Ⅱ的消息传递机制；
- μC/OS-Ⅱ的延时及时间调度管理机制；
- 深入 μC/OS-Ⅱ的基本参数设置，比如滴答周期设置、堆栈大小设置、优先权设置。

在掌握了上述的基本过程之后，使用 μC/OS-Ⅱ已经没有任何问题，可以试用一下 μC/OS-Ⅱ的扩展内容，比如 UIP 协议栈、界面处理包等高级应用。本书建议大家不要过分纠结于这些高级应用宝，熟悉它们是很艰苦的使用，而且熟悉后的结果在应用中仍然是很复杂，稳定性还有待于提高，因此建议读者使用更为高级的 HMI 系统或者网络系统进行模块化设计，硬件设计工程师切记任何工作都要自己做，能模块化的尽量使用模块化的设计思路。

8.6 μC/OS-Ⅱ的使用实例解析

```
/ ******************************************************
 *        GCT100-A 通用系列 RTU 智能控制器
 *        v0.1
****************************************************** /
# define GLOBALS
# include "stdarg.h"
# include "includes.h"
# include "globals.h"

OS_EVENT * Com1_SEM;
OS_EVENT * Com2_SEM;
OS_EVENT * Com3_SEM;
// ******************************************************
// Global Varaint Defination
// ******************************************************
u8    slaveid;                          //站地址
int   times = 0;                        //从机路由器发送周期计数
u8    diinfo;                           //开关量输入状态
u8    panid1,panid2;                    //Zigbee 网络标识
u8    configdata[100];                  //配置 RTU 配置数据
u8    extconfigdata[100];               //配置 RTU 配置数据
u16   regdata[200];
//支持 MODBUS 协议数据存储的寄存器存储空间,详细定义参见寄存器地址定义表
u16   ad_value[4];              //本地 3 路模拟量采集数据,采用 DMA 方式自动采集
// ******************************
//Comm Communication Defination
// ******************************
u8    com1_rx_buffer[200];
u8    com1_rx_count;
u8    com1_tx_buffer[30];
int   tick1;
u8    com2_rx_buffer[200];
u8    com2_rx_count;
```

```
int      tick2;
u8       com2_tx_buffer[30];
u8       com3_rx_buffer[200];
u8       com3_rx_count;
int      tick3;
u8       com3_tx_buffer[30];
u8       zigbeeopflag;
s8       rccflag;
//*****************************
//       RTC defination
//*****************************
u8                gettimeflag;                          //获取时间命令
char              str[];
u8                s,t;
unsigned int        d;
//*****************************
static OS_STK App_TaskStartStk[APP_TASK_START_STK_SIZE];
static OS_STK Task_Com1Stk[Task_Com1_STK_SIZE];
static OS_STK Task_Com2Stk[Task_Com2_STK_SIZE];
static OS_STK Task_Com3Stk[Task_Com3_STK_SIZE];
static OS_STK Task_CheckstateStk[Task_Checkstate_STK_SIZE];
/*************************************************************
*                          LOCAL FUNCTION PROTOTYPES
*************************************************************/
static void App_TaskCreate(void);
static void App_TaskStart(void * p_arg);
static void Task_Com1(void * p_arg);
static void Task_Com2(void * p_arg);
static void Task_Com3(void * p_arg);
static void Task_Checkstate(void * p_arg);
//static void Task_Lua(void * p_arg);
/*************************************************************
*      主程序
*************************************************************/
int main(void)
{
    CPU_INT08U os_err;
    CPU_IntDis();                                    //禁止 CPU 中断
    OSInit();                                        //UCOS 初始化
    BSP_Init();                                      //硬件平台初始化
            //建立主任务,优先级最高,建立这个任务另外一个用途是为了以后使用统计任务
    os_err = OSTaskCreate((void (*) (void *)) App_TaskStart,        //指向任务代码的指针
                          (void *) 0,            //任务开始执行时,传递给任务的参数的指针
                          (OS_STK *) &App_TaskStartStk[APP_TASK_START_STK_SIZE - 1],
    //分配给任务的堆栈的栈顶指针    从顶向下递减
    (INT8U) APP_TASK_START_PRIO);          //分配给任务的优先级
    OSTimeSet(0);
    //ucos 节拍计数清 0(0~4 294 967 295)对于节拍频率 100Hz 时,每隔 497 天就重新计数
    OSStart();
    return (0);
}
```

```
/ *****************************************************
*              pp_TaskStart()
* 描述:启动任务初始化系统,只能在μC/OS-Ⅱ初始化过程中使用一次
* 输入参数:无
* 返回参数:无
* 调用函数:App_TaskStart()
***************************************************** /

*                  pp_TaskStart()
* Description : The startup task. The μC/OS-Ⅱ ticker should only be * initialize once multitasking
starts.
* Argument : p_arg          Argument passed to 'App_TaskStart()' by * 'OSTaskCreate()'.
* Return     : none.
* Caller     : This is a task.
* Note       : none.
***************************************************** /
static void App_TaskStart(void * p_arg)
{
    int temp;
    (void) p_arg;
    OS_CPU_SysTickInit();                        //初始化μcos时钟节拍
    #if (OS_TASK_STAT_EN > 0)                    //使能μcos的统计任务
    OSStatInit();                                //----统计任务初始化函数
    #endif
    App_TaskCreate();                            //建立其他的任务
    while (1)
    {
        IWDG_Feed();                             //喂狗
        OSTimeDlyHMSM(0, 0,0,50);
    }
}
/ *****************************************************
*              串口2通信处理任务
* 描    述:处理串口2的通信协议
* 输入参数:无
* 返回参数:无
* 调用函数:App_TaskStart()
***************************************************** /
static void Task_Com2(void * p_arg)
{
    INT8U err;
    u8 cs;
    (void) p_arg;
    while (1)
    {
        OSSemPend(Com2_SEM,0,&err);              //等待串口接收指令成功的邮箱信息
        //协议分类处理-RTUConfig
        if(com2_rx_count ==5 )                   //读取基本配置信息
        {
            if((com2_rx_buffer[0] == 0xeb)&&(com2_rx_buffer[1] == 0x90))
```

```
            {
                cs = getcs(com2_rx_buffer,4);
                if((cs==com2_rx_buffer[4])&&(com2_rx_buffer[2] == 0x01))
                {
                    com2_rx_count = 0;
                    process2_readconfig();
                }
            }
        }
        //协议分类处理-modbus
        if(com2_rx_count == 8)
        {
            if((com2_rx_buffer[1]==3)||(com2_rx_buffer[1]==5))
            {
                rs485send;
                ParseRecieve_2();
                rs485recv;
            }
        }
        //协议分类处理-设置 RTU 时钟同步信息
        if(com2_rx_count ==11 )
        {
            if((com2_rx_buffer[0] == 0xeb)&&
            (com2_rx_buffer[1] == 0x90)&&
            (com2_rx_buffer[2] == 0x03))
            {
                process1_setdatetime(com2_rx_buffer[4],
                  com2_rx_buffer[5],com2_rx_buffer[6],
                  com2_rx_buffer[7],com2_rx_buffer[8],com2_rx_buffer[9]);
                  com2_rx_count = 0;
            }
        }
        OSTimeDly(2);
    }
}
/*****************************************************
*               串口 3 通信处理任务
* 描      述:处理串口 3 的通信协议
* 输入参数:无
* 返回参数:无
* 调用函数:App_TaskStart()
*****************************************************/
static void Task_Com3(void * p_arg)
{
    INT8U err;
    u8 cs;
    (void) p_arg;
    while (1)
    {
        OSSemPend(Com3_SEM,0,&err);         //等待串口接收指令成功的邮箱信息
        //协议分类处理-modbus
```

```
        if((com3_rx_count == 14)&&(configdata[5]==0))                    //协调器的处理
        {
            //usart1sendcmd(com3_rx_buffer,13);
            cs = getcs(com3_rx_buffer,13);
            if((cs==com3_rx_buffer[13])&&(com3_rx_buffer[0] == 0xeb)&&
            (com3_rx_buffer[1] == 0x90))
            {
                process_3(com3_rx_buffer,14);
                com3_rx_count = 0;
            }
        }
        if(com3_rx_count == 8)
        {
            if(configdata[5]==1)          //处理无线转发过来的I/O操作指令//路由器的处理
            {
                ParseRecieve_3();
            }
        }
        OSTimeDly(2);
    }
}
/*****************************************************
*            检测输入状态任务
* 描    述:检测输入状态的任务
* 输入参数:无
* 返回参数:无
* 调用函数:App_TaskStart()
******************************************************/
static void Task_Checkstate(void * p_arg)
{
    (void) p_arg;
    while (1)
    {
        IWDG_Feed();                              //喂狗
        //数据处理
        builddata();
        d1off;
        d2off;
        d3off;
        d4off;
        if(times >= configdata[8])
        {
            times = 0;
            if(configdata[5] == 1)                 //如果配置为路由器,则向主机发送数据
            {
                sendhostdata();
                d3on;
            }
        }
        times++;
        STimeDlyHMSM(0, 0, 0, 200);
```

```
    }
}
/*****************************************************
*              任务创建过程
* 描    述: 创建程序的多个任务
* 输入参数: 无
* 返回参数: 无
* 调用函数: App_TaskStart()
*****************************************************/
static void App_TaskCreate(void)
{
    //CPU_INT08U os_err;
    //Com1_SEM=OSSemCreate(1);                //建立串口 1 中断的信号量
    Com1_SEM=OSSemCreate(0);                  //建立串口 1 中断的消息邮箱
    Com2_SEM=OSSemCreate(0);                  //建立串口 2 中断的消息邮箱
    Com3_SEM=OSSemCreate(0);                  //建立串口 3 中断的消息邮箱
    //串口 1 接收及发送任务--------------------------------------------
    OSTaskCreateExt(Task_Com1,                //指向任务代码的指针
    (void *)0,                                //任务开始执行时,传递给任务的参数的指针
    (OS_STK *)&Task_Com1Stk[Task_Com1_STK_SIZE-1],
    //分配给任务的堆栈的栈顶指针,从顶向下递减
    Task_Com1_PRIO,                           //分配给任务的优先级
    Task_Com1_PRIO,                  //预备给以后版本的特殊标识符,在现行版本同任务优先级
    (OS_STK *)&Task_Com1Stk[0],               //指向任务堆栈栈底的指针,用于堆栈的检验
              Task_Com1_STK_SIZE,  //指定堆栈的容量,用于堆栈的检验
              (void *)0,
    //指向用户附加的数据域的指针,用来扩展任务的任务控制块
              OS_TASK_OPT_STK_CHK|OS_TASK_OPT_STK_CLR);
    //选项,指定是否允许堆栈检验,是否将堆栈清 0,任务是否要进行浮点运算等
    //串口 2 接收及发送任务,处理 RS485 任务------------------------------
    OSTaskCreateExt(Task_Com2,
            (void *)0,
            (OS_STK *)&Task_Com2Stk[Task_Com2_STK_SIZE-1],
            Task_Com2_PRIO,
            Task_Com2_PRIO,
            (OS_STK *)&Task_Com2Stk[0],
            Task_Com2_STK_SIZE,
            (void *)0,
            OS_TASK_OPT_STK_CHK|OS_TASK_OPT_STK_CLR);
    //串口 3 接收及发送任务,处理 Zigbee 任务------------------------------
    OSTaskCreateExt(Task_Com3,
            (void *)0,
            (OS_STK *)&Task_Com3Stk[Task_Com3_STK_SIZE-1],
            Task_Com3_PRIO,
            Task_Com3_PRIO,
            (OS_STK *)&Task_Com3Stk[0],
            Task_Com3_STK_SIZE,
            (void *)0,
            OS_TASK_OPT_STK_CHK|OS_TASK_OPT_STK_CLR);
    //实时状态监测任务--------------------------------------------------
    OSTaskCreateExt(Task_Checkstate,
```

```
                (void *)0,
                (OS_STK *)&Task_CheckstateStk[Task_Checkstate_STK_SIZE-1],
                Task_Checkstate_PRIO,
                Task_Checkstate_PRIO,
                (OS_STK *)&Task_CheckstateStk[0],
                Task_Checkstate_STK_SIZE,
                (void *)0,
                OS_TASK_OPT_STK_CHK|OS_TASK_OPT_STK_CLR);
}
/*******************************************************
*           串口 1 通信处理任务
* 描    述: 处理串口 1 的通信协议
* 输入参数: 无
* 返回参数: 无
* 调用函数: App_TaskStart()
*******************************************************/
static void Task_Com1(void * p_arg)
{
    INT8U err;
    u8 cs;
    //unsigned char * msg;
    (void)p_arg;
    while(1)
    {
        OSSemPend(Com1_SEM,0,&err);       //等待串口接收指令成功的邮箱信息
        //协议分类处理-modbus
        if(com1_rx_count == 8)
        {
            if((com1_rx_buffer[1]==3)||(com1_rx_buffer[1]==5))
            ParseRecieve_1();
        }
        //协议分类处理-RTUConfig
        if(com1_rx_count ==5 )
        {
            if((com1_rx_buffer[0] == 0xeb)&&(com1_rx_buffer[1] == 0x90))
            {
                cs = getcs(com1_rx_buffer,4);
                if(cs==com1_rx_buffer[4])
                {
                    switch (com1_rx_buffer[2])
                    {
                        case 0x01:process1_readconfig();        break;
                        //读取配置信息
                        case 0x04:process1_readdatetime();      break;
                        //读取 RTU 时钟信息
                        case 0x05:process1_resetzigbee();       break;
                        //Zigbee 复位生效
                        case 0x06:process1_reset();             break;
                        //复位 RTU
                        case 0x07:process1_testinfo();          break;
                        //连接测试信息
```

```
                case 0x08:process1_readzigbeeinfo();        break;
                //读取 Zigbee 设置信息
                case 0x0a:process1_read_ext_config();       break;
                //读取扩展配置设置信息
            }
            com1_rx_count = 0;
        }
    }
}
//协议分类处理-设置 RTU 时钟同步信息
if(com1_rx_count ==11 )
{
    if((com1_rx_buffer[0] == 0xeb)&&(com1_rx_buffer[1] == 0x90)&&
      (com1_rx_buffer[2] == 0x03))
    {
        process1_setdatetime(com1_rx_buffer[4],
          com1_rx_buffer[5],com1_rx_buffer[6],
          com1_rx_buffer[7],com1_rx_buffer[8],
          com1_rx_buffer[9]);
        com1_rx_count = 0;
    }
}
//协议分类处理-下载配置信息
if(com1_rx_count ==105 )
{
    cs = getcs(com1_rx_buffer,104);
    if((cs==com1_rx_buffer[104])&&(com1_rx_buffer[0] == 0xeb)&&
    (com1_rx_buffer[1] == 0x90)&&
    (com1_rx_buffer[2] == 0x02))
    {
        process1_downloadconfig(com1_rx_buffer);
        com1_rx_count = 0;
    }
    if((cs==com1_rx_buffer[104])&&
    (com1_rx_buffer[0] == 0xeb)&&
    (com1_rx_buffer[1] == 0x90)&&(com1_rx_buffer[2] == 0x09))
    {
        process1_download_ext_config(com1_rx_buffer);
        com1_rx_count = 0;
    }
}
OSTimeDly(2);
    }
}
```

第9章

STM32中嵌入式应用信号处理算法

作为一个硬件开发者而言，我们的软件水平应该和硬件水平是同步的，而不是硬件设计能力强，而软件设计能力弱。笔者认为一个高水平的硬件开发人员，应该高屋建瓴地掌握一些算法技术，而且能够灵活地应用在各个方向上，这样有助于在技术管理方面做一个很好的铺垫，如果做到了这一点，就永远可以站在算法技术的制高点。

STM32系统已经具备了强大的运算能力，如果合理运用这些运算性能，将起到事半功倍的效果，本章将详细介绍一些可以应用在STM32系统上的经典算法，供读者学习参考。

9.1 线性滤波算法

卡尔曼滤波是用来进行数据滤波的，就是把含噪声的数据进行处理之后得出相对真值。卡尔曼滤波也可进行系统辨识。

卡尔曼滤波是一种基于统计学理论的算法，可以用来对含噪声数据进行在线处理，对噪声有特殊要求，也可以通过状态变量的增广形式实现系统辨识。

用上一个状态和当前状态的测量值来估计当前状态，这是因为用上一个状态估计此时状态时会有误差，而测量的当前状态也有一个测量误差，所以要根据这两个误差重新估计一个最接近真实状态的值。

信号处理的实际问题，常常是要解决在噪声中提取信号的问题，因此，需要寻找一种所谓有最佳线性过滤特性的滤波器。当信号与噪声同时输入时，这种滤波器能在输出端将信号尽可能精确地重现出来，而噪声却受到最大抑制。

维纳(Wiener)滤波与卡尔曼(Kalman)滤波就是用来解决这类从噪声中提取信号问题的一种过滤(或滤波)方法。

(1) 过滤或滤波：从当前的和过去的观察值 $x(n)$、$x(n-1)$、$x(n-2)$，估计当前的信号值称为过滤或滤波。

(2) 预测或外推：从过去的观察值，估计当前的或将来的信号值称为预测或外推。

(3) 平滑或内插：从过去的观察值，估计过去的信号值称为平滑或内插。

因此，维纳过滤与卡尔曼过滤又常常被称为最佳线性过滤与预测或线性最优估计。这里所谓“最佳”与“最优”是以最小均方误差为准则的。

维纳过滤与卡尔曼过滤都是解决最佳线性过滤和预测问题,并且都是以均方误差最小为准则的。因此在平稳条件下,它们所得到的稳态结果是一致的。然而,它们解决的方法有很大区别。

维纳过滤是根据全部过去的和当前的观察数据来估计信号的当前值,它的解是以均方误差最小条件下所得到的系统的传递函数 $H(z)$或单位样本响应 $h(n)$的形式给出的,因此更常称这种系统为最佳线性过滤器或滤波器。

而卡尔曼过滤是用前一个估计值和最近一个观察数据(它不需要全部过去的观察数据)来估计信号的当前值,它是用状态方程和递推的方法进行估计的,它的解是以估计值(常常是状态变量值)形式给出的。因此更常称这种系统为线性最优估计器或滤波器。

维纳滤波器只适用于平稳随机过程,而卡尔曼滤波器却没有这个限制。维纳过滤中信号和噪声是用相关函数表示的,因此设计维纳滤波器要求已知信号和噪声的相关函数。

卡尔曼过滤中信号和噪声是状态方程和量测方程表示的,因此设计卡尔曼滤波器要求已知状态方程和量测方程(当然,相关函数与状态方程和量测方程之间会存在一定的关系)。卡尔曼过滤方法看来似乎比维纳过滤方法优越,它用递推法计算,不需要知道全部过去的数据,从而运用计算机计算方便,而且它可用于平稳和不平稳的随机过程(信号),非时变和时变的系统。

从发展历史上来看,维纳过滤的思想是 20 世纪 40 年代初提出来的,1949 年正式以书的形式出版。

卡尔曼过滤到 20 世纪 60 年代初才提出来,它是在维纳过滤的基础上发展起来的,虽然如上所述它比维纳过滤方法有不少优越的地方,但是最佳线性过滤问题是由维纳过滤首先解决的,维纳过滤的物理概念比较清楚,也可以认为卡尔曼滤波仅仅是对最佳线性过滤问题提出的一种新的算法。

卡尔曼滤波在数学上是一种统计估算方法,通过处理一系列带有误差的实际量测数据而得到的物理参数的最佳估算。例如在气象应用上,根据滤波的基本思想,利用前一时刻预报误差的反馈信息及时修正预报方程,以提高下一时刻预报精度。作温度预报一般只需要连续两个月的资料即可建立方程和递推关系。

EKF(扩展卡尔曼滤波)仅仅利用了非线性函数 Taylor 展开式的一阶偏导部分(忽略高阶项),常常导致在状态的后验分布的估计上产生较大的误差,影响滤波算法的性能,从而影响整个跟踪系统的性能。最近,在自适应滤波领域又出现了新的算法——无味变换 Kalman 滤波器(Unscented Kalman Filter,UKF)。UKF 的思想不同于 EKF 滤波,它通过设计少量的 σ 点,由 σ 点经由非线性函数的传播,计算出随机向量一、二阶统计特性的传播。因此它比 EKF 滤波能更好地逼近状态方程的非线性特性,从而比 EKF 滤波具有更高的估计精度。

9.1.1 卡尔曼滤波算法应用

最佳线性滤波理论起源于 20 世纪 40 年代美国科学家 Wiener 和前苏联科学家 Колмогоров 等人的研究工作,后人统称为维纳滤波理论。从理论上说,维纳滤波的最大缺点是必须用到无限过去的数据,不适用于实时处理。

为了克服这一缺点,20 世纪 60 年代 Kalman 把状态空间模型引入滤波理论,并导出了一套递推估计算法,后人称之为卡尔曼滤波理论。

卡尔曼滤波是以最小均方误差为估计的最佳准则,来寻求一套递推估计的算法,其基本思想是:采用信号与噪声的状态空间模型,利用前一时刻的估计值和现时刻的观测值来更新对状态变量的估计,求出现时刻的估计值。它适合于实时处理和计算机运算。

假设要研究的对象是一个房间的温度。根据研究者的经验判断,这个房间的温度是恒定的,也就是下一分钟的温度等于现在这一分钟的温度(假设用一分钟来作时间单位)。但是研究者对自己的经验不是 100%的相信,可能会有上下几度偏差。我们把这些偏差看成是高斯白噪声(White Gaussian Noise),也就是这些偏差跟前后时间是没有关系的,而且符合高斯分配(Gaussian Distribution)。另外,在房间里放一个温度计,但是这个温度计也不是准确的,测量值会比实际值偏差。我们也把这些偏差看成是高斯白噪声。

现在,对于某一分钟有两个有关于该房间的温度值:根据经验的预测值(系统的预测值)和温度计的值(测量值)。下面要用这两个值结合它们各自的噪声来估算出房间的实际温度值。

假如要估算 k 时刻的实际温度值。首先要根据 $k-1$ 时刻的温度值,来预测 k 时刻的温度。因为研究者认为温度是恒定的,所以会得到 k 时刻的温度预测值是跟 $k-1$ 时刻一样的,假设是 23℃,同时该值的高斯噪声的偏差是 5℃(5 是这样得到的:如果 $k-1$ 时刻估算出的最优温度值的偏差是 3,研究者对自己预测的不确定度是 4℃,它们平方相加再开方,就是 5)。然后,从温度计那里得到了 k 时刻的温度值,假设是 25℃,同时该值的偏差是 4℃。

由于用于估算 k 时刻的实际温度有两个温度值,分别是 23℃和 25℃。究竟实际温度是多少呢?相信自己还是相信温度计呢?究竟相信谁多一点,可以用它们的 covariance 来判断。因为 $Kg^2=5^2/(5^2+4^2)$,所以 $Kg=0.78$,可以估算出 k 时刻的实际温度值是:$23+0.78\times(25-23)=24.56$℃。可以看出,因为温度计的 covariance 比较小(比较相信温度计),所以估算出的最优温度值偏向温度计的值。

现在已经得到 k 时刻的最优温度值了,下一步就是要进入 $k+1$ 时刻,进行新的最优估算。在进入 $k+1$ 时刻之前,还要算出 k 时刻那个最优值(24.56℃)的偏差。算法如下:$((1-Kg)\times 5^2)^{0.5}=2.35$。这里的 5 就是上面的 k 时刻研究者预测的那个 23℃温度值的偏差,得出的 2.35 就是进入 $k+1$ 时刻以后 k 时刻估算出的最优温度值的偏差(对应于上面的 3)。

如此,卡尔曼滤波器就不断地把 covariance 递归,从而估算出最优的温度值。它的运行速度很快,而且只保留了上一时刻的 covariance。上面的 Kg,就是卡尔曼增益(Kalman Gain),它可以随不同的时刻而改变自己的值。

9.1.2 卡尔曼滤波算法机理

本部分主要描述源于 Dr Kalman 的卡尔曼滤波器。下面的描述,会涉及一些基本的概念知识,包括概率(Probability)、随机变量(Random Variable)、高斯或正态分布(Gaussian Distribution),还有状态空间模型(State-space Model)等。但对于卡尔曼滤波器的详细证明,这里不能一一描述。

先要引入一个离散控制过程的系统。该系统可用一个线性随机微分方程(Linear

Stochastic Difference equation)来描述，即用 $X(k)=A\cdot X(k-1)+B\cdot U(k)+W(k)$ 再加上系统的测量值 $Z(k)=H\cdot X(k)+V(k)$。

其中，$X(k)$是 k 时刻的系统状态，$U(k)$是 k 时刻对系统的控制量。A 和 B 是系统参数，对于多模型系统，它们为矩阵。$Z(k)$是 k 时刻的测量值，H 是测量系统的参数，对于多测量系统，$\boldsymbol{H}$ 为矩阵。$W(k)$和 $V(k)$分别表示过程噪声和测量噪声。它们被假设成高斯白噪声(White Gaussian Noise)，它们的 covariance 分别是 Q 和 R(这里假设它们不随系统状态变化而变化)。

对于满足上面的条件(线性随机微分系统，过程和测量都是高斯白噪声)，卡尔曼滤波器是最优的信息处理器。下面来估算系统的最优化输出(类似上一节温度的例子)。

(1) 利用系统的过程模型来预测下一状态的系统。假设现在的系统状态是 k，根据系统的模型，可以基于系统的上一状态而预测出现在状态：

$$X(k\mid k-1)=AX(k-1\mid k-1)+BU(k) \tag{9-1}$$

式(9-1)中，$X(k|k-1)$是利用上一状态预测的结果，$X(k-1|k-1)$是上一状态最优的结果，$U(k)$为现在状态的控制量，如果没有控制量，它可以为 0。

(2) 更新对应于 $X(k|k-1)$的 covariance。用 P 表示 covariance：

$$P(k\mid k-1)=AP(k-1\mid k-1)\boldsymbol{A}'+Q \tag{9-2}$$

式(9-2)中，$P(k|k-1)$是 $X(k|k-1)$对应的 covariance，$P(k-1|k-1)$是 $X(k-1|k-1)$对应的 covariance，$\boldsymbol{A}'$表示 $\boldsymbol{A}$ 的转置矩阵，Q 是系统过程的 covariance。式(9-1)和式(9-2)就是卡尔曼滤波器 5 个公式当中的前两个，也就是对系统的预测。

(3) 有了现在状态的预测结果，然后再收集现在状态的测量值。结合预测值和测量值，可以得到现在状态(k)的最优化估算值 $X(k|k)$：

$$X(k\mid k)=X(k\mid k-1)+\mathrm{Kg}(k)(Z(k)-HX(k\mid k-1)) \tag{9-3}$$

其中 Kg 为卡尔曼增益(Kalman Gain)：

$$\mathrm{Kg}(k)=P(k\mid k-1)\boldsymbol{H}'/(\boldsymbol{H}P(k\mid k-1)\boldsymbol{H}'+R) \tag{9-4}$$

(4) 到现在为止，已经得到了 k 状态下最优的估算值 $X(k|k)$。但是为了要令卡尔曼滤波器不断地运行下去直到系统过程结束，还要更新 k 状态下 $X(k|k)$的 covariance：

$$P(k\mid k)=(\boldsymbol{I}-\mathrm{Kg}(k)\boldsymbol{H})P(k\mid k-1) \tag{9-5}$$

其中 $\boldsymbol{I}$ 为单位矩阵，对于单模型单测量，$\boldsymbol{I}=1$。当系统进入 $k+1$ 状态时，$P(k|k)$就是式(9-2)的 $P(k-1|k-1)$。这样，算法就可以自回归地运算下去。

卡尔曼滤波器的原理基本描述了，式(9-1)～式(9-5)就是其 5 个基本公式。根据这 5 个公式，可以很容易地实现计算机的程序。

9.1.3　简单例子

本节举一个非常简单的例子来说明卡尔曼滤波器的工作过程。所举的例子是对上节例子的进一步描述，而且还会配以程序模拟结果。

根据 9.1.2 节的描述，把房间看成一个系统，然后对这个系统建模。当然，所建模型不需要非常的精确。我们所知道的这个房间的温度是跟前一时刻的温度相同的，所以 $\boldsymbol{A}=1$。没有控制量，所以 $U(k)=0$。因此得出：

$$X(k \mid k-1) = X(k-1 \mid k-1) \tag{9-6}$$

式(9-2)可以改成：

$$P(k \mid k-1) = P(k-1 \mid k-1) + Q \tag{9-7}$$

因为测量的值是温度计的，跟温度直接对应，所以 $\boldsymbol{H}=1$。式(9-3)～(9-5)可以改成以下：

$$X(k \mid k) = X(k \mid k-1) + \mathrm{Kg}(k)(Z(k) - X(k \mid k-1)) \tag{9-8}$$

$$\mathrm{Kg}(k) = P(k \mid k-1)/(P(k \mid k-1) + R) \tag{9-9}$$

$$P(k \mid k) = (1-\mathrm{Kg}(k))P(k \mid k-1) \tag{9-10}$$

现在模拟一组测量值作为输入。假设房间的真实温度为 25℃，模拟 200 个测量值，这些测量值的平均值为 25℃，但是加入了标准偏差为几℃的高斯白噪声(在图 9-1 中为细黑线)。

为了令卡尔曼滤波器开始工作，需要告诉卡尔曼两个零时刻的初始值，是 $X(0|0)$和 $P(0|0)$。二者的初始值可以随意给定，因为随着卡尔曼的工作，X 会逐渐地收敛。但是对于 P，一般不要取 0，因为这样可能会令卡尔曼完全相信最初给定的$X(0|0)$是系统最优的，从而使算法不能收敛。在这个实验程序中，初始化 0 时刻的温度$X(0|0)=1$℃，$P(0|0)=10$。

该系统的真实温度为 25℃，图 9-1 中用粗灰线表示。图 9-1 中细灰线是卡尔曼滤波器输出的最优化结果。结果曲线如图 9-1 所示。

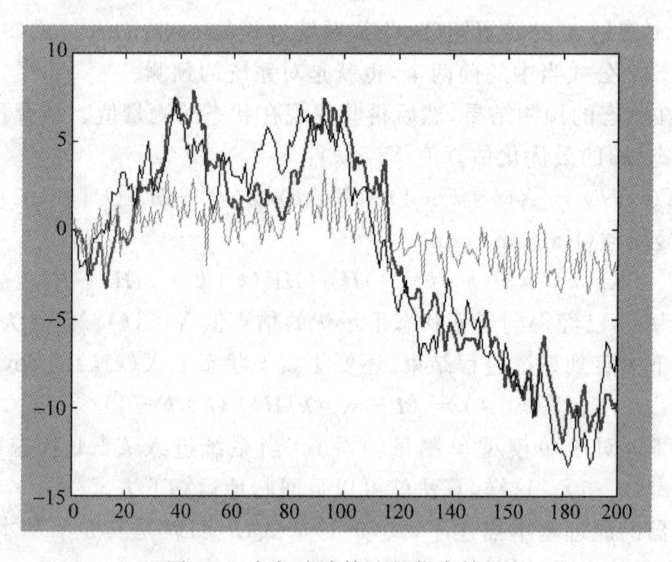

图 9-1 卡尔滤波算法的仿真结果

用 MATLAB 实现的例子代码如下。

```
clear
N=200;
w(1)=0;
w=randn(1,N)
x(1)=0;
a=1;
for k=2:N;
  x(k)=a*x(k-1)+w(k-1);
```

```
end
V=randn(1,N);
q1=std(V);
Rvv=q1.^2;
q2=std(x);
Rxx=q2.^2;
q3=std(w);
Rww=q3.^2;
c=0.2;
Y=c*x+V;
p(1)=0;
s(1)=0;
for t=2:N;
p1(t)=a.^2*p(t-1)+Rww;
b(t)=c*p1(t)/(c.^2*p1(t)+Rvv);
s(t)=a*s(t-1)+b(t)*(Y(t)-a*c*s(t-1));
p(t)=p1(t)-c*b(t)*p1(t);
end
t=1:N;
plot(t,s,'r',t,Y,'g',t,x,'b');
```

9.2　常用滤波算法

在工业过程控制系统中,由于被控对象的环境比较恶劣,干扰源比较多,仪器、仪表采集的信息经常会受到干扰,所以在模拟系统中,为了消除干扰,常采用 RC 滤波电路,而在由工业控制计算机组成的自动检测系统中,为了提高采样的可靠性,减少虚假信息的影响,常常采用数字滤波的方法。

数字滤波的方法有很多种,可以根据不同的测量参数进行选择。下面给出几种常用的数字滤波方法的 C 语言函数,这些函数有一定的通用性,用 C 编制而成,适用于 PC 及其兼容机。

9.2.1　程序判数滤波

采样的信号,如因常受到随机干扰传感器不稳定而引起严重失真时,可以采用此方法。方法是:根据生产经验确定两次采样允许的最大偏差 ΔX,若先后两次采样的信号相减数值大于 ΔX,表明输入的是干扰信号,应该去掉;用上次采样值作为本次采样值,若小于、等于 ΔX 表明没有受到干扰,本次采样值有效。该方法适用于慢变化的物理参数的采样,如温度、物理位置等测量系统。

程序判断滤波的 C 程序函数如下:

```
float program_detect_filter(float old_new_value[], float X)
{
    float sample_value;
```

```
    if (fabs(old_new_value[1]_old_new_value[0])> X)
      sample_value=old_new_value[0];
    else
    sample_value=old_new_value[1];
    retrun(sample_value);
}
```

函数调用需一个一维的两个元素的数组(old_new_value[2],用于存放上次采样值(old_new_value[0])和本次采样值(old_new_value[1]),函数中 sample_value 表示有效采样值,X 表示根据经验确定的两次采样允许的最大偏差 ΔX。

9.2.2 中值滤波

中值滤波是对某一参数连续输入 N 次(一般 N 取奇数),从中选择一个中间值作为本次采样值,若变量变化比较缓慢,采用此方法效果比较好,但对快速变化过程的参数,如流量、自然伽玛等,则不宜采用。

中值滤波的 C 程序函数如下:

```
unsigned char GetMedianNum(int * bArray, int iFilterLen)
{
    int i,j;                                                    //循环变量
    unsigned char bTemp;
    //用冒泡法对数组进行排序
    for (j = 0; j < iFilterLen - 1; j ++)
    {
        for (i = 0; i < iFilterLen - j - 1; i ++)
        {
            if (bArray[i] > bArray[i + 1])
            {
                //互换
                bTemp = bArray[i];
                bArray[i] = bArray[i + 1];
                bArray[i + 1] = bTemp;
            }
        }
    }
    //计算中值
    if ((iFilterLen & 1) > 0)
    {
        //数组有奇数个元素,返回中间一个元素
        bTemp = bArray[(iFilterLen + 1) / 2];
    }
    else
    {
        //数组有偶数个元素,返回中间两个元素平均值
        bTemp = (bArray[iFilterLen / 2] + bArray[iFilterLen / 2 + 1]) / 2;
    }
    return bTemp;
```

```
}
```

函数假设对某一参数连续采样多次采样，采用中间值作为数据的采集值。如果采集值数量为奇数，则返回中间值；如果采集值数量为偶数，则返回中间两个值的均值作为采集值。

9.2.3　滑动算术平均值滤波

滑动算术平均值滤波是设一循环队列，依顺序存放 N 次采样数据，每次数据采集时，先将放在队列中第一个最早采集的数据丢掉，再把新数据放入队尾，然后求包括新数据在内的 N 个数据的算术平均值，便得到该次采样的有效数据。该方法主要用于对压力、流量等周期脉动的采样值进行平滑加工处理。

滑动算术平均值滤波 C 程序函数如下。

```
float move_average_filtaer(float data_buf[ ], int count)
{
    float sample_vaue,data=0;
    int i;
    for (i=0;i< cout;i++)
        data+=data_buf[i];
    sample_value=data/count;
    return(sample_value);
}
```

函数假设顺序存放 5 次采样数据的数据缓冲区 data_buf[5]，对于多于 5 次的滑动算术平均滤波，只需对该函数稍作修改即可，其中 sample_value 表示本次采样的有效数据，count 表示数据有样次数。

9.2.4　滑动加权平均值滤波

滑动加权平均值滤波是设一个数据缓冲区依顺序存放 N 次采样数据，每采进一个新数据，就将最先采集的数据丢掉，而后求包括新数据在内的 N 个数据的加权平均值，便得到该次采样的有效数据。该方法对脉冲性干扰的平滑作用尚不理想，不适用于脉冲性干扰比较严重的场合。

滑动加权平均值滤波的 C 程序函数如下：

```
floa move_times_filter(float data _buf [ ])
{
    float sample_value;
    float filter_k[4]={0.3, 0.2, 0.1, 0.3};
    sample_value=filter_k[0] * data_buf[1]+filter_k[1] * (data_buf[2]
        +filter_k[2] * data_buf[3]+filter_k[3] * data_buf[4];
    sample_value = sample_value/4;
      return(sample_value);
}
```

函数假设依次存放 5 次采样数据的数据缓冲区 data_buf[5],对于多于 5 次的滑动加权平均滤波,只需对该函数稍作修改即可,其中数据组 filter_k[3]表示加权系数,这三个系数的关系为 filter_k[0]+2×filter_k[1]+2×filter_k[2]=1,本次采样的有效数据用 sample_value 表示。

9.2.5 防脉冲干扰平均值滤波

防脉冲干扰平均值滤波是连续进行 N 次采样,去掉其中最大值和最小值,然后求剩下的 $N-2$ 个数据的平均值,作为本次采样的有效值。该方法适用于变量跳变比较严重的场合。这种滤波也应用边采样边计算的方法。

防脉冲干扰平均值滤波的 C 程序函数如下。

```
float max_min_chioce(float x_buffer[ ],int number)
{
    int max_value, min_value;
    float sample_value=0.0;
    int i;
    max_value = x_buffer[0];
    min_value = x_buffer[0];
    for(i=1;i< number;i++)
    {
        if(x_buffer[i]> max_value)
            max_value=x_buffer[i];
        if(x_buffer[i]< min_value)
            min_value = x_buffer[0];
    }
    for(i=0; i< number;i++)
        sample_value =sample_value+ x_buffer[i];
    sample_value= (sample_value-max_value-min_value)/(number-2);
    return(sample_value);
}
```

函数假设存放连续进行 5 次采样的数据缓冲区 data_buf[5],对于多于 5 次的防脉冲干扰平均值滤波,只需对该函数稍作修改即可,其中 sample_value 表示本次采样的有效数据,number 表示连续进行的采样次数。

9.2.6 低通数字滤波

低通滤波也称一阶滞后滤波,方法是:规定 $a\ll1$,第 N 次采样后滤波结果输出值是 $(1-a)$乘第 N 次采样值加 a 乘上次滤波结果输出值。该方法适用于变化过程比较慢的参数的滤波,其 C 程序函数如下:

```
float low_filter(float low_buf[ ])
{
    float sample_value;
    float X=0.01;
```

```
    sample_value=(1-X) * low_buf[1]+X * low_buf[0];
    retrun(sample_value);
}
```

函数假设求第 2 次采样后滤波结果输出值 sampe_valeu，数组 low_buf[2]表示存放上次滤波结果输出值(low_buf[0])和本次采样值(low_buf[1])，程序中 X 表示 a。

为方便以上几种滤波函数的理解，下面给出调用以上函数的程序示例。

```
#include
#include
#include
main()
{
    folat old_new_buf[2]={1.2,2.6};
    float middle_value[3]={20,12,18};
    float data_average_buf[5]={10,20,20,10,10};
    float data_times_buf[5]={1.4,1.5,1.3,1.2,1.0};
    float data_max_min_buf[5]={1.2,80,1.4,0.2,1.3};
    foat low_buf[2]={1.2,2.0};
    float xx;
    xx=program_detect_filter(old_new_buf,1.0};
    printf("The program detect filter value is:%f\n",xx);
    xx=middle_filter (middle_value, 3);
    printf("The middle filter value is:%f\n:,xx);
    xx=move_avergae_filter(data_avergae_buf,5);
    printf("the mover average filter value is:%f\n",xx);
    xx=move_times_filter(data_time_fud);
    printf("The move times filter value is:%f\n",xx);
    xx=max_min_choice(data_max_min_buf,5);
    printf("The max-min filter value is:%f\n",xx);
    xx=low_filter(low_buf);
    printf("The low filter value is:%f\n",xx);
}
```

运行程序，屏幕显示：

```
The program detect filter value is: 1.200000
The middle filter value is:18.000000
The move average filter value is:14.000000
The move times filter value is:1.310000
The max_min filter value is:1.366666
The low filter value is:1.992000
```

9.3 PID 过程控制算法

过程控制是指对生产过程的某一或某些物理参数进行的自动控制。在过程控制中，按偏差的比例(P)、积分(I)和微分(D)进行控制的 PID 控制器(亦称 PID 调节器)是应用最为广泛的一种自动控制器。它具有原理简单、易于实现、适用面广、控制参数相互独立、参数的选定比较简单等优点；而且在理论上可以证明,对于过程控制的典型对象——“一阶滞后+纯滞后”与“二阶滞后+纯滞后”的控制对象,PID 控制器是一种最优控制。PID 调节规律是连续系统动态品质校正的一种有效方法,它的参数整定方式简便,结构改变灵活。

9.3.1 模拟控制系统

被控量的值由传感器或变送器来检测,这个值与给定值进行比较,得到偏差,模拟调节器依一定控制规律使操作变量变化,以使偏差趋近于零,其输出通过执行器作用于过程。

控制规律用对应的模拟硬件来实现,控制规律的修改需要更换模拟硬件。基本的模拟反馈控制原理如图 9-2 所示。

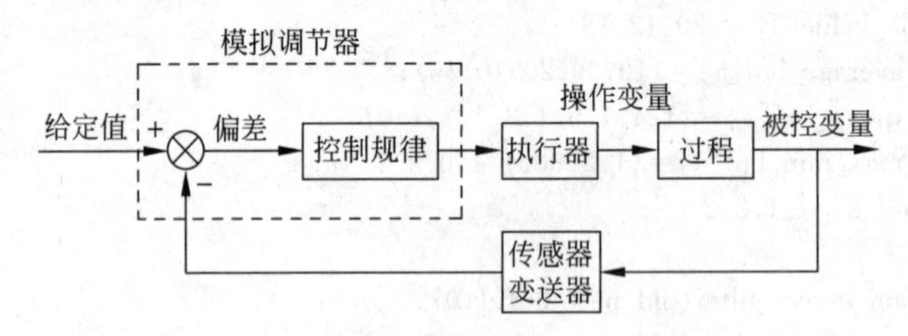

图 9-2 基本模拟反馈控制回路

9.3.2 微机过程控制系统

以微型计算机作为控制器。控制规律的实现,是通过软件来完成的。改变控制规律,只要改变相应的程序即可,如图 9-3 所示。

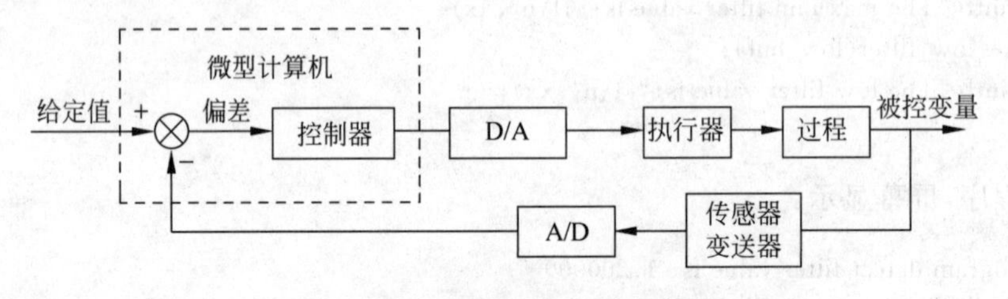

图 9-3 微机过程控制系统基本框图

9.3.3 数字控制系统

DDC(Direct Digital Congtrol)系统是计算机用于过程控制的最典型的一种系统。微型计算机通过过程输入通道对一个或多个物理量进行检测,并根据确定的控制规律(算法)进行计算,通过输出通道直接去控制执行机构,使各被控量达到预定的要求。由于计算机的决策直接作用于过程,故称为直接数字控制。

DDC 系统也是计算机在工业应用中最普遍的一种形式,如图 9-4 所示。

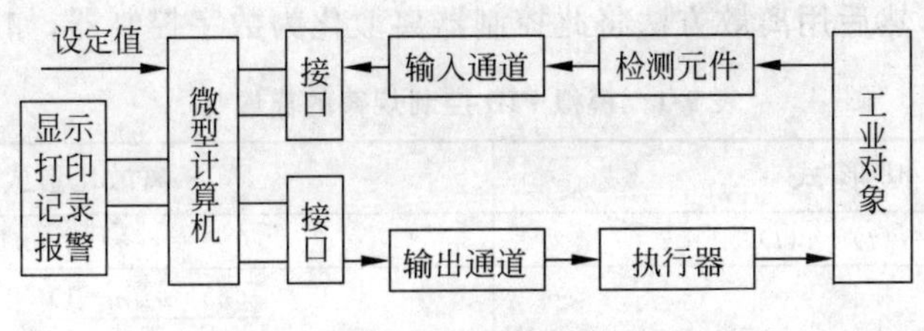

图 9-4　DDC 系统构成框图

9.3.4　模拟 PID 调节器

模拟 PID 调节器的微分方程和传输函数如图 9-5 所示。PID 调节器是一种线性调节器，它将给定值 $r(t)$ 与实际输出值 $c(t)$ 的偏差的比例(P)、积分(I)、微分(D)通过线性组合构成控制量，对控制对象进行控制。

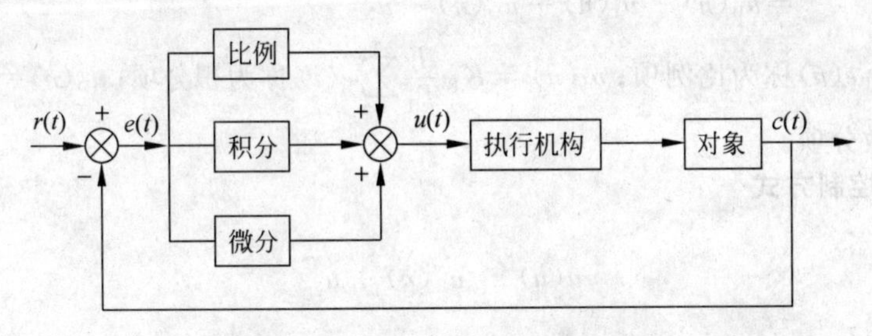

图 9-5　模拟 PID 控制系统原理框图

1. PID 调节器的微分方程

$$u(t) = K_P\left[e(t) + \frac{1}{T_I}\int_0^t e(t)\mathrm{d}t + T_D\frac{\mathrm{d}e(t)}{\mathrm{d}t}\right] \tag{9-11}$$

式中，$e(t)=r(t)-c(t)$。

2. PID 调节器的传输函数

$$D(S) = \frac{U(S)}{E(S)} = K_P\left[1 + \frac{1}{T_I S} + T_D S\right] \tag{9-12}$$

3. PID 调节器各校正环节的作用

(1) 比例环节：及时成比例地反映控制系统的偏差信号 $e(t)$，偏差一旦产生，调节器立即产生控制作用以减小偏差。

(2) 积分环节：主要用于消除静差，提高系统的无差度。积分作用的强弱取决于积分时间常数 T_I，T_I 越大，积分作用越弱，反之则越强。

(3) 微分环节：能反应偏差信号的变化趋势(变化速率)，并能在偏差信号的值变得太大之前，在系统中引入一个有效的早期修正信号，从而加快系统的动作速度，减小调节时间。

9.3.5　数字 PID 控制器

1. 模拟 PID 控制规律的离散化

将计算机控制系统看作是模拟系统，针对该模拟系统，采用连续系统设计方法设计闭环系统的模拟控制器,然后用离散方法将此控制器离散化为数字控制器,如表 9-1 所示。

表 9-1 模拟 PID 控制规律的离散化

模拟形式	离散化形式
$e(t)=r(t)-c(t)$	$e(n)=r(n)-c(n)$
$\frac{de(t)}{dT}$	$\frac{e(n)-e(n-1)}{T}$
$\int_0^t e(t)dt$	$\sum_{i=0}^{n} e(i)T = T\sum_{i=0}^{n} e(i)$

2. 数字 PID 控制器的差分方程

数字 PID 控制器的差分方程为

$$\begin{aligned} u(n) &= K_P\left\{e(n)+\frac{T}{T_I}\sum_{i=0}^{n}e(i)+\frac{T_D}{T}[e(n)-e(n-1)]\right\}+u_0 \\ &= u_P(n)+u_I(n)+u_D(n)+u_0 \end{aligned}$$

式中 $u_P(n)=K_P e(n)$ 称为比例项;$u_I(n)=K_P\frac{T}{T_I}\sum_{i=0}^{n}e(i)$ 称为积分项;$u_D(n)=K_P\frac{T_D}{T}[e(n)-e(n-1)]$ 称为微分项。

3. 常用的控制方式

1) P 控制

$$u(n)=u_P(n)+u_0$$

2) PI 控制

$$u(n)=u_P(n)+u_I(n)+u_0$$

3) PD 控制

$$u(n)=u_P(n)+u_D(n)+u_0$$

4) PID 控制

$$u(n)=u_P(n)+u_I(n)+u_D(n)+u_0$$

4. PID 算法的两种类型

1) 位置型控制

例如图 9-6 所示调节阀控制。

$$u(n)=K_P\left\{e(n)+\frac{T}{T_I}\sum_{i=0}^{n}e(i)+\frac{T_D}{T}[e(n)-e(n-1)]\right\}+u_0 \tag{9-13}$$

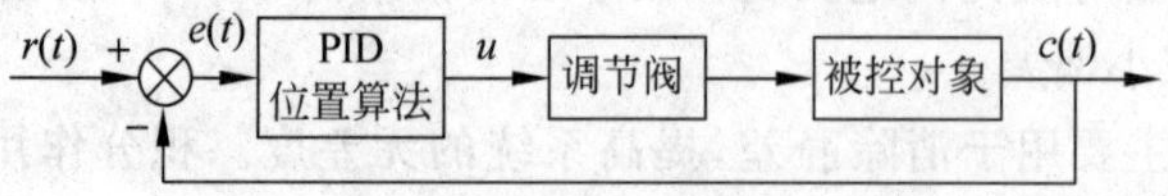

r(t) + e(t) PID位置算法 u 调节阀 被控对象 c(t) −

图 9-6 数字 PID 位置型控制示意图

2) 增量型控制

例如图 9-7 所示步进电机控制。

$$\begin{aligned} \Delta u(n) &= u(n)-u(n-1) \\ &= K_P[e(n)-e(n-1)]+K_P\frac{T}{T_I}e(n) \\ &\quad +K_P\frac{T_D}{T}[e(n)-2e(n-1)+e(n-2)] \end{aligned} \tag{9-14}$$

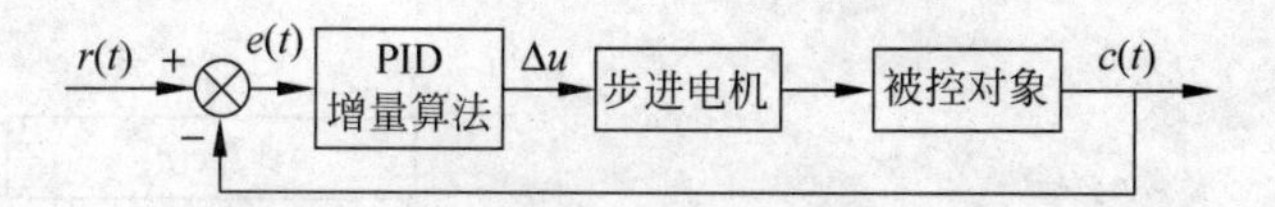

图 9-7 数字 PID 增量型控制示意图

【例 1】 假设有一温度控制系统，温度测量范围是 0～600℃，温度采用 PID 控制，控制指标为 450±2℃。已知比例系数 $K_P=4$，积分时间 $T_I=60$s，微分时间 $T_D=5$s，采样周期 $T=5$s。当测量值 $c(n)=448$，$c(n-1)=449$，$c(n-2)=442$ 时，计算增量输出 $\Delta u(n)$。若 $u(n-1)=1860$，计算第 n 次阀位输出 $u(n)$。

解：将题中给出的参数代入有关公式计算得

$$K_I = K_P\frac{T}{T_I} = 4\times\frac{5}{60} = \frac{1}{3},\quad K_D = K_P\frac{T_D}{T} = 4\times\frac{15}{5} = 12$$

由题可知，给定值 $r=450$，将题中给出的测量值代入式(9-11)计算得

$$e(n) = r - c(n) = 450 - 448 = 2$$

$$e(n-1) = r - c(n-1) = 450 - 449 = 1$$

$$e(n-2) = r - c(n-2) = 450 - 452 = -2$$

代入式(9-14)计算得

$$\Delta u(n) = 4\times(2-1) + \frac{1}{3}\times 2 + 12\times[2 - 2\times 1 + (-2)] \approx -19$$

代入式(9-13)计算得

$$u(n) = u(n-1) + \Delta u(n) = 1860 + (-19) \approx 1841$$

9.3.6 PID 算法的程序流程

1. 增量型 PID 算法的程序流程

增量型 PID 算法的递推公式为：

$$\Delta u(n) = a_0 e(n) + a_1 e(n-1) + a_2 e(n-2)$$

式中

$$a_0 = K_P\left(1+\frac{T}{T_I}+\frac{T_D}{T}\right),\quad a_1 = -K_P\left(1+\frac{2T_D}{T}\right),\quad a_2 = -K_P\frac{T_D}{T}$$

增量型 PID 算法的程序流程如图 9-8(a)所示。

2. 位置型 PID 算法的程序流程

位置型的递推公式：

$$u(n) = u(n-1) + \Delta u(n) = u(n-1) + a_0 e(n) + a_1 e(n-1) + a_2 e(n-2)$$

位置型 PID 算法的程序流程如图 9-8(b)所示。只需在增量型 PID 算法的程序流程基础上增加一次加运算 $\Delta u(n)+u(n-1)=u(n)$ 和更新 $u(n-1)$ 即可。

3. 对控制量的限制

(1) 控制算法总是受到一定运算字长的限制。

(2) 执行机构的实际位置不允许超过上(或下)极限

$$u(n) = \begin{cases} u_{\min} & (u(n) \leqslant u_{\min}) \\ u(n) & (u_{\min} < u(n) < u_{\max}) \\ u_{\max} & (u(n) > u_{\max}) \end{cases}$$

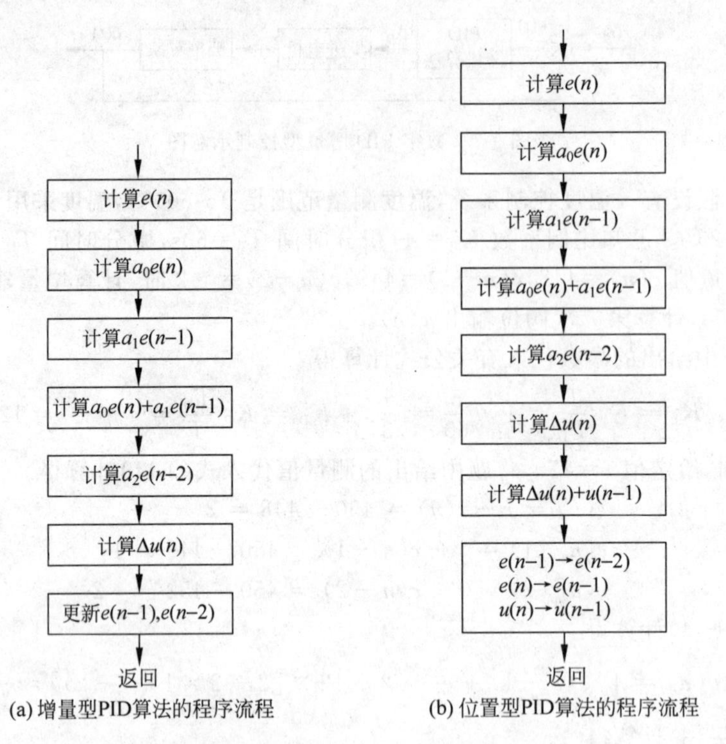

图 9-8 增量型和位置型 PID 算法的程序流程图

9.3.7 标准 PID 算法的改进

微分项的改进如图 9-9 所示。

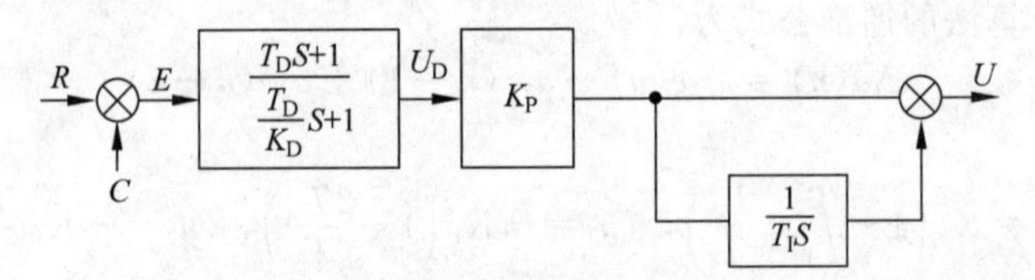

图 9-9 不完全微分型 PID 算法传递函数框图

1. 不完全微分型 PID 控制算法

不完全微分型 PID 算法传递函数为

$$G_C(S) = K_P\left(1+\frac{1}{T_I S}\right)\left(\frac{T_D S+1}{\frac{T_D}{K_D}S+1}\right)$$

完全微分和不完全微分作用的区别如图 9-10 所示。

不完全微分型 PID 算法的差分方程为

$$u_D(n) = u_D(n-1) + \frac{T_D}{\frac{T_D}{K_D}+T}[e(n)-e(n-1)] + \frac{T}{\frac{T_D}{K_D}+T}[e(n)-u_D(n-1)]$$

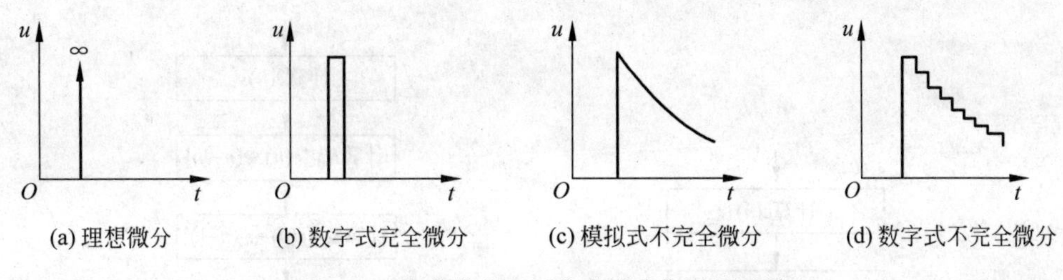

(a) 理想微分　(b) 数字式完全微分　(c) 模拟式不完全微分　(d) 数字式不完全微分

图 9-10　完全微分和不完全微分作用的区别

$$\Delta u(n) = K_P \frac{T}{T_I} u_D(n) + K_P[u_D(n) - u_D(n-1)]$$

2. 微分先行和输入滤波

1）微分先行

微分先行是把对偏差的微分改为对被控量的微分，这样，在给定值变化时，不会产生输出的大幅度变化。而且由于被控量一般不会突变，即使给定值已发生改变，被控量也是缓慢变化的，从而不致引起微分项的突变。微分项的输出增量为

$$\Delta u_D(n) = \frac{K_P T_D}{T}[\Delta c(n) - \Delta c(n-1)]$$

2）输入滤波

输入滤波就是在计算微分项时，不是直接应用当前时刻的误差 $e(n)$，而是采用滤波值 $e(n)$，即用过去和当前四个采样时刻的误差的平均值，再通过加权求和形式近似构成微分项。

$$u_D(n) = \frac{K_P T_D}{6T}[e(n) + 3e(n-1) - 3e(n-2) - e(n-3)]$$

$$\Delta u_D(n) = \frac{K_P T_D}{6T}[e(n) + 2e(n-1) - 6e(n-2) + 2e(n-3) + e(n-4)]$$

9.3.8　积分项的改进

1. 抗积分饱和

积分作用虽能消除控制系统的静差，但它也有一个副作用，即会引起积分饱和。在偏差始终存在的情况下，造成积分过量。当偏差方向改变后，需经过一段时间后，输出 $u(n)$才脱离饱和区。这样就造成调节滞后，使系统出现明显的超调，恶化调节品质。这种由积分项引起的过积分作用称为积分饱和现象。

克服积分饱和的方法：

1）积分限幅法

积分限幅法的基本思想是当积分项输出达到输出限幅值时，即停止积分项的计算，这时积分项的输出取上一时刻的积分值。其算法流程如图 9-11(a)所示。

2）积分分离法

积分分离法的基本思想是在偏差大时不进行积分，仅当偏差的绝对值小于一预定的门限值 ε 时才进行积分累积。这样既防止了偏差大时有过大的控制量，也避免了过积分现象。其算法流程如图 9-11(b)所示。

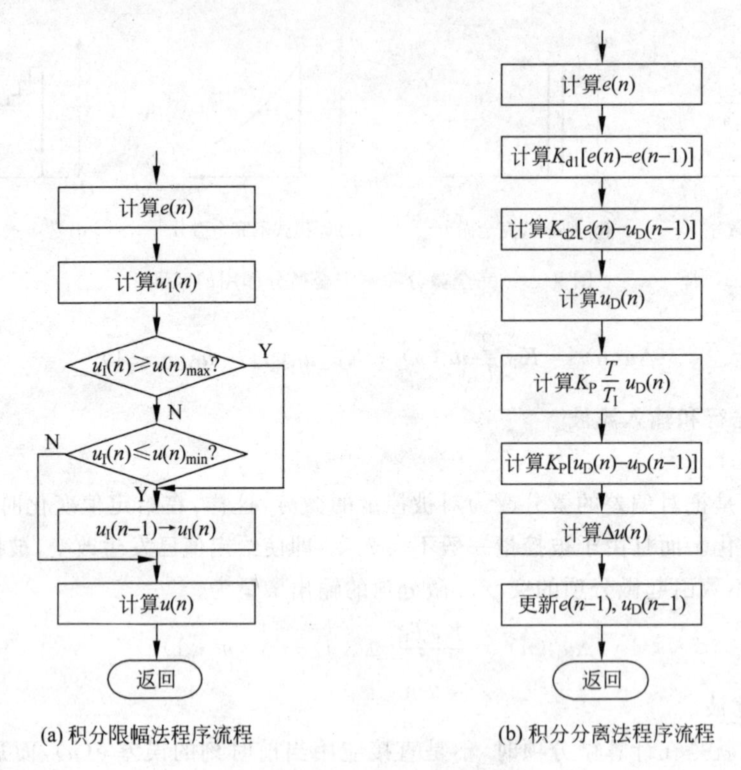

(a) 积分限幅法程序流程　　(b) 积分分离法程序流程

图 9-11　改进后的算法程序流程图

3）变速积分法

变速积分法的基本思想是在偏差较大时积分慢一些，而在偏差较小时积分快一些，以尽快消除静差，即用 $e'(n)$ 代替积分项中的 $e(n)$。

$$e'(n) = f(|e(n)|)e(n)$$

$$f(|e(n)|) = \begin{cases} \dfrac{A-|e(n)|}{A} & |e(n)| < A \\ 0 & |e(n)| > A \end{cases}$$

式中，A 为一预定的偏差限。

2. 消除积分不灵敏区

1）积分不灵敏区产生的原因

当计算机的运行字长较短，采样周期 T 也短，而积分时间 T_I 又较长时，$\Delta u_I(n)$ 容易出现小于字长的精度而丢数，此积分作用消失，这就称为积分不灵敏区。

$$\Delta u_I(n) = K_P \frac{T}{T_I} e(n)$$

【例 2】 某温度控制系统的温度量程为 0～1275℃，A/D 转换为 8 位，并采用 8 位字长定点运算。已知 $K_P=1, T=1s, T_I=10s$，试计算，当温差达到多少℃时，才会有积分作用？

解：因为当 $\Delta u_I(n)<1$ 时计算机就作为“零”将此数丢掉，控制器就没有积分作用。将 $K_P=1, T=1s, T_I=10s$ 代入公式计算得

$$\Delta u_I(n) = K_P \frac{T}{T_I} e(n) = 1 \times \frac{1}{10} \times e(n) = e(n)$$

而 0～1275℃对应的 A/D 转换数据为 0～255，温差 ΔT 对应的偏差数字为

$$e(n)=\frac{255}{1275}\times\Delta T$$

令上式大于 1，解得 $\Delta T>50$℃。可见，只有当温差大于 50℃时，才会有 $\Delta u_{\mathrm{I}}(n)=e(n)>1$，控制器才有积分作用。

2）消除积分不灵敏区的措施

增加 A/D 转换位数，加长运算字长，这样可以提高运算精度。

当积分项小于输出精度 ε 的情况时，把它们一次次累加起来，即

$$S_{\mathrm{I}}=\sum_{i=1}^{N}\Delta u_{\mathrm{I}}(i)$$

其程序流程如图 9-12 所示。

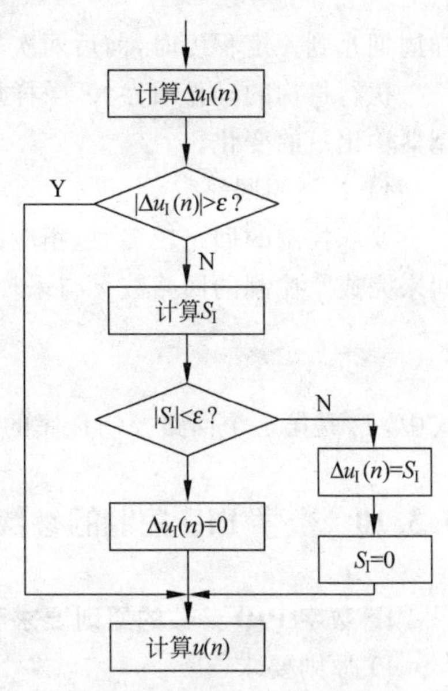

图 9-12　数字 PID 参数的选择

9.3.9　采样周期的选择

1. 选择采样周期的重要性

采样周期越小，数字模拟越精确，控制效果越接近连续控制。对大多数算法，缩短采样周期可使控制回路性能改善，但采样周期缩短时，频繁的采样必然会占用较多的计算工作时间，同时也会增加计算机的计算负担，而对有些变化缓慢的受控对象无须很高的采样频率即可满意地进行跟踪，过多的采样反而没有多少实际意义。

2. 选择采样周期的原则——采样定理

最大采样周期

$$T_{\max}=\frac{1}{2f_{\max}}$$

式中，$f_{\max}$为信号频率组分中最高频率分量。

3. 选择采样周期应综合考虑的因素

1）给定值的变化频率

加到被控对象上的给定值变化频率越高，采样频率应越高，以使给定值的改变通过采样迅速得到反应，而不致在随动控制中产生大的时延。

2）被控对象的特性

考虑对象变化的缓急，若对象是慢速的热工或化工对象时，T 一般取得较大。在对象变化较快的场合，T 应取得较小。

考虑干扰的情况，从系统抗干扰的性能要求来看，要求采样周期短，使扰动能迅速得到校正。

3）使用的算式和执行机构的类型

采样周期太小，会使积分作用、微分作用不明显。同时，因受微机计算精度的影响，当采

样周期小到一定程度时,前后两次采样的差别反映不出来,使调节作用因此而减弱。

执行机构的动作惯性大,采样周期的选择要与之适应,否则执行机构来不及反应数字控制器输出值的变化。

4) 控制的回路数

要求控制的回路较多时,相应的采样周期越长,以使每个回路的调节算法都有足够的时间来完成。控制的回路数 n 与采样周期 T 有如下关系:

$$T \geqslant \sum_{j=1}^{n} T_j$$

式中,T_j 是第 j 个回路控制程序的执行时间。

9.3.10 数字 PID 控制的参数选择

1. 数字 PID 参数的原则要求和整定方法

1) 原则要求

被控过程是稳定的,能迅速和准确地跟踪给定值的变化,超调量小,在不同干扰下系统输出应能保持在给定值,操作变量不宜过大,在系统与环境参数发生变化时控制应保持稳定。显然,要同时满足上述各项要求是困难的,必须根据具体过程的要求,满足主要方面,并兼顾其他方面。

2) PID 参数整定方法

理论计算法——依赖被控对象准确的数学模型(一般较难做到)。

工程整定法——不依赖被控对象准确的数学模型,直接在控制系统中进行现场整定(简单易行)。

2. 常用的简易工程整定法

1) 扩充临界比例度法——适用于有自平衡特性的被控对象

整定数字调节器参数的步骤是:

(1) 选择采样周期为被控对象纯滞后时间的十分之一以下。

(2) 去掉积分作用和微分作用,逐渐增大比例度系数 K_P 直至系统对阶跃输入的响应达到临界振荡状态(稳定边缘),记下此时的临界比例系数 K_K 及系统的临界振荡周期 T_K。

(3) 选择控制度。

$$控制度 = \frac{\left[\int_0^{\infty} e^2(t)\mathrm{d}t\right]_{\mathrm{DDC}}}{\left[\int_0^{\infty} e^2(t)\mathrm{d}t\right]_{模拟}}$$

通常,当控制度为 1.05 时,就可以认为 DDC 与模拟控制效果相当。

(4) 根据选定的控制度,查表 9-2 求得 T、K_P、T_I、T_D 的值。

2) 扩充响应曲线法——适用于多容量自平衡系统

参数整定步骤如下:

(1) 让系统处于手动操作状态,将被调量调节到给定值附近,并使之稳定下来,然后突然改变给定值,给对象一个阶跃输入信号。

(2) 用记录仪表记录被调量在阶跃输入下的整个变化过程曲线,如图 9-13 所示。

表 9-2　扩充临界比例度法整定参数

控制度	控制规律	T/T_k	K_P/K_k	T_I/T_k	T_D/T_k
1.05	PI	0.03	0.53	0.88	—
	PID	0.014	0.63	0.49	0.14
1.20	PI	0.05	0.49	0.91	—
	PID	0.043	0.47	0.47	0.16
1.50	PI	0.14	0.42	0.99	—
	PID	0.09	0.34	0.43	0.20
2.0	PI	0.22	0.36	1.05	—
	PID	0.16	0.27	0.40	0.22

(3) 在曲线最大斜率处作切线，求得滞后时间 τ、被控对象时间常数 T_τ 以及它们的比值 T_τ/τ。

(4) 由求得的 τ、T_τ 及 T_τ/τ 查表，即可求得数字调节器的有关参数 K_P、T_I、T_D 及采样周期 T。

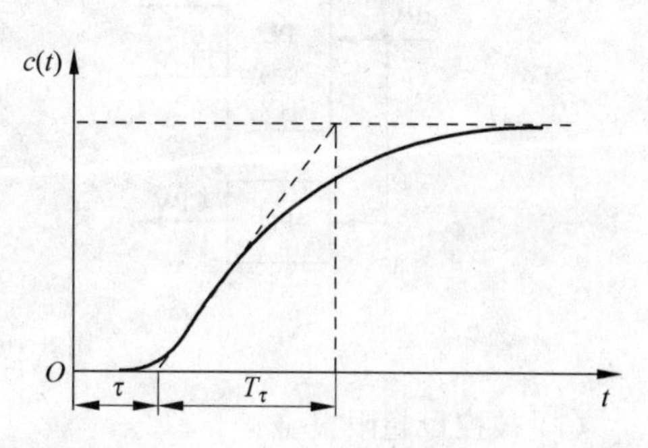

图 9-13　变化过程曲线

3) 归一参数整定法

令 $T=0.1T_K$，$T_I=0.5T_K$，$T_D=0.125T_K$，则增量型 PID 控制的公式简化为

$$\Delta u(n)=K_P[2.45e(n)-3.5e(n-1)+1.25e(n-2)]$$

改变 K_P，观察控制效果，直到满意为止。

9.3.11　数字 PID 控制的工程实现

数字 PID 应用于工程实践控制过程工程化的处理流程如图 9-14 所示。

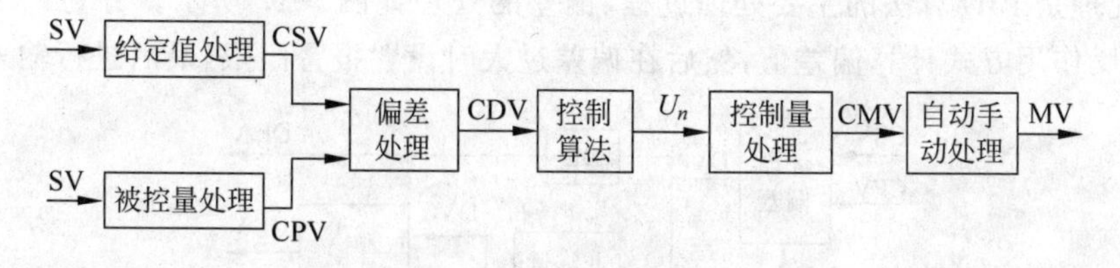

图 9-14　PID 控制过程工程化处理流程

1. 给定值处理

给定值处理如图 9-15 所示。

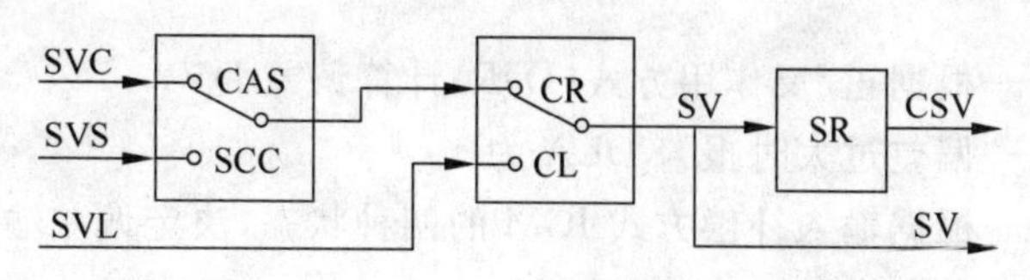

图 9-15　给定值处理

(1) 选择给定值 SV——通过选择软开关 CL/CR 和 CAS/SCC 选择。

内给定状态——给定值由操作员设置;

外给定状态——给定值来自外部,通过软开关 CAS/SCC 选择。

- 串级控制——给定值 SVS 来自主调节模块。
- SCC 控制——给定值 SVS 来自上位计算机。

(2) 给定值变化率限制——变化率的选取要适中。

2. 被控量处理

对于被控量需要进行必要的处理,处理的形式主要有两种,如图 9-16 所示。

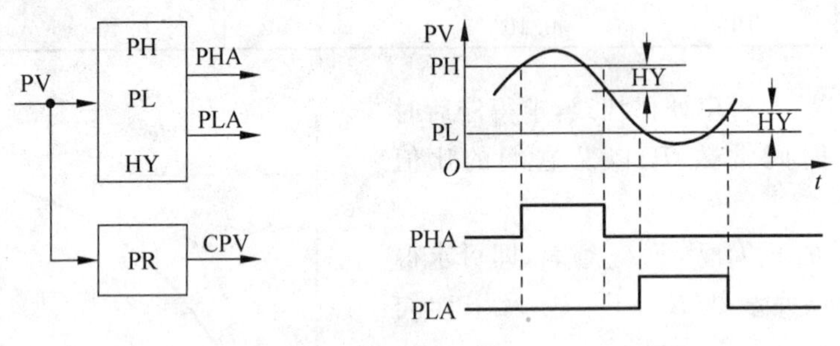

图 9-16 被控量处理

(1) 被控量超限报警:

当 PV>PH(上限值)时,则上限报警状态(PHA)为“1”;

当 PV<PL(下限值)时,则下限报警状态(PLA)为“1”。

为了不使 PHA/PLA 的状态频率改变,可以设置一定的报警死区(HY)。

(2) 被控量变化率限制——变化率的选取要适中。

9.3.12 偏差处理

偏差处理是 PID 算法的主要处理过程,偏差的处理如图 9-17 所示。分为三个阶段,首先根据正/反作用方式计算偏差值,然后在偏差过大时设置报警门限,最后进行输入补偿。

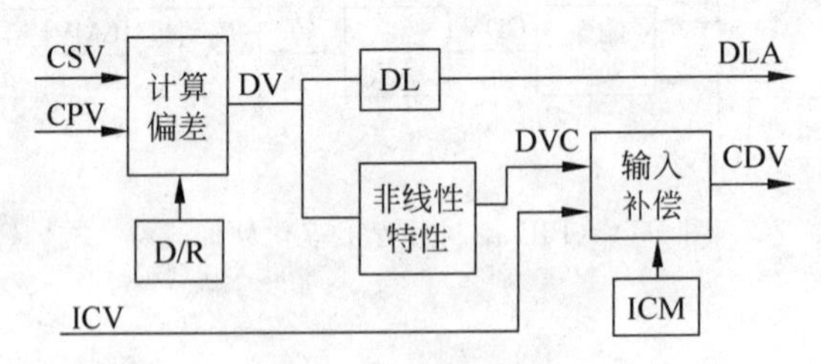

图 9-17 偏差处理

(1) 计算偏差——根据正/反作用方式(D/R)计算偏差 DV。

(2) 偏差报警——偏差过大时报警 DLA 为 1。

(3) 输入补偿——根据输入补偿方式 ICM 的四种状态,决定偏差输出 CDV。

输入补偿的非线性特性如图 9-18 所示。

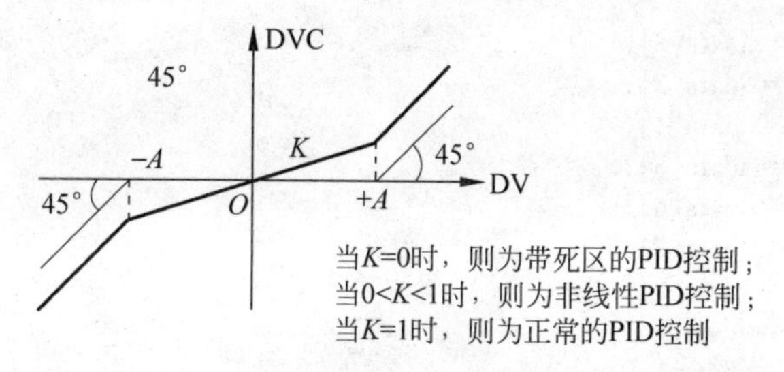

图 9-18 非线性特性

9.4 开关量滤波算法

除了对于连续的模拟量进行数据采集的滤波算法之外，还需要对开关量进行滤波算法，在有些高精度的采集场合和一些工况场合，干扰是非常常见的事情，因此如何消除干扰也是非常重要的事情。滤波算法在一定程度上降低了系统的灵敏度，但是增加了系统的稳定性。所以在系统设计的时候，算法往往具有非常大的灵活性，可以根据实际情况游走于系统的灵敏度和系统的稳定性之间，调整出最好的系统状态。

一般情况下开关量采集电路采用隔离采集，如图 9-19 所示。

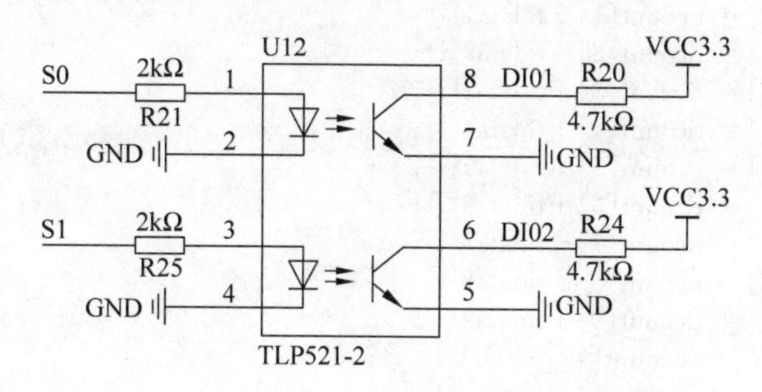

图 9-19 开关量采集电路

采用光隔的形式进行数据采集，S0 高电平的时候发光二极管导通，光敏二极管接着导通，这时候 DI01 处的点位和地导通，表现出低电位，当 S0 低电平的时候，光敏二极管截止，DI01 呈现高电平。这样的隔离采集电路的好处是速度快、响应频率高，但是在实际工作现场却有一定的致命缺点，就是容易受到线路上的外部干扰，因此需要进行开关量信号滤波处理。

对于开关量滤波的数字处理采用多次采集平衡算法，例如在连续采集 10 次信号中，采用权值进行滤波，将最近的 10 次采集值相加，如果和大于 7 时，采集值为 1；如果采集小于 3 表示当前值为 0，否则采集值不发生改变。以下是算法举例。

```
//压入滤波队列
void t_push_data(void)
{
    if(ticur >= tright)
    ticur = 0;
    tidata0[ticur] = idata[0];
    tidata1[ticur] = idata[1];
```

```
        tidata2[ticur] = idata[2];
        tidata3[ticur] = idata[3];
        tidata4[ticur] = idata[4];
        tidata5[ticur] = idata[5];
        tidata6[ticur] = idata[6];
        tidata7[ticur] = idata[7];
        tidata8[ticur] = idata[8];
        tidata9[ticur] = idata[9];
        tidata10[ticur] = idata[10];
        tidata11[ticur] = idata[11];
        tidata12[ticur] = idata[12];
        tidata13[ticur] = idata[13];
        tidata14[ticur] = idata[14];
        tidata15[ticur] = idata[15];
        ticur++;
    }
    //获取加权值
    void t_getsum(void )
    {
        u8 i;
        memset(ticount,0,16);
        for(i = 0;i < tright-1;i++)
        {
            ticount[0]= ticount[0]+tidata0[i];
            ticount[1]= ticount[1]+tidata1[i];
            ticount[2]= ticount[2]+tidata2[i];
            ticount[3]= ticount[3]+tidata3[i];
            ticount[4]= ticount[4]+tidata4[i];
            ticount[5]= ticount[5]+tidata5[i];
            ticount[6]= ticount[6]+tidata6[i];
            ticount[7]= ticount[7]+tidata7[i];
            ticount[8]= ticount[8]+tidata8[i];
            ticount[9]= ticount[9]+tidata9[i];
            ticount[10]= ticount[10]+tidata10[i];
            ticount[11]= ticount[11]+tidata11[i];
            ticount[12]= ticount[12]+tidata12[i];
            ticount[13]= ticount[13]+tidata13[i];
            ticount[14]= ticount[14]+tidata14[i];
            ticount[15]= ticount[15]+tidata15[i];
        }

    }
    //获取滤波结果
    void t_getvalue(void)
    {
        u8 i;
        for(i = 0;i < 15;i++)
        {
            if(ticount[i]> 7)
            idata[i] = 1;
            if(ticount[i]< 3)
            idata[i] = 0;
        }
    }
```

第10章

STM32开发工业级控制器应用

STM32F103系列MCU已经具有非常强大的处理能力、运算能力和通信能力，开发工业级的控制器的应用是完全可以胜任的。通用的嵌入式控制器不仅需要保证控制的实时性、稳定性和准确性，同时还要降低用户投入的成本，满足用户控制系统的经济性要求。

针对控制器的通用性发展趋势，设计一款基于STM32F103RET6 MCU的通用控制器，该控制器可以实现多路开关量数据采集和多路模拟量数据采集，还可以控制多路继电器输出，并且具备1路RS232接口和一路RS485接口，控制器支持标准的MODBUS RTU协议，可以实现和通用组态软件的对接。用户可以根据工业现场的不同要求采用不同的控制方式实现定制的功能。控制器具有通用性强、可以灵活的组态、控制功能完善和数据处理功能强大、实时性好等特点。

10.1 工业级控制器的基本要求

工业级控制器一般要求需要具有以下特征：

- 宽电压输入；
- 具有多路隔离开关量输入检测；
- 具有多路开关量输出控制；
- 具有多路模拟量检测功能；
- 具有多种通信接口；
- 支持多种通用型通信协议；
- 具有强大的隔离抗干扰功能；
- 支持一定的显示处理；
- 具有一定的本地存储能力；
- 支持实时时钟和地址设定。

这些都是工业性通用控制器的基本要求，高性能的控制器还需要计数器、PWM输出控制、模拟量输出控制、高级通信接口(CAN、以太网、Profibus等)等高性能要求。

10.2 基于STM32F103设计的工业级控制器设计原理图

这里列举一个比较通用型的控制器原理图,这份设计具备 8 路开关量隔离输入检测、8 路继电器输出、具备薄码开关的地址设定、具备两个 RS232 接口、一个隔离 RS485 接口和一个 CAN 总线接口,支持并口的 OLED 显示(128×64 点阵分辨率),支持 AT24C128 E^2PROM 设计。其原理图如图 10-1 所示。

10.3 硬件关键设计驱动解析

10.3.1 光耦隔离输入检测电路

光耦合器(Optical Coupler,OC)亦称光电隔离器,简称光耦。光耦合器以光为媒介传输电信号。它对输入、输出电信号有良好的隔离作用,因此在各种电路中得到广泛的应用。目前它已成为种类最多、用途最广的光电器件之一。光耦合器一般由三部分组成:光的发射、光的接收及信号放大。输入的电信号驱动发光二极管(LED),使之发出一定波长的光,被光探测器接收而产生光电流,再经过进一步放大后输出。这就完成了电—光—电的转换,从而起到输入、输出隔离的作用。由于光耦合器输入/输出间互相隔离,电信号传输具有单向性等特点,因而具有良好的电绝缘能力和抗干扰能力。又由于光耦合器的输入端属于电流型工作的低阻元件,因而具有很强的共模抑制能力。所以,它在长线传输信息中作为终端隔离元件可以大大提高信噪比。在计算机数字通信及实时控制中作为信号隔离的接口器件,可以大大增加计算机工作的可靠性。

开关量采集电路适用于对开关量信号进行采集,如循环泵的状态信号、进出仓阀门的开关状态等开关量。污染源在线监控仪可采集 16 路开关信号,输入 24V 直流电压;设定当输入范围为直流 18~24V 时,认为是高电平,被监视的设备处于工作状态;当输入低于直流 18V 时,认为是低电平,被监视的设备处于停止状态。

为了避免电气特性及恶劣工作环境带来的干扰,该电路采用光电耦合器 TLP521 对信号实现了一次电—光—电的转换,从而起到输入/输出隔离的作用。

其初始化过程使用如下代码:

```
GPIO_InitTypeDef GPIO_InitStructure;
RCC_APB2PeriphClockCmd(RCC_APB2Periph_GPIOA|RCC_APB2Periph_GPIOB|
                       RCC_APB2Periph_GPIOC|RCC_APB2Periph_GPIOD,ENABLE);
//JTAG/SWJ 复用重映射端口定义
RCC_APB2PeriphClockCmd(RCC_APB2Periph_AFIO, ENABLE);
//屏蔽 JTAG 定义,复用 JTAG 接口为 GPIO,用于控制继电器
GPIO_PinRemapConfig(GPIO_Remap_SWJ_Disable , ENABLE );
//PA0-> DI1 PA1-> DI2 PA8-> DI7 PA11-> DI8
GPIO_InitStructure.GPIO_Pin = GPIO_Pin_0|GPIO_Pin_1|GPIO_Pin_8|GPIO_Pin_11;
```

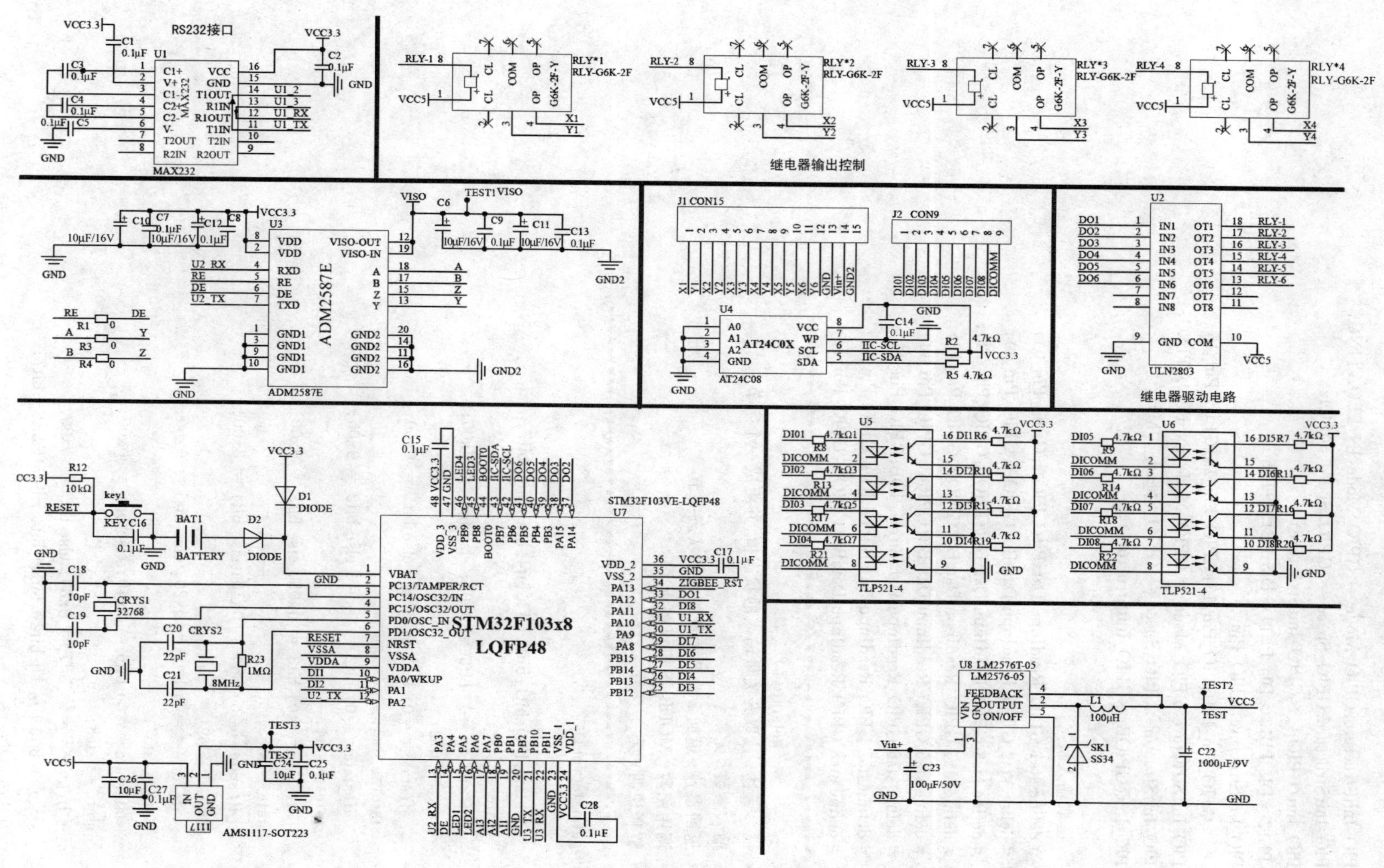

图 10-1 通用型控制器的设计原理图

```
GPIO_InitStructure.GPIO_Mode = GPIO_Mode_IN_FLOATING;
GPIO_InitStructure.GPIO_Speed = GPIO_Speed_50MHz;
GPIO_Init(GPIOA, &GPIO_InitStructure);
//PB12-> DI3 PB13-> DI4 PB14-> DI5 PB15-> DI6
GPIO_InitStructure.GPIO_Pin =
      GPIO_Pin_12|GPIO_Pin_13|GPIO_Pin_14|GPIO_Pin_15;
GPIO_InitStructure.GPIO_Mode = GPIO_Mode_IN_FLOATING;
GPIO_InitStructure.GPIO_Speed = GPIO_Speed_50MHz;
GPIO_Init(GPIOB, &GPIO_InitStructure);

  //读取输入状态
  #define sta1 GPIO_ReadInputDataBit(GPIOA, GPIO_Pin_0);
  #define sta2 GPIO_ReadInputDataBit(GPIOA, GPIO_Pin_1);
  #define sta3 GPIO_ReadInputDataBit(GPIOB, GPIO_Pin_12);
  #define sta4 GPIO_ReadInputDataBit(GPIOB, GPIO_Pin_13);
  #define sta5 GPIO_ReadInputDataBit(GPIOB, GPIO_Pin_14);
  #define sta6 GPIO_ReadInputDataBit(GPIOB, GPIO_Pin_15);
  #define sta7 GPIO_ReadInputDataBit(GPIOA, GPIO_Pin_8);
  #define sta8 GPIO_ReadInputDataBit(GPIOA, GPIO_Pin_11);
/*******************************************************
 *              getstate ()
 * 描    述: 读取开关量输入的状态值,并组成一个字节
 * 输入参数: 无
 * 返回参数: 返回 8 为开关量输入的状态字节
 * 调用函数: MODBUS 协议解析 ()
 * 解释说明: 无
*******************************************************/
u8 getstate(void)
{
    u8 state, bit0, bit1, bit2, bit3, bit4, bit5, bit6, bit7;
    state = sta1;
      if(state==0) bit0 = 0x01; else bit0 = 0x00;
    state = sta2;
      if(state==0) bit1 = 0x02; else bit1 = 0x00;
    state = sta3;
      if(state==0) bit2 = 0x04; else bit2 = 0x00;
    state = sta4;
      if(state==0) bit3 = 0x08; else bit3 = 0x00;
    state = sta5;
      if(state==0) bit4 = 0x10; else bit4 = 0x00;
    state = sta6;
      if(state==0) bit5 = 0x20; else bit5 = 0x00;
    state = sta7;
      if(state==0) bit6 = 0x40; else bit6 = 0x00;
    state = sta8;
      if(state==0) bit7 = 0x80; else bit7 = 0x00;
    state = bit0+bit1+bit2+bit3+bit4+bit5+bit6+bit7;
    return state;
}
```

10.3.2 基于达灵顿管的信号继电器驱动

电磁式继电器一般由控制线圈、铁芯、衔铁、触点簧片等组成，控制线圈和接点组之间是相互绝缘的，因此，能够为控制电路起到良好的电气隔离作用。当在继电器的线圈两头加上其线圈的额定的电压时，线圈中就会流过一定的电流，从而产生电磁效应，衔铁就会在电磁力吸引的作用下克服返回弹簧的拉力吸向铁芯，从而带动衔铁的动触点与静触点（常开触点）吸合。当线圈断电后，电磁的吸力也随之消失，衔铁就会在弹簧的反作用力下返回原来的位置，使动触点与原来的静触点（常闭触点）吸合。这样吸合、释放，从而达到了在电路中的接通、切断的开关目的。

通用型控制器的继电器控制是使用 ULN2803 作为驱动电路的，ULN2803 属于大功率的驱动芯片，驱动电流可以达到 500mA，而小型继电器的工作电流只有 80mA，完全没有问题。具体电路图这里不详细介绍了，主要介绍驱动编程。

```
GPIO_InitTypeDef GPIO_InitStructure;
RCC_APB2PeriphClockCmd(RCC_APB2Periph_GPIOA|RCC_APB2Periph_GPIOB|
  RCC_APB2Periph_GPIOC|RCC_APB2Periph_GPIOD,ENABLE);
//JTAG/SWJ 复用重映射端口定义
RCC_APB2PeriphClockCmd(RCC_APB2Periph_AFIO, ENABLE);
//屏蔽 JTAG 定义,复用 JTAG 接口为 GPIO,用于控制继电器
GPIO_PinRemapConfig(GPIO_Remap_SWJ_Disable , ENABLE );
//GPIO_PinRemapConfig(GPIO_Remap_SWJ_JTAGDisable , ENABLE);
//---------------------------------------------
//继电器控制使用
//---------------------------------------------
//PA12->DO1 PA14-DO2 PA15->DO3
GPIO_InitStructure.GPIO_Pin = GPIO_Pin_12|GPIO_Pin_14|GPIO_Pin_15;
GPIO_InitStructure.GPIO_Mode = GPIO_Mode_Out_PP;
GPIO_InitStructure.GPIO_Speed = GPIO_Speed_50MHz;
GPIO_Init(GPIOA,&GPIO_InitStructure);
//PB3->DO4 PB4->DO5 PB5-DO6
GPIO_InitStructure.GPIO_Pin = GPIO_Pin_3|GPIO_Pin_4|GPIO_Pin_5;
GPIO_InitStructure.GPIO_Mode = GPIO_Mode_Out_PP;
GPIO_InitStructure.GPIO_Speed = GPIO_Speed_50MHz;
GPIO_Init(GPIOB,&GPIO_InitStructure);
//Relay action
#define r1on GPIO_SetBits(GPIOA,GPIO_Pin_12);
#define r1off GPIO_ResetBits(GPIOA,GPIO_Pin_12);
#define r2on GPIO_SetBits(GPIOA,GPIO_Pin_14);
#define r2off GPIO_ResetBits(GPIOA,GPIO_Pin_14);
#define r3on GPIO_SetBits(GPIOA,GPIO_Pin_15);
#define r3off GPIO_ResetBits(GPIOA,GPIO_Pin_15);
#define r4on GPIO_SetBits(GPIOB,GPIO_Pin_3);
#define r4off GPIO_ResetBits(GPIOB,GPIO_Pin_3);
#define r5on GPIO_SetBits(GPIOB,GPIO_Pin_4);
#define r5off GPIO_ResetBits(GPIOB,GPIO_Pin_4);
#define r6on GPIO_SetBits(GPIOB,GPIO_Pin_5);
#define r6off GPIO_ResetBits(GPIOB,GPIO_Pin_5);
```

10.3.3 OLED 显示驱动接口驱动

OLED(Organic Light-Emitting Diode):在外界电压的驱动下,由电极注入的电子和空穴在有机材料中复合而释放出能量,并将能量传递给有机发光物质的分子,后者受到激发,从基态跃迁到激发态,当受激分子回到基态时辐射跃迁而产生发光现象。DLED 实物如图 10-2 所示。

图 10-2 OLED 实物图

OLED 器件的核心层厚度很薄,厚度可以小于 1mm,一般情况下在 1.3mm 左右。

OLED 器件为全固态物质发光,相对于 LCD 的晶体物质,抗震性好,可适应巨大的加速度、振动等恶劣环境。主动发光的特性使 OLED 几乎没有视角限制,视角一般可达到 170°,具有较宽的视角,从侧面也不会失真。

OLED 显示屏的响应时间超过 TFT—LCD 液晶屏。TFT—LCD 的响应时间大约是几十毫秒,现在做得最好的 TFT—LCD 响应时间也只有 12 毫秒。而 OLED 显示屏的响应时间大约是几微秒到几十微秒。

LCD 都需要背光,而 OLED 不需要,因为它是自发光的。这样同样的显示 OLED 效果要来得好一些。以目前的技术,OLED 的尺寸还难以大型化,但是分辨率却可以做到很高。在此介绍常用的 0.96 寸 OLED 显示屏,该屏所用的驱动 IC 为 SSD1306,其具有内部升压功能,所以在设计的时候不需要再专一设计升压电路,当然了本屏也可以选用外部升压,具体的请详查数据手册。SSD1306 的每页包含了 128 个字节,总共 8 页,这样刚好是 128×64 的点阵大小。这点与 1.3 寸 OLED 驱动 IC SSD1106 稍有不同,SSD1106 每页是 132 个字节,也是 8 页。所以在用 0.96 寸 OLED 移植 1.3 寸 OLED 程序的时候。需要将 0.96 寸的显示地址向右偏移 2,这样显示就正常了;否则在用 1.3 寸 OLED 显示屏的时候,屏幕右边会有 4 个像素点宽度显示不正常或是全白,这点需要读者特别注意。其他方面 SSD1306 和 SSD1106 区别不大。

1. OLED 初始化

```
void OLED_Init(void) {
OLED_RST_Set();
delay_ms(100);
OLED_RST_Clr(); delay_ms(100); OLED_RST_Set();
OLED_WR_Byte(0xAE,OLED_CMD);      //--turn off oled panel
OLED_WR_Byte(0x00,OLED_CMD);      //---set low column address
OLED_WR_Byte(0x10,OLED_CMD);      //---set high column address
OLED_WR_Byte(0x40,OLED_CMD);      //--set start line address
OLED_WR_Byte(0x81,OLED_CMD);      //--set contrast control register
OLED_WR_Byte(0xCF,OLED_CMD);      //Set SEG Output Current Brightness
OLED_WR_Byte(0xA1,OLED_CMD);      //--Set SEG/Column Mapping 0xa0 左右反置 0 正常
OLED_WR_Byte(0xC8,OLED_CMD);      //Set COM/Row Scan Direction 0xc0 上下反置 0 正常
OLED_WR_Byte(0xA6,OLED_CMD);      //--set normal display
OLED_WR_Byte(0xA8,OLED_CMD);      //--set multiplex ratio(1 to 64)
```

```
OLED_WR_Byte(0x3f,OLED_CMD);        //--1/64 duty
OLED_WR_Byte(0xD3,OLED_CMD);        //-set display offset
OLED_WR_Byte(0x00,OLED_CMD);        //-not offset
OLED_WR_Byte(0xd5,OLED_CMD);        //--set display clock divide ratio/oscillator frequency
OLED_WR_Byte(0x80,OLED_CMD);        //--set divide ratio, Set Clock as 100 Frames/Sec
OLED_WR_Byte(0xD9,OLED_CMD);        //--set pre - charge period
OLED_WR_Byte(0xF1,OLED_CMD);        //Set Pre - Charge as 15 Clocks & Discharge as 1 Clock
OLED_WR_Byte(0xDA,OLED_CMD);        //--set com pins hardware configuration
OLED_WR_Byte(0x12,OLED_CMD);
OLED_WR_Byte(0xDB,OLED_CMD);        //--set vcomh
OLED_WR_Byte(0x40,OLED_CMD);        //Set VCOM Deselect Level
OLED_WR_Byte(0x20,OLED_CMD);        // - Set Page Addressing Mode (0x00/0x01/0x02)
OLED_WR_Byte(0x02,OLED_CMD);        //
OLED_WR_Byte(0x8D,OLED_CMD);
  //--set Charge Pump enable/disable OLED_WR_Byte(0x14,OLED_CMD); //--set(0x10) disable
OLED_WR_Byte(0xA4,OLED_CMD);        //Disable Entire Display On (0xa4/0xa5)
OLED_WR_Byte(0xA6,OLED_CMD);        //Disable Inverse Display On (0xa6/a7)
OLED_WR_Byte(0xAF,OLED_CMD);        //--turn on oled panel
}
```

2. 更新显存到 OLED

```
void OLED_Refresh_Gram(void)
{
u8 i,n;
for(i=0;i<8;i++)
{
OLED_WR_Byte (0xb0+i,OLED_CMD);
OLED_WR_Byte (0x00,OLED_CMD);
OLED_WR_Byte (0x10,OLED_CMD);
for(n=0;n<128;n++)OLED_WR_Byte(OLED_GRAM[n][i],OLED_DATA);
}
}
```

3. 绘制一个点到 OLED

```
void OLED_DrawPoint(u8 x,u8 y,u8 t)
{
u8 pos,bx,temp=0;
if(x>127||y>63)return;
pos=7-y/8;
bx=y%8;
temp=1<<(7-bx);
if(t)OLED_GRAM[x][pos]|=temp;
else OLED_GRAM[x][pos]&=~temp;
}
```

4. 输出一个字符到指定区域

```
void OLED_ShowChar(u8 x,u8 y,u8 chr,u8 size,u8 mode)
{
u8 temp,t,t1;
```

```
u8 y0=y;
chr=chr-' ';
    for(t=0;t<size;t++)
    {
if(size==12)temp=asc2_1206[chr][t];
else temp=asc2_1608[chr][t];
        for(t1=0;t1<8;t1++)
{
if(temp&0x80)OLED_DrawPoint(x,y,mode);
else OLED_DrawPoint(x,y,!mode);
temp<<=1;
y++;
if((y-y0)==size)
{
y=y0;
x++;
break;
}
}
}
}
```

10.4 Modbus 通信协议

目前,各种工业现场总线被应用于各行各业的生产过程控制中,提高了数据采集系统的实时性和可靠性。Modbus 协议以其简单高效、开放性、免费、高可靠性等优点,在工厂自动化领域,被各厂家广泛使用,显示出其强大的生命力和活力。同时,为了实现工作站对各个数据采集模块实时监控和统一管理,需要将不同厂商生产的数据采集设备互联形成网络,实现对数据监控的网络化。本节以 Modbus 为通信协议,将实时操作系统 μC/OS-Ⅱ成功移植到 STM32F103 微处理器上,在 μC/OS-Ⅱ环境下实现了 Modbus RTU 的主站和从站的通信。

10.4.1 Modbus 协议概述

1979 年 Modbus 协议由 Modicon 公司(现在是施耐德电气的一个品牌)发明,具有划时代、里程碑式的意义,从此掀起了工业控制网络技术的序幕。Modbus 是全球第一个真正用于工业现场的总线协议,近年来在控制器和测量仪表上也得到了大量的使用,目前已成为我国工业自动化领域的一种国际标准。Modbus 协议支持传统的 RS232、RS422、RS485 通信接口和以太网接口。

Modbus 通信协议采用主-从(Master-Slave)模型,是一种应用层报文协议,可以在不同类型的总线或网络链接,而不管它们是经过何种网络进行通信的,在同一通信网络上每个设备都有唯一的设备地址，并且只能有一个主设备，可以有多个从设备。主设备可单独和从设备通信，也能以广播方式和所有从设备通信。如果是单独通信，从设备返回一应答消息作为回应，如果是以广播方式进行查询的，则不作任何回应。

10.4.2 Modbus 协议的数据帧

Modbus 协议有两种传输模式：RTU 模式和 ASCII 模式。ASCII 模式中数据用 ASCII 码表示，通过冒号（ASCII 码 3AH）、回车换行（ASCII 码 0DH，0AH）字符表示数据帧的开始和结束，采用 LRC 数据校验；RTU 模式中数据用非压缩 BCD 码表示，通过时间标记来实现数据帧开始和结束的判定，采用 CRC 数据校验。控制器以 RTU 模式在 Modbus 总线上进行通信时，信息中的每 8 位字节分成两个 4 位十六进制的字符，该模式的主要优点是在相同波特率下其传输的字符的密度高于 ASCII 模式，每个信息必须连续传输。它的消息帧格式如表 10-1 所示。

表 10-1 Modbus 的消息帧格式

起始位	设备地址	功能代码	数据	CRC 校验	结束符
T1-T2-T3-T4	8Bit	8Bit	n * 8Bit	16Bit	T1-T2-T3-T4

1. 地址域说明

地址域：信息地址包括 8 位（RTU），有效的从机设备地址范围为 0～247（十进制），各从机设备的寻址范围为 1～247。主机把从机地址放入信息帧的地址区，并向从机寻址。从机响应时，把自己的地址放入响应信息的地址区，让主机识别已做出响应的从机地址。

2. 功能码说明

功能码：当主机向从机发送信息时，功能代码向从机说明应执行的动作。如读一组离散式线圈或输入信号的 ON/OFF 状态，读一组寄存器的数据，读从机的诊断状态，写线圈（或寄存器）等。部分常用功能代码代表的操作如表 10-2 所示。

表 10-2 Modbus 常用功能码表

功能码	名　称	功能说明
01	读线圈	读取线圈的当前状态
02	读取开关量输入	读取开关量输入状态
03	读保持寄存器	读取保持寄存器的内容
04	读输入寄存器	读取输入寄存器的内容
05	写单个线圈	强制线圈输出 1 或者 0
06	写单个寄存器	强制一个保持寄存器

3. 数据域说明

数据域：数据域和功能码密切相关，根据功能码的不同而不同。

4. CRC 说明

CRC 校验：Modbus RTU 采用循环冗余检验 CRC 方法计算错误校验码，按照 CRC 算法，使用标准的 16 位生成多项式对任意长度的信息字段校验出一个 16 位的校验码。

10.4.3 Modbus RTU通信结构模型

通用控制器采集和控制现场的设备信号，利用 Modbus RTU 协议实现数据采集系统与计算机之间的通信。系统组网结构如图 10-3 所示。以 PC 为主站，数据采集系统为从站，主站向从站发出取数据命令，从站根据各自的编号向主站返回各项采集的数据，主站将接收的数据处理后实时展示，并进行处理，之后存入数据库。

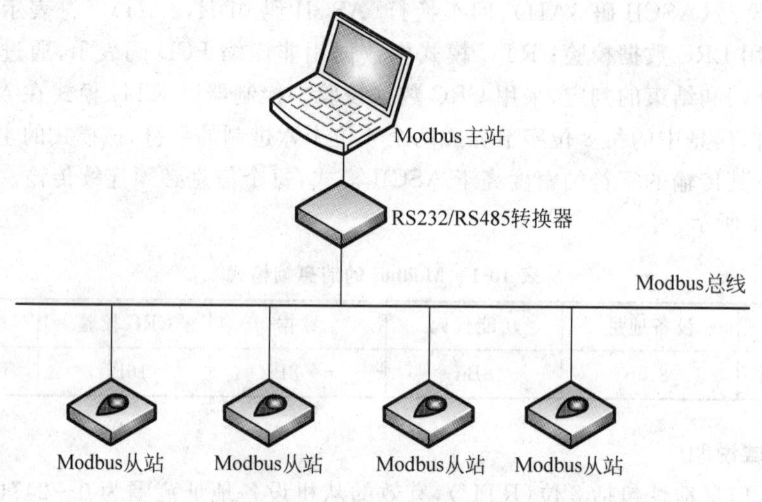

图 10-3 Modbus 通信结构模型

10.4.4 Modbus RTU 协议的实现

Modbus RTU 协议采用 Master/Slave 通信模型。通用型控制器在 μC/OS-Ⅱ操作系统环境下非常容易地实现 Modbus RTU 通信协议。

1. Modbus 主站的实现

Modbus 主站服务程序的核心模块是功能处理模块，包括串口初始化、数据帧的构造和解析以及发送数据帧等功能。发送数据帧时必须将其封装成标准的 Modbus 数据帧才能进行发送。在协议帧的组成上，Modbus 协议定义了一个与基础通信层无关的简单协议数据单元(PDU)，通过在 PDU 上增加地址域和 CRC 校验域等附加域定义了应用数据单元(ADU)。

CRC 码为 2 个字节、16 位的二进制值。由发送设备计算 CRC 值，并把它附到信息中去。接收设备在接收信息过程中再次计算 CRC 值并与 CRC 的实际值进行比较，若两者不一致，即产生一个错误。校验开始时，把 16 位寄存器的各位都置为 1，然后把信息中的相邻 2 个 8 位字节数据放到当前寄存器中处理，只有每个字符的 8 位数据用于 CRC 处理，起始位、停止位和校验位不参与 CRC 计算。

CRC 校验时，每个 8 位数据与该寄存器的内容进行异或运算，然后向最低有效位(LSB)方向移位，用零填入最高有效位(MSB)后，再对 LSB 检查，若 LSB=1，则寄存器与预置的固定值异或；若 LSB=0,不作异或运算。

重复上述处理过程,直至移位 8 次,最后一次(第 8 次)移位后,下一个 8 位字节数据与寄存器的当前值异或,再重复上述过程。全部处理完信息中的数据字节后,最终得到的寄存器值为 CRC 值。CRC 值附加到信息时,低位在先,高位在后。

图 10-4 为 Modbus RTU 主站程序流程图。为实现 Modbus RTU 主站协议的功能处理模块,首先需要完成串口的初始化和服务函数的构造,然后根据服务构造函数构造 Modbus 请求帧并且调用串口发送命令将请求帧发送出去,如果程序在设定的时间内接收到应答帧,程序将调用对应的应答帧解析函数进行处理,否则返回应答超时码。同时,解析函数对串口缓冲区内接收到的数据进行分析,若应答帧解析正确,函数将数据装入目标缓冲区,否则返回校验失败码。

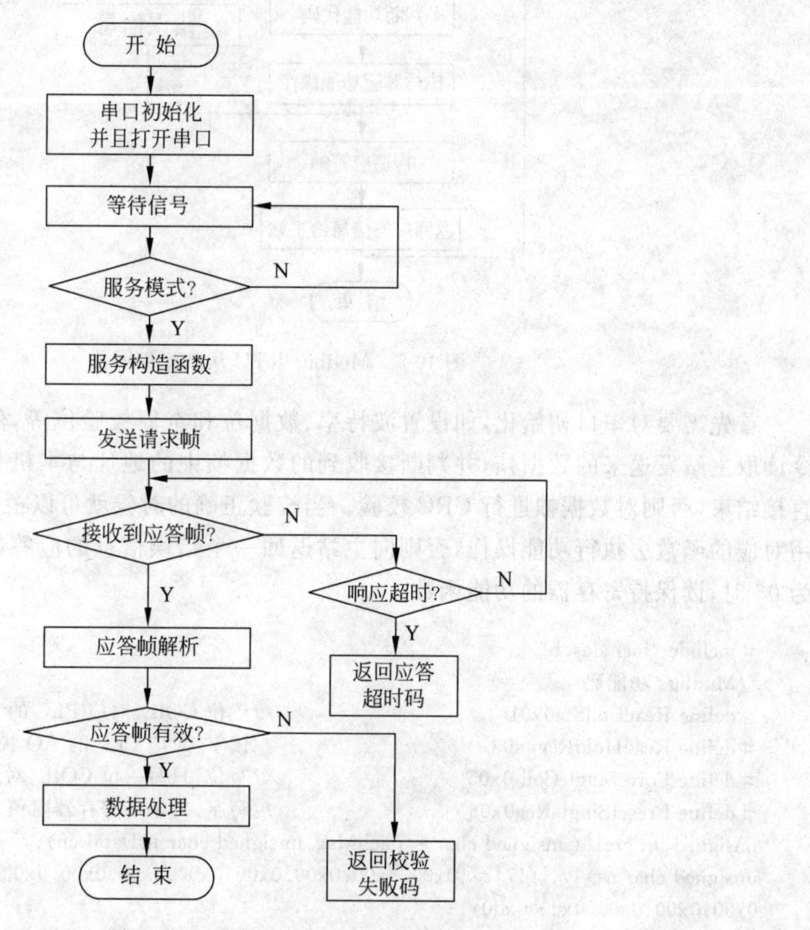

图 10-4　Modbus RTU 主站流程图

2. Modbus 从站的实现

Modbus RTU 协议是一个一主多从的通信协议,所以需要对每个从站分配不同的地址。Modbus RTU 从站主要实现数据帧的接收和存储,并且根据接收到的数据帧中的功能代码给出一应答消息作为对主站的回应。Modbus RTU 从站的程序设计流程图如图 10-5 所示。

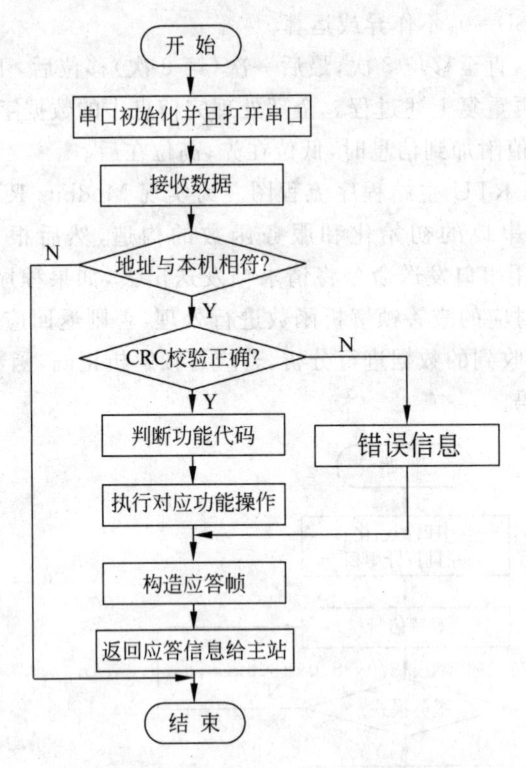

图 10-5 Modbus RTU 从站流程图

首先需要对串口初始化,如设置波特率、数据位和奇偶校验位等,然后调用串口接收命令读取主站发送来的数据帧,并判断接收到的数据帧中的地址与本机是否相符,如果不符,直接结束,否则对数据帧进行 CRC 校验。当校验正确的时候就可以根据相应的功能代码调用对应的函数去执行功能操作,否则向主站返回一个错误信息的应答帧。下面是功能代码为 03 时,读保持寄存器的功能函数。

```
#include "includes.h"
//Mudbus 功能码
#define ReadCoilSta0x01                    //读位 COIL,对应 PLC 的 DO 状态
#define ReadHoldReg0x03                    //读字,对应 PLC 的 AO 状态
#define ForceSingleCoil 0x05               //写位,只写一位 COIL,对应 PLC 的 DO 输出
#define PresetSingleReg0x06                //写字,对单一寄存器赋值,对应 PLC 的 AO 输出
unsigned int crc16(unsigned char * puchMsg, unsigned char usDataLen);
unsigned char n=17,c[17]={0x00,0x00,0x00,0x00,0x00,0x00,0x00,0x00,0x00,0x00,0x00,0x00,
0x00,0x00,0x00,0x00,0x00};
/* Table Of CRC Values for high-order unsigned char */
unsigned char auchCRCHi[] = {
0x00,0xC1,0x81,0x40,0x01,0xC0,0x80,0x41,0x01,0xC0,0x80,0x41,0x00,0xC1,0x81,
0x40,0x01,0xC0,0x80,0x41,0x00,0xC1,0x81,0x40,0x00,0xC1,0x81,0x40,0x01,0xC0,
0x80,0x41,0x01,0xC0,0x80,0x41,0x00,0xC1,0x81,0x40,0x00,0xC1,0x81,0x40,0x01,
0xC0,0x80,0x41,0x00,0xC1,0x81,0x40,0x01,0xC0,0x80,0x41,0x01,0xC0,0x80,0x41,
0x00,0xC1,0x81,0x40,0x01,0xC0,0x80,0x41,0x00,0xC1,0x81,0x40,0x00,0xC1,0x81,
0x40,0x01,0xC0,0x80,0x41,0x00,0xC1,0x81,0x40,0x01,0xC0,0x80,0x41,0x01,0xC0,
0x80,0x41,0x00,0xC1,0x81,0x40,0x00,0xC1,0x81,0x40,0x01,0xC0,0x80,0x41,0x01,
```

```
0xC0,0x80,0x41,0x00,0xC1,0x81,0x40,0x01,0xC0,0x80,0x41,0x00,0xC1,0x81,0x40,
0x00,0xC1,0x81,0x40,0x01,0xC0,0x80,0x41,0x01,0xC0,0x80,0x41,0x00,0xC1,0x81,
0x40,0x00,0xC1,0x81,0x40,0x01,0xC0,0x80,0x41,0x00,0xC1,0x81,0x40,0x01,0xC0,
0x80,0x41,0x01,0xC0,0x80,0x41,0x00,0xC1,0x81,0x40,0x00,0xC1,0x81,0x40,0x01,
0xC0,0x80,0x41,0x01,0xC0,0x80,0x41,0x00,0xC1,0x81,0x40,0x01,0xC0,0x80,0x41,
0x00,0xC1,0x81,0x40,0x00,0xC1,0x81,0x40,0x01,0xC0,0x80,0x41,0x00,0xC1,0x81,
0x40,0x01,0xC0,0x80,0x41,0x01,0xC0,0x80,0x41,0x00,0xC1,0x81,0x40,0x01,0xC0,
0x80,0x41,0x00,0xC1,0x81,0x40,0x00,0xC1,0x81,0x40,0x01,0xC0,0x80,0x41,0x01,
0xC0,0x80,0x41,0x00,0xC1,0x81,0x40,0x00,0xC1,0x81,0x40,0x01,0xC0,0x80,0x41,
0x00,0xC1,0x81,0x40,0x01,0xC0,0x80,0x41,0x01,0xC0,0x80,0x41,0x00,0xC1,0x81,
0x40
};
/* Table of CRC values for low-order unsigned char */
unsigned char auchCRCLo[] = {
0x00,0xC0,0xC1,0x01,0xC3,0x03,0x02,0xC2,0xC6,0x06,0x07,0xC7,0x05,0xC5,0xC4,
0x04,0xCC,0x0C,0x0D,0xCD,0x0F,0xCF,0xCE,0x0E,0x0A,0xCA,0xCB,0x0B,0xC9,0x09,
0x08,0xC8,0xD8,0x18,0x19,0xD9,0x1B,0xDB,0xDA,0x1A,0x1E,0xDE,0xDF,0x1F,0xDD,
0x1D,0x1C,0xDC,0x14,0xD4,0xD5,0x15,0xD7,0x17,0x16,0xD6,0xD2,0x12,0x13,0xD3,
0x11,0xD1,0xD0,0x10,0xF0,0x30,0x31,0xF1,0x33,0xF3,0xF2,0x32,0x36,0xF6,0xF7,
0x37,0xF5,0x35,0x34,0xF4,0x3C,0xFC,0xFD,0x3D,0xFF,0x3F,0x3E,0xFE,0xFA,0x3A,
0x3B,0xFB,0x39,0xF9,0xF8,0x38,0x28,0xE8,0xE9,0x29,0xEB,0x2B,0x2A,0xEA,0xEE,
0x2E,0x2F,0xEF,0x2D,0xED,0xEC,0x2C,0xE4,0x24,0x25,0xE5,0x27,0xE7,0xE6,0x26,
0x22,0xE2,0xE3,0x23,0xE1,0x21,0x20,0xE0,0xA0,0x60,0x61,0xA1,0x63,0xA3,0xA2,
0x62,0x66,0xA6,0xA7,0x67,0xA5,0x65,0x64,0xA4,0x6C,0xAC,0xAD,0x6D,0xAF,0x6F,
0x6E,0xAE,0xAA,0x6A,0x6B,0xAB,0x69,0xA9,0xA8,0x68,0x78,0xB8,0xB9,0x79,0xBB,
0x7B,0x7A,0xBA,0xBE,0x7E,0x7F,0xBF,0x7D,0xBD,0xBC,0x7C,0xB4,0x74,0x75,0xB5,
0x77,0xB7,0xB6,0x76,0x72,0xB2,0xB3,0x73,0xB1,0x71,0x70,0xB0,0x50,0x90,0x91,
0x51,0x93,0x53,0x52,0x92,0x96,0x56,0x57,0x97,0x55,0x95,0x94,0x54,0x9C,0x5C,
0x5D,0x9D,0x5F,0x9F,0x9E,0x5E,0x5A,0x9A,0x9B,0x5B,0x99,0x59,0x58,0x98,0x88,
0x48,0x49,0x89,0x4B,0x8B,0x8A,0x4A,0x4E,0x8E,0x8F,0x4F,0x8D,0x4D,0x4C,0x8C,
0x44,0x84,0x85,0x45,0x87,0x47,0x46,0x86,0x82,0x42,0x43,0x83,0x41,0x81,0x80,
0x40
};
/*****************************************************
*             crc16 ()
* 描    述: 计算 CRC16 的值
* 输入参数: 需要计算的字节数组地址,数据长度
* 返回参数: int16
* 调用函数: Modbus 协议解析 ()
* 解释说明: 无
*****************************************************/
unsigned int crc16(unsigned char * puchMsg, unsigned char usDataLen)
{
unsigned char uchCRCHi = 0xFF ;
unsigned char uchCRCLo = 0xFF ;
unsigned int uIndex ;
while (usDataLen--)
    {
        uIndex = uchCRCHi ^ * puchMsg++;
        uchCRCHi = uchCRCLo ^ auchCRCHi[uIndex] ;
        uchCRCLo = auchCRCLo[uIndex] ;
```

```
    }
return (((unsigned int)(uchCRCHi) << 8) | uchCRCLo) ;
}
/ ****************************************************
 *          ParseRecieve_1 ()
 * 描    述: 处理 COM1 的 Modbus 通信协议
 * 输入参数: 无
 * 返回参数: 无
 * 调用函数: Main 函数
 * 解释说明: 无
 ****************************************************** /
void ParseRecieve_1(void)
{
unsigned int uIndex ;
unsigned int crc16tem;
unsigned char i = 0;
u8      ntxlen;                              //发送总长度以及动态记录
u16     offset;                              //读取的偏移量
u8      length;                              //读取的寄存器长度
if (com1_rx_buffer[0] == slaveid)            //从机 ID 是否正确
{
    crc16tem=((unsigned int)(com1_rx_buffer[6]) << 8) | com1_rx_buffer[7];
                                             //计算 CRC 校验,并检查是否一致
    uIndex=crc16(com1_rx_buffer,6);
    if(crc16tem==uIndex)                     //crc16 检校正确
    {
        switch (com1_rx_buffer[1])           //功能码检测
        {
            case 0x03:                       //0x03,读取保持寄存器
            com1_tx_buffer[0]=slaveid;
            com1_tx_buffer[1]=3;
            com1_tx_buffer[2]=com1_rx_buffer[5] * 2;                //每个数据占 16 位
            ntxlen = 3;
                offset = com1_rx_buffer[3];
                length = com1_rx_buffer[5];
                for(i=0;i<length;i++)
            {
                com1_tx_buffer[ntxlen++] = gethigh(regdata[offset+i]);
                com1_tx_buffer[ntxlen++] = getlow(regdata[offset+i]);
            }
            crc16tem = crc16(com1_tx_buffer,ntxlen);
            com1_tx_buffer[ntxlen++]=(u8)(crc16tem >> 8);
            com1_tx_buffer[ntxlen++]=(u8)(crc16tem & 0x00ff);
                    usart1sendcmd(com1_tx_buffer,ntxlen);
            com1_rx_count=0;
            break;
            case 0x05:                       //0x05
            com1_tx_buffer[0]=slaveid;
            com1_tx_buffer[1]=0x05;
            com1_tx_buffer[2]=com1_rx_buffer[2];
            com1_tx_buffer[3]=com1_rx_buffer[3];
```

```
            com1_tx_buffer[4]=com1_rx_buffer[4];
            com1_tx_buffer[5]=com1_rx_buffer[5];
            ntxlen=6;
            switch (com1_rx_buffer[3]) //判断地址码
            {
                case 0x00:              //启动
                    if(com1_rx_buffer[4] == 0xff)
                        r1on;
                    if(com1_rx_buffer[4]==0x00)
                        r1off;
                    break;
                case 0x01:              //启动
                    if(com1_rx_buffer[4] == 0xff)
                        r2on;
                    if(com1_rx_buffer[4]==0x00)
                        r2off;
                    break;
                case 0x02:              //启动
                    if(com1_rx_buffer[4] == 0xff)
                        r3on;
                    if(com1_rx_buffer[4]==0x00)
                        r3off;
                    break;
                case 0x03:              //启动
                    if(com1_rx_buffer[4] == 0xff)
                        r4on;
                    if(com1_rx_buffer[4]==0x00)
                        r4off;
                    break;
                case 0x04:              //启动
                    if(com1_rx_buffer[4] == 0xff)
                        r5on;
                    if(com1_rx_buffer[4]==0x00)
                        r5off;
                    break;
                case 0x05:              //启动
                    if(com1_rx_buffer[4] == 0xff)
                        r6on;
                    if(com1_rx_buffer[4]==0x00)
                        r6off;
                    break;
            }
            crc16tem = crc16(com1_tx_buffer,ntxlen);
            com1_tx_buffer[ntxlen++]=(u8)(crc16tem >> 8);
            com1_tx_buffer[ntxlen++]=(u8)(crc16tem & 0x00ff);
                    usart1sendcmd(com1_tx_buffer,ntxlen);
            com1_rx_count = 0;
                    break;
        }
    }
}
```

```
    else                                    //如果站地址不符,则有可能是其他无线子站的操作指令
    {
        crc16tem=((unsigned int)(com1_rx_buffer[6]) << 8) | com1_rx_buffer[7];
                                            //计算 CRC 校验,并检查是否一致
        uIndex=crc16(com1_rx_buffer,6);
        if(crc16tem==uIndex)                //crc16 检校正,减少无线网络上的无效信息
        {
            usart3sendcmd(com1_rx_buffer,8);
            usart1sendcmd(com1_rx_buffer,8);
            com1_rx_count = 0;
        }
    }
}
/ ********************************************************
*           SendRemodModbus _1 ()
* 描    述: 强制一个线圈输出 1 或者 0
* 输入参数: 线圈地址、偏移量、设定值
* 返回参数: 无
* 调用函数: Main 函数
* 解释说明: 无
********************************************************* /
void SendRemodModbus(u8 addr,short offset,u8 value)
{
    u8 cmd[8];
    short c16;
    u8 staid,t;
    cmd[0] = addr;                          //1 号站
    cmd[1] = 0x05;
    cmd[2] = 0x00;
    cmd[3] = (u8)offset;
    cmd[4] =value>0?0xff:0x00;
    cmd[5] = 0x00;
    c16 = crc16(cmd,6);
    cmd[6] = (u8)(c16>>8);
    cmd[7] = (u8)(c16 & 0x00ff);
    rs485send;
    usart3sendcmd(cmd,8);
}
```

参考文献

[1] Joseph Yiu. ARM Cortex-M3 权威指南[M]. 宋岩,译. 北京：北京航空航天大学出版社,2009.

[2] 李宁. 基于 MDK 的 STM32 处理器开发应用[M]. 北京：北京航空航天大学出版社,2008.

[3] 李宁. ARM 开发工具 ReaLViewMDK 使用入门[M]. 北京：北京航空航天大学出版社,2008.

[4] 王永虹,徐炜,郝立平,等. STM32 系列 ARM Cortex-M3 微控制器原理与实践[M]. 北京：北京航空航天大学出版社,2008.

[5] 任哲. 嵌入式实时操作系统 μC/OS-Ⅱ原理及应用[M]. 2 版. 北京：北京航空航天大学出版社,2009.

[6] 孙鹤旭,林涛丰. 嵌入式控制系统[M]. 北京：清华大学出版社,2007.

[7] 廖义奎. Cortex-M3 之 STM32 嵌入式系统设计[M]. 北京：中国电力出版社,2012.

图书资源支持

感谢您一直以来对清华版图书的支持和爱护。为了配合本书的使用，本书提供配套的素材，有需求的用户请到清华大学出版社主页（http://www.tup.com.cn）上查询和下载，也可以拨打电话或发送电子邮件咨询。

如果您在使用本书的过程中遇到了什么问题，或者有相关图书出版计划，也请您发邮件告诉我们，以便我们更好地为您服务。

我们的联系方式：

地　　址：北京海淀区双清路学研大厦 A 座 707

邮　　编：100084

电　　话：010－62770175－4604

资源下载：http://www.tup.com.cn

电子邮件：weijj@tup.tsinghua.edu.cn

QQ：883604（请写明您的单位和姓名）

扫一扫

资源下载、样书申请

新书推荐、技术交流

用微信扫一扫右边的二维码，即可关注清华大学出版社公众号“书圈”。